中国科学技术经典文库

无机化学丛书　第十卷

锕系
锕系后元素

唐任寰　刘元方

张青莲　张志尧

唐任寰

科学出版社

北 京

内 容 简 介

本卷包括锕系和锕系后元素两个专题,介绍了周期表中自锕系起的所有元素,由各个元素的发现史,再现了元素周期律,并丰富了周期律的实际内容,本书还介绍了这些元素和有关化合物的性质、用途、合成方法和分析方法,可供物理、化学、地质和核能等学科的研究者和大学师生参考。

图书在版编目(CIP)数据

无机化学丛书.第 10 卷,锕系、锕系后元素/唐任寰等编著.—北京:科学出版社,2011

(中国科学技术经典文库.化学卷)

ISBN 978-7-03-030572-5

Ⅰ.无… Ⅱ.唐… Ⅲ.无机化学 Ⅳ.O61—51

中国版本图书馆 CIP 数据核字(2011)第 044103 号

责任编辑:胡华强 杨 震 张淑晓/责任校对:陈玉凤
责任印制:徐晓晨/封面设计:王 浩

科 学 出 版 社 出版
北京东黄城根北街 16 号
邮政编码:100717
http://www.sciencep.com

北京中石油彩色印刷有限责任公司 印刷
科学出版社发行 各地新华书店经销

*

1990 年 11 月第 一 版 开本:B5(720×1000)
2018 年 4 月第六次印刷 印张:21 3/4
字数:544 000
定价:78.00 元
(如有印装质量问题,我社负责调换)

《无机化学丛书》十卷总目

《无机化学丛书》序

　　无机化学是化学科学的一个重要分支,也是最早发展起来的一门化学分支学科。无机化学研究的对象是周期系中各种元素及其化合物,不包括碳氢化合物及其衍生物。二十世纪中叶以来,无机化学又进入了新的发展阶段。这是和许多新的科学技术领域,如原子能工业、空间科学技术、使用半导体材料的通信和计算技术等的兴起密切相关的。这些科技部门要求人们利用无机化学的理论去探索和研制种种具有特殊性能的新材料,研究极端条件下物质的性质和反应机理,以及提出新的无机物生产的工艺流程。与此同时,现代物理学、生命科学、地质科学以及理论化学的新进展等因素也都在日益推动着无机化学的发展进程。

　　我国在解放前缺少与无机化学有关的工业基础,因此无机化学人才培养得较少,科学研究工作的基础也比较薄弱。解放后我国无机化学虽然有了很大发展,但仍比较落后。为了扭转这种局面,加速无机化学科学人员的培养和提高,促使教学和研究工作的迅速发展,以及为了解决我国丰富的矿产资源的综合利用、新型材料的合成、无机化学新观点和新理论的提出等问题,有必要编辑出版一套中型的无机化学参考书。为此,科学出版社和中国化学会共同组织了《无机化学丛书》编辑委员会主持本丛书的编写工作。经过多次讨论和协商、拟订了丛书的编辑计划和写作大纲,确定丛书分十八卷,共四十一个专题,从 1982 年起陆续出版。全丛书共约六百余万字,前十卷为各族元素分论,后八卷为无机化学若干重要领域的专论。

　　本丛书适合高等学校教师、高年级学生和研究生、科学研究人员和工程技术人员参阅。编委会竭诚欢迎广大读者对本书的内容提出宝贵的意见,以便在再版时加以修改。

《无机化学丛书》编委会

1982 年 9 月

前　言

　　《无机化学丛书》第十卷包括两个专题：29. 锕系；30. 锕系后元素。锕系分十二章，从概论、制取和分离、金属及用途综合介绍起，至锕、铀、镎、钚及钚后元素逐个叙述，由唐任寰（北京大学副教授）撰写；钍和镤两章则由刘元方（北京大学教授）撰写。锕系后元素分五章，叙述 104 至 109 号元素以及对超重元素的理论预言，由张青莲（北京大学教授）、张志尧（中国科学院高能物理研究所副研究员）负责撰稿并提供资料，唐任寰作整理补充并编索引。张青莲审阅了全卷内容。

　　鉴于本卷的问世，结束了所有元素的论述。关于元素的一个普遍性问题是其原子量，若不介绍其测定方法及修订程序，读者会感到一项重要的缺陷，因而在本卷末增补了有关附录。

　　初稿曾请居克飞同志（中国核学会副研究员）作了详细的校阅，并提出了宝贵的意见和建议。作者谨表深切的感谢。

　　1940 年，继 E. McMillan 和 P. H. Abelson 人工合成第 93 号元素镎之后，G. T. Seaborg 等合成了第 94 号元素钚，随后约 20 年间，连续合成了一系列钚后元素，从而提出锕系理论，这是现代无机化学发展的又一座里程碑。而锕系后元素的进一步合成，又扩展了元素周期系的视野，本卷叙述这些新的成就，将予读者以有益的启示。作者限于学识水平，书中难免有缺点和错误，敬希读者批评指正。

作　者

1988 年 10 月于北京

目　　录

30. 锕系后元素

29. 锕 系

29.1 锕系元素概论

自从 19 世纪 60 年代著名的俄国科学家门捷列夫(Д. Менделеев)提出元素周期律以来,给新元素的研究指出了更加明确的方向。尤其是 1871 年 Менделеев 发表的周期表,把 92 号元素铀作为最重的元素排在最末一位,在它前后均有若干空格,留待新元素来填补。到 1940 年,通过人工核反应合成了 93 号元素镎,尔后陆续发现了后面的几种元素。于是,如何延伸元素周期表的问题很自然地提到人们的面前——它们究竟是什么样的元素? 在周期表里到底该放在怎样的位置上? 它们各具有多大的实用价值? 等等。这就促使人们深入开创这方面的研究工作。

现在,人们把原子序数自 89 号锕起至 103 号铹等 15 个元素统称为"锕系元素"(Actinide elements)。它们都具有放射性。其中位于铀后面的元素,即自 93 号镎起至铹等十一个元素,可另称为"超铀元素"(Transuranium elements)。或"铀后元素"。应该指出,对这些元素的研究,需要有现代化的巨型设备以及先进的科学技术作为基础。近年来,高中子通量反应堆和大型重离子加速器的建造对它们的研究起了很大的推动作用。锕系元素的研究还要求掌握微量快速的分离分析技术,随着它们原子序数的增加,由于 α 衰变和自发裂变的结果,核的稳定性越来越差,而人工合成的量又极少,往往只能以多少原子个数计算,而不能以克或毫克计量,例如 102 号元素锘当初只得到十几个原子,因此只能在制备的同时进行快速的分离和测量。如没有综合物理、化学、电子学等知识以及电子计算机的应用,显然是无法进行研究的。

锕系元素的研究与原子能工业的发展有着密切的关系,当今除了人们所熟悉的铀、钍和钚已大量用作核反应堆的燃料以外,诸如 ^{238}Pu, ^{244}Cm 和 ^{252}Cf 这些核素,从空间技术、气象学、生物学直至医学方面,都有着实际的和潜在的应用价值。我国自 1964 年 10 月 16 日成功地爆炸了第一颗原子弹以来,接着又制成了氢弹,掌握了这方面的重要技能和应用。一旦强有力的重离子加速器为我们提供出足够量的重元素时,研究它们的性质将使人们获得有关原子、原子核结构与稳定性以及核化学等方面的新知识,进而可开辟一个很有价值的崭新领域。可见对科学工作者说来,锕系元素仍然是极富有吸引力的重要研究对象。

1.1　锕系理论的提出

早在 1926 年就有人预测,在周期表的第七周期中,存在着一个类似于稀土的系列,但这个假设在发现超铀元素之前,没有得到广泛的承认。到了 1945 年,G. T. Seaborg 提出[1],锕及其后的元素组成一个各原子内的 $5f$ 电子层被依次填满的系列,第一个 $5f$ 电子从镤开始填入;正好与镧系元素中各原子的 $4f$ 内电子层被逐渐填满的情形相似。表 1.1 示出锕系元素在周期表中的位置,它包括下列十五个元素:锕(Ac)、钍(Th)、镤(Pa)、铀(U)、镎(Np)、钚(Pu)、镅(Am)、锔(Cm)、锫(Bk)、锎(Cf)、锿(Es)、镄(Fm)、钔(Md)、锘(No)、铹(Lr)。它们属于周期表中第 7 周期 IIIB 族。

表 1.1　锕系元素在周期表中的位置

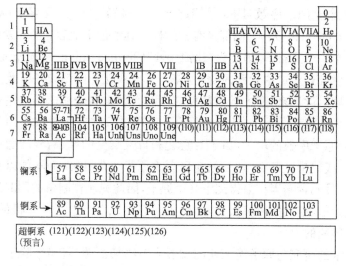

注:104 号元素有人表为:Ku。

　　105 号元素有人表为:Ns。

如果不是这样排列的话,那么镎和钚就要分别排在铼和锇的下面,但是,镎(Np)与铼(Re)或钚(Pu)与锇(Os)之间在化学性质方面没有多少相似之处,那种排法不能正确反映客观实际。Seaborg 基于 $5f$ 半充满电子层应是稳定构型这点出发,曾预测当时尚未发现的 95 号和 96 号元素具有生成三价离子的倾向,不久便被他们对这两种元素化学性质的研究所证实。通过这些元素的磁化率测量、电子自旋共振、光谱研究等数据,以及对它们化学性质的研究,进一步证明了锕系理论的正确性。表 1.2 列出锕系元素的发现情形[2,3]。104 号元素 Rf 和 105 号元素

Ha 合成后,对它们的价态和水溶液性质进行的研究,表明分别是 Zr,Hf 和 Nb,Ta 的同族元素,因而锕系理论得到最后的证实。

表 1.2 锕系元素的发现[2]

原子序数	元素	符号	发现者和发现年代	来源或合成反应	发现时的同位素及半衰期	寿命最长的同位素及半衰期
89	锕	Ac	A. Debierne(1899). F. O. Geisel(1902).	铀矿	^{227}Ac 21.77a	^{227}Ac 21.77a
90	钍	Th	J. J. Berzelius(1828).	钍矿		^{232}Th 1.4×10^{10}a
91	镤	Pa	K. Fajars, O. H. Göhring(1913). O. Hahn, L. Meitner (1917). F. Soddy, J. A. Cranston(1918).	铀精矿	^{234}Pa 6.75h ^{231}Pa 3.25×10^4a	^{231}Pa 3.25×10^4a
92	铀	U	M. H. Klaproth (1789).	沥青铀矿		^{238}U 4.51×10^9a
93	镎	Np	E. McMillan, P. H. Abelson (1940).	$^{238}U(n,\gamma)\xrightarrow{\beta^-}$	^{239}Np 2.35d	^{237}Np 2.14×10^6a
94	钚	Pu	G. T. Seaborg, E. M. McMillan, J. W. Kennedy, Al. Wahl(1940).	$^{238}U(d,2n)\xrightarrow{\beta^-}$	^{238}Pu 87.75a	^{244}Pu 8.3×10^7a
95	镅	Am	G. T. Seaborg, R. A. James, L. O. Morgan, A. Ghiorso(1944/45).	$^{239}Pu(n,\gamma)^{[4]}\xrightarrow{\beta^-}$	^{241}Am 433a	^{243}Am 7950a
96	锔	Cm	G. T. Seaborg. R. A. James, A. Ghiorso(1944).	$^{239}Pu(\alpha,n)$	^{242}Cm 163d	^{247}Cm 1.56×10^7a
97	锫	Bk	S. G. Thompson, A. Ghiorso, G. T. Seaborg(1949).	$^{241}Am(\alpha,2n)^{[4]}$	^{243}Bk 4.6h	^{247}Bk 1.4×10^3a
98	锎	Cf	S. G. Thompson, K. Street Jr., A. Ghiorso, G. T. Seaborg(1950).	$^{242}Cm(\alpha,n)$	^{245}Cf 43.6min	^{251}Cf 898a

续表

原子序数	元素	符号	发现者和发现年代	来源或合成反应	发现时的同位素及半衰期	寿命最长的同位素及半衰期
99	锿	Es	A. Ghiorso, S. G. Thompson, G. H. Higgins, G. T. Seaborg, M. H. Studier, P. R. Fields(1952).	"Mike"热核爆炸	^{253}Es 20.47d	^{254}Es 276d
100	镄	Fm	S. H. Fried, H. Diamond, J. F. Mech, G. L. Pyle, J. R. Huizanga, A. Hirsch, W. M. Manning, C. J. Brown, H. L. Smith, R. W. Spence(1952).	"Mike"热核爆炸	^{255}Fm 20.1h	^{257}Fm 82d
101	钔	Md	A. Ghiorso, B. H. Harvey, G. R. Choppin, S. G. Thompson, G. T. seaborg(1955).	^{253}Es(α,n)	^{256}Md 76min	^{258}Md 54d
102	锘	No	A. Ghiorso, T. Sikkeland, J. R. Walton, G. T. Seaborg(1958).	^{246}Cm$(^{12}$C,$6n)$(?)	^{252}No 2.3s	^{259}No[4] 58min
			Г. Н. Флеров 等(1957/58).	^{241}Pu$(^{16}$O,$5n)$	^{252}No	
103	铹	Lr	A. Ghiorso, T. Sikkeland, A. E. Larsch, R. M. Latimer(1961).	$^{249-252}$Cf$+^{10}$B 或^{11}B	^{258}Lr 4.2s	^{260}Lr 3min

锕系理论的建立是核能规划中最重要的理论成就之一,这个理论在解释周期表里锕以后元素的化学性质方面,取得了显著的成功,从而丰富了元素周期律的实际内容,在化学和物理学等各个领域中都起着很大的推动作用。

1.2　锕系元素的电子构型

人们早已知道,在镧(Z＝57)之后由 14 个元素组成的内层电子过渡系列中,新加入的电子不增加到 $5d$ 层内,而是陆续占据 $4f$ 层。因此,该系列的铈(Z＝58)有一个 $4f$ 电子;最后一个元素镥(Z＝71)呈 $4f$ 层全充满状态,电子组态为[Xe]$4f^{14}5d6s^2$。锕系理论推断在锕(Z＝89)之后形成的 $5f$ 内层电子过渡系列,由原子束所作的光谱研究和实验表明,锕后第一个元素钍(Z＝90)的气态中性原子并没有 $5f$ 电子,而是其后的镤(Z＝91)开始同时填入两个 $5f$ 电子。现将锕系元素气体基态原子的电子组态依次列于表 1.3,为了比较起见,同时列出镧系元素的电子组态[4]。

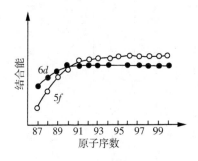

图 1.1　元素周期表后部元素 d 电子和 f 电子结合能的变化

从表 1.3 可以看出,不论镧系元素还是锕系元素,它们最外两层的电子结构几乎相同,差异分别表现在 $4f$ 和 $5f$ 内层上。两个系列中除开始填入 f 电子的为首元素不相对应外,锕系元素中的镤(Z＝91)、铀(Z＝92)、镎(Z＝93)在填入 $5f$ 电子后,还有一个 $6d$ 电子,这点与相应的镧系元素也不一致。这是由于锕系元素的 $5f$ 电子和核之间的联系,比 $4f$ 电子要弱得多,从而造成 $5f$ 与 $6d$ 两层之间能量的差异比镧系元素的相应值小之故。

当锕系元素由中性原子变成离子时,电子填充 $5f$ 层的趋势比 $6d$ 层大。例如,气态 Th^{3+} 的电子组态[Rn]$5f^1$ 比电子组态[Rn]$6d^1$ 的能量低 1 eV;U^{3+} 和 Np^{4+} 的电子组态[Rn]$5f^3$,比起[Rn]$5f^26d$ 来在能量上更有利些(参见图 1.1)。实验证明,由气态离子导出的[Rn]$5f^n$ 型结构,一般地适合于水溶液和晶体化合物中的离子。只有少数的例外,如在化合物 U_2S_3,Th_2S_3 中都发现有 $6d$ 电子。但因 $5f$ 与 $6d$ 电子结合能的差值通常在化学键能之内,容易发生跃迁,所以同一元素在不同的化合物中,电子组态可能并不相同。若在溶液中,它要取决于配位体的性质。

就三价锔(Z＝96)来说,与三价钆(Z＝64)类似,分别具有 $5f^7$ 和 $4f^7$ 的半充满 f 层电子组态,因而显得特别稳定。在镧系元素中,这种稳定性在钆处表现得很明显,由钆至右边的铽(Z＝65),其特性(如:摩尔体积、稳定常数等)多少会出现突变;而二价铕(Z＝63)和四价铽的电子组态都是 $4f^7$,它们的存在实际上也是由于半充满 $4f$ 层的稳定性所致。但是,镧系元素中反常价态的稳定性不能单纯从电子组态加以确认。

表 1.3　镧系和锕系元素的外围电子结构

原子序数	元素	最外三个电子层的电子排布							
		$4s$	$4p$	$4d$	$4f$	$5s$	$5p$	$5d$	$6s$
57	镧 La	2	6	10		2	6	1	2
58	铈 Ce	2	6	10	1	2	6	1	2
59	镨 Pr	2	6	10	3	2	6		2
60	钕 Nd	2	6	10	4	2	6		2
61	钷 Pm	2	6	10	5	2	6		2
62	钐 Sm	2	6	10	6	2	6		2
63	铕 Eu	2	6	10	7	2	6		2
64	钆 Gd	2	6	10	7	2	6	1	2
65	铽 Tb	2	6	10	9(8)	2	6	(1)	2
66	镝 Dy	2	6	10	10	2	6		2
67	钬 Ho	2	6	10	11	2	6		2
68	铒 Er	2	6	10	12	2	6		2
69	铥 Tu	2	6	10	13	2	6		2
70	镱 Yb	2	6	10	14	2	6		2
71	镥 Lu	2	6	10	14	2	6	1	2

原子序数	元素	最外三个电子层的电子排布							
		$5s$	$5p$	$5d$	$5f$	$6s$	$6p$	$6d$	$7s$
89	锕 Ac	2	6	10		2	6	1	2
90	钍 Th	2	6	10		2	6	2	2
91	镤 Pa	2	6	10	2	2	6	1	2
92	铀 U	2	6	10	3	2	6	1	2
93	镎 Np	2	6	10	4	2	6	1	2
94	钚 Pu	2	6	10	6	2	6		2
95	镅 Am	2	6	10	7	2	6		2
96	锔 Cm	2	6	10	7	2	6	1	2
97	锫 Bk	2	6	10	9(8)	2	6	(1)	2
98	锎 Cf	2	6	10	10	2	6		2
99	锿 Es	2	6	10	11	2	6		2
100	镄 Fm	2	6	10	12	2	6		2
101	钔 Md	2	6	10	13	2	6		2
102	锘 No	2	6	10	14	2	6		2
103	铹 Lr	2	6	10	14	2	6	1	2

对于锕系元素中镅处的各种说法,至今尚未确证。一方面是有关镅后元素的数据不完全,更重要的是 $5f$ 电子之间的能量差值较小,从而掩盖了这种特性上的突变。现在已知有四价镅的化合物,但还不能确切证实制备成二价锔($Z=95$)的化合物。

锕系元素的磁性测定常被用于判断它们的电子组态,有时还可用来解释配位场引起的基态谱项的分裂。但是,因为各个多重态能级混杂在一起,所以解释起来比较困难。磁学数据能为 d 区过渡元素及其离子提供电子组态的可靠资料(参见图 1.2),可是,具有 f 电子的元素其磁性行为与 d 区元素是根本不同的,因而对锕系元素的磁性质不能只作简单的解释,除了要改用相应的自旋-轨道耦合模型外,还要充分考虑配位场效应。

早期对某些化合物如 $RbNpO_2(NO_3)_3$,$RbPuO_2(NO_3)_3$ 等所作的许多电子自旋共振法研究结果,支持了锔后元素归属于 $5f$ 系列的理论,此后又进行了一系列新的研究[5,6]。

光谱法测量尚能提供有关锕系元素电子低激发能级组态的数据。处于各种电离状态的锕系,其光谱线非常繁多,如果仅仅测量波长,常不足以阐明这些谱线的本质所

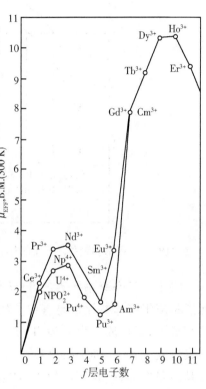

图 1.2 某些锕系和镧系元素的摩尔磁化率

在,需有其他方面的配合才行,例如塞曼效应、超精细分裂及同位素位移等。对于重原子核来说,同位素位移几乎只取决于两种同位素原子核体积的差别,因此在研究电子能级的归属时,同位素位移是很有意义的。大多数锕系元素都进行过光谱学方面的研究,虽然只有少数光谱能够解释清楚,但这些研究对某些气态原子和离子结构的了解却加深了一步[7]。

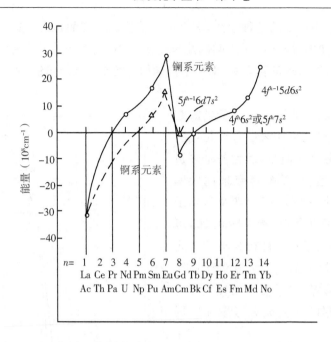

图 1.3　锕系和镧系元素气态中性原子的 $f^n s^2$ 和 $f^{n-1} d s^2$ 电子组态能量的比较

　　将中性气态锕系元素的 $5f^n 7s^2$ 和 $5f^{n-1} 6d7s^2$ 电子组态的能量差,与镧系元素相应组态作些比较是有启发的。例如,当 $1 \leqslant n \leqslant 3$ 时,即前述 Th, Pa 和 U 的情形下,通过原子束实验得到 $5f^{n-1} 6d7s^2$ 的组态(参见图 1.3);另一方面,锕系元素 $n=6(7)$ 时的 $5f^n 7s^2$ 态和镧系元素 $n=4-7$ 时的 $4f^n 6s^2$ 态在能量上都是较稳定的,这时镧系的 $4f$ 能级较锕系的 $5f$ 能级低 1.5 电子伏。由此可见,至少在 f 系列的前一半元素中,当一个 $5f$ 电子激发到 $6d$ 时,它所需的能量将比相应镧系由 $4f$ 激发到 $5d$ 的能量小。这就定量地表明,锕系元素比镧系元素可能有更多数目的成键电子,从而可出现高于 +3 的价态。反之,在 f 系列的后一半元素中,一个 $5f$ 电子激发到 $6d$ 能级比一个 $4f$ 电子激发到 $5d$ 能级需要更多的能量。这就解释了重锕系元素和重镧系元素低价态的稳定性,以及重镧系元素 +2 价存在的事实。

1.3　锕系元素的价态、离子半径和配位数

　　镧系元素的特征稳定价态是正三价,在锕系中,各元素并不像镧系元素所表现出来的那样具明显的相似性。虽然锕本身具有稳定的正三价状态,但钍在溶液中的特征价态是正四价,镤是正五价,而铀在溶液中最稳定的则是正六价状态。不过

这几个元素如镎和钚一样,也都存在着正三、四或五价状态。如上所述,这些特点可以从 5f 电子构型来说明,即轻锕系元素 5f 电子与核的作用比镧系元素的 4f 电子弱,因而容易失去,形成高价稳定态。随着原子序数的增加,核电荷也跟着升高,使得 5f 电子与核间作用增强,于是像镧系元素一样产生"收缩现象",此时 5f 与 6d 能量差也增大,5f 电子再也不容易失去了,所以通常说来,轻锕系元素的高价态和重锕系元素的低价态比其相应的镧系元素显得更加稳定。

现将已知锕系元素的价态列于表 1.4,为了比较起见,同时列出镧系元素的价态。

至今已发现重锕系元素都有二价状态,而 102 号锘的二价成了它最稳定的状态,只有用强氧化剂如 Ce(IV) 才能将它氧化成 No(III);又在萃取和离子交换实验中发现,锘的化学行为与碱土元素类似。从电子构型来看,这是合理的,因为 5f 层充满 14 个电子的结构特别稳定,不论三价镥、二价锘都有 14 个 f 电子的全充满结构。1967 年以来,陆续发现了七价状态的镎、钚和镅[9]。最近有人察觉有一价钔的存在[10]。

表 1.4 锕系元素和镧系元素的价态[2]

锕系元素															
元素	Ac	Th	Pa	U	Np	Pu	Am	Cm	Bk	Cf	Es	Fm	Md	No	Lr
原子序数	89	90	91	92	93	94	95	96	97	98	99	100	101	102	103
价态	(2) **3**	(2) 3 **4**	(3) 4 **5**	2 3 **4** 5 6	3 4 **5** 6 7	3 **4** 5 6 7	(2*) **3** 4 5 6 (7)	(2) **3** 4	**3** 4	2 **3** 4 (5)	2 **3**	2 **3**	(1) 2 **3**	**2** 3	**3**

镧系元素															
元素	La	Ce	Pr	Nd	Pm	Sm	Eu	Gd	Tb	Dy	Ho	Er	Tm	Yb	Lu
原子序数	57	58	59	60	61	62	63	64	65	66	67	68	69	70	71
价态	2* **3**	2* **3** 4	2* **3** 4	2* **3** (4)	2* **3**	2 **3**	2 **3**	2* **3**	2* **3** 4	2* **3** (4)	2* **3**	2* **3**	2 **3**	2 **3**	**3**

注:1. * 仅在碱土金属卤化物中以稀的固溶体(<0.5mol%)存在。2.括号内的价态尚未确证。3.划有底线的为最稳定价态。

表 1.5　锕系元素和镧系元素的离子半径(配位数＝6)

锕系元素				镧系元素		
元素	M^{3+}(Å)	M^{4+}(Å)	M^{5+}(Å)	M^{6+}(Å)	元素	M^{3+}(Å)	M^{4+}(Å)
Ac	1.11				La	1.061	
Th	1.08	0.99			Ce	1.034	0.92
Pa	1.05	0.96	0.90		Pr	1.013	0.90
U	1.03	0.93	0.89	0.83	Nd	0.995	
Np	1.01	0.92	0.88	0.82	Pm	(0.979)	
Pu	1.00	0.90	0.87	0.81	Sm	0.964	
Am	0.99	0.89	0.86	0.80	Eu	0.950	
Cm	0.986	0.88			Gd	0.938	
Bk	0.981	0.87			Tb	0.923	0.84
Cf	0.976				Dy	0.908	
Es	0.97				Ho	0.894	
Fm					Er	0.881	
Md					Tm	0.869	
No					Yb	0.858	
Lr					Lu	0.848	

处于各种价态的锕系元素离子,各有其不同的化学行为。表 1.5 列出三价至六价锕系和镧系元素的离子半径,这些数据主要是由它们的氧化物和卤化物的简单晶体结构中导出的。在锕系和镧系元素中都发现有离子半径的收缩现象,即随着原子序数的增加而离子半径逐渐减小。这种收缩连续而不均匀,对前几个 f 电子,它的收缩较大,以后的趋势则越来越平。这使得 f 元素系列的化学差异性随原子序数的增加而逐渐减小,以致分离钚后元素时变得更加困难。

三价锕系和镧系元素在其化合物中的配位数主要是 6 或 8。正四价的特征即是配位数为 8 或 10,而锕系酰基离子(Actinyl ions)的配位数主要是 6,7,8。除了常见配位数为 6(八面体或三棱柱排列)和 8(主要为立方、四角反棱柱或六方棱柱围绕着金属原子)以外,许多锕系元素的离子还有较高的配位数,如 10,11 或 12;更有意思的是,配位数为 7 和 9 在别处是极少遇到的,但在锕系元素化合物中却经常出现[11]。

表 1.6 锕系元素离子的配位数

价态	配位数	几何排列	实 例
III	6	八面体	$M(CH_3COCHCOCH_3)_3$；MCl_6^{3-}
	8		$PuBr_3$ 型
	9		UCl_3 型；$MF_3(LaF_3$ 型)
	12	二十面体	$UD_3(D：_1^2H)$
IV	6	八面体	UCl_6^{2-}；$PuBr_6^{2-}$
		三角棱柱	β-ThI_2
	7	五方	Na_3UF_7
		双锥	
	8	立方	MO_2
		四方	$(NH_4)_4UF_8$；UCl_4 型
		反棱柱	$Th(C_5H_{10}NS_2)_4$
	9		$(NH_4)_4ThF_8$；Li_4UF_8；$KTh_2(PO_4)_3$
	10		$U(CH_3COO)_4$；$Th(TTA)_4 \cdot 1,1'$-联吡啶
	11		$[Th_2(OH)_2(NO_3)_6(H_2O)_6]$
	12	二十面体	$MgTh(NO_3)_6 \cdot 8H_2O$
V	6	八面体	UF_6^-；α-UF_5；β-$PaBr_5$
	7		β-UF_5；Rb_2UF_7
		五方	$PaOBr_3$；$PaCl_5$
		双锥	
	8		$RbPaF_6$
		立方(变形)	Na_3PaF_8
	9		K_2PaF_7
VI	6	八面体	UF_6；UCl_6；δ-UO_3；Li_4UO_5
			$UO_2(OH)_2$；$Mg(UO_2)O_2$
	7	五方	$UO_2Cl_2 \cdot 3H_2O$；$Cs_2(UO_2)_2(SO_4)_3$
		双锥	$[UO_2(CH_3COO)_2 \cdot OP(C_6H_5)_3]_2$
	8	六方	$Na[UO_2(CH_3COO)_3]$
		双锥	$Rb[UO_2(NO_3)_3]$
			$Ca(UO_2)O_2$；α-UO_3；UO_2CO_3
			$Na_4[UO_2(O_2)_3] \cdot 9H_2O$
			$UO_2(NO_3)_2 \cdot 2(C_2H_5)_3PO$
VII	6	八面体	Li_5NpO_6；Li_5PuO_6

诚然,各个锕系元素离子都有某几个主要的配位数,但所遇到的配位数范围还是比其他金属离子的范围要大些。例如,五价镎卤化物的配位数有 $6(\beta$-$PaBr_5)$,

$7(PaCl_5),8(Na_3PaF_8)$ 和 $9(K_2PaF_7)$。还可指出的是,在某些化合物如 $MOCl_2(M$ $=Pa—Np)$ 的晶格中,各个金属原子会出现 $7,8,9$ 三种不同的配位数,这也是耐人寻味的。有的配位多面体出现相当复杂的情形,因而往往难于确定其配位数。表 1.6 列出三价至七价锕系元素配位数一览表。如同 d 区元素一样,对每种配位都可得出杂化函数(Hybrid function),例如 sf 或 df 形成直线形键,st^3 为四面体排列,d^2sf^3 以八面体排列等。

1.4　锕系离子的水溶液化学

1.4.1　锕系离子的稳定性

锕系元素的离子在溶液中的颜色见表 1.7。其中 Ac^{3+},Th^{4+},Pa^{3+} 和 Cm^{3+} 无色,其余离子都是显色的。f 电子对光吸收的影响,对镧系元素和锕系元素表现得十分相似。例如,$La^{3+}(4f^0)$ 和 $Ac^{3+}(5f^0)$、$Ce^{3+}(4f^1)$ 和 $Th^{4+}(5f^0)$、$Pa^{4+}(5f^2)$,$Gd^{3+}(4f^7)$ 和 $Cm^{3+}(5f^7)$ 都为无色。$Nd^{3+}(4f^3)$ 和 $U^{3+}(5f^3)$ 均显浅红色。

表 1.7　锕系元素离子的颜色

离子	Ac^{3+}	Th^{4+}	Pa^{4+}	U^{3+}	U^{4+}	Np^{3+}
颜色	无色	无色	无色	浅红	绿	蓝紫

离子	Np^{4+}	Pu^{3+}	Pu^{4+}	Am^{3+}	Cm^{3+}
颜色	黄绿	蓝	黄绿	粉红-红	无色

表 1.8　锕系离子在水溶液中的稳定性

元素	价态	稳定性及某些制法
锕	Ac(III)	稳定。
钍	Th(III) Th(IV)	溶液中未有此价态。ThI_3 与稀酸反应则生成 Th^{4+},并放出氢。 稳定。
镤	Pa(III) Pa(IV) Pa(V)	溶液中未有此价态。 不存在空气时稳定;如有氧则可迅速氧化到五价镤。它可由 Pa(V) 使用强还原剂如 Zn 粉、Cr(II)盐或电解还原制得。 稳定。用强还原剂可还原至 Pa(IV),有明显的不可逆水解倾向。未知有 Pa^{5+} 和严格的 PaO_2^+ 型离子存在。

元素	价态	稳定性及某些制法
铀	U(III)	可将水还原而放出氢。用强还原剂如 Zn 粉与 U(IV)作用,或将其进行电解还原可制得 U(III)。
	U(IV)	没有空气时稳定存在;否则会逐渐氧化成 UO_2^+。采用中等还原剂如连二亚硫酸钠或电解还原,可由 UO_2^{2+} 溶液制取 U(IV)。
	UO_2^+	不稳定,会迅速歧化成 U(IV)和 U(VI)。当 pH=2—4 时比较稳定。
	UO_2^{2+}	稳定。当 pH>3 时有强烈的水解倾向。
镎	Np(III)	没有氧气时稳定;否则将逐渐氧化至 Np(IV)。使用中等还原剂如 Pt/H_2 可由 Np(IV)制得它。
	Np(IV)	稳定;氧气能缓慢地将其氧化成 NpO_2^+。
	NpO_2^+	稳定;仅在高酸时(如>8mol/L HNO_3)歧化成 Np(IV)和 Np(VI)。
	NpO_2^{2+}	稳定;但易被还原,例如可被络合剂 8-羟基喹啉、乙酰丙酮,甚至离子交换树脂所还原。
	NpO_2^{3+}	在碱性溶液中稳定,但在酸性溶液中不稳定。以 ClO^-,$S_2O_8^{2-}$ 或 O_3 氧化 NpO_2^{2+} 的碱性溶液可得它。
钚	Pu(III)	稳定。在钚同位素 α 辐射的作用下将逐渐氧化到 Pu(IV)。
	Pu(IV)	在浓酸中稳定;但在不含络合剂的弱酸中会歧化成 Pu(III)和 Pu(VI)。
	PuO_2^+	当 pH=2—6 时稳定;在较高或较低的 pH 值时,都将歧化成 Pu(IV)和 Pu(VI)。
	PuO_2^{2+}	稳定;在钚同位素 α 辐射的作用下将慢慢被还原,还原速度与溶液的化学成分有关。
	PuO_2^{3+}	仅在碱性溶液中存在;使用 $S_2O_8^{2-}$ 氧化 PuO_2^{2+} 的碱性溶液可制得它。
镅	Am(III)	稳定。只有采用强氧化剂时,才能将它氧化成 Am(V)和 Am(VI);欲氧化为 Am(IV)可在浓磷酸溶液中进行。
	Am(IV)	只有在浓氢氟酸和浓磷酸溶液中才稳定存在。在其他溶液中会缓慢歧化成 Am(III)和 Am(VI)。
	AmO_2^+	稳定。与 NpO_2^+ 相似,只在强酸溶液中发生歧化,在镅同位素 α 辐射的作用下,将快速还原成 Am(III)。
	AmO_2^{2+}	稳定。属于强氧化剂(相当于 MnO_4^-),镅同位素 α 辐射的作用能引起快速自还原而生成 Am(III)。
	Am(VII)	极不稳定。Am(VI)在强碱性溶液中可能歧化成 Am(V)和 Am(VII)。
锔	Cm(III)	稳定。
	Cm(IV)	仅在 15mol/L CaF 溶液中较稳定;在锔同位素 α 辐射的作用下,它将迅速地还原成 Cm(III)。
锫	Bk(III)	稳定。只能用强氧化剂如 $KBrO_3$ 才能转变成 Bk(IV)。
	Bk(IV)	稳定。属于强氧化剂,相当于 Ce(IV),能快速辐解自还原成 Bk(III)。

续表

元素	价态	稳定性及某些制法
锎	Cf(II) Cf(III)	不稳定;可用汞齐还原 Cf(III)制得。 稳定。
锿	Es(II) Es(III)	不稳定;可用汞齐还原 Es(III)制得。 稳定。
镄	Fm(II) Fm(III)	不稳定;可用汞齐还原 Fm(III)制得。 稳定。
钔	Md(II) Md(III)	很稳定。可用强还原剂如 Cr(II),Eu(II)或 Zn 还原 Md(III)制得。 稳定。
锘	No(II) No(III)	稳定。只能被强氧化剂氧化成 No(III)。 稳定。属于强氧化剂,与 BrO_3^- 或 $Cr_2O_7^{2-}$ 相近。
铹	Lr(III)	稳定。

　　锕系元素离子在水溶液中具有明显的化学特性。现将各种锕系离子对氧化还原、歧化反应和自辐射效应的稳定性总结于表 1.8。

1.4.2　锕系元素的氧化还原反应

　　现将锕系元素在水溶液中的摩尔电位、标准电极电位以及相应的电极反应概述于表 1.9。其中大部分数值是直接测定的;有些体系在水溶液中不稳定,这就由估算得出。1mol/L $HClO_4$ 溶液中测得的摩尔电位比离子强度为零的标准电极电位更加准确些,因为后者常由热力学数据外推或计算得到[12,13]。

　　由此表可知,锕系元素(IV—III)的还原电位随着原子序数的增加而增大。钍、铀、镎、钚、镅和锔都是还原剂,其中以锔的还原性为最强。在镉处的还原电位达一明显的极大值。这种电位与原子序数的函数关系,跟镧系元素的相应曲线相似。此外,二价锕系元素的稳定性从锔至锘是不断增加的。MO_2^{2+} 的氧化性则依 Am＞Np＞Pu＞U 的顺序降低。

　　锕系元素的＋4 和＋5 氧化态离子在溶液中会进行自身氧化还原的反应,即下列歧化反应:

$$3M^{4+} + 2H_2O \Longrightarrow 2M^{3+} + MO_2^{2+} + 4H^+$$

$$2MO_2^+ + 4H^+ \Longrightarrow M^{4+} + MO_2^{2+} + 2H_2O$$

歧化反应的倾向可用歧化势来量度,它可由摩尔还原电势求出。

　　＋4 氧化态离子的歧化势为:

$$E_{歧化} = E^\circ_{(IV)/(III)} - E^\circ_{(VI)/(IV)}$$

表 1.9 锕系元素的摩尔电位和标准电极电位[12]

元素	价态变化	电极反应	摩尔电位 E(V) (1mol/L $HClO_4$或 1mol/L NaOH)	标准电极电位 $E°$(V) ($I=0$)
Ac	III—0	$Ac^{3+}+3e=Ac(s)$	-2.62	-2.58
Th	IV—III	$Th^{4+}+e=Th^{3+}$	-2.4	-2.4
	IV—0	$Th^{4+}+4e=Th(s)$	-1.8	-1.9
		$Th(OH)_4+4e=Th(s)+4OH^-$	-2.46	-2.48
Pa	V—IV	$PaO_2^++4H^++e=Pa^{4+}+2H_2O$	$-0.29*$	~-0.1
	V—0	$PaO_2^++4H^++5e=Pa(s)+2H_2O$	-0.97	-1.0
U	VI—V	$UO_2^{2+}+e=UO_2^+$	0.063	0.080
	VI—IV	$UO_2^{2+}+4H^++2e=U^{4+}+2H_2O$	0.338	0.319
		$UO_2^{2+}+2e=UO_2(s)$	0.427	0.447
	VI—III	$UO_2^{2+}+4H^++3e=U^{3+}+2H_2O$	0.015	0.014
		$UO_2(OH)_2+2H_2O+2e=U(OH)_4+2OH^-$	-0.600	-0.620
	V—IV	$UO_2^++4H^++e=U^{4+}+2H_2O$	0.613	0.558
	V—III	$UO_2^++4H^++2e=U^{3+}+2H_2O$	-0.009	-0.019
	IV—III	$U^{4+}+e=U^{3+}$	-0.631	-0.596
		$U(OH)_4+e=U(OH)_3+OH^-$	-2.13	-2.14
	III—0	$U^{3+}+3e=U(s)$	-1.85	-1.80
		$U(OH)_3+3e=U(s)+3OH^-$	-2.14	-2.17
Np	VII—VI	$NpO_2^{3+}+e=NpO_2^{2+}$	>2.07	>2.1
		$NpO_5^{3-}+e+H_2O=NpO_4^{2-}+2OH^-$	0.5281	0.538
	VII—VI	$NpO_2^{2+}+e=NpO_2^+$	1.1364	1.153
		$NpO_2(OH)_2+e=NpO_2(OH)+OH^-$	0.49	0.48
	VI—V	$NpO_2^{2+}+4H^++2e=Np^{4+}+2H_2O$	0.9377	0.918
		$NpO_2(OH)_2+2H^++2e=Np(OH)_4$	0.45	0.43
	VI—III	$NpO_2^{2+}+4H^++3e=Np^{3+}+2H_2O$	0.6769	0.676
	V—IV	$NpO_2^++4H^++e=Np^{4+}+2H_2O$	0.7391	0.684
		$NpO_2(OH)+2H_2O+e=Np(OH)_4+OH^-$	0.40	0.39
	V—III	$NpO_2^++4H^++2e=Np^{3+}+2H_2O$	0.4471	0.437
	IV—III	$Np^{4+}+e=Np^{3+}$	0.1551	0.190
		$Np(OH)_4+e=Np(OH)_3+OH^-$	-1.75	-1.76
	III—0	$Np^{3+}+3e=Np(s)$	-1.83	-1.83

续表

元素	价态变化	电极反应	摩尔电位 E(V) (1mol/L $HClO_4$ 或 1mol/L NaOH)	标准电极电位 E°(V) ($I=0$)
Pu		$Np(OH)_3+3e=Np(s)+3OH^-$	-2.22	-2.25
	VII—VI	$PuO_5^{3-}+H_2O+e=PuO_4^{2-}+2OH^-$	0.847	0.857
	VI—V	$PuO_2^{2+}+e=PuO_2^+$	0.9164	0.933
		$PuO_2(OH)_3^-+e=PuO_2(OH)+2OH^-$	0.27	0.26
	VI—IV	$PuO_2^{2+}+4H^++2e=Pu^{4+}+2H_2O$	1.0433	1.024
		$PuO_2(OH)_3^-+2H_2O+2e=Pu(OH)_4+3OH^-$	0.52	0.51
	VI—III	$PuO_2^{2+}+4H^++3e=Pu^{3+}+2H_2O$	1.0228	1.022
		$PuO_2(OH)_3^-+2H_2O+3e=Pu(OH)_3+4OH^-$	0.03	0.02
	V—IV	$PuO_2^++4H^++e=Pu^{4+}+2H_2O$	1.1702	1.115
		$PuO_2(OH)+2H_2O+e=Pu(OH)_4+OH^-$	0.77	0.76
	V—III	$PuO_2^++4H^++2e=Pu^{3+}+2H_2O$	1.0761	1.066
		$PuO_2(OH)+2H_2O+2e=Pu(OH)_3+2OH^-$	-0.09	-0.10
	IV—III	$Pu^{4+}+e=Pu^{3+}$	0.9819	1.017
		$Pu(OH)_4+e=Pu(OH)_3+OH^-$	-0.94	-0.95
	III—0	$Pu^{3+}+3e=Pu(s)$	-2.08	-2.03
		$Pu(OH)_3+e=Pu(s)+3OH^-$	-2.39	-2.42
Am	VI—V	$AmO_2^{2+}+e=AmO_2^+$	1.60	1.62
		$AmO_2(OH)_2+e=AmO_2(OH)+OH^-$	1.1	1.1
	VI—IV	$AmO_2^{2+}+4H^++2e=Am^{4+}+2H_2O$	1.38	1.36
		$AmO_2(OH)_2+2H_2O+2e=Am(OH)_4+2OH^-$	0.9	0.9
	VI—III	$AmO_2^{2+}+4H^++3e=Am^{3+}+2H_2O$	1.70	1.70
		$AmO_2(OH)_2+2H_2O+3e=Am(OH)_3+3OH^-$	0.7	0.7
	V—III	$AmO_2^++4H^++2e=Am^{3+}+2H_2O$	1.75	1.74
		$AmO_2(OH)+2H_2O+2e=Am(OH)_3+2OH^-$	0.6	0.6
	IV—III	$Am^{4+}+e=Am^{3+}$	2.34	2.38
		$Am(OH)_4(s)+e=Am(OH)_3(s)+OH^-$	0.5	0.5
	III—II	$Am^{3+}+e=Am^{2+}$	-2.93	-2.9
	III—0	$Am^{3+}+3e=Am(s)$	-2.42	-2.38
		$Am(OH)_3(s)+3e=Am(s)+3OH^-$	-2.68	-2.71

续表

元素	价态变化	电极反应	摩尔电位 $E(V)$ (1mol/L $HClO_4$ 或 1mol/L NaOH)	标准电极电位 $E^\circ(V)$ $(I=0)$
Cm	IV—III	$Cm^{4+}+e=Cm^{3+}$	3.24	3.28
	III—II	$Cm^{3+}+e=Cm^{2+}$	5.0	−5.0
	III—0	$Cm^{3+}+3e=Cm(s)$	−2.31	−2.29
Bk	IV—III	$Bk^{4+}+e=Bk^{3+}$	1.64	1.68
	III—II	$Bk^{3+}+e=Bk^{2+}$	−3.4	−3.4
Cf	IV—III	$Cf^{4+}+e=Cf^{3+}$	>1.60	>1.64
	III—II	$Cf^{3+}+e=Cf^{2+}$	−1.9	−1.9
	III—0	$Cf^{3+}+3e=Cf(s)$	−2.32	−2.28
Es	III—II	$Es^{3+}+e=Es^{2+}$	−1.60	−1.57
Fm	III—II	$Fm^{3+}+e=Fm^{2+}$	−1.3	−1.3
Md	III—II	$Md^{3+}+e=Md^{2+}$	−0.15	−0.12
No	III—II	$No^{3+}+e=No^{2+}$	1.45	1.48
Lr	IV—III	$Lr^{4+}+e=Lr^{3+}$		7.9[14]

表 1.10 部分锕系离子的歧化势(V)

元素	$3M(IV)\rightleftharpoons 2M(III)+M(VI)$	$2M(V)\rightleftharpoons M(IV)+M(VI)$
U	−0.969	0.550
Np	−0.783	−0.398
Pu	−0.064	0.254
Am	0.96	—

表 1.11 锕系离子在水溶液中的歧化反应平衡数(25℃)

元素	歧化反应	$\log K$
U	$2UO_2^++4H^+\rightleftharpoons U^{4+}+UO_2^{2+}+2H_2O$	9.30
Np	$2NpO_2^++4H^+\rightleftharpoons Np^{4+}+NpO_2^{2+}+2H_2O$	−6.72
Pu	$2PuO_2^++4H^+\rightleftharpoons Pu^{4+}+PuO_2^{2+}+2H_2O$	4.29
	$3PuO_2^++4H^+\rightleftharpoons Pu^{3+}+2PuO_2^{2+}+2H_2O$	5.40
	$3Pu^{4+}+2H_2O\rightleftharpoons 2Pu^{3+}+PuO_2^{2+}+4H^+$	−2.08
Am	$3Am^{4+}+2H_2O\rightleftharpoons 2Am^{3+}+AmO_2^{2+}+4H^+$	32.5
	$2Am^{4+}+2H_2O\rightleftharpoons Am^{3+}+AmO_2^++4H^+$	19.9

+5 氧化态离子的歧化势为：

$$E_{歧化} = E^{\circ}{}_{(V)/(IV)} - E^{\circ}{}_{(VI)/(V)}$$

歧化势愈大,该离子发生歧化反应的倾向就愈大。表 1.10 和表 1.11 列出了 U,Np,Pu 和 Am 的歧化势和若干歧化反应的平衡常数。由此可知,U^{4+} 和 Np^{4+} 不易发生歧化反应,而 Am^{4+} 的歧化倾向则较大。在氧化态为 5 的离子中 UO_2^+ 和 PuO_2^+ 的歧化反应倾向大,而 NpO_2^+ 则是稳定的。

1.4.3　锕系元素的络合反应

人们对锕系元素的络合物进行过许多研究。其中超铀元素的研究多在微量范围内进行,有时难以制成均一价态的放射性示踪剂溶液,而且想准确测定它们的浓度受到限制,因而不同作者对于同一化合物测得的生成常数出现差异。

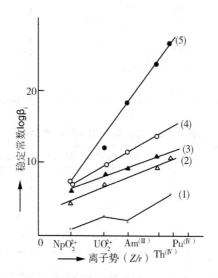

图 1.4　三价到六价锕系元素的代表 Am(III),Th(IV),Pu(IV),NpO_2^+,UO_2^{2+} 与
下列络合剂所形成的络合物之稳定常数:
(1)乙酸;(2)乙酰丙酮;(3)N-羟乙基亚氨二乙酸;(4)氮川三乙酸;(5)乙二胺四乙酸

一般说来,锕系元素络合物在水溶液中的稳定性以下列顺序递降:

$$M(IV) > M(III) \geqslant M(VI) > M(V)$$

即四价锕系元素形成最强的络合物,而五价锕系元素形成的络合物最弱,参见图 1.4。然而,MO_2^{2+} 和 MO_2^+ 所形成的络合物比相应二价或一价阳离子形成的络合物要稳定些。不少锕系元素离子的电子构型与惰性气体相似,它们的配位化合物主要是静电性的,因而络合物的稳定性主要取决于离子势 Z/r。这里 Z 为离子电

荷,r 为离子半径。

　　三价和四价锕系元素与氨基多羧酸所形成螯合物的生成常数,随着离子势或者原子序数的增加而增加(图 1.4 至图 1.6)。若与锕系元素的三价离子螯合物相比较,就会发现在相等离子势情形下,锕系元素的三价离子螯合物显得较稳定些。这种现象是由于 5f 电子参与了络合成键的缘故。

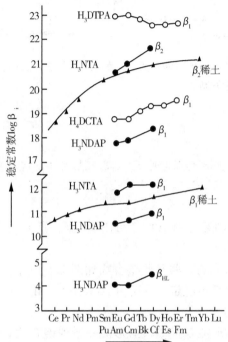

图 1.5　三价锕系元素与氨基多羧酸形成的螯合物之稳定常数

H$_5$DTPA:二乙撑三胺五乙酸;H$_4$DCTA:二氨环己烷四乙酸;

H$_3$NDAP:氮川二乙基丙酸;H$_3$NTA:氮川三乙酸

　　对于五价和六价锕系元素双氧金属阳离子的络合物而言,生成常数与原子序数的关系则不如前面的清楚。例如,PuO_2^+ 与乙二胺四乙酸形成的螯合物比 NpO_2^+ 的相应螯合物稳定,而它们与氨基乙酸、亚氨二乙酸形成螯合物的稳定性次序正好相反。

　　如果将同类配位体形成的络合物加以比较,发现它们的稳定性多随配位体 pK 值的增加而线性地增加。图 1.7 表示六价铀、钚与脂肪族羧基配位体形成一系列络合物的情形。其中羟基乙酸络合物不在直线上,可能是它具有不同类型的络合键所致。

　　锕系元素被络合的趋势,大致按下列顺序递降:

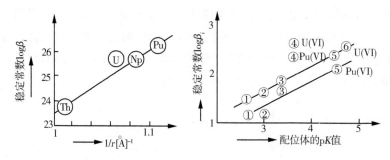

图 1.6　四价锕系元素与乙二胺四乙酸形成
　　　　螯合物的稳定常数

图 1.7　六价铀、钚与乙酸衍生物形成络合物
　　　　的稳定常数

①一氯乙酸；②呋喃-2-羧酸；③噻吩-2-羧
酸；④羟基乙酸；⑤乙酸；⑥丙酸

一价配位体

OH^-＞氨基酚类（如8-羟基喹啉）＞1,3-二酮类＞α-羟基羧酸类＞乙酸＞硫代羧酸类＞$H_2PO_4^-$＞SCN^-＞NO_3^-＞Cl^-＞Br^-＞I^-

二价配位体

亚氨二羧酸类＞CO_3^{2-}＞$C_2O_4^{2-}$＞HPO_4^{2-}＞α-羟基二羧酸类＞二羧酸类＞SO_4^{2-}

锕系元素金属所形成的某些环状螯合物如图 1.8 所示。一般说来,五元环螯合体系比六元环螯合体系更稳定。这可由 Am(III)[15] 和 Pu(VI)[16] 相应螯合物的稳定常数作比较来证实。

U(VI)与简单脂肪酸或 α-羟基羧酸形成一系列络合物,形成的数量随脂肪酸链长的增加而增多,且络合物的稳定性也与链长有一定的关系[17]。锕系元素与某些有机磷化物,也呈现明显的络合趋向,如磷酸酯、膦酸酯和氧膦化物等,都有一定的选择性萃取或协同效应。

三价、四价锕系元素离子可与氨基多羧酸形成螯合物,其稳定性随配位体中电子给予体原子所结合数目的增加,而线性地增加[18]。四价锕系元素形成的螯合物,通常比三价锕系元素形成的螯合物更加稳定。此外,许多锕系元素络合物和螯合物,都已制得固态的形式[19]。

在锕系元素的物理和化学手册方面,曾将西欧、美国和我国知名科学家有关锕系络合物及萃取的重要评述收入最新出版的第 3 卷之中[24]。最新放射性同位素数据表参见文献[25]。

1.4.4　锕系元素的水解

锕系元素的离子半径不大,而电荷较多,因此,它们在水溶液中会水解。水解

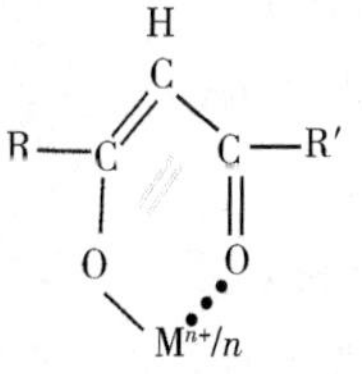

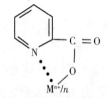

1,3-二酮类螯合物体系 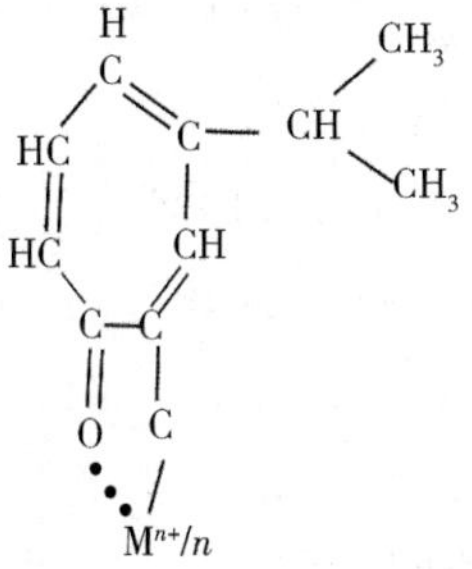　　　β-异丙基芳庚酚酮　　　方酸螯合物体系
　　　　　　　　　　　　　　螯合物体系

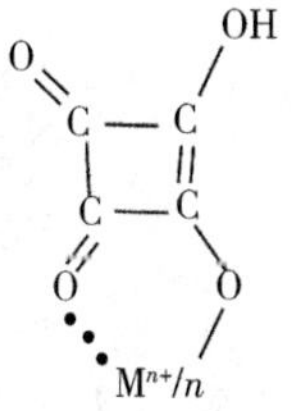

吡啶-2-羧酸螯合物体系 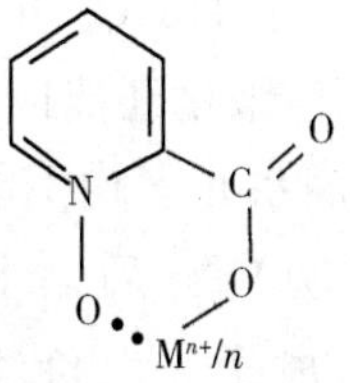　　吡啶-2-羧酸-N-氧化物螯合物体系

图 1.8　某些锕系元素金属螯合物的环状体系

的第一阶段通常可表达为：

$$M^{n+} + H_2O \rightleftharpoons M(OH)^{(n-1)+} + H^+$$

水解常数

$$K_{h1} = \frac{[M(OH)^{(n-1)+}][H^+]}{[M^{n+}]}$$

三价锕系元素：

$$Pu^{3+}, K_{h1} = 1.1 \times 10^{-7} \qquad (\mu = 5 \times 10^{-2})$$
$$Am^{3+}, K_{h1} = 1.2 \times 10^{-6} \qquad (\mu = 0.1, 23℃)$$
$$Cm^{3+}, K_{h1} = 1.2 \times 10^{-6} \qquad (\mu = 0.1, 23℃)$$
$$Bk^{3+}, K_{h1} = 2.2 \times 10^{-6} \qquad (\mu = 0.1, 23℃)$$
$$Cf^{3+}, K_{h1} = 3.4 \times 10^{-6} \qquad (\mu = 0.1, 23℃)$$

四价锕系元素：

$$Th^{4+}, K_{h1} = 7.6 \times 10^{-5} \quad (\mu = 1.0)$$

$$Pa^{4+}, K_{h1} = 7 \times 10^{-1} \quad (\mu = 3)$$

$$U^{4+}, K_{h1} = 2.1 \times 10^{-2} \quad (\mu = 2.5)$$

$$Np^{4+}, K_{h1} = 0.5 \times 10^{-2} \quad (\mu = 2)$$

$$Pu^{4+}, K_{h1} = 5.4 \times 10^{-2} \quad (\mu = 2.5)$$

$$Hf^{4+}, K_{h1} = 1.33 \quad (供比较)$$

其中 Pa(IV) 的水解行为不像其他四价锕系元素,而是更像 Hf(IV)。水解过程并未完全清楚[20],可能是各式各样的,除产生单核型的水解产物外,有时还发现有聚合型水解产物。即出现水合、水解和络合等的混合过程。实际上,未水解的三价和四价锕系元素离子仅存在于 $HClO_4$ 介质中。

只有镤在浓 $HClO_4$ 溶液中还能以简单的五价离子存在,在稀释过程中则发生水解和聚合。铀及其后锕系元素均不能以简单的五价离子存在,而是形成水合的二氧络阳离子 $MO_2(H_2O)_n^+$;后者相对地说较少水解,形成的水解形式为 $MO_2(OH)_m(H_2O)_{n-m}^{(1-m)}$ 离子。六价锕系元素离子也只以水合二氧络阳离子 $MO_2(H_2O)_n^{2+}$ 的形式存在,它们比单电荷离子更趋向于水解。在溶液中,根据介质酸度的不同,形成 $MO_2(OH)_m(H_2O)_{n-m}^{(2-m)}$ 和更复杂的水解产物;在聚合过程中,有时生成双核水解产物 $[(MO_2)_2(OH)_m]^{(4-m)}$。

随着离子电荷与半径比值的增加,锕系元素离子水解和络合的趋势也增大。因此,对于具有相同原子序的锕系离子而言,随着它们的电荷数的递减,水解和络合的趋势亦依以下顺序减少:

$$M^{4+} > M^{3+} > MO_2^{2+} > MO_2^+$$

但在某些情况下,例如草酸盐和醋酸盐溶液中,锕系离子的水解和络合趋向按以下顺序递减:

$$M^{4+} > MO_2^{2+} > M^{3+} > MO_2^+$$

1.5　锕系元素在自然界中的存在

锕系元素中的铀早在 1789 年就在沥青铀矿中发现,比它轻的锕、钍和镤随后在它们的矿石中也陆续地发现了(参见表 1.2)。它们在地壳中的丰度为[21]:锕 $3 \times 10^{-14}\%$,钍 $1.5 \times 10^{-3}\%$,镤 $8 \times 10^{-11}\%$,铀 $4 \times 10^{-4}\%$。主要的钍矿有独居石(Ce, La, Nd, …)PO_4,其中含 $ThSiO_4$,它与 $CePO_4$ 呈同晶形共生;另外还有硅酸钍矿 $ThSiO_4$。铀的主要矿石有沥青铀矿 U_3O_8,钒酸钾铀矿 $K_2(UO_2)_2(VO_4)_2 \cdot 3H_2O$,钙铀云母 $Ca(UO_2)_2(PO_4)_2 \cdot 8H_2O$,铜铀云母 $Cu(UO_2)_2(PO_4)_2 \cdot 12H_2O$,

黑稀金矿$(Ca,U,Th,Ce)(Nb,Ta,Ti,Fe)_2O_6$ 等等。

探测自然界中超铀元素的工作已做过许多尝试。在 1940 年以前曾有几次在各种矿石中发现个别超铀元素的报道，但被严格的鉴定否定了。1942 年 G. T. Seaborg 和 M. L. Perlman 首次测定证实了钚在自然界的存在。他们用共沉淀法和氧化-还原循环从 400g 沥青铀矿中分离出少量^{239}Pu,并以放射化学方法作了特征性鉴定，得出每 g 铀中约含 10^{-14} 克钚的结果。D. F. Peppard 等人曾用萃取法发现，在生产铀的残余水溶液中，每 10^{12} 份铀浓缩液约含 7 份钚-239。此后研究了许多其他铀矿的钚含量(见表 1.12)，发现尽管铀含量(0.24%—50%)不同，而 U/Pu 比均大致为 $10^{11}/1$,这就肯定了钚是由铀生成的判断。

表 1.12　各种铀矿的钚含量

矿	样品（g）	铀含量（%）	提取的钚量（脉冲/min）	化学产额（%）	比值（×10⁻¹¹）	
					^{239}Pu：矿	^{239}Pu：U
钒钾铀矿	5000	—	2.8	60	0.1	
铀矿（加拿大）	100	13.5	0.66	10	9.1	0.71
刚果矿	10	38	3.2	10	48	1.2
卡罗拉多矿	46	50	3.40	26	38	0.77
独居石（巴西）	1000	0.24	0.36	25	0.21	0.83
北卡罗来纳矿	1000	1.64	0.3	17	0.59	0.36
褐钇铌矿（卡罗拉多）	280	0.25	0.01	5	0.1	0.4
钒钾铀矿（卡罗拉多）	500	10	0.15	12	0.4	0.04
铀矿（刚果）	2000	45.3	43.0	4.3	70±7	1.5±0.2
铀矿	2000	43.5	400	33.3	87	2.0±0.3

钚-239 的半衰期与地球的年龄($4.5×10^9$ a)相比是很短的，所以它现有的存在量不可能是原生的。现在认为少量钚-239 是由反应链：

$$^{238}U(n,\gamma)^{239}U \xrightarrow[23.5min]{\beta^-} {}^{239}Np \xrightarrow[2.3d]{\beta^-} {}^{239}Pu$$

逐级形成的。人们测得的是相当于生成与衰变之间平衡的浓度。其中的中子来自铀的自发裂变，锂、硼、氧、硅等轻元素的(α,n)反应以及宇宙线。

在铀含量高、杂质少的沥青铀矿中，Pu/U 比几乎是常数，与矿产地无关。对于铀含量低的矿石，虽然上面提到的(α,n)组分较高，但杂质含量也高，由铀生成的中子损失于寄生俘获上的就更多，因而用于生成钚的中子数相应减少，造成这些矿石中 Pu/U 比较低。这种作用在那些含中子吸收截面高的元素的铀矿中尤为显著，例如在钒钾铀矿 $KUO_2VO_4 \cdot 1.5H_2O$ 和褐钇铌矿 $Y(Nb,Ta)O_4$ 中，它们不仅含有铁和钙,还含有强烈吸收中子的稀土元素,于是它们的 Pu/U 比也异乎寻常的低。

两个彼此独立用不同方法工作的美国研究小组,发现了在太阳系中早先存在钚的另一种放射性同位素^{244}Pu 的间接证据。P. K. Kuroda 等曾指出,许多陨石中氙的重同位素比大气中氙的含量高,认为这是^{244}Pu 的自发裂变生成的。R. L. Fleischer 等证实了墨西哥托卢卡(Toluca)铁陨石中几 μm 长的化石核径迹绝大部分是^{244}Pu 衰变造成的,仅很小一部分来自^{238}U 的衰变。

^{244}Pu 是半衰期最长的超铀核素,达 8.3×10^7 a,假定原始丰度与它衰变的最终产物^{232}Th 在目前地球上的丰度($\sim4.4\times10^{-8}$ g/g)相等,则目前地球上^{244}Pu 的平均丰度上限为 3×10^{-25} g/g,这样微小的量只能在充分浓集之后才能发现。1971 年 D. C. Hoffman 研究小组[22]从约 85kg 氟碳铈镧矿(Bastnasite)中分离出极少量的^{244}Pu,他们从加利福尼亚州矿中得到的粗铈,用 25% 的二(2-乙基己基)磷酸萃取剂进行纯化,得到 9L 原始产品,继用萃取和离子交换法浓集^{244}Pu。用质谱法测定得 2×10^7 个原子(大约为 8×10^{-15} g),即每克氟碳铈镧矿约含有 10^{-20} g 的量,或相当于每克地球物质中含 2.8×10^{-25} g,^{244}Pu 总的浓集倍数要求达到 3×10^6。

地球的年龄约相当于 60 个^{244}Pu 的半衰期,当地球刚形成之时,^{244}Pu 的量比现在要大 2^{60} 倍,这个量与 $1/10^{-20}$ 接近,因而有人推测当时可能已存在^{244}Pu,它的量与目前有关稀土矿的量相当。过去一直认为铀是自然界中存在的最重的放射性元素,根据这一发现,现在更有理由将钚称为天然放射性元素了。

从刚果沥青铀矿中提取铀得到的废液里,D. F. Peppard 等人[23]还发现了少量镎的放射性同位素^{237}Np(^{237}Np/^{238}U$=1.8\times10^{-12}$)和铀的另一种丰度极低的放射性同位素^{233}U(^{233}U/^{238}U$=1.3\times10^{-13}$)。^{237}Np 是由铀与快中子经$(n,2n)$核反应生成的,接着它又衰变下去而成^{233}U:

$$^{238}\text{U}(n,2n)\,^{237}\text{U}\xrightarrow{\beta^-}\,^{237}\text{Np}\xrightarrow{\alpha}\,^{233}\text{Pa}\xrightarrow{\beta^-}\,^{233}\text{U}$$

^{237}Np/^{233}U 的比值约为 14,这是与^{237}Np 和^{233}U 之间的放射性平衡相对应的。但并不排除钚俘获中子后可逐步生成^{233}U 的可能性。关于在自然界中寻找超重元素的问题,我们将在后面的章节另行叙述。

参 考 文 献

[1] G. T. Seaborg, *Chem. Eng. News*, 23, 2190(1945).

[2] J. C. Bailar Jr. , H. J. Emeléus, Sir R. Nyholm, A. F. Trotman-Dickenson, "Comprehensive Inorganic Chemistry", Vol. 5, Actinides, Pergamon Press, 6—8(1973).

[3] A. Ghiroso, in "Actinides in Perspective" N. M. Edelstein(ed.), Pergamon Press, 23—56(1982).

[4] Th. Moeller, *J. Chem. Ed.* , **47**, 417(1970).

[5] N. Edelstein et al. ,in"Lanthanide/Actinide Chemistry"R. F Gould(ed.), Advances in Chemistry Series, Vol. 71,p. 203,Am. Chem. Soc. ,Washington D. C. (1967).

[6] M. M. Abraham,L. A. Boatner,C. B. Finch et al. ,*Phys. Rev.* Bl,3555(1970).

[7] A. J. Freeman and G. H. Lander,"Handbook on the Physics and Chemistry of the Actinides",Vol. 1, North-Holland,Elsevier Science Publishers,B. V. (1984).

[8] C. Keller,"The Chemistry of the Transuranium Elements",Verlag Chemie GmbH,117(1971).

[9] V. P. Zaitseva,*Докл. Акад. Наук. СССР* **188**,826(1969).

[10] Ан. Н. 涅斯米扬诺夫(Несмеянов),《放射化学》,何建玉等译,原子能出版社,268(1985).

[11] D. Brown,S. F. Kettle,A. J. Smith,*J. Chem. Soc.* (A),1429(1967).

[12] 参[2],519. G. R. Choppin,*Radiochimica Acta* 32,43(1983).

[13] Л. Л. 鲍林,А. И. 卡列林,《锕系元素氧化还原热力学》,朱永赠等译,原子能出版社(1980).

[14] L. J. Nugent et al. 《超铀元素化学译文集》,原子能出版社,13(1982).

[15] C. Keller and H. Schreck,*J. Inorg. Nucl. Chem.* ,**31**,1121(1969).

[16] S. H. Eberle and W. Robel,*Inorg. Nucl. Chem. Letters*,**6**,359(1970).

[17] Ch. ,Miyake and H. W. Nürnberg,*J. Inorg. Nucl. Chem.* ,29,2411(1967).

[18] S. H. Eberle and I. Bayat,*Inorg. Nucl. Chem. Letters* **5**,229 (1969).

[19] А. И. 莫斯克文,《锕系元素的配位化学》,苏杭等译,原子能出版社(1984).

[20] L. G. Sillén,"Some Recent Results on Hydrolytic Equilibria",10 th Int. Conf. on Coordination Chemistry,Tokyo and Nikko/Japan(1967). Butterworths,London,55(1968).

[21] 戴安邦,尹敬执,严志弦,张青莲,《无机化学教程》,人民教育出版社,下册,698(1972).

[22] D. C. Hoffman et al. ,*Nature*,**234**,132(1971).

[23] D. F. Peppard et al. ,*J. Am. Chem. Soc.* ,**74**,6071(1952).

[24] A. J. Freeman and C. Keller,"Handbook on the Physics and chemistry of the Actinides",Vol. 3,North-Holland Physics Publishing,Amsterdam(1985).

[25] E. Brown and R. B. Firestone,"Table of Radioactive Isotope",John Wiley & Sons,Inc. New York (1986).

29.2 锕系元素的制取和分离

2.1 锕系元素的人工制取

自 1940 年 McMillan 和 Abelson 利用反应堆制得了第一个铀后元素镎以来，就像是打开了连环锁的第一道卡，其余的铀后元素被一个接一个奇迹般地"创造"出来。生产铀后元素的起始物质总是天然存在的最重的核素^{238}U。合成重元素的方法不外乎两种：一是多次中子俘获继发 β^- 衰变；二是用加速离子轰击高原子序数的核素。

2.1.1 中子俘获法

利用多次中子俘获和继发 β^- 衰变制备铀后元素，存在着两条途径。

1. 用反应堆的稳定中子流

重核在反应堆稳定的中子流照射下俘获中子，这一过程是目前能制取可称量铀后元素的唯一方法。但此法合成的重元素的量受放射性衰变和核裂变的竞争所限制。在铀燃料反应堆运行过程中，逐渐形成 Np，Pu，Am 和 Cm 等轻锕系元素，从辐照后的核燃料中进行提取构成了它们的主要来源。生产堆的核燃料燃耗低，主要产生^{239}Pu；动力堆的燃耗较深，可生成较多的 Np，Pu，Am 和 Cm 的重同位素；而快中子增殖动力堆生产铀后元素的量，则比前两者都大得多。

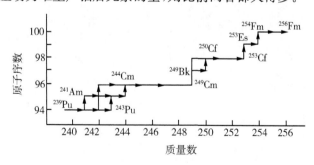

图 2.1 用中子轰击^{239}Pu 生产重核的核反应

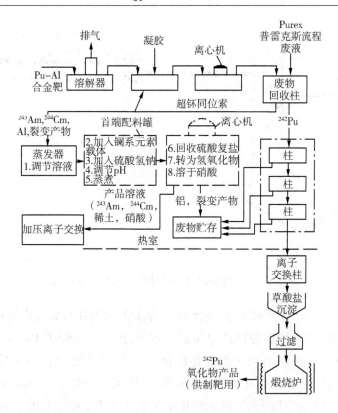

图 2.2 萨凡纳河工厂超钚生产工艺施程图

用中子长时间照射 94 号元素钚或 95 号元素镅,能制得可称量的原子序数更高的镎后元素(图 2.1)。现以美国原子能委员会执行过的庞大的生产规划为例,从照射钚开始,一揽子人工合成镎后元素的主要过程如下[1]:

(1)将 ^{239}Pu 转变为 ^{242}Pu, ^{243}Am 和 ^{244}Cm。这一过程是在中子通量为 $3—5×10^{14}$①中子/cm^2·s 的反应堆中,将钚照射 18 个月。分离与纯化流程见图 2.2。

(2)Cf 同位素的生产。将 ^{242}Pu, ^{243}Am 和 ^{244}Cm 在中子通量为 $3—5×10^{15}$ 中子/(cm^2·s) 的高通量堆中照射 18 个月。

(3)Es 和 Fm 同位素的合成。再将 Cf 的同位素置于中子通量为 $5×10^{15}$ 中子/(cm^2·s)的高通量堆中照射 1 个月。

高通量同位素反应堆(High Flux Isotope Reactor,HFIR)建在美国国立橡树岭实验室(Oak Ridge National Lab.),专门用于生产镎后元素。但用这种长时间照射的方法生产,由于在生产过程中几个中间核素(^{245}Cm,^{247}Cm,^{251}Cf)的裂变截

---

① 意为 $3×10^{14}—5×10^{14}$。全书此类表述含义同此。

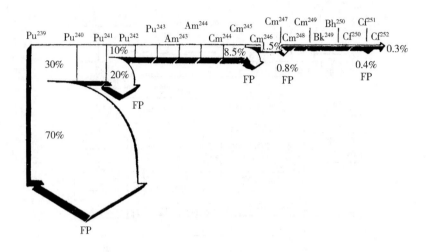

图 2.3　在反应堆中照射 ^{239}Pu 时 ^{252}Cf 的产额

面 σ_f 比它们的中子俘获截面 σ_c 高得多,大部分靶材料在合成反应过程中就因裂变损失了(见图 2.3),故而导致产量奇低。例如,由 ^{239}Pu 制备 ^{252}Cf 的最后产额仅约 0.3%,靶材料中其余 99.7% 都损耗在裂变上了;每根含 10g ^{242}Pu 的靶棒进行 18 个月的照射后,约得到 1.7g Cm(^{244}Cm 和少量 ^{246}Cm, ^{248}Cm),0.46mg Bk 和 5.2mg Cf(主要是 ^{252}Cf);而 1g ^{252}Cf 在 HFIR 中照射 1 个月,大约生成 0.06g ^{253}Es,4mg ^{254}Es 和 0.4mg Fm。

　　鉴于 100 号元素镄同位素 ^{258}Fm 的半衰期小于 1s($t_{1/2}=3.8\times10^{-4}$ s),所以企图继续用俘获中子得到质量数大于 258 的 Fm 同位素,从而合成镄后元素的想法已不可能。在 Fm 的同位素中,以 ^{257}Fm 的寿命最长($t_{1/2}=82$d),其余寿命都短,因而中间的 Fm 同位素在继续俘获中子流以转变为 ^{257}Fm 以前,便将大部分衰变掉。质量数为 257 的镄核素成为中子俘获链的切断点。

　　2.用热核爆炸的脉冲中子源

　　在 1952 年的"Mike"热核爆炸试验(相当于几百万吨 TNT)中,首次发现有新元素和轻锕系元素的重同位素生成。对放射性沉降物的研究证实,不仅有 Bk 和 Cf 的同位素,还有当时尚未知道的质量数为 253 和 255 的 99 号(Es)和 100 号(Fm)元素。

　　热核爆炸产生的中子在 10^{-12}—10^{-14} s 这一极短的时间内,便降低至 10—100keV 的能量范围。包裹在热核装料外面的铀,在 10^{-7}—10^{-8}s 内迅速吸收这些中子,形成拥有大量过剩中子的铀的同位素,这一过程是瞬间发生的,比这些铀同位素继发 β^- 衰变的半衰期短得多,因此能形成极富中子的铀的重同位素;然后它们再衰变成寿命较长的同量异位素。在核爆炸中,约有 1%—10% 起始重量的 ^{238}U

发生了多次俘获中子的核反应过程。这都是反应堆生产无能为力的。1960 年以来,美国原子能委员会为了研究新元素和已知元素的重同位素的人工合成,进行了许多次地下核爆炸;随后苏联也做了不少试验。

在热核爆炸过程中形成的重核,都来源于多次中子俘获。例如,测得^{255}Fm 表示在 10^{-8} s 的瞬时照射内,^{238}U 连续俘获 17 个中子后生成[^{255}U],经多次 β^- 衰变由[^{255}Np]至[^{255}Cf]和^{255}Es,最后变成 β 稳定的^{255}Fm。重核的产额随质量数增加而急剧降低。若以质量数 245 的原子核的产额为 100,则^{252}Cf 的相对产额为 10^{-2} 数量级,而^{257}Fm 仅为 10^{-6} 数量级。美国于 1969 年进行的"Hutch"地下核爆炸试验中[2],曾获得了大量的重核素,如 0.25mg ^{257}Fm 和 40mg ^{250}Cm 等。此"Hutch"热核装置的中子照射量较高,约达 45mol 中子* /cm²,而高通量堆 HFIR 中照射一年也只有 0.15mol 中子/cm²。

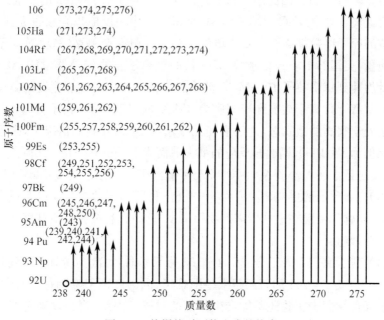

图 2.4　核爆炸时可能生成的核素

为了获得更重的核素或新元素,要求起始燃料^{238}U 俘获更多的中子。例如合成 106 号元素,采用上述方法需要将^{238}U 的质量数增加到 273 以上才有可能,参见图 2.4。但是这种拥有极大过剩中子核素的中子结合能已很低,到[^{276}U]以上时,结合能甚至出现负值,因此在核爆炸中不可能生成质量数如此高的重核。

2.1.2　带电粒子核反应法

利用带电粒子轰击高质量数的靶核,是合成铀后元素尤其是重锕系元素的主要方法。当入射粒子的能量高于库仑势垒时,靶核俘获截面大致上也有核几何截面的数量级。形成的复合核可通过蒸发核子或裂变而释出激发能。如果重核的裂变过程占优势,则核合成反应截面很小。本法所能合成新元素的原子序数最多等于靶子和入射粒子原子序数的总和。例如以^{16}O轰击^{238}U靶为例:

$$\underset{\substack{入射粒子 \\ E=90\,MeV}}{^{16}_{8}O} + \underset{靶核}{^{238}_{92}U} \xrightarrow[\substack{\sigma=0.1b \\ E^*\approx45\,MeV}]{E_c\approx80\,MeV} \underset{\substack{复合核 \\ \tau\approx10^{-14}s}}{[^{254}_{100}Fm]^*} \begin{cases} \xrightarrow{\sigma_f=0.1b} 裂变 \\ \xrightarrow{\sigma_{4n}=10^{-6}b} \underset{产物核}{^{250}Fm} + 4\underset{蒸发中子}{n} \end{cases}$$

由轻离子如质子、α粒子发生的核反应,需要使用较高质量数的靶核,例如以α粒子为入射粒子制备$^{250-252}Fm$,就要使用^{249}Cf作靶核。由于现在还不可能生产可称量的$Z>100$的元素,因此用轻离子的核反应不能合成$Z>102$的元素。

若用重离子如^{12}C,^{18}O,^{22}Ne等多电荷离子发生核反应以合成重元素,则可一次将靶核的原子序数提高6—10个单位。为了克服库仑势垒,需将重离子加速到较高的能量,美国 Berkeley 实验室 35m 长的重离子直线加速器(HILAC)能将重离子能量加速到每个核子 10.3MeV;苏联杜布纳 3.1m 回旋加速器的离子束最大能量(100MeV $^{12}_{6}C$ 离子束流和半宽度为 3MeV 时)则达每个核子 8.5MeV。这就导致复核处于很高的激发态,此时裂变几率增大,在最有利的情况下,中子蒸发与裂变的比例为 1∶1000,因此核反应的最大截面为 10—100 微靶。实际上在许多实验中,核反应截面还要小得多,例如当入射重离子^{18}O的 E 为 96MeV 时,核反应$^{243}Am(^{18}O,5n)^{256}Lr$的反应截面 α 为 0.03μb。利用不同的核反应可合成大多数的锔后核素,问题的关键在于从所需产物核出发,选择具有最大反应截面的入射粒子与靶核的巧妙组合。

杰出的科学家们在人工合成 101—103 号元素时,每次实验只能得到几个或几十个原子。合成 $Z>103$ 的元素越来越困难了,因为产额下降到每小时一个原子,或甚至全天连续轰击实验还不能产生一个的时候。因此,当必须确定有一种新元素存在的时候,分析化学方法越来越多地被核化学和核物理的方法所代替。化学性质的规律性此时已不再被看作是唯一的依据,因而核素图代替了门捷列夫周期系[3]。

2.2　锕系元素的分离

在锕系元素的分离分析和生产制备中,当前以溶剂萃取法和离子交换法使用得最广泛。对于三价锕系元素,可采用多级分离流程;对具有多种价态的,则可利用氧化-还原循环方法。经典的沉淀法、纸上色层和电泳,通常只作为分析方法使用。近年来,萃取色层受到很大的重视,它既可用之于分离分析工作,又适用于毫克量锎后元素的纯化和分离。

2.2.1 萃取法

现将锕系离子的萃取分下列三个部分加以叙述。

1. 溶剂络合物萃取

在此类萃取中,有磷酸酯$(RO)_3PO$,烷基膦酸酯$(RO)_2RPO$ 和三烷基氧化膦 R_3PO 等萃取剂。工业上最重要的萃取剂则是人们所熟知的磷酸三丁酯 TBP,即 $(C_4H_9O)_3PO$。关于各种锕系离子的萃取研究,大部分是针对与辐照核燃料后处理有关的铀-钚分离进行的,并求得不同条件下的分配系数。核燃料后处理工厂用的 TBP 是 20%—40%(体积)的脂肪族 C_8—C_{12} 煤油溶液。

各种价态锕系元素的被萃能力,按下列顺序递降:M(IV)>M(VI)>M(III)>M(V)。四价锕系元素被萃能力的顺序为:Pu(IV)>Np(IV)>U(IV)>Th(IV)。六价锕系元素的被萃能力,则随原子序数的增加而下降:U(VI)>Np(VI)>Pu(VI)(参见图 2.5 和图 2.6)[4]。

四价和六价锕系元素从硝酸溶液中的萃取,按下列过程进行:

$$M^{4+}(水)+4NO_3^-(水)+2TBP(有机) \rightleftharpoons [M(NO_3)_4 \cdot 2TBP](有机)$$

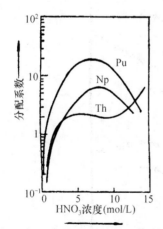
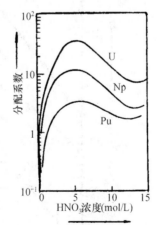

图 2.5　19%(体积)TBP-煤油从硝酸溶液中　　图 2.6　19%(体积)TBP-煤油从硝酸溶液中
　　萃取四价锕系元素的分配系数　　　　　　　萃取六价锕系元素的分配系数

$$MO_2^{2+}(水)+2NO_3^-(水)+2TBP(有机) \rightleftharpoons [MO_2(NO_3)_2 \cdot 2TBP](有机)$$

这两种情形均以二溶剂化物萃取。图 2.5 和图 2.6 的分配曲线是水相金属离子浓

度比有机相 TBP 浓度低得多的体系所特有的,即在此体系中,游离 TBP 浓度不因
萃取而改变。对 Pu(IV)、U(VI)的研究表明,常量锕系元素的分配系数要更
低些[5]。

　　四价和六价锕系元素在盐酸溶液中的分配系数,与硝酸体系相近,但在分配系
数曲线上不出现极大值。若从高氯酸溶液体系萃取,则分配系数较低,这是由于高
氯酸离子络合能力较低的缘故。此外,强络合剂如 SO_4^{2-},PO_4^{3-} 和 F^- 等,会大大降
低锕系元素的被萃能力。

　　三价锕系元素按下列方式萃取:

$$M^{3+}(水)+3NO_3^-(水)+3TBP(有机)\Longleftrightarrow[M(NO_3)_3 \cdot 3TBP](有机)$$

　　五价镎如下:

$$NpO_2^+(水)+NO_3^-(水)+TBP(有机)\Longleftrightarrow[NpO_2(NO_3) \cdot TBP](有机)$$

它们的分配系数与四价、六价锕系元素相比低得多。对三价锕系元素和镧系元素
的萃取行为作比较表明:当 HNO_3 浓度在 6mol/L 以上时,镧系元素的萃取比对应
锕系元素的萃取显著(参见图 2.7);硝酸浓度较高时,这种差别更为明显。在分离铀

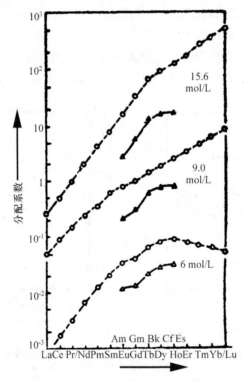

图 2.7　5%(体积)TBP-煤油从 HNO_3 溶液中萃取

三价锕系元素(△)和镧系元素(O)的分配系数[6]

和钚的 Purex 流程中,利用三价和四价锕系元素萃取行为的差别,以 Fe(II)或 U(IV)将已经萃取上的 Pu(IV)转变为 Pu(III),因而达到与铀分离的目的。但是,用 TBP 作为萃取剂时,由于锕系元素和镧系元素分配系数的差别较小,故不能用来进行组分离或各元素的分离。其他各类有机磷化合物,虽有与 TBP 相近或更好的萃取性能,仅在分析分离的实验室中有所应用,还不能在工业生产中代替 TBP,朱永赡作过很好的评述[7]。此外,在酮类中较重要的萃取剂有甲基异丁基酮,它在硝酸溶液中,对四价和六价锕系元素具有很高的分配系数。

2. 金属螯合物萃取

对锕系元素较重要的螯合萃取剂有 1,3-二酮类,8-羟基喹啉,铜铁试剂等。金属螯合物不溶于水,但可溶于有机溶剂。

2-噻吩甲酰三氟丙酮 HTTA 与锕系元素作用,可导致六元环螯合物的生成。三价钚后元素在 pH=4 时,可用 0.1—0.5mol/L HTTA-CHCl$_3$ 以 M(TTA)$_3$ 形式达到定量萃取(图 2.8),但欲满足分离要求则需进行多级萃取。四价锕系元素与 HTTA 形成的螯合物 M(TTA)$_4$,可在 pH=1 左右条件下,用 0.1—1mol/L HTTA-苯等进行萃取,从而实现与三价、六价锕系元素的定量分离。例如,用 HTTA 从 1mol/L HNO$_3$ + 0.2mol/L Na$_2$Cr$_2$O$_7$ 中分离锫的程序,就是基于 Bk(TTA)$_4$ 的萃取性能。五价锕系元素中,只有 Pa(V)能从强酸溶液如 2—6mol/L HCl 中被萃取,从而实现选择性分离。六价锕系元素中,只有铀对 HTTA 是稳定的,U(VI)在 pH=3.5 时,可用 0.1mol/L HTTA-CHCl$_3$ 达到定量萃取;而 Pu(VI)和 Np(VI)会慢慢氧化 HTTA,生成几乎不被萃取的 Pu(V)和 Np(V)。

若以甲基异丁基酮 MIBK 代替 CHCl$_3$、苯或正辛烷作为 HTTA 的有机溶剂,

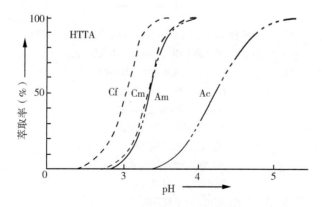

图 2.8　0.5mol/L HTTA-二甲苯对某些三价锕
系元素的萃取百分率($\mu=0.1,25℃$)[8]

则形成的不再是纯的萃取螯合物，而是协萃螯合物或萃取加合物，例如 $Am(TTA)_3 \cdot 2MIBK$，$UO_2(TTA)_2 \cdot 2MIBK$ 等：

$$Am^{3+}_{(水)} + 3TTA^-_{(水)} + 2MIBK_{(有机)} \Longrightarrow Am(TTA)_3 \cdot 2MIBK_{(有机)}$$

$$UO^{2+}_{2(水)} + 2TTA^-_{(水)} + 2MIBK_{(有机)} \Longrightarrow [UO_2(TTA)_2 \cdot 2MIBK]_{(有机)}$$

已知三价锕系元素与正己醇、磷酸三丁酯和三辛基氧化膦也能形成稳定性相近的协萃螯合物，其稳定性顺序为：

$$\beta_{TOPO} > \beta_{TBP} > \beta_{二丁基亚砜} > \beta_{正己醇} > \beta_{MIBK} > \beta_{二苯基醚}$$

除 HTTA 以外，其他 1,3-二酮类都是性能较差的萃取剂。图 2.9 示各种二酮类对 Am(III) 的萃取情形。

8-羟基喹啉与锕系离子可形成下列组成的螯合物：

M(III)：$M(C_9H_6NO)_3$

M(IV)：$Np(C_9H_6NO)_4$，$Pu(C_9H_6NO)_4$ $H[Th(C_9H_6NO)_5]$，$H[U(C_9H_6NO)_5]$

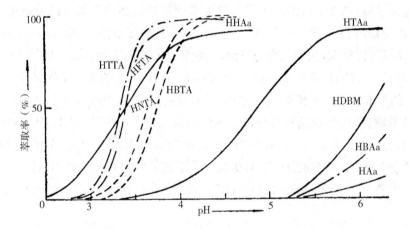

图 2.9　各种 1,3-二酮类化合物萃取 Am(III) 的萃取

(0.5mol/L 螯合剂-CHCl₃；$\mu = 0.1NH_4ClO_4$；25℃)

HTTA：2-噻吩甲酰三氟丙酮

HFTA：呋喃甲酰三氟丙酮

HNTA：萘甲酰三氟丙酮

HBTA：苯甲酰三氟丙酮

HHAa：六氟乙酰丙酮

HTAa：三氟乙酰丙酮

HDBM：二苯甲酰甲烷

HBAa：苯甲酰丙酮

HAa：乙酰丙酮

M（V）：$H_2[Pa(OH)_{4.5}(C_9H_6NO)_{2.5}]$，$H[NpO_2(C_9H_6NO)_2]$，$PuO_2$ $(C_9H_6NO)(C_9H_7NO)_2$

U（VI）：$H[UO_2(C_9H_6NO)_3]$

用 8-羟基喹啉萃取三价锕系元素时，pH 为 4—6，此时金属阳离子发生明显的水解，图 2.10 表示 8-羟基喹啉萃取示踪量锕系元素的情形。若用它的卤素衍生物，则可在较低的 pH 值下萃取。如 Cf（III）在 pH＝4.7 时，可用 0.04mol/L 5,7-二氯-8-羟基喹啉-CHCl$_3$ 萃取，形成组成为 $Cf(C_9H_4NOCl_2)_3$ 的螯合物，萃取率达 90%[9]。

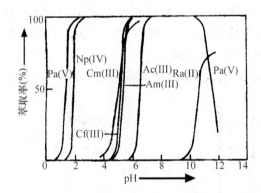

图 2.10　0.1mol/L 8-羟基喹啉-CHCl$_3$ 萃取示踪量 Ac（III），Am（III），Cm（III），Cf（III），

Np（IV）和 Pa（V）及 1.0mol/L 8-羟基喹啉-CHCl$_3$，萃取示踪量 Ra（II）的萃取百分率

$[\mu=0.1mol/L(Na,NH_4,H)ClO_4,25℃]$。

[C. Keller, M. Mosdze-lewski, *Radiochim. Acta* 7, 185(1967)，并予增补]

3. 金属盐萃取

胺类和季铵盐等为这类萃取的典型代表，由于其萃取机理类似于离子交换机理，故将胺类和季铵盐看成是液态阴离子交换剂，例如，它们从硝酸溶液中萃取四价锕系元素时有：

$$R_3N_{(有机)}+H^+_{(水)}+NO^-_{3(水)} \rightleftharpoons [R_3NH]NO_{3(有机)}$$

$$2[R_3NH]NO_{3(有机)}+M(NO_3)^{2-}_{6(水)} \rightleftharpoons [R_3NH]_2[M(NO_3)_6]_{(有机)}+2NO^-_{3(水)}$$

胺类是锕系元素极好的萃取剂，它们对辐解和水解都很稳定，可用来从高放射性溶液中分离钚和钚后元素；还可不经中间纯化步骤而多次使用。胺类萃取的选择性与其结构和水相组成有着很大关系，对 HCl 和 HNO$_3$ 溶液而言，萃取能力大致有下列顺序：季铵盐＞叔胺＞仲胺＞伯胺；但从 H$_2$SO$_4$ 溶液中萃取时，这一次序正好相反，即伯胺＞仲胺＞叔胺＞季铵盐。导致 H$_2$SO$_4$ 溶液中萃取能力次序逆转的原因是 H$_2$SO$_4$ 被胺萃取后形成的硫酸铵盐强烈地水化。硫酸铵盐水化能力以季铵盐为首,伯胺为最小,故萃取能力则以伯胺为最佳了。

　　四价、六价锕系元素从盐酸或硝酸溶液中萃取时,分配系数按下列顺序递降: $Pu>Np>U>Pa>Th$。由于钍不和氯离子形成络合阴离子,故不能从盐酸溶液中萃取钍。三价锕系元素只能在微酸性的浓 LiCl 和 $LiNO_3$ 溶液中进行萃取。由于三价锕系元素的萃取分配系数明显地高于镧系元素,故可利用这点进行组分离。在 Tramex 流程中,萃取顺序为(图 2.11):

$$Cf>Fm>Es>Bk>Am>Cm>La 系元素$$

季铵盐 Aliquat 336-S 是氯化三烷基甲基铵,国产商品的代号为 N-263,烷基=C_8 和 C_{10},$[C_8]>[C_{10}]$,它比叔胺具有更强的萃取能力。例如,可用 30% 体积 Aliquat 336-S 硫氰酸盐-二甲苯从 0.1mol/L H_2SO_4 +0.6mol/L NH_4SCN 溶液中,进行三价锕系与镧系元素的分离。萃取顺序为[10]:

$$Cf>Bk>Am,Cm \gg Yb>Tm>Eu>Pm>Y>Ce>La$$

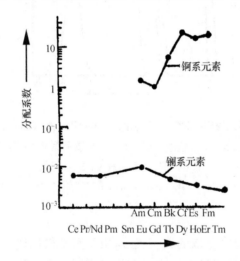

图 2.11　0.6mol/L Alamine 336 · HCl-二乙基苯,从 10mol/L LiCl 溶液
中萃取三价锕系元素和镧系元素的分配系数

Alamine 336 · HCl 是 C_8 与 C_{10} 的三烷基混合物,其中$[C_8]>[C_{10}]$

　　各锕系元素之间的互相分离,可在硝酸盐溶液中进行。Aliqust336-S 还能萃取具有较复杂组成的金属阴离子,例如碳酸络合物$[UO_2(CO_3)_3]^{4-}$,或三价锕系、镧系元素与柠檬酸、草酸、乙二胺四乙酸形成的螯合物。比较起来,低级的季铵盐的萃取能力则较差。

　　与胺类形成阴离子络合物而萃取相对照,酸性磷酸酯和膦酸酯是以阳离子络合物形式萃取金属的,因而被称为液态阳离子交换剂。二(2-乙基己基)磷酸 HDE-HP(我国工业试剂的商品名为 P-204)能从酸性较强的范围中进行萃取,从而避免了水解问题,是锕系元素的优越萃取剂。在多数有机溶剂中,HDEHP 是以二聚物存在的。萃取顺序是[11]:M(Ⅳ)＞M(Ⅵ)＞M(Ⅲ)。"Talspeak 流程"即是用 HDEHP 从 Purex 钚铀还原萃取流程废液中回收镅和锔的组分离流程,它是以磷型萃取剂从络合物水溶液中萃取分离三价锕系和镧系元素的英文名缩写。其原理是在适当的 pH 值条件下,三价锕系元素可与二乙撑三胺五乙酸 DTPA 的阴离子形成稳定的水溶性螯合物,而镧系元素形成的螯合物稳定性则较差。当用 HDEHP 萃取时,锕系元素留在水相,镧系元素进入有机相,从而使两者得到分离。图 2.12 示 HDEHP 萃取分离它们的依据。与 Tramex 叔胺萃取流程相比,Talspeak 流程的优点是不再需要强腐蚀性的浓氯化物溶液,因而萃取器和流程管线的材料,可由不锈钢来代替昂贵的钽或锆合金。

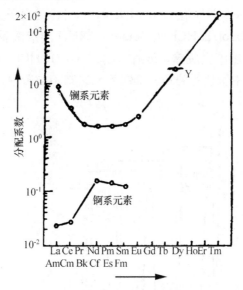

图 2.12 HDEHP 萃取分离三价镧系和三价锕系元素

水相:1mol/L 乳酸＋0.05 mol/L Na_5DTPA,pH＝3;

有机相:0.3mol/L HDEHP-二异丙苯

2.2.2 离子交换法

离子交换法具有操作简便、选择性高和适应性强的特点,它还适于远距离操作,易实现辐射防护,因而在放射化学分离中占有重要地位,是研究锕系元素、分离裂变产物和其他放射性核素的有效手段。在核燃料工业中,离子交换法用于从矿浆浸出液中吸附铀,在后处理中用于净化铀、钚和钍等流程。

1.阴离子交换

锕系元素离子在无机酸溶液中的络合物化学行为,表现出一定的差别,因而利用形成阴离子络合物的不同倾向,可对不同价态的锕系元素混合物实现良好的分离。在锕系元素的化学研究和工艺实践中,阴离子交换分离比阳离子交换分离显得更重要些。

现举两例说明其实际应用:

(1) 钍-镤-铀分离:将 9mol/L HCl 的料液通过装有 Dowex1-X8(200 目)的交换柱,这时钍不被吸附,而且用 9mol/L HCl 可使它完全去除。第一个柱体积的 9mol/L HCl+1mol/L HF 就能将镤(V)洗脱下来,继而用 0.25mol/L HF 洗脱铀。钽和铌在后面才淋洗出来。于是,从辐照钍中实现了分离镤-233 的目的[12]。

(2) 铀-镎-钚分离:将 9mol/L HCl+0.05mol/L HNO$_3$ 的料液,于 50℃ 时通过体积为 0.25cm^2×3cm 并装有 Dowexl-X10(400 目)的离子交换柱。用 9mol/L HCl 洗涤柱子后,以 9mol/L HCl+0.05mol/L NH$_4$I 溶液洗脱钚,然后用 4mol/L HCl+0.1mol/L HF 溶液洗脱镎。最后,以 0.5mol/L HCl+1mol/L HF 溶液洗脱铀。由于起始料液中所含的镅和三价锕系元素都不被吸附,于是达到了良好的定量分离(图 2.13)。

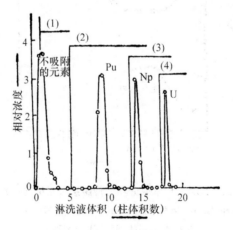

图 2.13　铀-镎-钚的阴离子交换分离[13]
(1)9mol/L HCl;(2)9mol/L HCl-0.05mol/L NH$_4$I;
(3)4mol/L HCl-0.1mol/L HF;(4)0.5mol/L HCl-1mol/L HF. 均为 50℃

三价锕系元素可形成氯络合物和硝酸络合物,但不很稳定。采用盐酸溶液、甲醇-盐酸混合液或浓 LiCl 溶液,只能使铹后元素达到有限的分离,例如 Am-Cm 可与 Cf-Es 实现分离,但无法分出单个元素(图 2.14)。如欲分别得到 Am,Cm,需采用弱酸性的浓 LiNO$_3$ 或 Al(NO$_3$)$_3$ 溶液[14],使之实现良好的分离,但要接着去除

大量的 Al^{3+} 离子以及解决溶液较黏等问题。

由于盐酸溶液的腐蚀性强,尤其是在有电离辐射的情况下更严重,因此在大规模生产中要避免使用盐酸溶液。各种锕系元素离子在阴离子交换剂和硝酸之间的分配系数,与盐酸体系的分配系数相近;而大部分裂变产物在硝酸溶液中的分配系数则更低。因此,可从含铀、钚等锕系元素和裂变产物的 7mol/L HNO_3 溶液中,选择性地定量分离出分配系数较高的四价钚。硝酸型阴离子交换剂不能在干燥状态下保存,并应注意交换剂的变色情况,这是它是否开始硝化的标志,一旦交换树脂的骨架发生了硝化后,遇热可能自行着火!

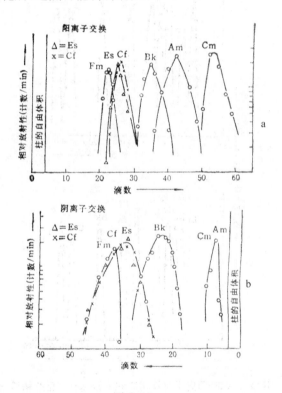

图 2.14

a. 三价锕系元素在室温下用 20％乙醇＋12.5mol/L HCl 在阳离子交换柱上的分离;

b. 三价锕系元素用 13mol/L HCl 在阴离子交换柱上的分离[15]

当有机螯合剂能与金属离子形成负电性螯合物时,如乙二胺四乙酸等,也可用在阴离子交换剂上分离三价锕系元素[16]。

2. 阳离子交换

目前对于三价锕系元素,常采用阳离子交换技术进行分离。首先从稀酸中将锕系元素离子吸附到阳离子交换柱上,然后以不同的络合剂洗脱。使用得最广泛的络合剂为α-羟基异丁酸(α-HIBA),在发现97号锫至101号钔这几个元素中,阳离子交换分离法曾起过特殊的作用。如图2.15所示,各种离子淋洗峰的位置就指明了被淋洗元素的原子序数。各个流分的位置主要由温度、pH值、淋洗剂的性质和浓度所决定,并且与交换柱的大小有关系。因而,图2.15中的这种次序并不总是严格保持着的。其中镉、锫淋洗峰之间的距离,比其他锕系元素淋洗峰之间的距离总是大些,这可能是由于f壳层半充满状态较稳定之故。对应的镧系元素钇和铽同样也分离得很好。

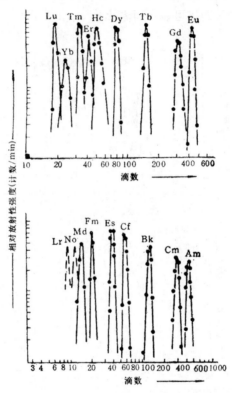

图 2.15　用 Dowex-50 阳离子交换树脂和 α-羟基异丁酸作淋洗剂分离示踪量
三价镧系和锕系元素,也给出了 No(Ⅲ) 和 Lr(Ⅲ) 淋洗曲线的预计位置
[J. J. Katz, G. T. Seaborg:"The Chemistry of the Actinide Elements",Mothuen and Co. ,
London. 1957]

表 2.1　用阳离子交换法分离钚后元素的最佳分离因子

淋洗剂	淋洗峰位置(以 Cm=1.00 相对比较)						
	Am	Cm	Bk	Cf	Es	Fm	Md
柠檬酸	1.17	1.00	0.61	0.43	0.36	0.30	0.25
酒石酸	1.3	1.00					

续表

淋洗剂	淋洗峰位置(以 Cm=1.00 相对比较)						
	Am	Cm	Bk	Cf	Es	Fm	Md
乙二胺四乙酸	1.4	1.00		0.18			
羟基乙酸	1.21	1.00	0.70	0.60	0.39		
乳酸	1.21	1.00	0.65	0.41	0.33	0.19	0.14
苯乙醇酸	1.18	1.00		0.35			
α-羟基正丁酸	1.20	1.00		0.26			
α-羟基异丁酸	1.41	1.00	0.45	0.20	0.13	0.069	0.050
α-羟基-2-甲基丁酸	1.46	1.00		0.17	0.12		
羟乙基乙二胺三乙酸	1.36	1.00		～0.4			

其他络合剂还有柠檬酸、乳酸、乙二胺四乙酸、羟乙基-乙二胺三乙酸和硫氰酸盐,现将分离某些锕系元素的最佳分离因子列于表 2.1[17,18]。可见以 α-羟基异丁酸和乙二胺四乙酸的分离效果为最佳。

在离子交换过程中,由于交换树脂的降解和水之辐解产生的气泡,常会妨碍常量锕系元素的分离。为保持恒定的较佳分离因子,需更换离子交换树脂。在淋洗液中加甲醇的做法,是防止柱中形成气泡而影响分离效果。高压离子交换法可使辐解产生的气体仍溶在水相中,在柱顶维持 50—100 大气压,以便在较高流速下达到良好的分离。

2.2.3 其他分离方法

1.萃取色层(反相色层)法

萃取色层是近年来发展起来的分离方法,它兼有萃取的选择性和柱分离方便性的优点,不仅适用于分析分离工作,且适用于毫克量钚后元素的纯化和分离。此法是将萃取剂固定在惰性载体上,然后填入色层柱。载体采用聚四氟乙烯、疏水性硅胶或硅藻土粉末;用于分离锕系元素的固定相萃取剂可以是 HDEHP 或季铵盐(如 Aliquat 336-S 硝酸盐)。采用适合于萃取色层的 Talspeak 流程,可圆满地实现三价锕系与镧系元素的组分离(图 2.16)。使用萃取色层法还可进行元素的价态分离,如 Np(IV)-Np(V)-Np(VI),或 Pu(III)-Pu(IV)-Pu(VI) 等。若选用较大的交换柱时,则不仅可进行示踪量的分离,而且也可作常量的操作,如镅、锔与其余钚后元素的分离[19]。在萃取色层中测得的分离因子,通常与同样条件下溶剂萃取得到的分离因子大致相等。

2.沉淀法

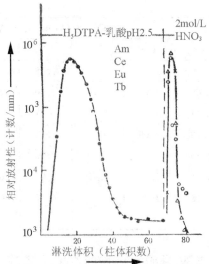

图 2.16　三价镧系和锕系元素的组分离

固定相：载有 10％（重量）HDEHP 的硅胶；锕系元素的淋洗剂：

pH＝2.5 的 0.05mol/L H_5DTPA＋1mol/L 乳酸；镧系元素的淋

洗剂：2mol/L HNO_3；20℃；流速：0.5ml/cm^2·min；柱体积：

0.034cm^2×10cm；图中●Am，△Ce，×Eu，○Tb

此法基于不同价态的锕系元素化合物有着不同的溶解度，在早年应用较多，在锕系离子的共沉淀中，采用的试剂如下：

氟化镧 LaF_3，可共沉淀三价和四价锕系元素；磷酸铋 $BiPO_4$，与 LaF_3 类似，但易溶于硝酸中；硫酸镧钾 $K_3La(SO_4)_3$，三价锕系元素的共沉淀试剂；苯砷酸锆是四价锕系元素的特效共沉淀剂；磷酸钍和二氧化锰则是五价镁的共沉淀剂或吸附剂；乙酸复盐 $NaMO_2(CH_3COO)_3$ 或乙酸三元复盐 $NaMg(MO_2)_3(CH_3COO)_9$ 的形式可用于分离六价锕系元素。钍和钚则以过氧化物形式获得。

总之，由于锕系离子各价态稳定性的不同，就可应用这类沉淀法从其他锕系元素和裂变产物中，将特定的锕系元素分离出来，并获得良好的产率和净化系数。

3. 挥发法

利用锕系元素氟化物和氯化物挥发性的差异性进行分离。例如，六氟化物 UF_6、NpF_6 和 PuF_6 是挥发性化合物，它们的沸点约为 60℃；采用合适的氟化剂使之氟化后，再经 NaF 或 MgF_2 吸附-解吸的过程，即可实现良好的分离。锕系元素氯化物在挥发性上的差异，也可在温度梯度分离法中获得应用。各化合物的冷凝温度为：$AcCl_3$ 850℃，(U-Cf)Cl_3 580℃，$ThCl_4$ 430℃，(U-Pu)Cl_4 360℃，$PaCl_5$ 95℃。此外，利用 $AlCl_3$ 与三价、四价锕系元素和镧系元素形成挥发性络合物的原理，可

用 $AlCl_3$ 蒸气作载气组分进行分离[20]。其中以氟化流程在工业上显得极为重要。

除以上几种方法可用于锕系元素的分离以外,还有纸上色层法和电泳法也被用来研究锕系离子和许多裂变产物如 Y,La,Zr,Ce,Ru 等的分析分离[21,22]。

参 考 文 献

[1] D. E. Ferguson and J. E. Bigelow,*Actinides Rev.* **1**,213(1969).

[2] R. W. Hoff and E. K. Hulet,US-AEC Report UCRL-72165(1969).

[3] W. Seelmann-Eggebert,G. Pfennig,H. Münzel,H. Klewe-Neben us,Karlsruher Nuklidkarte,5th. Edition, Kernforschungszentrum Karlaruhe GmbH(1981).

[4] K. Alcock et al. ,*J. Inorg. Nucl. Chem.* ,**6**. 328(1958).

[5] M. Germain,D. Gourisse and M. Sougnez,*J. Inorg. Nucl. Chem.* ,**32**,245(1970).

[6] G. F. Best,E. Hesford and H. A. C. Mckay,*J. Inorg. Nucl. Chem.* **12**,136(1960).

[7] Y. J. Zhu(朱永𡧀),in:"Handbook on the Physics and Chemistry of the Actinides",A. J. Freeman et al. (ed.),Elsevier Science Publishers B. V. ,469(1985).

[8] C. Keller and H. Schreck,*J. Inorg. Nucl. Chem.* ,**31**,1121(1969).

[9] D. Feinauer and C. Keller,*Inorg. Nucl. Chem. Letters.* **5**,625(1969).

[10] F. L. Moore,*Anal. Chem.* **36**. 2158(1964).

[11] J. J. Fardy and J. M. Chilton,*J. Inorg. Nucl. Chem.* **31**,3247(1969).

[12] C. Keller,*Radiochim. Acta* **1**,147(1963).

[13] F. Nelson,D. C. Michelson and J. H. Holloway,*J. Chromatogr.* **14**,258(1964).

[14] W. Kraak and W. A. Van Der Heijden,*J. Inorg. Nucl. Chem.* **28**,221(1966).

[15] S. G. Thompson et al. ,*J. Am,Chem. Soc*,**78**,6219(1954).

[16] R. D. Baybarz,*J. Inorg. Nucl. Chem.* **28**,1723(1966).

[17] J. Starý,*Talanta* **13**,421(1966).

[18] G. R. Choppin,*J. Chem. Educ.* **36**,462(1959).

[19] J. Kooi,*Radiochim. Acta* **5**,91(1966).

[20] W. H. Hale and J. T. Love,*Inorg. Nucl. Chem. Letters* **5**,363(1969).

[21] W. Knoch,B. Muju and H Lahr,*J. Chromatogr.* **20**,122(1965).

[22] W. Kraak and G. D. Wals,*J. Chromatogr.* **20**,201(1965).

29.3 锕系元素金属及用途

3.1 锕系元素金属

从89号锕到99号锿的所有元素均已制成金属形式。由于铀、钍和钚是重要的核燃料,生产量发展至以 t 计;镎、镅、锔和锫分别以 kg,g 或 mg 级计量;而锎、锿和镄仅分离出 mg 或 μg 量的产品。其余几种锕系的元素,一方面由于它们的金属挥发性很高;另一方面它们的获取量本来极微,例如100号镄只有 10^9 个原子,103号铹甚至只获得几个原子,而且它们都是高放射性的,因而制备这些金属非常困难。

3.1.1 锕系金属制备

通常生产锕系元素金属的工业方法是用钙或镁还原它们的三氟化物或四氟化物,例如:
$$UF_4 + 2Mg \longrightarrow U + 2MgF_2$$
$$PuF_4 + 2Ca \longrightarrow Pu + 2CaF_2$$
在实验室里可用锂或钡进行还原,例如:
$$CmF_3 + 3Li \longrightarrow Cm + 3LiF$$
有人用镧或钍还原氧化物得到更容易挥发的钚后元素,例如制备镅的反应式为:
$$Am_2O_3 + 2La \longrightarrow 2Am + La_2O_3$$
在西德卡尔斯鲁厄(Karlsruhe)的研究表明[1],利用与贵金属的金属间化合物,如 $AmPt_2$,$AmIr_3$ 或 $AmPd_3$ 的热分解,能够制备金属镅和锔。例如,在贵金属 Pt(作催化剂)存在下,用氢还原二氧化镅就生成相应的金属化合物,继而热分解而得金属镅:

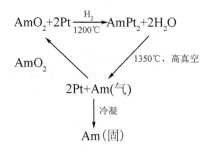

下面分别简述几种锕系元素金属的制取方法[2,3]：

锕　在锕的同位素中，只有质量数为 227 的 ^{227}Ac 具有较长的半衰期（$T_{\frac{1}{2}}=$ 21.77a），是 β 放射体；其他同位素的半衰期都在 10d 以内。金属锕可以利用电解沉积法，由稀酸溶液并用高电流密度，从溶液中以载体的形式制得；还可以从电解含锕（镧为载体）的丙酮-酒精溶液而获得沉积[2]。有人用锂还原三氟化锕制备金属锕[4]：

$$AcF_3 + 3Li \xrightarrow{1200℃} 3LiF + Ac$$

钍　^{232}Th 是钍中半衰期（$T_{\frac{1}{2}}=1.4\times10^{10}$a）最长的同位素，发射 α 粒子。有若干制备金属钍的方法，最常用的是以钙还原二氧化钍来制取，反应在 1000℃ 下的氩气氛中进行[5]：

$$ThO_2 + 2Ca \xrightarrow[\text{Ar 气氛}]{1000℃} Th + 2CaO \quad \Delta G_{298} = -41.0\text{kJ/mol}$$

也可以还原四氟化钍而得：

$$ThF_4 + 2Ca \longrightarrow Th + 2CaF_2 \quad \Delta G_{298} = -403.3\text{kJ/mol}$$

有人将钍的氧化物或氟化物混以 $MgCl_2$，$CaCl_2$ 和 CaF_2 助熔剂，维持 850℃ 的温度与 Mg-Zn 合金反应，于是 Mg 还原钍的化合物而得金属钍。

欲制备高纯金属钍，可由 $KThF_5$，$ThCl_4$，ThF_4 溶于 NaCl 和 KCl 的混合熔融盐进行电解。少量很纯的金属钍可用碘化物分解法制备。

镤　在镤的十八种同位素中，以 ^{231}Pa 寿命最长，半衰期为 3.25×10^4a，是 α 放射体。金属镤可用钡在 1400℃ 高温还原它的四氟化物而得[6]，或用钙在 1250℃ 温度下还原同一化合物。

铀　在自然界发现有微量钚和镎存在以前，铀被认为是最重的天然放射性元素。天然铀包含三种同位素：^{238}U，同位素丰度 99.2739%，半衰期为 4.51×10^9a；^{235}U，0.7204%，半衰期为 7.1×10^8a；^{234}U，0.0057%，半衰期为 2.44×10^5a。这三种同位素都是 α 放射体。其他的短寿命铀同位素通过核反应产生。

金属铀的制备大致分还原法、电解法和分解法。对铀的氧化物可用铝、钙和镁还原；四氯化铀可用钾、钠、钙或镁还原；通常采用四氟化铀的钙或镁还原法[7]（$\Delta H_{298} \backsimeq \Delta G_{298}$）：

$$UF_4 + 2Ca \longrightarrow U + 2CaF_2 + 560.7\text{kJ}$$

$$UF_4 + 2Mg \longrightarrow U + 2MgF_2 + 343.1\text{kJ}$$

由于镁比较便宜，操作方便，用镁是恰当的。但四氟化铀与金属镁的反应热较低，故必须将 UF_4 与 Mg 的混合物加热到 $600\sim700℃$ 才点燃反应，还原反应释放的热使温度升高而铀熔化，聚集在 MgF_2 熔渣下面的坩埚底部。冷却后，即可取出铀块，其纯度取决于原料的纯度。

某些铀化合物与还原剂的组合情形见表 3.1。

表 3.1　某些铀化合物与还原剂的组合[3]

铀化合物	UCl_4	UF_4	U_3O_8	UF_4	UF_4	UO_2	UO_2
还原剂	Na	Ca	Ca	Na	Mg	Ca	Mg
反应的自由能 ΔG_{298} (kJ/mol)	−589.9	−560.7	−514.6	−410.0	−343.1	−196.6	−146.4
熔渣熔点(℃)	800	1420	2600	980	1260	2600	2500

在电解法中[8]，将 KUF_5 或 UF_4 溶入 $CaCl_2$-NaCl（重量比为 8:2）熔融的电解浴中，以石墨坩埚作电解槽，同时作为阳极；中间悬挂钼条作为阴极，电解在 900℃进行。金属铀的粉末沉积在钼条上，纯度达 99.9%，合乎反应堆使用规格。纯度特别高的铀可用四碘化铀 UI_4 在钨丝上进行热分解而制得，这主要是实验室小规模的制备方法。

镎　在镎的同位素中，寿命长而又可称量的是 ^{237}Np。最早是用钡于 1200℃温度下还原 50 μg NpF_3 而制成金属镎，现在则用钙还原 NpF_4 以大量生产。例如，采用过量 30% 的钙并以 0.25—0.35 mol I_2/mol Np 作为促进剂还原 100～400 g NpF_4，这样镎的产额可达 99% 左右[9]。

钚　金属钚是 1943 年首次用金属钡还原 35 μg PuF_4 制得的。鉴于钚在工业上的重要性，详细研究了下列方法以适于金属钚的大规模生产[10,11]：

（1）金属钙还原 PuF_4。反应式为：

$$PuF_4 + 2Ca \longrightarrow 2CaF_2 + Pu \quad \Delta G_{298} = -648.5kJ/mol$$

这是目前在制备金属钚中用得最广泛的方法。如果用于大量装料，则失热的百分率较低，其反应热是足于熔融金属及炉渣的。一般收率可达 98% 以上，其金属纯度为 99.8%。

（2）金属钙还原 PuF_3。反应式为：

$$PuF_3 + 3/2Ca \longrightarrow 3/2CaF_2 + Pu \quad \Delta G_{298} = -255.2kJ/mol$$

由于反应热较低，所以在还原过程中需使其热量损失维持在最低程度，多数需要对反应混合物进行外部加热。当小批生产时，将含 0.15—0.25 mol I_2/mol PuF_3 的"促进剂"加入到反应混合物中去，碘与过量的钙反应生成 CaI_2，从而添加热量。此外，CaF_2-CaI_2 的熔点低于纯的 CaF_2，使之容易形成金属熔块。金属 ^{238}Pu 能用类似的方法生产。

（3）钙还原 PuO_2。W. Z. Wade 和 T. Wolf[12] 介绍过直接从钚的氧化物快速生产块状金属钚的新技术，还原、分离和制成块状金属的收率均在 99.9% 以上。

（4）氢化钚的热分解。此法用于实验室中生产钚粉末。

高纯度的钚可在 400—470℃时于 LiCl-KCl 熔盐中电解 PuF$_4$ 而得[13]，进一步纯化可用区域熔融法。

镅 金属镅最初是用钡在 1200℃还原 AmF$_3$ 制得的。为了制备微克量的纯镅（>98%），D. B. McWhan 等人[14]作了改进。另一种制备镅的方法是在高真空下用镧还原 AmO$_2$；AmO$_2$ + 4/3La ⟶ Am + 2/3La$_2$O$_3$ ΔG_{1100K} = −167.4kJ/mol 在 1500℃附近，镅以很纯的形态蒸发出来，因为它的蒸气压比镧大 10^4 倍。沉积在该仪器冷端的镅的纯度为 99.8%—99.9%，从 10g 左右的 AmO$_2$ 开始，制成金属镅的收率已达 80%[15]。

锔 微克量的金属锔首先由 B. B. Cunningham 和 J. C. Wallmann[16]制得的。根据热力学数据（室温），选择制备金属锔的方法时可考虑下列反应[17]：

a) $2CmF_3 + 3Ca = 2Cm + 3CaF_2$　　ΔG_{298} = −648.5kJ/mol

b) $2CmF_3 + 3Ba = 2Cm + 3BaF_2$　　ΔG_{298} = −585.8kJ/mol

c) $CmF_3 + 3Li = Cm + 3LiF$　　ΔG_{298} = −334.7kJ/mol

d) $CmCl_3 + 3K = Cm + 3KCl$　　ΔG_{298} = −355.6kJ/mol

可见上述反应对每一 mol 锔来说，其自由能是差不多的，说不上哪一个反应有热力学的优越性。从化学上看，CmCl$_3$ 极易潮解，不便操作；另从检测极限（以原子百分数计）考虑，金属锔中杂质钡的极限值高于钙或锂，而且钡比钙、锂更易于提纯，故选用了反应 b。所采用的还原温度应当使得金属和炉渣都要融化，否则金属将高度分散在炉渣内。

还原反应是在高真空中一个感应加热的钽坩埚内进行的。将 CmF$_3$ 悬挂在难熔的钨丝上，还原剂钡放在钽坩埚的底部，加热蒸发，于是和 CmF$_3$ 相遇。装置见图 3.1。大约 200—500 μg 的 CmF$_3$ 于 1315—1375℃之下用钡蒸气还原 2 min 左右，然后在 1235℃再继续加热 3 min，将过量的钡和生成的 BaF$_2$ 熔渣挥发掉，便得到银块状的金属锔。

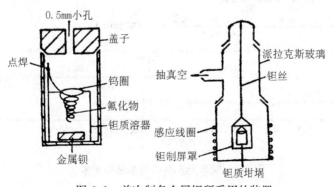

图 3.1　首次制备金属锔所采用的装置

后来有人用镁(以 Mg-Zn 合金的形式加入)在 800—900℃还原悬浮在 $MgCl_2$ ＋MgF_2 熔盐中的 CmO_2，制得了较大量的金属锔。

锔后元素　有人报道[18]，利用金属锂在钽坩埚装置中还原三氟化锫制得了 5 μg 金属锫，整个装置保持在高真空中，于 1000—1050℃温度下进行反应大约 3 min，所得的金属锫极易与钨丝分离。由于^{249}Bk 是 β^- 放射性核素，半衰期为 311d，因而每日都长入 0.2％的^{249}Cf。不过由于金属锎比锫更易挥发，在还原反应中先行蒸去，故新鲜制得的金属锫几乎不含杂质。

采用类似方法或镧还原相应氧化物的方法制备了金属锎。锿的挥发性比锎更高，制备起来更加困难。

3.1.2　金属的物理和化学性质

锕系元素金属是银白色光泽而有碱性的脆性金属，它们具有很高的密度，如 α-Np 的密度超过 20 g/cm^3。锕系金属的特征是存在着一系列低熔点的多晶型变体(图 3.2)。对金属锎只发现了一种变体，但在进一步的研究中，还可能发现更多的变体。从冶金学观点看，钚是颇独特的，它在室温至熔点(640℃)之间有六种同素异形体(Allotropic modification)。铀、镎、钚的低温变体的晶体结构是低对称性的(表 3.2)，这些变体可从其热导率和电阻率差异加以辨认。其中 α-Pa，α-U，β-U，α-Np 和 γ-Pu 的结构在其他金属中均未见过。

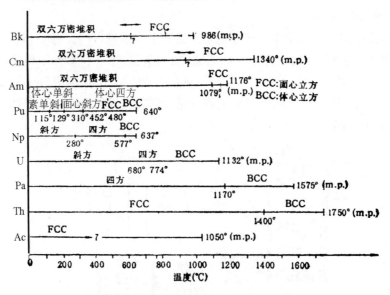

图 3.2　锕系元素金属的多晶型变体

表 3.2 锕系金属的多晶型变体、相变温度及结构数据[19]

元素	晶格对称性	存在范围(℃)	晶格常数				X射线法测得的密度 (g/cm³)
			a(Å)	b(Å)	c(Å)	β(Å)	
锕	面心立方		5.311(室温)				10.07
钍	α:面心立方	≤1400	5.086(25℃)				11.724
	β:体心立方	1400—1750	4.11(1450℃)				11.10
镤	α:体心四方	≤~1170	3.929(室温)		3.241		15.37
	β:体心立方	1170—1575	3.81(1186℃)				13.87
铀	α:斜方	<668	2.853(25℃)	5.865	4.954		19.07
	β:四方	668—774	10.75(700℃)		5.65		18.11
	γ:体心立方	774—1132	3.534(800℃)				18.06
镎	β:斜方	<280	4.721(室温)	4.888	6.661		20.48
	β:四方	280—577	4.895(312℃)		3.386		19.40
	γ:体心立方	577—637	3.518(600℃)				18.04
钚	α:单斜	<115	6.183(21℃)	4.822	10.963	101.79	19.86
	β:单斜	115—185	9.284(190℃)	10.463	7.859	92.13	17.70
	γ:斜方	185—310	3.1587(235℃)	5.7682	10.162		17.13
	δ:面心立方	310—452	4.6371(320℃)				15.92
	δ′:体心四方	452—480	3.3261(450℃)		4.4630		16.01
	ε:体心立方	480—640	3.6361(490℃)				16.48
镅	α:双六方密集	<1079	3.4681(室温)		11.241		13.671
	β:面心立方	1079—1176	4.894				13.65
锔	α:双六方密集		3.496(室温)		11.311		13.51
	β:面心立方	<1340	4.382				19.26
锫	α:双六方密集		3.416(室温)		11.068		
	β:面心立方	<986	4.999(室温)				

　　锕系元素的金属键半径从锕到镎递减,然后递增(图 3.3),这是由于各金属在晶格中的价态不同之故(参见表 3.3)。表 3.3 中的数据是把 5f 电子作为基本上不屏蔽的内层电子,并且在金属键中不直接起作用来处理得到的,但有人认为金属价的概念应修改成包括 5f 电子作为价电子的概念,关于这点仍是值得研讨的。

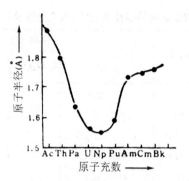

图 3.3　锕系元素的金属键半径

表 3.3　锕系元素在金属晶格中的价态

金属	价态	金属	价态
Ra	2	Np	4.5
Ac	3.1	Pu	4.0
Th	3.1	Am	3.2
Pa	4.0	Cm	3.1
U	4.5	Bk	3.4

金属钍和镤在约 1.3K 时发现有超导性，$U_6M(M＝Mn,Fe,Co,Ni)$ 在 0.4—4K 之间有超导性，铀在 12 kbar 压力下于 2.2 K 时有超导性。钍中加入少量铀可明显地降低其超导转变温度。与镧系元素相似，锕系元素的超导性是由电子与有效 f 电子的相互作用引起的。关于锕系金属中的晶体结构、熔点、超导和磁性的变化，可依据 E. A. Kmetko 关于其 f 带宽和 f 电子参与成键的计算，给以合理的解释[20]。

α-铀的物理性质和机械性能反映出其高度的各向异性结构，这些性能不仅受纯度的影响，而且也受该金属冶炼历程的影响。α-镎的热膨胀值很高，这在金属中间也是独特的，从 α-Pu 相变到 β-Pu 相时的体积变化，比其他金属的同素异形体相变时（锡除外）都大。钚变体的相变温度较低，热膨胀各向异性，加之同素异形体相变时密度变化大（有的正，有的负），这些说明金属钚如不与其他金属形成合金是不能作核燃料用的。

锕系金属的性质活泼，氧能极快地将这些金属氧化成相应的化合物，因此，金属粉末会自燃。例如，高度粉碎的铀在室温空气中，有时甚至在水中都能自燃；在制造合金时，将其他金属与铀粉末混合，也可能引起自燃直至爆炸！为了防止金属意外着火，空气中必须加入惰性气体使氧含量降到 5% 以下。钚的性质很活泼，长期贮存有困难。影响其氧化速度的因素很多，其中包括水蒸气的存在以及是否采用钚合金。水蒸气对钚有特殊的破坏作用，因为一旦有少量钚氧化后就能引起其破裂。当金属钚贮存3—5a以上时，在使用前一般都必须进行再处理，这是由于被氧化得太厉害了，或者因镅含量增高使得材料的γ放射性变得很强的缘故。但是，锕系金属表面通常总是形成牢固附着的氧化层，以阻止其被进一步的腐蚀。

锕系金属与氮甚至在高温下也只起缓慢的作用，但与氢能在200—300℃时生成氢化物。锕系金属易溶于稀酸。例如，铀在热的稀硝酸或硫酸中，特别是存在可溶氧化剂如高氯酸或过氧化氢时，溶解得很顺利；粉末状铀在稀盐酸中溶解得很剧烈，但块状金属铀的溶解速率则较缓慢，且与酸的浓度有关。金属钚易溶于稀盐酸、氢溴酸、氢碘酸、72%的高氯酸、85%的磷酸、氨基磺酸和浓的三氯乙酸等。但它们遇浓硫酸和浓硝酸时，可能由于钝化或形成氧化层的原因，作用比较缓慢甚至完全不起作用。目前已知的M/M(III)的氧化还原电位介于$E=+1.80V$(铀)和$E=+2.38V$(镅)之间，钍的M/M(IV)氧化还原电位

$$E=+1.90V.$$

锕系金属能相互形成许多合金体系，但由于其复杂的晶体结构，与其他金属形成合金的能力较小。至今仅对钍、铀和钚的合金体系作过详细的研究。例如，在铀-镍(钴)和钚-铑体系中，已知有七种仅有较小相宽的金属间化合物；钚-钴(铅、镍)体系有六种；钍-镍和钚-铝体系有五种。钚-镓体系特别复杂，有八种金属间化合物，此外包含两种具有高温变体的金属间化合物和另一种金属互化相。

表3.4给出三种热中子可裂变的核素^{233}U，^{235}U和^{239}Pu的临界质量数据。^{235}U-^{238}U混合物的临界极限对水溶液为0.95%(重量)的^{235}U，对金属铀为5%(重量)的^{235}U。表3.5列出了含不同^{235}U浓缩度的铀的最小临界质量。

表3.4 ^{233}U，^{235}U和^{239}Pu的最小临界数据[21]

核素		^{233}U	^{235}U	^{239}Pu	^{241}Pu
纯金属（无反射层）	临界质量	7.5kg	22.8kg	5.6kg(α-Pu)***	
				7.6kg(δ-Pu)	
	金属球半径*	4.63cm	6.75cm	4.1cm(α-Pu)	
				4.87cm(δ-Pu)	
	金属圆柱体直径	4.75cm	7.75cm	4.25cm(α-pu)	
				5.25cm(δ-Pu)	
	金属片厚度	0.75cm	1.5cm	0.6cm(α-Pu)	
				0.7cm(δ-Pu)	
水**溶液	质量	0.59kg	0.82kg	0.51kg	0.26kg
	体积	3.3L	6.3L	4.5L	
	浓度	11.2g/L	12.1g/L	7.8g/L	5g/L

* 换算用的密度：$^{233}U=18.3g/cm^3$；$^{235}U=17.6g/cm^3$；α-Pu$=19.6g/cm^3$；δ-Pu$=15.65g/cm^3$。

* * 为达临界必须超过所有三个最小值。

* * * 水反射层：5.43kg($D=19.74g/cm^3$)。

表 3.5　各种^{235}U 浓缩度铀的最小临界质量[22]

^{235}U 浓缩度（%）	总临界量（kg）		
	水溶液	无反射层球形金属	水反射层球形金属
90	0.9	53	24.5
20	5.7	750	375
5	38.0	无限	无限
3	114	无限	无限
1.8	708	无限	无限

表 3.6 汇集了可裂变钚后核素的最小临界质量。这些核素的裂变截面是非常大的,含这些核素的混合物即使浓度较小,但当慢化时也可达到临界。所以在慢化介质中处理非裂变性核素时,要很小心地将可裂变核素的量或浓度维持在次临界极限以下的水平。

表 3.6　可裂变钚后核素的最小临界质量[23]

核素	临界质量（g）	近似浓度（g/L）
^{242m}Am	23	5
^{243}Cm	213	40
^{245}Cm	42	15
^{247}Cm	159	60
^{249}Cf	32	20
^{251}Cf	10	6

表 3.7 给出了裂变截面较低的某些超铀核素的临界质量计算值,以兹比较。

表 3.7　某些球形超铀金属的临界半径和临界质量的计算值[24]

核素	密度（g/cm³）	临界半径（cm）		临界质量（kg）	
		无反射层	水反射层（20cm）	无反射层	水反射层（20cm）
^{237}Np	20.45	8.47		52.51	
^{238}Pu	19.6	4.44	4.08	7.2	5.6
^{240}Pu	19.6	12.45	12.18	158.4	148.3
^{241}Am	11.7	13.23	12.90	113.5	105.2
^{242}Am	11.7	5.55	4.26	8.4	3.8
^{244}Cm	13.5	7.43	7.30	23.2	22.0

3.2 锕系元素的用途

锕系元素在原子能和医学等方面都有重要的应用[25]，这与它们具有特殊的核性质有关，而不取决于它们的化学性质。除了铀和钚用作不同反应堆的核燃料以外，其他重要的核素有：用作转化材料的^{232}Th；用作热源的^{238}Pu和^{244}Cm以及用于辐射源的^{241}Am和^{252}Cf。对于不同的用途所需的量也不相同，从医用微克量^{252}Cf，直至用于核电池上达几公斤量的^{238}Pu。

有些很有意义的核物理性质，包括特殊的裂变现象：自发裂变、裂变同质异能素和缓发裂变等，都只能在锕系元素范围内进行研究。其中^{257}Fm是在热中子诱发下作对称性裂变的最轻的核素。

锕系元素都是异常昂贵的产品，各核素的价格几乎随原子序数的增大而迅猛增加。目前和可能的应用范围，从核动力工业扩展到宇宙航行和气象学研究，进而渗透到生物学和医学方面[26]。

3.2.1 核燃料

自20世纪30年代末发现铀核裂变现象以来，为人类利用原子能展示了广阔的前景，导致后来核武器的发明以及数以百计的核电站和各种核动力船舰的建造。原子能继化学燃料（包括煤、石油、天然气等）和水力资源之后，已经成为地球上第三种主要能源；原子能的利用极大地扩展了人类支配自然界的能力[27]。

裂变物质如^{235}U，^{239}Pu和^{233}U是人们所熟知的核燃料。由于它们具有较高的热中子裂变截面，在堆内经中子辐照下，主要发生核裂变和中子俘获两个过程。前者生成裂变产物；后者产生各种铀后核素。如^{235}U吸收中子发生裂变，其裂变方式有30多种，产生的初级裂变产物有60多种，然后进行一系列的衰变。下面只举^{235}U的其中三种裂变方式：

$$_{92}^{235}\text{U} + _{0}^{1}n \longrightarrow \begin{cases} _{39}^{95}\text{Y} + _{53}^{139}\text{I} + 2_{0}^{1}n \\ _{35}^{87}\text{Br} + _{57}^{146}\text{La} + 3_{0}^{1}n \\ _{20}^{72}\text{Zn} + _{62}^{160}\text{Sm} + 4_{0}^{1}n \end{cases}$$

由铀-235裂变产生的钇-95和碘-139等均不稳定，发生一连串的衰变，分别组成各自的衰变链。裂变产物总共有300多种，包括从锌（Z为30）到钆（Z为64）的35种元素的许多同位素，质量数分布在72到160的范围内。

如上所述，裂变物质的原子核吸收一个中子发生裂变时，还会放出新的中子，一般为2至3个。这些新产生的中子又能使裂变物质的其他原子核继续发生裂变,在一定的条件下,裂变反应可以持续不断地进行下去。这就是裂变链式反应(如图 3.4 所示)。

　　核反应堆就是一种由裂变物质自行维持链式反应,又可人为控制反应快慢的装置,通常由核燃料、减速或慢化剂、冷却剂、控制棒、反射层和屏蔽层等构成。图 3.5 为一种典型的石墨水冷实验堆的示意图。

　　裂变物质在裂变过程中释放出来的能量是非常巨大的。例如每一个^{235}U 原子核裂变,平均约放出 200 MeV 的能量,以此推算,每克^{235}U 完全裂变时大约产生 8.0×10^7kJ 的能量。这个能量为简单核反应如^{226}Ra 的放射性衰变$^{226}_{88}$Ra $\longrightarrow$ $^{222}_{86}$Rn $+^4_2$He 的 40 倍;去除一部分非裂变的中子俘获反应后,相当于 2 t 优质煤完全燃烧时所放出的能量。一座电功率为 30 万 kW 的大型火电站,每年耗煤量将近 100 万 t,而同样规模的核电站只要每年供给 60t 左右的天然铀。

　　反应堆中产生的热量,用高压水导出,通过热交换器发生蒸气,以推动涡轮机而发电,简单的核电站如图 3.6 所示。

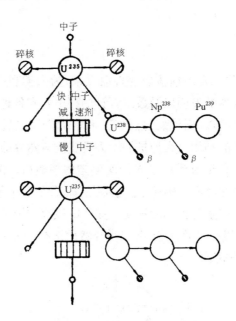

图 3.4　铀堆中的裂变过程

核燃料是用于维持反应堆正常运行的材料,通常除了裂变物质外,还含有转化材料。后者吸收中子后可转化成新的裂变物质。例如下面两个核反应:

$$^{238}_{92}U + ^1_0n \longrightarrow ^{239}_{92}U \xrightarrow{\beta^-} ^{239}_{93}Np \xrightarrow{\beta^-} ^{239}_{94}Pu$$

$$^{232}_{90}Th + ^1_0n \longrightarrow ^{233}_{90}Th \xrightarrow{\beta^-} ^{233}_{91}Pa \xrightarrow{\beta^-} ^{233}_{91}U$$

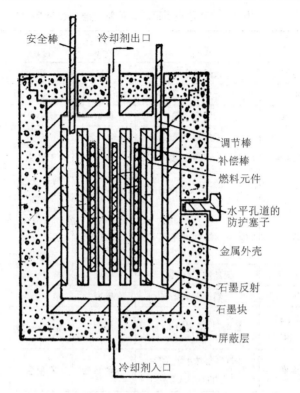

图 3.5　典型的石墨水冷实验堆的示意图

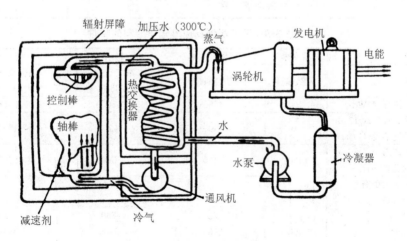

图 3.6　原子能的发电装置

表 3.8　某些类型反应堆的常用燃料和材料[27]

堆　型		燃　料	燃料元件形式	元件包壳材料	慢化剂	冷却剂
生产堆	石墨水冷堆	天然铀金属	棒状	铝	石墨	普通水
	重水堆	天然铀金属	棒状、管状	铝	重水	重水
	石墨气冷堆	天然铀金属	棒状	镁合金	石墨	二氧化碳
动力堆	镁格诺克斯型堆	天然铀金属	棒、管或环状	镁合金	石墨	二氧化碳
	改进型气冷堆	2.0%—2.5%加浓度的 UO_2	棒束	不锈钢	石墨	二氧化碳
	沸水堆	1.5%—2.5%加浓度的 UO_2	棒束	锆-2 合金 不锈钢	普通水	普通水
	压水堆	3.0%—3.5%加浓度的 UO_2	棒束	锆-4 合金 锆-2 合金 不锈钢	普通水	普通水
	加压 Candu 型	天然铀二氧化物	棒束	锆-2 合金	重水	重水
	沸腾轻水 Candu 型	天然铀二氧化物	棒束	锆-4 合金	重水	普通水
	沸腾轻水冷却重水慢化堆	2.0%加浓度的 UO_2	棒束	锆-2 合金	重水	普通水
	高温气冷堆	>90%加浓度的 UO_2 或 ThC_2＋UC_2	涂敷颗粒	石墨层	石墨	氦气或二氧化碳
	快中子堆	15%加浓度的 UO_2 与 PuO_2 混合物	棒束	不锈钢	无	液态金属钠或氦气

表 3.9　某些类型反应堆辐照燃料的特性

堆型	重水堆	石墨气冷堆	轻水堆	快中子堆
燃料	天然铀棒	铀金属棒	低加浓二氧化铀元件束（铀-235 含量 5%）	混合氧化铀-氧化钚元件束
平均燃耗(MWd/t)	400	4000	33000	80000(堆芯)
辐照元件冷却 150d 后的比活度(Ci/kg)	110	1400	4500	18000
辐照燃料中裂变产物总量(g/t)	400	4160	35000	85000
辐照燃料中锕系元素量(g/t)				
镎(Np)	1.2	22	760	180
钚(Pu)	400	2600	9100	194000
镅(Am)			150	2320
锔(Cm)			35	80
铀(U)	999200	992500	约 955000	719000
锕系元素总量	999600	995000	965000	915000

在天然资源中,只有铀-235 一种裂变物质,且只占总铀量的 0.7204%(重量),而转化材料铀-238 和钍-232 则是很丰富的,因此上述两个转化反应对于核燃料的充分利用具有关键意义。核燃料后处理的重要任务之一,也就是提取由这两个转化反应生成的裂变物质钚-239 和铀-233。

辐照核燃料是一个十分复杂的体系,而且具有强烈的放射性。现将某些堆型的常用燃料和材料,以及某些堆型辐照燃料的特性分别列于表 3.8 和表 3.9。

鉴于^{239}Pu 像^{235}U 一样具有较高的热中子裂变截面,所以能在反应堆中代替^{235}U。核燃料中的浓缩铀可用等量的钚代替,例如在轻水堆燃料中加 2%—3% 的钚。钚作为快中子增殖堆的核燃料看来具有更大的重要性,这时反应堆中由^{238}U 生成的可裂变物质^{239}Pu 比消耗掉的更多,最终意味着快中子增殖堆只消耗热中子不能使之裂变的主要起始物料^{238}U。

迄今为止,核武器的装料主要是铀-235 和钚-239。高加浓度的军用^{235}U,可从同位素分离工厂获得,但工厂的投资和耗电量十分巨大。而用天然铀作燃料,在反应堆内生成钚,然后通过后处理提取军用钚,则在技术上和经济上都是比较容易实现的途径;另从核武器的性能来说,钚弹的效率比铀弹高,同样威力的钚弹装钚量只有铀弹装铀量的三分之一左右,所以钚弹容易做到小型化。

其他钚后核素的裂变截面也较大,有可能用作核燃料,例如^{245}Cm,^{249}Cf,^{251}Cf 或^{242m}Am,已知^{242}Am 热中子裂变截面最大,$\sigma_f = 7200$b。裂变截面大因而临界质量就小(参表 3.4 和表 3.6),所以这些核素或许能在宇宙飞船的小型反应堆中得到应用。目前,由于这些核素不可能用反应堆辐照生产出浓缩的形式,因此它们还不能用作核燃料。例如,锔即使在长期辐照后,^{245}Cm 的含量最多只有 1%—2%。唯一的例外是纯化过的^{249}Bk 经 β^- 衰变可得到小量的^{249}Cf。大多数同位素纯或浓缩的同位素的生产,目前只能由昂贵的同位素分离法在质量分离器中获得。

据统计,现在世界上已有和建造中的核电站已达五百多座。截止 1985 年底,利用核能来发电的核电站总装机容量达 25800 万 kW。在一些工业先进的国家如美国、日本、西德、英国、加拿大和苏联等,核电发电量已占国家总发电量 10% 以上;法国、瑞士甚至占 40% 以上[28]。我国在积极进行热中子压水堆核电站设计建造的同时,也成立了研究快中子堆技术的专门研究所,以充分利用铀资源,不断发展我国的能源事业。根据国际原子能机构预测,在 1980—2000 年间世界动力平衡增长率为 2.4%—2.9% 的情况下,核电站的装机容量将从 16000 万 kW,增加到 72000 万—95000 万 kW,即每年增加 8.2%—9.8%。核能已成为当今世界一项不可忽视的能源。预计 21 世纪 40 年代后,核能将成为我国的主要能源。

3.2.2 热源

用放射性核素直接作为能源,主要需将衰变过程中释出的热转变为电。在三种转换系统(图 3.7)中,热电转换特别引人注意。它没有活动部件,可将 5%—10% 的热能转变成电能。使用半导体热偶可获最大效率,例如,在 >800℃ 的高温用 Ge-Si 热偶,在较低温度(<800℃)时用 Pb-Te 热偶。热离子转换器的电效率比热电转换器高,但寿命短;它还要求最低温度约为 1800℃,该温度只能用 ^{227}Ac 或 ^{242}Cm 等核素得到,而不能用 ^{238}Pu。至于热动力系统,它的缺点是结构复杂,所费放射性核素量大,但能量转换效率则尚好。

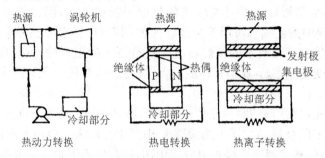

图 3.7　将放射性衰变时释放的热转变为电能和机械能的几种可能途径

　　放射性核电池要求核素半衰期足够长,而比功率则要高,只需简单的辐射防护。可作热源的铀后核素主要是 ^{238}Pu,^{242}Cm 和 ^{244}Cm(表 3.10)。其他 β 放射性核素例如 ^{90}Sr-^{90}Y 和 ^{144}Ce-^{144}Pr 是裂变副产品,价虽廉但需重型的屏蔽,致使它不能广泛应用。

　　目前 ^{238}Pu 是用于电源系统最重要的放射性核素,它的半衰期长达 87.75a,没有高能的 γ 辐射,因而无需重型的屏蔽。它放出的中子(自发裂变约 2.2×10^3 中子/s.g)比锔的同位素少。由于金属钚的熔点低(640℃),故使用金属时限制其功率密度为 7W/cm^3。若掺入锆可提高熔点,但却降低了功率密度。普通所用的 ^{238}PuO$_2$ 热稳定性较好,熔点高至 2400℃,但功率密度较低,约为 3.9W/cm^3;且由于 ^{238}Pu 引起 ^{18}O 的 (α,n) 反应结果,产生的中子约增大 9 倍。所以,对于生物医学的应用,选取 ^{18}O 贫化的 ^{38}PuO$_2$ 或 ^{238}PuN 较好。

表 3.10　用作热源的主要放射性核素的性质[26]

放射性核素	半衰期	衰变方式	所用化合物	核素的比功率(W/g)	化合物比功率(W/g)	功率密度(W/cm³)	估计价格(美元/W)	屏蔽	生产方法
^{90}Sr	28.1a	β	SrTiO$_3$	0.95	0.46	0.94	21	重型	裂变产物
^{144}Ce	284.2d	β,γ	CeO$_2$	25	20.5	25.3	2	重型	裂变产物
^{171}Tm	1.92a	β,γ	Tm$_2$O$_3$	15.6	13.7			轻型	^{170}Er$(n,\gamma)^{171}$Er $\xrightarrow{\beta^-}$
^{210}Po	138.4d	α	金属	147	147	1320	20	轻型	^{209}Bi$(n,\gamma)^{210}$Bi $\xrightarrow{\beta^-}$

续表

放射性核素	半衰期	衰变方式	所用化合物	核素的比功率 (W/g)	化合物比功率 (W/g)	功率密度 (W/cm³)	估计价格 (美元/W)	屏蔽	生产方法
^{227}Ac	21.77a	α,β,γ	Ac$_2$O$_3$	14.6	12.9			重型	^{226}Ra$(n,\gamma)^{227}$Ra $\xrightarrow{\beta}$
^{228}Th	1.913a	α,β,γ	ThO$_2$	170	145	1270	40	重型	^{227}Ac$(n,\gamma)^{228}$Ac $\xrightarrow{\beta}$
^{238}Pu	87.75a	α	PuO$_2$	0.54	0.44	3.9	540	轻型	^{237}Np$(n,\gamma)^{238}$Np $\xrightarrow{\beta}$
^{242}Cm	163d	α,n	Cm$_2$O$_3$	123	109	1280	17	轻型*	^{241}Am$(n,\gamma)^{242}$Am $\xrightarrow{\beta}$
^{244}Cm	18.1a	α,n	Cm$_2$O$_3$	2.8	2.55	30	64	中型*	照射 Pu

* 可能需要屏蔽中子。

^{238}Pu 已用于地面的电源系统中,例如海底电缆的增音器,航海浮标或者遥控转播电台的电源。在空间方面也表现出引人注目的潜力,它们成功地与新型的太阳能电池相竞争。已经发射了几个导航和气象地球卫星,它们装有用 ^{238}Pu 作燃料的放射性核素热电转换电池。阿波罗 12—16 号的宇航员把一个装有 3.6kg^{238}Pu 的 56W 电池放置于月球上,作为阿波罗月面试验装置的组件。表 3.11 示空间应用的锕系核素能源。

表 3.11 空间应用的锕系核素能源

名　　称	核素	电功率	任务	发射日期
SNAP*-3B	^{238}Pu	2.7—4W	"子午仪-4A" 导航卫星	1961 年 2 月
SNAP-9A	^{238}Pu	25W	"子午仪"导航 卫星	1963 年 1964 年 2 月
SNAP-11	^{242}Cm	20W	"探索者"月球 测量站	1967 年试验
SNAP-15A	^{238}Pu	0.001W	军用	
SNAP-19	^{238}Pu	30W	"雨云-B"气象 地球卫星	1967 年 2 月
Easep 加热器	^{238}Pu	15W	阿波罗 11 号	1969 年
SNAP-27	^{238}Pu	70W	阿波罗 12—16 号	1969—1972 年 2 月
子午仪 RTG	^{238}Pu	30W	导航卫星	70 年代初
先驱者	^{238}Pu	30W	木星探测站	70 年代初
Viking RTG	^{238}Pu	35W	火星着陆	70 年代中期
百瓦级	^{238}Pu	100—200W	通信地球卫星	70 年代中期
Brayton 热动力转换系统	^{238}Pu	15—80kW	空间站、电视 地球卫星	80 年代初

* SNAP 为辅助核动力系统的缩称。

在生物医学方面,钚-238 已用作心脏起搏器和人造器官如心脏和肾脏中的供能单元。通常用的化学电池起搏器的寿命少于 2a,而^{238}Pu 作能源的核动力起搏器的寿命远超过 10a,因此减少了更换起搏器电源的痛苦。做一个约 150 μW 电力的起搏器需要约 300 mg^{238}Pu。现已有数以百计的核动力起搏器植入人体。美国正在发展一种可植入人体内、用放射性核素作动力维持血液循环的装置,其目的就在于制造"人造心脏",首选核素也正是^{238}Pu。

^{252}Cf 是适宜用作热源的锕系核素之一,然而它的屏蔽问题极为复杂,且生产费用昂贵,以致目前不能实际应用。

3.2.3　辐射源

用作辐射源这方面主要是放出中子和 γ 射线的核素。最重要的是镅-241 和锎-252,此外,钚和锔的各种同位素通过(α,n)反应也用做中子源。例如,一个含有 0.63 克高纯^{244}Cm 的氧化物(Be/Cm 原子比为 100:1)的(α,n)中子源可放出 1.25$\times10^8$ 中子/s,这相当于每 10^6 个 α 粒子放出 66 个中子。

在各种用途的分析仪器中,^{241}Am 正变得日益重要[29]。它的半衰期长达 433 年,在几年时间内可不考虑对核衰变作校正。^{241}Am 的 γ 辐射为 59.54 keV,足以激发周期表中部由原子序数 20 的钙到原子序数 56 的钡中各个元素的 X 射线荧光,从而测定种种痕量元素。此外,在测定密度的仪器中也使用^{241}Am,由于它的软 γ 辐射,对低密度材料和样品能得到更精确的结果(表 3.12)。

^{252}Cf 具有两个不同于其他放射性核素的特性。它的自发裂变放出大量中子,中子发射率为 2.34$\times10^{12}$中子/g·s,并有较长的半衰期($t_{1/2}=2.638$a);这种自发裂变中子源比之(α,n)中子源,具有简易、体积紧凑和高中子通量的优点,甚至可与小型核反应堆和加速器相竞争。它最重要的应用是活化分析,特别是反应堆不能胜任的流线分析;还适用于海底沉积物的探测和分析,以及中子测井和钻探等作业。

现在,放射医学家已使用^{252}Cf 强中子源插入体内治疗癌症,它给予病变组织很强的局部辐照剂量,在克服缺氧细胞对辐照的抵抗方面,中子比 γ 辐射更加有效。在诊断应用中,生产就地用的短寿命放射性制剂将使健康组织的辐照剂量减至最小。1 mg 的^{252}Cf 源就能制备足够量的放射性核素,包括^{38}Cl,^{60m}Co,^{56}Mn,^{64}Cu,^{80}Br,^{128}I,^{134m}Cs 和^{139}Ba 等,在这种场合,^{252}Cf 源代替了生产它的核反应堆。例如,甲状腺扫描中采用^{128}I($t_{1/2}\simeq25$min)比常用的^{131}I($t_{1/2}\simeq8$d)好得多。

表 3.12 ^{241}Am 的用途一览表

辐射		应用领域	应用项目
类型	性质		
γ	透射	医 学	1.测定骨骼中的矿物质含量
			2.测定软组织中的类酯化合物
			3.估计局部肺的呼吸
			4.测定人体组成
		工业测试仪	1.测量玻璃板的厚度
			2.测量金属的厚度
			3.测量铝材料的厚度
			4.测量金属丝的直径
		土 壤 学	测定土壤的水分和密度
		水 利 学	1.地下水辐射测井
			2.沉积物浓度计
		矿 物 学	测定矿石品位
		其 他	1.保持直升飞机飞行队形
			2.氟里昂(Freon)灭火动力学
γ	反散射*	气 象 学	测定大气密度
		煤 炭	测定煤炭中的灰分
		混 凝 土	测定混凝土中的水泥含量
		矿 物 学	1.开采矿物机械
			2.测定矿物中铁含量
γ	X 射线 激发源	矿 物 学	1.矿石和淤浆的在线分析
			2.矿样分析
		分 析 化 学	1.X 射线发生器
			2.化验高纯金
		医 学	甲状腺诊断
		测 量 仪	1.耐火砖磨损测量
			2.覆盖在钢表面的金属厚度的测量
			3.测定纸重密度
γ	吸收式 射线照 相法	医 学	测定骨骼的表面体积比
		冶 金	Al 和 Mg 薄板的射线照象法
		空 间	钢管无损检验
		其 他	射线照象机的发展
γ	γ 源	射线探测器	1.校准探测器
			2.制备低水平 γ 源
		医 学	颅内压测定器
α	电离	气 体 密 度	1.气体密度电离计
			2.测定行星大气密度
		气 相 色 谱	离子化检测器
		建 筑	1.空调

续表

辐射		应用领域	应用项目
类型	性质		
α	中子源	钟 表 制 造	2. 避雷针
			3. 烟雾密度测定器
			制备萤光涂料
		α 探 测 器	α 谱仪校准
		仪　　　器	薄膜均匀性测定
		其　　　他	1. 测定空气的相对湿度
			2. 旋转盘气溶胶发生器
			3. 放射源制备
		石　　　油	测井
		土　壤　学	测定土壤密度和水分含量
		水　分　计	1. 焦炭水分含量
			2. 混凝土水分测定
		活 化 分 析	1. 飞尘中碳的测定
			2. 谷物(粮食)中蛋白质的测定
			3. 矿物中氟的测定
			4. 铸铁中硅的测定
			5. 骨骼中磷的测定
		中子计数器	热中子计数器
		中子源制备	1. (α,n) 和 (γ,n) 中子源制备
			2. ^{241}Am-Be-^{242}Cm 中子源制备

＊反散射方法依赖于往返下降源 γ 射线对附近探测器的康普顿散射。

中子射线照相补充了 X 射线照相的不足,它可给出更完整的软组织结构图片,而没有骨骼的干扰。小体积的 ^{252}Cf 源使快中子射线照相的分辨率比其他核素源得到的强许多。

在医学领域内,考虑到锕系特别是铀后核素的高毒性,无论在疾病诊断或治疗上的应用都受到了严格的限制。因此,通常仅限于用封闭源作放射治疗,或有选择地使用。

锕系元素尤其是超铀元素的获取不易,故价格比较昂贵(参见表 3.16)。迄今为止,全世界每年只能生产几十克的锕,它的价值要比同等量的黄金贵重一千万倍,不可不谓属价值连城的"稀世之宝"。但随着科学技术和生产的迅速发展,这种情况将会改观。

3.3　锕系元素的毒性

锕系元素在生物学系统中的运动,即它们被机体吸收、体内分布及从机体排除,是由它们的化学性质决定的;但是它们的生物效应则是由放射损伤引起,而不直接取决于化学作用。

锕系元素都具有放射性,按不同的核素分别放出 α,β^-,β^+ 和 γ 等各种粒子,甚至经自发裂变释出中子。它们与生物机体相互作用的结果,导致不同程度的放射性损伤,严重的可成为放射病。下面就主要的锕系元素分述其毒性[35]。

1. 钍

天然钍是中毒性元素。进入机体的可溶性钍化合物,在生理条件的 pH 值下,一部分解离成阳离子,一部分形成难溶性化合物 $Th(OH)_4$ 的胶体颗粒;而不溶性钍化合物进入机体后,仍保持原来的状态。这三种状态的钍都容易与蛋白质、氨基酸、有机酸以及核酸结合成牢固的络合物,从而被吞噬细胞吞噬,进入内皮网状组织。钍主要蓄积于肝、骨髓、脾和淋巴结,其次是骨骼、肾等脏器中。一般认为,钍的化学毒性不高,但其化合物有较高的化学毒性。钍化合物急性中毒主要是化学毒性所致,慢性中毒则是钍及其衰变子体的辐射作用引起的。急性中毒晚期或慢性中毒的主要表现,是造血功能障碍、机体抵抗力减弱,神经功能失常,以及各脏器损伤而引起的病变和致癌效应。

根据我国有关规定,天然钍在露天水源中的限制浓度为 3.7×10^{-1} Bq/L(0.1 mg/L),在放射性工作场所空气中的最大容许浓度为 7.4×10^{-5} Bq/L(即 0.02 mg/m³)。

2. 铀

铀既是放射性毒物,又是化学毒物。在放射性物质的毒性分类中,天然铀属中毒性元素。它的毒性与化合物的形式、解离度、分散度、价态以及进入人体的途径等因素有关。通常认为,可溶性铀化合物的毒性大于难溶性铀化合物。在各种铀化合物中,它们的化学毒性以 UF_6 为剧毒,UO_2F_2,UCl_6 为高毒,$UO_2(NO_3)_2$ 和 $Na_2U_2O_7$ 属中等毒,其次有 UO_3,UCl_4,属于微毒的是 UO_2,UF_4 和 U_3O_8。

可溶性铀盐进入人体后,以 UO_2^{2+},UO^{2+} 状态与血液中的碳酸氢盐及血浆蛋白形成络合离子。铀(V1)主要蓄积在肾脏、骨骼中,而铀(1V)则主要蓄积在肝脏中。由铀引起放射损伤的器官中,以肾脏最为敏感。铀的急性中毒会引起肾脏病变,中毒性肝炎和神经系统病变等。慢性铀中毒的主要表现为肾脏病变。我国规定,天然铀在露天水源中的限制浓度为 0.05 mg/L,在放射性工作场所空气中的最大容许浓度为 0.02 mg/m³。在人尿中,天然铀的控制指标为 20 μg/L。

3. 镎

在镎的毒理学中,以 ^{237}Np 为最重要。它的化学毒性很高,又有辐射损伤作用,属于极毒性核素。^{237}Np 进入人体后,在体内的吸收、分布和排出,因其价态、化合物的形式及进入人体途径的不同而异,它主要积聚在骨骼、肝和肾中。镎急性中毒时,会严重损伤肾和肝。慢性中毒的远期效应可引起骨肉瘤。吸入^{237}Np可引起支气管扩张、肺硬化及肺肿瘤。

根据我国有关规定,镎-237在体内的最大容许积存量为2.2×10^3Bq,在露天水源中的限制浓度为33Bq/L,放射性工作场所空气中的最大容许浓度是1.5×10^{-4}Bq/L。

4. 钚

钚属极毒性元素。钚同位素的α粒子能量较大,因而具有很强的电离能力。钚进入人体血液后,在机体生理条件的pH值范围易水解成难溶性的氢氧化物胶体,并以$Pu(OH)_4$,$[Pu(OH)_2^{2+}]_n$和Pu-蛋白质络合物的形式存在于血液中,而后主要蓄积在骨骼和肝等脏器中。它的一般毒理学表面上看与镭、铀、锶相似,但却有许多重要的区别[30],钚的特性是亲骨表面性的蓄积,而不是体积性蓄积,所以在放射性相同的情况下,钚所产生的损伤如引发骨肉瘤,比镭的效应大得多。它被视为"亲骨性元素"和"毒性最大的元素"。例如,一个$1~\mu m$的$^{238}PuO_2$颗粒就是相当强的辐射源,这么大小的颗粒可被呼吸道的巨噬细胞所吞噬,而Pu的量不过是4.8×10^{-12}g,放射性活度相当于2.08 Bq($5.63\times10^{-5}~\mu Ci$),但它对直径为$100~\mu m$球体组织的日剂量可达3×10^4rad。

^{239}Pu的比活度比^{238}U高2×10^5倍,因此其辐射危害比^{238}U要严重得多。钚-239急性中毒会引起机体严重病变,其主要表现有炎症坏死性病变和广泛性纤维增生病变。慢性辐射损伤的远期效应是致癌和缩短寿命。一般认为辐射剂量是引起生物效应的主要原因,这与α粒子具有较高的相对生物效应密切有关,但不能确定绝对没有化学毒性,因为没有稳定性的钚同位素相比较。此外,经常碰到的是含钚和钚后核素的复杂体系,不但要严格临界控制,还要确认各种α粒子、X射线、γ射线和中子、β粒子等的辐射成分,才能采取相应的严密安全措施。

^{239}Pu在体内(骨骼)的最大容许积存量我国规定为1.48×10^3Bq,在露天水源中的限制浓度为37 Bq/L,放射性工作场所空气中的最大容许浓度是7.4×10^{-5}Bq/L。

5. 镅

^{241}Am,^{242}Am和^{243}Am都属于极毒性核素,在镅的毒理学中,以^{241}Am为最重要。它进入人体后,主要蓄积于肝脏和骨骼中。急性^{241}Am中毒时,引起典型的急性放射病;亚急性中毒时,主要损害造血器官和肝脏而引起死亡;慢性中毒远期效应可引起肿瘤。根据我国有关规定,^{241}Am在体内的最大容许积存量为1.9×10^3Bq,在露天水源中的限制浓度为37 Bq/L,而放射性工作场所空气中的最大容许浓度是2.2×10^{-4}Bq/L。

6. 锔和锔后元素

比较重要的有 ^{242}Cm 和 ^{244}Cm。^{242}Cm 属于高毒性核素，^{244}Cm 属极毒性核素。^{244}Cm 的毒性与 ^{241}Am 相近，由于 Cm 从人体内排出较快，故其毒性比 ^{239}Pu 小些。^{244}Cm 急性中毒表现为典型的急性放射病，可引起造血功能的严重损伤而致死；慢性中毒可使生长发育缓慢，外周血液中白细胞总数有轻度减少。我国有关规定，^{244}Cm 在露天水源中的限制浓度为 74 Bq/L，放射性工作场所空气中的最大容许浓度为 3.3×10^{-4} Bq/L。

锫-249 主要是 β^- 衰变，不必采取特殊的辐射防护措施，但它属于高毒性核素，操作可称量的 ^{249}Bk 必须在手套箱内进行。^{249}Bk 在体内的最大容许积存量为 2.6×10^4 Bq，露天水源中的限制浓度为 7.4×10^3 Bq/L，而放射性工作场所空气中的最大容许浓度是 33×10^{-2} Bq/L。

^{249}Cf-^{252}Cf 均属于极毒性核素。锎-252 急性中毒会使骨髓造血功能发生障碍，红细胞减少；慢性中毒也会影响造血功能，引起染色体畸变。我国规定 ^{249}Cf 和 ^{252}Cf 在体内的最大容许积存量分别为 1.5×10^3 和 3.7×10^2 Bq；^{249}Cf 和 ^{252}Cf 在露天水源中的限制浓度分别为 37 和 74Bq/L；在放射性工作场所空气中的最大容许浓度分别为 7.4×10^{-5} 和 2.2×10^{-4} Bq/L。

铀后元素均属人工放射性元素，它们的半衰期多数都较短，因此具有非常高的比活性，引起明显生物效应所需的量是很少的。对于产生 1Ci α 活性而言，核素量如下[31]：^{239}Pu 16.28g，^{238}Pu 57.45 mg，^{232}Pu 仅 2.22 μg；^{241}Am 308.2 mg；^{238}Cm 仅为 1.9 μg；^{252}Cf 1.4 mg，^{244}Cf 少至 32.4 ng(1ng 即 10^{-9}g)。

现将主要钚后核素的性质汇于表 3.13，急性中毒数据列于表 3.14 供参考[32]。有人将它们在放射性工作场所空气中的最大容许浓度与常见毒性气体 CO，HCN 作了比较[33]（参见表 3.15）。表 3.16 列出了国际上有关锕系核素的某些最新数据。

表 3.13　钚后核素的核性质与累积器官[32]

核素	衰变方式	半衰期	"比活度" (g/Ci)	有关的累积器官
^{238}Pu	α	87.75a	0.0575	肝、骨、肾
^{239}Pu	α	24400a	16.3	肝、骨、肾
^{241}Am	α	433a	0.342	肝、甲状腺、骨、肾
^{244}Cm	α	18.1a	0.0125	肝、骨、肾
^{249}Bk	β	311d	0.000552	骨、肝、肾
^{252}Cf	α/SF	2.638a	0.00155	肝、骨、甲状腺、肾
^{253}Es	α	20.47d	0.0000388	骨、肝、肾

表 3.14　某些锕系核素的急性毒性(大鼠)

A(对照)和 B(锕系)核素		LD$_{50}$(30d)
A	^{137}Cs	20.0
	^{90}Sr	3.5(μCi/g)
	^{144}Ce	3.4
B	^{239}Pu	0.05
	^{241}Am	0.11
	^{244}Cm	0.11(μCi/g)
	^{237}Np	0.003
	^{252}Cf	0.015

表 3.15　若干锕系核素在放射性工作场所空气中的最大容许浓度(mg/m³)

CO*	HCN*	^{232}Th	^{238}U	^{237}Np	^{231}Pa	^{242}Cm
100	10	0.27	0.19	4×10^{-6}	4×10^{-8}	3×10^{-11}

* CO 和 HCN 两种毒性气体值供参比。

表 3.16　锕系核素的某些性质[34]

元素	质量数	α 衰变半衰期 (a)	比活度 (Ci/g)	热值 (W/g)	年容许摄入量* (Ci)	(g)	自发裂变半衰期 (a)	可得量	参考价格 (美元/g)
Ac	227	21.7	72		5.4×10^{-10}	7.4×10^{-12}		mg	
Th	232	1.4×10^{10}	1.1×10^{-7}		2.7×10^{-9}	2.4×10^{-2}	1.3×10^{18}	kg	
Pa	231	3.3×10^{4}	4.7×10^{-2}		1.6×10^{-9}	3.4×10^{-8}		g	25,000
U	天然							kg	16
	235	7.1×10^{8}			5.4×10^{-8}	2.5×10^{-2}	1.9×10^{17}	g	150
	238	4.5×10^{9}			5.4×10^{-9}	1.6×10^{-1}	1.9×10^{15}	kg	100
Np	237	2.1×10^{6}	7.1×10^{-4}		5.4×10^{-9}	7.7×10^{-6}	4×10^{16}	kg	300
Pu	238	86	18	0.57	5.4×10^{-9}	3.1×10^{-10}	4.9×10^{10}	g	5,000
	239	2.4×10^{4}	6.1×10^{-2}	1.9×10^{-3}	5.4×10^{-9}	8.6×10^{-8}	5.5×10^{15}	kg	250
	242	3.8×10^{5}	3.8×10^{-3}	1.1×10^{-4}	5.4×10^{-9}	1.4×10^{-6}	7.2×10^{10}	g	15,000
Am	241	433	3.2	0.11	5.4×10^{-9}	1.6×10^{-4}	1.1×10^{14}	kg	2,000
	243	7.4×10^{3}	0.2	6.5×10^{-3}	5.4×10^{-9}	2.7×10^{-3}	3.3×10^{13}	g	100,000
Cm	244	18	83	2.8	1.1×10^{-8}	1.4×10^{-10}	4×10^{7}	g	100,000
	248	4.4×10^{5}	4.2×10^{-3}		1.4×10^{-9}	3.3×10^{-7}	4.6×10	mg	
Bk	249	320(天)	1.65×10^{-3}	0.36	8.1×10^{-10}	5.0×10^{-13}	4.8×10^{8}	mg	
Cf	249	350.6	4.1		5.4×10^{-9}	1.3×10^{-9}	1.5×10^{9}	mg	

* ICRP Publication No. 30(1980).

引自 A. J. Freeman et al. , Handbook on the Physics and Chemistry of the Actinides, Vol. 1, North-Holland, 81(1984).

总而言之,锕系元素尤其是钚及钚后元素属极毒或高毒类的元素,一旦进入机体,将产生极大的危害性。操作人员在从事有关的研究和生产之前,必须经过专门的十分严格的科学训练,并采取极其严密的安全防护措施,以保证人体健康、维护环境卫生和促进科研生产的顺利进行[36]。

参 考 文 献

[1] C. Keller, *Industries Atomiques and Spatiales*, **16**, No. 6(1972). "超钚元素(译文集)",原子能出版社,40 (1976).

[2] 戴安邦,尹敬执,严志弦,张青莲,《无机化学教程》,人民教育出版社,下册,699—713(1972).

[3] J. C. Bailar Jr., H. J. Emeléus, Sir R. Nyholm, A. F. Trotman-Dickenson, "Comprehensive Inorganic Chemistry, Vol. 5, Actinides", Pergamon Press, 9—28 (1973).

[4] J. G. Stites, M. L. Salutsky, B. D. Stone, *J. Am. Chem. Soc.*, **77**, 237(1955).

[5] G. A. Meyerson, "Proc. Int. Conf. on the Peaceful Uses of Atomic Energy, Geneva, 1955, U. N. ", New York, 8, P/635, 188(1956).

[6] P. A. Sellers et al., *J. Am. Chem. Soc.*, **76**, 5935(1954).

[7] 科德芬克(E. H. P. Cordfunke),《铀化学》,杨承宗校,原子能出版社,25—26(1977).

[8] W. D. Wilkinson, "Uranium Metallurgy, Vol. I, Process Metallurgy; Vol. II, Corrosion and Alloys", Interscience-John Wiley. New York(1962).

[9] D. L. Baaso, W. V. Conner, D. A. Burton, US-AEC Report RFP-1032(1967).

[10] E. Grison, W. B. H. Lord, R. D. Fowler(eds.), "Plutonium 1960", Proc. of the 2nd Int. Conf. of Plutonium Metallurgy, Grenoble 1960, Cleaver-Hume Press Ltd., London(1961).

[11] J. M. 克利夫兰,《钚化学》,《钚化学》翻译组译,科学出版社(1974);
   J. M. Cleveland, "The Chemistry of Plutonium" Gordon and Breach Science Publishers, New York (1970).

[12] W. Z. Wade and T. Wolf., *J. Nucl. Sci. Technol.*, **6**, 402(1969).

[13] L. J. Mullins and J. A. Leary, *Ind. Eng. Chem.*, *Process Design and Development.*, **4**, 394(1965).

[14] D. B. McWhan, B. B. Cunningham, J. C. Wallmann, *J. Inorg. Nucl. Chem.* **24**, 1025(1962).

[15] W. Z. Wade and T. Wolf, *J. Inorg. Nucl. Chem.*, **29**, 2577(1967).

[16] B. B. Cunningham and J. C. Wallmann, *J. Inorg. Nucl. Chem.*, **26**, 271(1964).

[17] B. B. Cunningham, in: "Preparative Inorganic Reaction", W. L. Jolly(ed.), Interscience Publishers, New York, **3**, 79(1969).

[18] J. R. Peterson, J. A. Fahey, R. D. Baybarz, *J. Inorg. Nucl. Chem.* **33**, 3345(1971).

[19] 科·克勒尔,《超铀元素化学》,《超铀元素化学》编译组译,原子能出版社,147(1977);
   C. Keller, "The Chemistry of the Transuranium Elements", Verlag Chemie GmbH, 133(1971).

[20] H. H. Hill, *Nucl. Metallurgy*, **17**, 2(1970).

[21] "Nuclear Safety Guide", US-AEC Report TID 7016 Rev. 1(1961).

[22] V. S. Yemel'yanov and A. I. Yevstyukhin, "The Metallurgy of Nuclear Fuel" Pergamon Press, Oxford, 12 (1969).

[23] H. K. Clark, *Transact. Am. Nucl. Soc.*, **12**, 886(1969).

[24] S. R. Bierman, E. D. Clayton, *Transact. Am. Nucl. Soc.*, **12**, 887(1969).

[25] G. T. Seaborg, *New Scientist* **38**, 410(1968); *Isotop. Radiat. Technol.* **6**, 1(1968).

[26] C. Keller,《超钚元素(译文集)》,原子能出版社,22(1976).

[27]《核燃料后处理工艺》编写组,《核燃料后处理工艺》,原子能出版社,1(1978).

[28] А. А. Весчинский,国外能源,1,1(1985);张文青、陈书云,核科学与工程,6,354(1986).

[29] W. W. 舒尔茨(Schulz),《锔化学》,唐任寰等译,原子能出版社,36(1981).

[30] H. C. 霍奇(Hodge)等,《铀、钍、超钚元素实验毒理学手册(钍分册)》,吴德昌等译,原子能出版社
(1984).

[31] H. C. 霍奇(Hodge)等,《铀、钍、超钚元素实验毒理学手册》(超钚分册),王玉民等译,原子能出版社
(1984).

[32] 松山谦三,渡辺贤寿,《超钚元素的安全防护》,日本原子力学会志,**16**,381(1974).

[33] K. W. Bagnall, "The Actinide Elements", in: "Topics in Inorganic and General Chemistry", P. L. Robinson(ed.), Monography 15, Elsevier Publishing Co., 15(1972).

[34] A. J. Freeman and G. H. Lander, "Handbook on the Physics and Chemistry of the Actinides", Vol. 1, North-Holland, 81(1984).

[35] 张寿华等主编,《放射化学》,原子能出版社(1983).

[36] 唐任寰,《原子射线与防护》,陕西人民出版社(1978).

29.4 锕

4.1 引言

1899 年, A. Debierne 在法国著名的 Curie 实验室进行铀矿的废物处理时, 发现了一种前所未知的放射性物质[1]。它与钍、稀土元素一起被氨水沉淀, 很难彼此分离, 但其放射性却比钍大许多倍。Debierne 认为这种放射性来自一种新的元素, 命名为锕 (Actinium), 原子序数 89, 化学符号 Ac。由希腊文 aktis 而来, 即射线之意。

1902 年, F. O. Geisel 独立地从铀矿石酸性溶液中沉淀得的稀土馏分里, 发现同一元素。M. Curie 根据放射性的衰减, 首次测出锕的半衰期约为 21a。其辐射特征确定得很晚, β 射线能量

$$E_{\beta^-} = 0.0455 \text{ MeV}$$

是 1935 年才测定的; 它具有分支比为 1.2% 的 α 放射性又是四年之后的事。直至 ^{231}Th(UY) 和 ^{231}Pa 都确定后, 才最终证实 Debierne 和 Giesel 首先发现的锕是以 ^{235}U 为起始核的 (4n+3) 放射系的第四代子体 ^{227}Ac。下面是锕铀系的部分衰变链 (参见图 7.3):

$$^{235}\text{U(AcU)} \xrightarrow[7.1\times10^8\text{a}]{\alpha} {}^{231}\text{Th(UY)} \xrightarrow[25.52\text{h}]{\beta} {}^{231}\text{Pa} \xrightarrow[3.25\times10^4\text{a}]{\alpha}$$

$$^{227}\text{Ac} \xrightarrow{21.77\text{a}} \begin{cases} \xrightarrow[]{\beta^-(98.6\%)} {}^{227}\text{Th(RdAc)} \xrightarrow[18.2\text{d}]{\alpha} \\ \xrightarrow[]{\alpha(1.4\%)} {}^{223}\text{Fr(AcK)} \xrightarrow[22\text{min}]{\beta} \end{cases} \longrightarrow {}^{223}\text{Ra} \text{ - -} \rightarrow$$

Hahn 在 1908 年发现了锕的同位素 ^{228}Ac, 取名为新钍-2 (MsTh$_2$), 它是 ^{228}Ra(MsTh$_1$) 的衰变产物, 属以 ^{232}Th 为起始核的钍 (4n) 放射系成员。

在所有铀矿石中均含有 ^{227}Ac, 它在每克 ^{235}U 中的含量为 2×10^{-10} g, 即相当于每吨富沥青铀矿中约含有 0.15 mg。^{227}Ac 作为 ^{235}U 的衰变产物, 存在于矿山岩石或地壳中的含量为 2×10^{-15}% (原子克拉克值)。^{228}Ac 主要藏于钍矿石, 1g 钍中约有 5×10^{-14} g 的量。锕的地球化学行为与稀土元素相似。

4.2　锕的同位素与核性质

　　现在已知锕有 24 种同位素,质量数为 209—232。除了自然界中存在的痕量 ^{227}Ac 和 ^{228}Ac 以外,其余锕同位素均由人工制取而得。现将锕同位素的主要核性质及其来源列于表 4.1 中。由此表可见,寿命最长的锕同位素是锕铀天然放射系成员 ^{227}Ac,其半衰期为 21.77a。其他多数为秒或分的量级;以天计的只有 ^{225}Ac,它是镎人工放射系的衰变产物。质量数较小的锕同位素主要发生 α 衰变。质量数较大的则进行 β^- 衰变,唯有 ^{224}Ac 主要以电子俘获形式释放它的能量。

　　^{227}Ac 是目前唯一可获得称量的锕的同位素,它的半衰期相对很长,因而是锕同位素中最重要的核素。它的主要部分即 98.6% 发生 β^- 衰变,放出低能 β^- 粒子($E_{\beta^-}=44\text{keV}$)形成 ^{227}Th($t_{1/2}=18.2$d);另外小部分 1.4% 通过 α 衰变生成

$$^{223}\text{Fr}(t_{1/2}=22\text{min})。$$

由于 ^{227}Ac 的 β^- 射线能量低,而 α 衰变的分支比也小,其放射系母子体达放射性平衡的时间则需 5,6 个月,因此,用直接测量 β^- ,α 射线,或通过放射性衰变平衡积累的测量方法来确定 ^{227}Ac 的量,都是比较困难的。目前发展用 α 谱仪通过计算机解谱,测定那些比活度较大的 ^{227}Ac 制剂。

表 4.1　锕的同位素[2,3]

核素	半衰期	衰变方式 (分支比,%)	主要的粒子能量 MeV (强度,%)	产生方式
^{209}Ac	0.10s	α	$E_\alpha=7.585$	^{197}Au(^{20}Ne,8n)
^{210}Ac	0.35s	α	$E_\alpha=7.462$	^{203}Tl(^{16}O,xn)
^{211}Ac	0.25s	α	$E_\alpha=7.480$	^{197}Au(^{20}Ne,6n)
^{212}Ac	0.93s	α	$E_\alpha=7.377$	^{197}Au(^{20}Ne,5n)
^{213}Ac	0.80s	α	$E_\alpha=7.503$	^{197}Au(^{20}Ne,4n)
^{214}Ac	8.2s	α	$E_\alpha=7.214(52)$	
^{215}Ac	0.17s	α	$E_\alpha=7.60$	
^{216}Ac	3.8×10^{-4}s	α	$E_\alpha=9.11$	
^{217}Ac	1.11×10^{-7}s	$\alpha(>99)$	$E_\alpha=9.650(>99)$	^{208}Pb(^{14}N,5n)
^{218}Ac	2.7×10^{-7}s	α	$E_\alpha=9.21$	
^{219}Ac	7×10^{-6}s	α	$E_\alpha=8.66$	
^{220}Ac	0.024s	α	$E_\alpha=7.85$	

续表

核素	半衰期	衰变方式 (分支比,%)	主要的粒子能量 MeV (强度,%)	产生方式
^{221}Ac	0.052s	α	$E_\alpha=7.645$	^{205}Tl(^{22}Ne,$\alpha 2n$)
^{222}Ac	66s	α	$E_\alpha=6.81$	^{226}Pa 衰变子核
^{222m}Ac	4.2s	α	$E_\alpha=7.013$	^{226}Ra($p,5n$)
^{223}Ac	2.2min	α(99) ε(1)	$E_\alpha=6.647(45)$	^{227}Pa 衰变子核
^{224}Ac	2.9h	α($\sim$10) ε($\sim$89)	$E_\alpha=6.1386(3)$ ...... $E_\gamma=0.217$	^{228}Pa 衰变子核
^{225}AC	10.0d	α	$E_\alpha=5.829(50.7)$	镎人工放射系成员
^{226}Ac	29h	β^-($\sim$80) ε($\sim$20)	$E_{\beta^-}=0.89(\sim 80)$	^{226}Ra($d,2n$)
^{227}Ac	21.77a	α(1.4) β^-(98.6)	$E_\alpha=4.954(0.6)$ ...... $E_{\beta^-}=0.044(54)$	锕铀天然放射系成员 ^{227}Ra(β^-)
^{228}Ac	6.13h	β^-	$E_{\beta^-}=1.18(35)$ ...... $E_\gamma=0.9111(25)$	钍天然放射系成员
^{229}Ac	66min	β^-	$E_{\beta^-}=1.1$	^{226}Ra(α,p)
^{230}Ac	122s	β^-	$E_{\beta^-}=2.2$	^{232}Th(^{12}C,^{14}N)
^{231}Ac	7.5min	β^-	$E_{\beta^-}=2.1$	^{232}Th(γ,p)
^{232}Ac	35s	β^-		^{232}Th(n,p)
^{233}Ac	2.3min	β^-	1983 年发现[11]	^{238}U(^{3}He,$5p3n$) ^{238}U($p,4p2n$)

注:表中 α——α 粒子发射;β^-——负电子发射;ε——轨道电子俘获;γ——γ 射线;n——中子;p——质子;d——氘核;……尚有其他的粒子能量

　　由于^{227}Ac 存在上述测量上的困难,因而自然界存在的另一个短寿命核素^{228}Ac ($MsTh_2$,$t_{1/2}=6.13h$)也受到重视,它全部进行 β^- 衰变,释放出易于探测的中能 β^- 粒子,经常可用于对锕的研究或作为锕的示踪剂。但是,^{228}Ac 伴随 β^- 衰变时所放出的 γ 射线却相当复杂,只有用高分辨率的 Ge(Li)-γ 谱仪才能进行测定。

　　在操作可称量的^{227}Ac 时,所需的防护措施大体上与操作镭相似。由于锕射气(^{219}Rn)及其子体的半衰期均较短,故对射气防护的要求方面稍低于镭。

4.3　锕的元素性质

锕与镧类似,是银白色的金属,在暗处能发光,于空气中迅速氧化,使金属表面蒙上一层白色的氧化物。锕的熔点是 1050℃,沸点 3200℃,密度 10.07 g/cm³。已知锕有两种变体,低温 α 相具有面心立方晶格,另一是高温 β 相。

Ac 是第七周期锕系元素的第一个成员,其基态原子的电子构型是[Rn] $6d^1 7s^2$。原子半径为 1.88Å,它只有一种氧化态+3,Ac^{3+} 离子半径为 1.08Å,这与 La 的原子半径(1.87Å)和离子半径(1.06Å)近似。Ac^{3+}/Ac 的标准电极电势是 $-2.58V$。可见锕与镧一样,是化学性质活泼的元素,但锕具有更明显的碱性。锕的地球化学行为也与稀土元素的行为相似,常与铀矿中的稀土相伴生。

毫克量的金属锕可用锂蒸气在 1100—1275℃ 下还原 AcF_3 而制得,整个装置与制取镨或钚时相似,是用一微量钼坩埚置于高真空体系中加热进行。有关的化学反应如下:

$$AcF_3 + 3Li \longrightarrow 3LiF + Ac$$

还可由锂蒸气于 350℃ 的温度下,通过 X 射线毛细管内的 $AcCl_3$,还原成金属锕,该法的制备量约为 $10\mu g$。此外,Ac_2O_3 和钍金属粉末在 1750℃ 的高温和真空中相作用,也可制得少量的金属锕,但产率不如制取相应的金属镧那样高。

金属锕的热力学数据如下[4]:

熵(25℃)	58.6 J/mol·K
熔融熵	8.4 J/mol·K
熔融热	10.9 kJ/mol
蒸发热	29.3 kJ/mol
蒸发熵(1300K)	92.0 J/mol·K

4.4　锕的化合物

鉴于锕的化学性质与镧、钇十分相近,迄今用 X 射线衍射法测定得九种锕化合物的结构,全都类似于相应的镧的化合物。从辐射防护上的考虑以及防止 X 胶片过快地黑化,这些化合物的制备量限制在 $10\mu g$ 范围内。

4.4.1　氢化物

金属锕与氢气在 350℃ 时进行反应,生成分子式尚未很确定的氢化物:

$$Ac + H_2 \longrightarrow AcH_{2(+x)}$$

用钾蒸气还原 $AcCl_3$ 以制备金属 Ac 时,亦有 $AcH_{2(+x)}$ 生成,被解释为 $AcCl_3$ 原料中存在微量的 NH_4Cl 杂质所致。此氢化物具有立方 CaF_2 型晶格,晶格常数 $a=$ 5.670Å,密度为 8.35g/cm³。

4.4.2 氧化物

当金属锕受氧化时生成 Ac_2O_3,这氧化物层能阻止它被进一步的氧化。将锕的草酸盐、硝酸盐或氢氧化物在 1000—1100℃ 的氧气中进行灼烧,也可得到氧化锕,例如:

$$Ac_2(C_2O_4)_3 \longrightarrow Ac_2O_3 + 3CO_2 + 3CO$$

Ac_2O_3 与 La_2O_3 同晶,具六方结构,晶格常数

$$a=4.07\text{Å}, c=6.29\text{Å}。$$

密度为 9.19 g/cm³。

锕离子在碱或氨的作用下,析出碱性氢氧化锕 $Ac(OH)_3$ 的白色凝胶沉淀,它比 $La(OH)_3$ 稍易溶于水。

4.4.3 卤化物

由于锕的电子构型和 Ac^{3+} 的离子半径均与镧的相近,锕的卤化物与镧的相应化合物具有相同的结构。

(1)氟化物。将 Ac 的氢氧化物与氟化氢在高温下作用,可得白色氟化锕:

$$Ac(OH)_3 + 3HF \xrightarrow{700℃} AcF_3 + 3H_2O$$

或在 Ac^{3+} 溶液中加入氟化物析出氟化锕沉淀:

$$Ac^{3+} + 3F^- \longrightarrow AcF_3 \downarrow$$

它具有 LaF_3 型的六方晶格,晶格常数 $a=4.17\text{Å}, c=7.53\text{Å}$,密度为 7.88 g/cm³,难溶于水。

(2)氯化物。在 500℃ 温度下,用四氯化碳与氢氧化锕反应:

$$2Ac(OH)_3 + 3CCl_4 \longrightarrow 2AcCl_3 + 3CO_2 + 6HCl$$

它具有 UCl_3 型六方结构,晶格常数 $a=7.62\text{Å}, c=4.55\text{Å}$,密度为 4.81 g/cm³。$AcCl_3$ 也可由四氯化碳与锕的氧化物或草酸盐在 960℃ 的更高温度下作用而得。它易溶于水。

(3)溴化物。将锕的氧化物与溴化铝一起在真空中加热至 750℃,便可得到白色溴化锕,其反应为:

$$Ac_2O_3 + 2AlBr_3 \longrightarrow 2AcBr_3 + Al_2O_3$$

然后在 400℃ 下把过剩的溴化铝蒸馏出来,$AcBr_3$ 在 800℃ 时升华。与 $AcCl_3$

一样，$AcBr_3$ 也具有 UCl_3 型六方结构，易溶于水，但晶格常数却较大，$a=8.06\text{Å}$，$c=4.68\text{Å}$，密度为 $5.85\text{g}/\text{cm}^3$。

(4)碘化物。在 600—700℃下，将氧化锕与碘化铝一起加热，便可得到碘化锕 AcI_3，它在 800℃时升华。但未像氯化物、溴化物那样研究得详细。这些卤化物都是白色化合物。

(5)卤氧化物。锕的卤化物与水蒸气、氨在高温下相互作用，导致化合物水解并生成卤氧化物：

$$AcF_3+2NH_3+H_2O \xrightarrow{1000℃} AcOF+2NH_4F$$

$AcBr_3$，AcI_3 的水解情形相同，形成相应的 $AcOBr$ 或 $AcOI$。而 $AcCl_3$ 的水解反应则为：

$$AcCl_3+H_2O \xrightarrow{1000℃} AcOCl+2HCl$$

这里，锕的卤化物水解时均生成含氧酸盐，而在类似条件下水解卤化镧时，却生成氢氧化物。这与锕的碱性比镧的碱性大些有关。卤氧化物中，除 $AcOF$ 具有立方 CaF_2 型晶格外，$AcOCl$ 和 $AcOBr$ 均呈六方 $PbClF$ 型的晶体结构。

4.4.4 锕的重要盐类

草酸锕 $Ac_2(C_2O_4)_3$，磷酸锕 $AcPO_4$ 和氟化锕 AcF_3 一样，都是不溶性的盐。它们可由锕盐溶液中加入草酸铵或磷酸盐而得，例如：

$$Ac^{3+}+PO_4^{3-} \longrightarrow AcPO_4(aq)$$

硫酸锕 $Ac_2(SO_4)_3$ 是微溶性盐，当用 SO_4^{2-} 离子沉淀镧系元素时，Ac^{3+} 和 La^{3+} 一起析出，留在最先沉降下的结晶中。Ac^{3+} 的溶液无色，而硫酸锕为白色，此外，碳酸锕 $Ac_2(CO_3)_3$ 也难溶。

硝酸锕可加硝酸溶解 $Ac(OH)_3$ 而得到，固体 $Ac(NO_3)_3$ 溶于水，还溶于无水乙醇。

将硫化氢和硫化碳的混合物，于 1400℃时与 Ac_2O_3 或 $Ac(OH)_3$ 作用，便可制得黑色硫化锕 Ac_2S_3，它可溶于稀酸。

此外，8-羟基喹啉能使溶液中的 Ac^{3+} 转成不溶性的金属螯合物 $Ac(C_9H_6NO)_3$。与三价镧系元素类似，还存在着一种环戊二烯金属有机化合物 $Ac(C_5H_5)_3$。

4.5 锕的水溶液化学

在 pH$<$3 的酸性溶液中，Ac^{3+} 以无色离子形式存在。当 pH$>$3 时形成胶体溶液。锕离子在溶液中是三价的,硝酸锕、氯化锕和溴化锕均易溶于水。由于 Ac^{3+} 在可见光区域不存在光吸收,几乎所有锕的化合物都是无色的。

低浓 Ac 可与 Al,Fe 和 Y 的氢氧化物从溶液中共沉淀;Ac 与 La 的碳酸盐、氟化物、氟硅酸盐产生定量共沉淀。Ac 与草酸镧共沉淀则不完全。还观察到 Ac 与 $PbSO_4$,$BaCrO_4$,$Ce(IO_3)_4$ 等的同晶共沉淀。在硫酸钾存在下,会生成复盐沉淀 $KAc(SO_4)_2$;刚已提到,锕的氟化物 AcF_3、草酸盐 $Ac_2(C_2O_4)_3$,碳酸盐 $Ac_2(CO_3)_3$,磷酸盐 $AcPO_4 \cdot \frac{1}{2}H_2O$ 和氟硅酸盐都是微溶盐。

此外,当 Ac^{3+} 溶液中析出 AgX,$BaSO_4$ 或 $MnO_2 \cdot xH_2O$ 等沉淀时,都会发生 Ac^{3+} 的吸附载带。但用 H_2O_2 沉淀共存的 Th^{4+} 时,Ac^{3+} 不吸附在沉淀上。

Ac^{3+} 可形成一系列络合物,它形成络合物的能力比相应 La^{3+} 的稍小,这与两者之间离子半径的差异相一致。它们的配位数常为 6。表 4.2 中列举了锕络合物在水溶液中的生成常数,由此可见,1,3-二酮类与 Ac^{3+} 所形成的螯合物具有很好的稳定性;而四元酸结构的含锕络合物,其稳定性与二价金属离子的络合物相近。这些常数是由示踪量锕通过分配法测得的。

表 4.2 Ac^{3+} 络合物在水溶液中的生成常数[4]

络 合 剂	$[H]^+$ 浓度 (mol/L)	离子强度 μ	生成常数 β_i
Cl^-	1.0	1.0	$\beta_1 = 0.80 \pm 0.09$
			$\beta_2 = 0.24 \pm 0.08$
Br^-	1.0	1.0	$\beta_1 = 0.56 \pm 0.07$
			$\beta_2 = 0.30 \pm 0.06$
NO_3^-	1.0	1.0	$\beta_1 = 1.31 \pm 0.12$
			$\beta_2 = 1.02 \pm 0.12$
SO_4^{2-}	1.0	1.0—1.6	$\beta_1 = 15.9 \pm 1.3$
			$\beta_2 = 71.4 \pm 7.3$
SCN^-	pH2	1.0	$\beta_1 = 1.11 \pm 0.07$
			$\beta_2 = 0.82 \pm 0.08$
$C_2O_4^{2-}$	pH3—3.5	1.0	$\beta_1 = 3.63 \times 10^3$
			$\beta_2 = 1.45 \times 10^6$
$H_2PO_4^-$	pH2—3	0.5	$\beta_1 = 38.8 \pm 5$
萘甲酰三氟丙酮 (HNTA)	pH~5	0.1	$\beta_3 = 4.3 \times 10^{14}$
1-苯基-3-甲基-4-苯甲酰基吡唑酮-5 (PMBP)	pH~4	0.1	$\beta_3 = 3.8 \times 10^{11}$
1-苯基-3-甲基-4-乙酰基吡唑酮-5	pH~4	0.1	$\beta_3 = 4.5 \times 10^6$

络　合　剂	[H]+浓度 (mol/L)	离子强度 μ	生成常数 β_i
(PMAP) 四元酸	pH>3.5	0.1	$\beta_1=71$ $\beta_2=5.5\times10^2$

注：$\beta_i=[\mathrm{ML}_i^{(n-m)}{}_\mathrm{r}]/[\mathrm{M}^{n+}][\mathrm{L}^{m-}]^i$　　$\mathrm{M}^{n+}+i\mathrm{L}^{m-}\Longleftrightarrow[\mathrm{ML}_i^{(n-m)+}]$

现将各种 1,3-二酮类化合物对 Ac^{3+} 的萃取情形画于图 4.1[4]，其中以 2-噻吩甲酰三氟丙酮 HTTA 为最好的萃取剂。图 4.2 是 HTTA 萃取 Ac 和各种元素的情形[5,6]。

当金属离子和 HTTA 相作用时，HTTA 在溶液中存在着下列平衡：

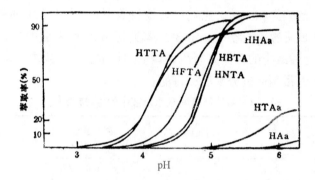

图 4.1　各种 1,3-二酮类化合物萃取 Ac^{3+} 的百分率

HTTA 2-噻吩甲酰三氟丙酮；HFTA 呋喃甲酰三氟丙酮；HNTA 萘甲
酰三氟丙酮；HBTA 苯甲酰三氟丙酮；HHAa 六氟乙酰丙酮；HTAa
三氟乙酰丙酮；HAa 乙酰丙酮

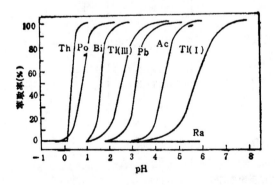

图 4.2　在苯中用噻吩甲酰三氟丙酮萃取各种元素的络合物

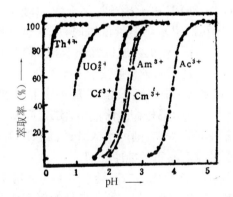

酮式   烯醇式

烯醇式和重金属离子 M^{n+} 作用,生成有金属内络键的弱离解盐。

内络合物的不离解分子可用苯萃取,反应的基本方程是:

$$M^{n+} + nHTTA = M(TTA)_n + nH^+$$

改变介质的 pH 值是控制 M-TTA 络合物从水萃取到苯这一过程的简便方法。上述形成的是六元螯合物。

由于 Ac^{3+} 是离子半径最大的三价锕系离子,因而它的碱性较强,易于水解,这使得从水溶液中萃取出来并非容易。前已述及,8-羟基喹啉与 Ac^{3+} 可生成 $Ac(C_9H_6NO)_3$ 金属螯合物,它不溶于水而溶于 $CHCl_3$ 等有机溶剂中。但萃取的溶液 pH>5 时,Ac^{3+} 发生明显的水解,需改用 8-羟基喹啉的卤素衍生物以降低萃取的 pH 值。

1-苯基-3-甲基-4-苯甲酰基吡唑酮-5(简称 PMBP),也表现出良好的萃取性能,它可在较低的 pH 值下,将 Ac^{3+} 定量地提取出来(参见图 4.3)[4]。

图 4.3   0.1 mol/L PMBP-CHCl$_3$ 对 Ac^{3+} 和其他锕系离子的萃取率($\mu=0.1ClO_4^-$, 25℃)

4.6　锕的分离和分析

4.6.1　从铀矿中提取 ^{227}Ac

^{227}Ac 可以从铀矿石中与镧系元素一起提取出来,也可由中子照射 ^{226}Ra 来制备。

为了从铀矿石中分离出锕,先用酸分解矿石,此时 $BaSO_4$,$RaSO_4$ 和 H_2SiO_3 · xH_2O 转入沉淀,而 Ac 和 U,Th,RE,Al,Fe,Pb 等转成溶液。通硫化氢处理,以除去溶液中的 Pb,Bi 和 Po 等杂质离子,然后加氨水将 Ac,U,Th 和 RE 沉淀为氢氧化物。用氢氟酸又将 Ac,Th 和 RE 转变为氟化物沉淀,继将氟化物转化为硫酸盐,还原成硫化物,然后将纯化过的硫化物沉淀溶于盐酸,使转为氯化物形式。最后进行 Ac 与 Th,RE 之间的分离,用下列方法之一分离纯化得 Ac。由于 Ac 的浓度极小,将 Ac 与 RE 定量分离是一项颇为艰巨的工作。

可用过氧化氢法从稀盐酸溶液中将 Th 沉淀出来而除去;或用吡啶从硝酸盐的醇溶液中沉淀水合过氧化钍,以及分级沉淀氢氧化物等方法。也可用阳离子交换剂从 0.1 mol/L HCl 中进行色层分离,使用草酸洗脱 Th,柠檬酸洗脱 Ac。

锕与稀土元素的分离一般采用阳离子交换色层法。例如用 0.25 mol/L 柠檬酸铵于 pH=3.09 时洗脱 La,然后在 pH=3.76 时洗脱 Ac。

在 $LiNO_3$ 溶液中,Ac 和 RE 形成硝酸盐络合物,据此可在硝酸根型阴离子交换树脂上进行分离。当用 $LiNO_3$ 稀溶液洗脱时,元素被洗脱的顺序为:Yb,Tb,Eu,Sm,Pm,Nd,Pr,Ce,La,而 Ac 的洗脱位置介于 Sm 和 Nd 之间。

所得的 ^{227}Ac 产物,可通过阳离子交换法进一步纯化(图 4.4)[9]。

纸上色层法分离 Ac 和 La 是在正丁醇、醋酸丙酮和醋酸水溶液介质中进行。用纸上电泳法从 pH=7—8 的 1% 柠檬酸溶液中,实现了 Ac 的良好的分离。

如用 Ce^{3+} 盐作载体分离 Ac^{3+},则可用 $KMnO_4$ 或 $(NH_4)_2S_2O_8$ 将三价铈转化为四价,并使之沉析,由此很容易得到纯净的锕。

萃取法是在沉淀 Ra,Ba 之后先用二乙醚萃出 U。从水相中沉析 $La(OH)_3$,溶于 6 mol/L HCl 后,再沉淀出 $La_2(CO_3)_3$,在得到的沉淀中含有 Th,Po,Bi,Tl 和 Pb 等杂质。将其溶于 HCl 并用 HTTA-苯溶液在 pH=1 时萃取 Th 和 Bi,而 Ac 和 Pb 则在 pH=5—5.5 时萃取。当反萃到 HCl 中之后,用 H_2S 将 Pb 沉析而除去。

4.6.2　中子辐照法制备

在铀燃料核反应堆中,用中子辐照 ^{226}Ra,将得到可称量(毫克量级)的 ^{227}Ac[7]。

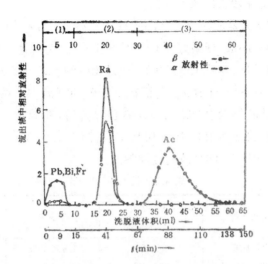

图 4.4 ^{227}Ac 产物的阳离子交换法纯化

(1)2mol/L HCl;(2)3mol/L HNO$_3$;(3)6mol/L HNO$_3$。

Dowex50,200—400 目,60℃

其核反应为：

$$^{226}Ra(n,\gamma)^{227}Ra \xrightarrow[42.2min]{\beta^-} {}^{227}Ac$$

这一核反应的有效截面很高($\sigma_{n,\gamma}=11.5b$),^{227}Ra 的半衰期($t_{1/2}=42.2$ min)又短,故能得到一定量的^{227}Ac 核素,大约为照射 Ra 的 0.1%。从靶子镭、镭和锕的衰变产物中分离 Ac,比从 Th,RE 等元素中提出 Ac 将便利得多。

使用乙醇或异丙醇可从固体硝酸盐混合物中萃取 Ac 和 Ra。由于 Ra(NO$_3$)$_2$ 不溶于醇中,还可用浓的盐类、HBr 和 HNO$_3$ 沉淀 Ra。若在 CH$_3$COONa 存在下,镭以 RaCrO$_4$ 形式沉淀。镭也可与 La$_2$(C$_2$O$_4$)$_3$ 共沉淀。

在阳离子交换树脂上可进行色层分离,这时用 3 mol/L HCl 或 4mol/L HNO$_3$ 洗脱 Ra,再用 pH＝3 的 0.25mol/L 柠檬酸铵或 8mol/L HNO$_3$ 溶液洗脱 Ac。目前最好的方法是将照射过的 Ra 靶溶于 HCl,使用 0.25 mol/L HTTA-苯溶液在 pH＝6 时萃取 Ac(参见图 4.2),在此条件下 Ra 不被萃取。

4.6.3 ^{228}Ac 的分离

^{228}Ac(MsTh$_2$)是钍的天然放射系成员(参见表 4.3),为了制备锕的这个同位素,可用 Ba 化合物作载体从老钍样品中先析出 MsTh$_1$(^{228}Ra),它是 MsTh$_2$ 的恒定来源。制取放射纯的 MsTh$_2$ 问题,就是将其母体 MsTh$_1$ 和衰变产物 RdTh,

ThX,ThB,ThC 等寿命较长的核素除去。

经典的共沉淀方法是应用 $MsTh_1$ 的 HNO_3 溶液,加入 Ba^{2+},Pb^{2+},Th^{4+} 和 La^{3+} 的硝酸盐载体各 1 mg,或最好用 Ce^{3+} 代替 La^{3+}。然后将溶液蒸干,用无水乙醇从沉淀物萃取 $Th(NO_3)_4$ 和 $Ce(NO_3)_3$(或是相应的 La),^{228}Ac 和 Ce,La 一起转入乙醇溶液,而 Ba,Ra 和大部分 Pb 仍留在不溶解的沉淀中。然后从乙醇溶液中将 Th 以不溶性的吡啶络合盐沉淀下来,离心分离后,在滤液中重新加入 Pb^{2+},Bi^{3+} 载体各 1 mg,通 H_2S 饱和使 PbS 和 Bi_2S_3 沉淀下来。蒸去乙醇,灼烧成 CeO_2 或 La_2O_3,其中所含的 ^{228}Ac 即是放射性纯制剂。

表 4.3　钍系($4n$)

核素	历史名称	衰变方式 (分支比,%)	半衰期	与 1 t ^{232}Th 相平衡的质量(g)
^{232}Th	Th 始核	α(100)	1.4×10^{10} a	10^6
^{228}Ra	$MsTh_1$(新钍 I)	β^-(100)	5.75a	4.04×10^{-6}
^{228}Ac	$MsTh_2$(新钍 II)	β^-(100)	6.13h	4.91×10^{-8}
^{228}Th	RdTh	α(100)	1.913a	1.34×10^{-4}
^{224}Ra	ThX	α(100)	3.64d	6.88×10^{-7}
^{220}Rn	Tn(钍射气)	α(100)	55.6s	1.19×10^{-10}
^{216}Po	ThA	α(100)	0.150s	3.16×10^{-13}
^{212}Pb	ThB	β^-(100)	10.64h	7.92×10^{-8}
^{212}Bi	ThC	α(36) β^-(64)	60.6min	7.53×10^{-9}
^{212}Po	ThC'	α(100)	3.05×10^{-7} s	4.07×10^{-10}
^{208}Tl	ThC''	β^-(100)	3.1min	1.36×10^{-10}
^{208}Pb	ThD 终止	稳定		

为了制成无载体的 ^{228}Ac 源,可将氧化物溶于 HNO_3 和 H_2O_2。反应如下:

$$2CeO_2 + H_2O_2 \longrightarrow Ce_2O_3 + H_2O + O_2$$

所得的 Ce_2O_3 转成 $Ce(NO_3)_3$。蒸去过量的 H_2O_2 后,加入少量 Ag_2O 将 Ce^{3+} 氧化至 Ce^{4+},然后加 HIO_3 析出 $Ce(IO_3)_4$ 沉淀,银成 $AgIO_3$,而 ^{228}Ac 则留在溶液中。将滤液蒸发并在铂皿中灼烧沉淀,便得无载体的 ^{228}Ac 源。

萃取法的应用是从甲醇和二乙醚混合溶液中析出 Ba 和 Ra 后,以 TBP 萃取除去 Th,最后在阳离子交换剂上,用乳酸铵溶液作洗脱剂将 Ac 与其余衰变产物分离。

杨承宗曾用 Amberlite IR-100 铵型树脂,以 pH 为 4.5—5.5 的 0.75% 柠檬酸铵为淋洗剂,从 La 与 Ac 为 $1:10^{-8}$ 至 $1:10^{-9}$ 的试样中,成功地分出 ^{228}Ac。La 和

Ac 的收率分别为 89% 和 74%[12]。

4.6.4 锕的分析测定

由于 ^{227}Ac 的 β 粒子能量很小[10]，放射性测量法分析锕时，常利用其衰变的子体产物。为积累子体产物，必须不少于 10 昼夜，而达到放射性平衡则几乎长达半年之久。子体产物可采用 ^{223}Fr(AcK，参见表 7.3)，它很容易与 Ac 分离，Ac 可以氟化物、氢氧化物或碳酸盐形式沉淀；可采用 ^{219}Rn(An，锕射气)，这可以不要事先提纯 Ac，而直接测量电离室的 α 放射性；或测定 ^{227}Th(RdAc)，它与 Ac 不难分开；还可测定 ^{211}Pb(AcB)，用稳定的铅化合物作载体，以 PbS 形式分离出来[8]。

研究锕的化学行为时，经常使用的是 ^{228}Ac，它的半衰期为 6.13h，放出的 β^- 粒子也易于测量。所以 ^{228}Ac 是良好的锕指示剂。

参 考 文 献

[1] J. C. Bailar Jr. et al.，"Comprehensive Inorganic Chemistry"，Vol. 5，Actinides，Pergamon Press(1973).

[2] W. Seelmann-Eggebert et al.，"Chart of the Nuclides"，5th Edition，Karlsruhe GmbH(1981).

[3] 核素图表编制组，《核素常用数据表》，原子能出版社(1977).

[4] Von C. Keller，*Chemiker-Zeitung*. 101，Jahrgang Nr. 11，500(1977).

[5] J. J. Katz and G. T. Seaborg，"The Chemistry of the Actinide Elements"，Methuen，London(1957).

[6] C. E. 布列斯列尔(bpecлep)，《放射性元素》，邱陵译，科学出版社，115(1966).

[7] F. Hageman，*J. Am. Chem. Soc.*，72，768(1950).

[8] Ан. Н. 涅斯米扬诺夫(Несмеянов)，《放射化学》，何建玉等译，原子能出版社，217(1985).

[9] H. W. Kirby，"The Analytical Chemistry of Actinium"，in Progr. Nucl. Energy Ser. IX，8，89(1967).

[10] 刘运祚主编，《常用放射性核素衰变纲图》，原子能出版社，288(1982).

[11] Y. Y. Chu and M. L. Zhou(周懋伦)*Phys. Rev.*，C. 28，1379(1983).

[12] J. T. Yang(杨承宗)and M. Haissinsky，*Bull. Soc. Chim.* France，546(1949).

29.5 钍

5.1 引言

1828年挪威化学家 J. J. Berzelius 首先在后来称之为钍石的矿物中发现了元素钍,钍(Thorium)的名字是由斯堪的那维亚神话中的 Thor 神而来的。在1880—1890年发明钍可用来制造灼热气灯的网罩之前,钍一直是被人所忽视的,灯罩的生产促进钍的广泛的研究。1898年居里夫人和 G. C. Schmidt 又分别发现了钍的放射性。

长时期以来钍的实际用途是很少的,除了制造少量气灯网罩外,还可在电子工业中用作吸气剂和添加剂,以及个别情况下化工上用作催化剂,总的来说用量都很有限。后来原子能的发现,引起了人们对钍的重视,认为钍是潜在的核燃料。虽然钍本身不被慢中子所裂变,但它可俘获热中子形成^{233}Th。^{233}Th 二次 β 衰变的子体^{233}U 则是可裂变的物质。生成反应为:

$$^{232}\text{Th}(n,\gamma)^{233}\text{Th} \xrightarrow{\beta^-} {}^{233}\text{Pa} \xrightarrow{\beta^-} {}^{233}\text{U}$$

钍的这个性质,引导人们对钍的性质进行了各个方面的深入研究。在利用钍作为核材料方面,美国等国已作了大量的研究,建造了试验性的钍的增殖反应堆,但总的来说目前还处于研究试验的阶段,钍的用量仍然不太大。

在地壳中钍的平均含量为 0.001%—0.002%,比铀的含量大两倍,与铅、钴、铋相当。它的分布是相当广泛的,共有一百多种矿物,其中最重要的有:

(1)磷酸盐:独居石(铈、稀土及钍的磷酸盐,钍含量约 4%—6%);磷酸钇矿(钇、稀土的磷酸盐,含少量的钍)。

(2)氧化物:方钍石(氧化钍,氧化铀及少量稀土,ThO_2 含量高达 40%—90%)。

(3)硅酸盐:钍石(氧化钍,氧化硅,钍含量可高达 62%)。

后二种矿物含钍量很高,但这些矿很稀少。目前钍的主要来源靠的是分布很散的、而量很大的独居石矿砂。世界上的主要矿区位于巴西、印度、斯里兰卡、澳大利亚、南非、美国、苏联和朝鲜等地。我国的独居石矿藏也极其丰富。

5.2　钍的同位素与核性质

自然界中大量存在的钍是^{232}Th，丰度是100%，放射α粒子，半衰期为1.4×10^{10}a，是天然钍放射系（4n系）的原始核。此外，自然界中还存在着很少量的天然铀系和锕铀系的成员^{234,230,231,227}Th等核素。自然界存在的以及人工合成的钍同位素已经多达25个（^{212}Th—^{236}Th）。寿命最长的是^{232}Th，寿命相当长的是在铀矿中少量存在的^{230}Th（半衰期是7.54×10^4a）。寿命极短的有217，218，219，220等人工核素。全都已知的同位素见表5.1。

^{232}Th是最重要的核素，它俘获热中子发生（n,γ）反应的截面是7.40 ± 0.08b，而发生裂变的截面仅仅是5.6×10^{-5}b，因此可以认为^{232}Th不能被热中子所裂变。发生（n,γ）反应的产物是^{233}Th，它的衰变子体就是可裂变的^{233}U。

^{232}Th是钍放射系（4n系）的起始母核，在经过六次α衰变和四次β衰变后，衰变系的最终子体是稳定的^{208}Pb。相对于母体^{232}Th的半衰期为140亿年来讲，4n系的全部子体的半衰期都是很短的。其中最长的是半衰期为5.75a的^{228}Ra（MsTh$_1$），其次是半衰期为1.91a的^{228}Th（RdTh）和半衰期为3.64d的^{224}Ra（ThX），其余的半衰期都很短。因此，虽经化学处理提纯的钍，在放置若干年后，其子体能很快地积聚起来，而使钍成品往往都具有由子体产生的很强的放射性。

表 5.1　钍的同位素

质量数	半衰期	衰变方式	来源
212	30 ms	α	
213	0.14 s	α	^{206}Pb(^{16}O,9n)
214	0.10 s	α	
215	1.2 s	α	
216	28 ms	α	
217	252μs	α	^{206}Pb(^{16}O,5n)
218	0.1 μs	α	^{209}Bi(^{14}N,5n)
219	1.05 μs	α	
220	9.7 μs	α	^{208}Pb(^{16}O,4n)
221	1.68 ms	α	^{208}Pb(^{22}Ne,α5n)
222	2.8 ms	α	
223	0.66 s	α	^{227}U 衰变子体
224	1.04 s	α	^{228}U 衰变子体

质量数	半衰期	衰变方式	来源
225	8.0 min	$\alpha(\sim95)\ \epsilon\ (\sim5)$	$^{232}Th(\alpha,7n)$, ^{229}U 衰变子体
226	31 min	α	^{230}U 衰变子体
227	18.72 d	α	$^{226}Ra(n,\gamma)^{227}Ra(\beta^-)$,锕铀系成员
228 (RdTh)	1.913 a	α	钍系成员
229	7340 a	α	镎系成员
230(Io)	7.54×10^4 a	α	铀系成员
231 (UY)	25.5 h	β^-	$^{230}Th(n,\gamma)$, $^{232}(n,2n)$,锕铀系成员
232	1.4×10^{10} a	α	天然,钍系的始核
233	22.3min	β^-	$^{232}Th(n,\gamma)$
234 (UX₁)	24.1 d	β^-	铀系成员
235	6.9min	β^-	$^{234}Th(n,\gamma)$, $^{238}U(n,\alpha)$
236	37.1min	β^-	$^{238}U(p,3p)$

5.3　钍的元素性质

制备金属钍最常用的方法是将氧化钍粉末与金属钙一起研磨后放在 CaO 衬里的坩埚中,在氩气中加热到 1000℃,使氧化物还原成金属。这个反应是放热反应,但放出的热量不足于使钍熔化(钍的熔点是 1755℃)。

$$ThO_2+2Ca \longrightarrow Th+2CaO(-\Delta H_{293}=41kJ)$$

用水和稀酸浸取反应产物,得到粉末形式的金属钍,可以压制或烧灼。如要直接得到金属锭,可将四氟化钍用钙来还原。

$$ThF_4+2Ca \longrightarrow 2CaF_2+Th\ (-\Delta H_{298}=403.5kJ)$$

这个反应的生成热,也不足以使钍熔化,要使钍熔化可以加入硫或碘。将四氯化钍在 900℃时用镁还原,可以得到 Th-Mg 合金。合金在 920℃的真空下蒸馏除去 Mg 后得到海绵状的金属钍。除此,用熔融盐电解法可以制取有延展性的高纯金属钍,熔盐是 KThF₅,ThCl₄ 和 ThF₄,助熔剂是 NaCl 和 KCl。电解用钼做阴极,在石墨坩埚(阳极)中进行,温度为 800℃,产率高达 90%。小量的高纯金属钍采用范阿克耳(Van Arkel)碘化物分解过程:将合成的四碘化钍在灯丝上加热到 900—1700℃,使四碘化钍分解成纯的金属钍和碘。

金属钍是银白色的,机械加工性能较铀好,易于冲压、锻压。它有二种同素异形变体,小于 1380℃时为 α-Th,面心立方晶系,晶格常数 5.0840Å,X 射线测定的密度 11.72 g/cm³,金属半径 1.798Å,升华热(25℃)为 597 kJ/mol,α-Th 加热到1380℃后转变为体心立方晶系的 β-Th,晶格常数 4.115Å。钍的金属磁化率 $X_m =95 \times 10^{-6}$ emu/mol($T = 25$℃),并随温度的增加而增加。由于 Th^{4+} 没有未成对的电子,故其化合物是反磁性的。

成块的钍在正常的条件下对大气的腐蚀是相当稳定的,在干燥的大气中能形成一层蓝色的氧化物保护层,提高温度形成氧化物的速率加大。细粉状的钍在空气中是不稳定的。在氧中,在 350℃ 以下氧化反应符合抛物线反应速率定律,从350℃到 450℃反应服从于直线律。超过 450℃后可能由于 ThO_2 的高生成热,氧化反应加速进行。与氮的反应比氧要缓慢得多,但也具有类似的图形。在达到1370℃前反应速率曲线是抛物线形,这一阶段反应是由扩散过程所控制的;在更高温度时成直线速率关系,此时金属表面膜破裂,这种膜是由内层 ThN 和外层 Th_2N_3 组成的。与氢作用生成 ThH_2 也服从抛物线速率定律。反应是相当快的,在 480℃时氢压力为 0.16 atm,每小时吸收氢 3 mg/cm²,在 550℃时吸收这些量的氢只需 15 min。

金属钍与水蒸气的作用是相当复杂的。主要的反应是:

$$Th + 2H_2O = ThO_2 + 2H_2$$

生成的氢扩散到金属中形成少量 ThH_2。反应在 70 mm 分压时,在半小时内,所增加的重量为:200℃,0.2 mg/cm²;400℃,1.0 mg/cm²。反应的活化能为 26.79 kJ/mol。温度超过 400℃反应速率下降,550℃时下降约十倍。在 100℃的蒸馏水中钍的抗腐性能很好,但在大于 200℃的加压釜中很快就发生腐蚀,氧化物层失去了作用。

钍相对地说对酸是比较不活泼的。对浓或稀 HF,稀 HCl,稀 H_2SO_4,浓H_3PO_4 或浓 $HClO_4$ 作用很慢。但用浓 H_2SO_4 能将钍溶解,尤其是加热时,与王水作用则更快。与浓 HCl(12mol/L)作用生成沉淀物 ThO(X)H,这里 X 是—OH或—Cl。稀 HNO_3 缓慢地溶解钍,浓 HNO_3 则使钍纯化。在 8—16 mol/L HNO_3中加入 F⁻ 离子或在 H_2SO_4 加入 Cl⁻ 离子能使钍较快地溶解。钍与熔融的 NaOH不起反应,但熔融的 $KHSO_4$ 与钍反应很快。

钍与碱金属在 600℃时也不作用。钍能溶于铅、铋、锡、锑、铟、铊、铝和镓等成合金。在 600℃时不与不锈钢起反应,但到 700℃就起反应。

金属钍在室温时不与氟起作用。在 450℃时与磷蒸气反应生成 Th_3P_4。在900—1200℃,钍与石墨作用生成 ThC,>1300℃生成 ThC_2。

5.4　钍的化合物

5.4.1　氢化物、氮化物和碳化物

1. 氢化物

在 250—300℃时,中等压力的氢气与金属钍作用生成二氢化钍 ThH_2。如继续不断地增加氢气,最终产物是 Th_4H_{15}。

ThH_2 有两种晶体变体,一种是立方晶系,萤石结构,晶格常数 $a_0 = 5.489Å$;另一种是四方晶系,$a_0 = 5.735Å$,$c_0 = 4.971Å$,M—H 键长 239Å,密度为 9.50 g/cm^3。

ThH_2 在潮湿空气中并不稳定。与卤素或卤化氢加热反应生成四卤化钍 ThX_4。将 ThH_2 浸在 100℃以下的水中,它与水不起作用,Th_4H_{15} 与水在 250—350℃慢慢地反应成 ThO_2。

2. 氮化物

钍的金属粉在 500—1000℃与氮气反应生成红褐色粉末状的 α-Th_3N_4。与其他的氮化物相反,它是抗磁性的和电绝缘的,这些性质与它的纯离子结构 $(Th^{4+})_3(N^{3-})_4$ 是一致的。Th—N 间的结构距离(2.70Å)准确地等于泡林(Pauling)离子半径 Th^{4+}(0.99Å)和 N^{3-}(1.71Å)之和。Th_3N_4 属六方晶系,$a = 3.87Å$,$c = 27.39Å$。

Th_3N_4 在真空中加热 1400℃以上分解成黄绿色粉末状的 ThN。ThN 属面心立方晶系和 NaCl 晶型,$a = 5.16Å$,在 2atm 氮气压力下熔于 2820±30℃。ThN 是良好导体,根据霍尔效应的测定估计每个钍原子常有 1.47 个电子,所以可将 ThN 表示为 $(Th^{4+}N^{2.53-}1.47E)$。ThN 在室温时易与湿空气反应成水合氧化钍,温度超过 500℃时 ThN 粉末才燃烧。

3. 碳化物

将金属钍,或氧化钍,或氢化钍与碳在电弧炉或感应电炉中共热得到二碳化钍 ThC_2。适当控制碳量,反应物为碳化钍 ThC。在合成中,也可用有机烃类化合物代替碳。

钍和碳形成的一碳化物,具有连续的可变 C/Th 化学计量,其晶体构型均为 NaCl 型(空间群 $Fm3m$)。碳原子可以从晶格中被移去,而使晶格常数减小。C/Th 原子比与晶格常数成正比直线关系。例如:$ThC_{0.62}$,$a = 5.303±0.002Å$,$ThC_{0.99}$,$a = 5.346±0.002Å$。

二碳化钍 ThC_2 有三种晶体变体：$\alpha\text{-}ThC_2$，单斜晶系（空间群 $C2/C$）$a=$ $6.691Å, b=4.223Å, c=6.744Å, \beta=103°12'$；$\beta\text{-}ThC_2$，四方晶系（空间群 $I4/mmm$），在 $1460℃$ 时 $a=4.235Å, c=5.408Å$；$\gamma\text{-}ThC_2$ 面心立方晶系（空间群 $Fm3m$），在 $1500℃$，时 $a=5.808\pm0.003Å$，在 $1755℃$ $a=5.817+0.002Å$，熔点 $2450\pm25℃$。相变条件如下：

$$\gamma\text{-}ThC_2 \underset{}{\overset{1480℃}{\rightleftharpoons}} \beta\text{-}ThC_2 \underset{}{\overset{1430℃}{\rightleftharpoons}} \alpha\text{-}ThC_2$$

还有一种倍半碳化物 Th_2C_3，它在高压下合成，在通常压力下即分解，属于体心立方晶系（空间群 $I\bar{4}3d$），晶格常数 $8.5527\pm0.0001Å$。

ThC 很易水解，与水作用生成 ThO_2 和混合气体，气体含有 $9.0\ mol\%CH_4$，$10\ mol\%H_2$ 和少量其他有机烃。ThC_2 与水作用生成 ThO_2 和混合气体，按体积计混合气体中 $1/3$ 是 H_2，$1/3$ 是 C_2H_6，其他多数为饱和的有机烃。

5.4.2 氧化物和硫化物

1. 氧化物

二氧化钍 ThO_2 是唯一的较稳定的氧化物，属简单的立方晶系，$a=5.5971Å$，为萤石晶体结构（空间群 $Fm3m$）。熔点高达 $3390℃$，是氧化物中的最高熔融温度。沸点 $4400℃$。在高温（如 $1400—1900℃$）和低氧压（如 $10^{-2}—10^{-6}atm$）下加热，二氧化钍失去氧，颜色由白变黑，成为缺氧的 ThO_{2-x} 化合物。在空气中降低温度即恢复成白色的二氧化钍。二氧化钍与熔融的钍金属在相当高的温度下相接触，ThO_2 能显出化学计量上的钍氧原子比的一些差异。

将钍放在空气中加热，煅烧氢氧化钍，草酸钍盐都可得到二氧化钍。通常是从较纯的硝酸钍溶液中，沉淀出草酸钍，再将草酸钍在 $800—1200℃$ 灼烧制得纯的二氧化钍。要得到球状二氧化钍可以用核燃料工艺中的"溶胶-凝胶过程"（sol-gel process）。在此过程中，先将硝酸钍用水汽分解成分散的 ThO_2 水溶胶，再将 ThO_2 用稀硝酸消化成溶胶，然后用低温蒸发法制成含水 3% 的 ThO_2 凝胶。这种 ThO_2 小球的直径是 $100Å$。将这种凝胶加热到 $1000—1150℃$，它能进一步失去水分和硝酸根，烧结成密度为 $9.9\ g/cm^3$ 的颗粒。

ThO_2 是很稳定的。当在 $2000℃$ 以上蒸发时，它能分解成气态的一氧化钍 ThO 和氧。ThO 只在气态时很稳定，在真空下冷却即分解成金属和二氧化钍。

ThO_2 本身的化学稳定性与原料煅烧的温度有关，一般是温度越高，ThO_2 的化学稳定性越强。在低于 $550℃$ 以下灼烧的 ThO_2 很容易溶解在含有少量氟离子的 $8—16\ mol/LHNO_3$ 中。经高温灼烧过的 ThO_2 要用含有大量氟离子的浓硝酸迴流才能慢慢地溶解。即使加了 HF 的浓 HCl 也无法使高温处理过的 ThO_2 溶解。用发烟硫酸消化或用 $NaHSO_4$（$Na_2S_2O_7$，NH_4HSO_4）熔融，能使 ThO_2 转化为溶于水的硫酸钍。

钍盐溶液中加入碱，会生成白色胶状的沉淀，它是带有几个水分子的二氧化钍 $ThO_2 \cdot xH_2O$，而不一定是确定的 $Th(OH)_4$。新沉淀的 $ThO_2 \cdot xH_2O$ 易溶于酸，并能溶解于碳酸钠、草酸铵、柠檬酸钠等溶液中，形成钍的络合阴离子。

在钍盐的中性或弱酸性溶液中加入 H_2O_2，或在臭氧或过二硫酸盐的作用下，生成了凝胶状的钍的过氧化物沉淀。它往往是成分不很固定的化合物，且包含着溶液中的阴离子，在硫酸溶液中生成 $Th(OO)SO_4 \cdot 3H_2O$ 沉淀。过氧氯化钍是一个多聚物，其中氧和钍之比是 $5:3$，氯和钍之比是 $2:3$ 和 $1:3$。过氧硝酸钍被确定为 $Th_6(O_2)_{10}(NO_3)_4 \cdot 10H_2O$。除了过氧硫酸钍以外，其他都不稳定，在室温下放出氧，在 130℃时迅速分解。

2. 硫化物

钍与过量的硫在 400℃反应，形成一种多硫化合物 Th_2S_5（四方晶系）。真空中加热 Th_2S_5，到 950℃降解为 ThS_2（正交晶系），继续加热到 1950℃转化成为 Th_7S_{12}（六方晶系）。

将 ThS_2 和 Th 按一定比例均匀混合，在真空中加热到 1800℃可以制得所需的低硫化物 Th_7S_{12}（即 $ThS_{1.71-1.76}$），Th_2S_3（正交晶系）和 ThS（面心立方晶系）。

单硫化物 ThS 具有金属光泽，它在氩弧中 2335℃时能熔化而并不分解。紧密的 ThS 还具有金属的导电性，在 293 K 时其电阻率为 16—70 $\mu\Omega$ cm。而 ThS_2 及 Th_2S_5（即 $ThS_{2.5}$）则是绝缘体（5—10×$10^9\Omega$ cm），它们呈现红棕色或紫色的非金属化合物的颜色。

5.4.3　卤化物

1. 氟化物

钍的卤化物以四氟化钍 ThF_4 最为重要。四氟化钍是熔盐电解法制备粉末状金属钍的原料，也是钙热还原法制取金属钍的原料。在钍熔融盐反应堆中，用四氟化钍与氟化铍、氟化锆、氟化钾的混合物作为增殖铀-233 的材料。

制备四氟化钍的方法很多。它可以直接从元素钍和氟起反应生成，也可用 HF 与钍的其他卤化物、氧化物、氢氧化物、草酸盐或 ThH_2 反应生成。工业上通常应用的制法与制取 UF_4 相似，由钍的氧化物转化而得。在氢氧化钍水溶液中加入氢氟酸，钍以 $ThF_4 \cdot 8H_2O$ 的八水化合物形式沉淀下来。由于在水溶液中存在着 ThF^{3+}，ThF_2^{2+}，ThF_3^+ 等络离子，只有在氟的浓度足够大时，ThF_4 才沉淀下来。

$ThF_4 \cdot 8H_2O$ 经加热转化为 $ThF_4 \cdot 4H_2O$。$ThF_4 \cdot 4H_2O$ 加热到 100℃转化

为 $ThF_4 \cdot 2H_2O$,加热到 250℃生成 $Th(OH)F_3 \cdot H_2O$,再加高温成为 $ThOF_2$。当将氟化钍从热的浓氢氟酸中沉淀出来时,可得 $ThF_4 \cdot \frac{1}{4}H_2O$,条件略加改变即得无水的 ThF_4。

除了用上述的湿法制备 ThF_4 外,还可用高温干法制取 ThF_4。用气态氟化剂如 $HF \cdot NH_4F$,CF_2Cl_2 等在 600℃高温下与二氧化钍作用,可得无水的 ThF_4。

ThF_4 是白色结晶粉末,具有八个配位氟原子的 UF_4 型结构,单斜晶系,$a_0 = 12.90\text{Å}$,$b_0 = 10.93\text{Å}$,$c_0 = 8.58\text{Å}$,$\beta = 126.4$,空间群是 $c_{2h}^6\text{-}c2/c$。熔点 1110℃,沸点 1703℃。

ThF_4 的化学性质非常稳定,难溶于水和氢氟酸,稀的无机酸对它不发生作用,冷的浓硫酸和浓硝酸也难以溶解。中等浓度的盐酸和硫酸能慢慢地将它溶解。用浓硫酸煮沸四氟化钍时生成硫酸钍,用碱液煮沸时则生成氢氧化钍。ThF_4 和水蒸气在 900℃下相互作用生成二氧化钍和氟气。ThF_4 易溶于热的碳酸铵溶液。它还能溶于 $Al(NO_3)_3$ 和硼酸之中。

ThF_4 与碱金属氟化物生成一系列的复盐,如 $MThF_5$,M_2ThF_6,MTh_2F_9,MTh_3F_{13} 等。

2.氯化物

另一个在核工艺中有价值的卤化物是四氯化钍 $ThCl_4$,它是制备金属钍的氯化物熔盐电解法的原料。

$ThCl_4$ 的制法也有好多种,均属干法。氢化钍与氯或氯化氢作用,金属钍或碳化钍与氯作用,金属钍与氯化氢作用,或者 ThO_2 与各种氯化剂(Cl_2,SCl,CCl_4,PCl_5,光气 $COCl_2$)加热反应均可制得 $ThCl_4$。

将碳与 ThO_2 混合在 700—800℃高温下与氯作用也生成 $ThCl_4$:

$$ThO_2 + C + 2Cl_2 \longrightarrow ThCl_4 + CO_2$$

在上述这些反应中,必须小心地除去水汽和氧,否则要生成部分氯化氧钍 $ThOCl_2$,或者全部都成了 $ThOCl_2$。

$ThCl_4$ 是白色晶体,四方晶系,$a_0 = 8.473\text{Å}$,$c_0 = 7.468\text{Å}$,熔点 770℃,沸点 922℃(图 5.1)。

用盐酸处理 ThO_2 或 $ThCl_4$ 可得到四氯化钍的水溶液。已知 $ThCl_4$ 有好多种结晶水合物 $ThCl_4 \cdot xH_2O$($x = 2, 4, 7, 8, 9, 12$)。$ThCl_4$ 相当易溶于水。$ThCl_4$ 与元素氟或氟化氢作用能转化为 ThF_4。$ThCl_4$ 与碱金属的氯化物反应也能生成多种复盐:$MThCl_5$(M 为全部碱金属),M_2ThCl_6(M=Li,NH_4^+),M_4ThCl_8(M=Rb,Cs)。氯化物中还有高氯酸钍 $Th(ClO_4)_4 \cdot nH_2O$($n = 2, 3, 4, 6, 8$)。

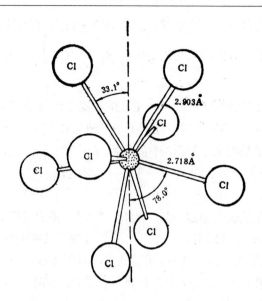

图 5.1　ThCl$_4$ 晶格中的配位情形十二面体,具有 $\overline{4}2m$ 对称性

［引自 K. Mucker et al. ,*Acta Cryst*. B25,2362(1969).］

3.溴化物

四溴化钍没有什么工艺上的价值,它的制法与四氯化钍的制法类似。将元素溴与金属钍或碳化钍或氯化钍作用,或者将溴化氢与氢化钍作用都能生成 ThBr$_4$。溴蒸气在高温下作用于碳及二氧化钍混合物也能生成白色的 ThBr$_4$ 固体,ThBr$_4$ 有二种变型:α-ThBr$_4$ 是正交晶系,β-ThBr$_4$ 是四方晶系。ThBr$_4$ 也有多种结晶水化合物。在化学性质方面与 ThCl$_4$ 不同的是,ThBr$_4$ 易发生光解,也更易于水解。

4.碘化物

四碘化钍的工艺价值不大,只在碘化法生产少量金属钍中应用。金属钍与碘蒸气作用得到白色的 ThI$_4$ 固体。将碘化氢与氢化钍作用也能制得 ThI$_4$。ThI$_4$ 属单斜晶系,熔点 570℃,沸点 827℃。ThI$_4$ 用金属钍还原可以得到黑色的 ThI$_3$,或 ThI$_2$(图 5.2)。ThI$_2$ 有两种变体:

$$\alpha\text{-ThI}_2 \underset{}{\overset{600-700℃}{\rightleftharpoons}} \beta\text{-ThI}_2$$

黑色,六方晶系　金黄色,六方晶系

在硝酸钍的水溶液中加入过量的碘酸钾或碘酸,就有带结晶水的碘酸钍沉淀析出,加热到 100℃ 左右可得无水的 Th(IO$_3$)$_4$。

5.含卤络合物

含氟的钍的络合物研究很少。已知 ThCl$_4$ 能与多种有机的给体配位体形成络合物,如 ThCl$_4$ 能与 N,N-二甲基乙酰胺(1∶4,1∶3),二甲基甲酰胺(1∶4),二甲

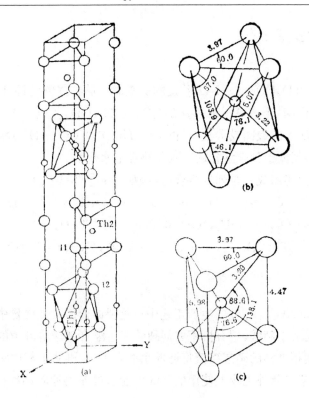

图 5.2 ThI₂ 的结构

(a)单位晶胞;(b)三角反棱形层中的配位多面体;

(c)三角棱形层中的配位多面体

[引自 L. J. Guggenberger et al. , *Inorg. Chem.* ,**7**. 2257(1968).]

基亚砜(1：5,1：3),二乙基亚砜(1：4,1：3),二苯基亚砜(1：4),三苯基膦氧化物(1：2),六甲基磷酰胺、$[(CH_3)_2N]_3PO(1：2)$,甲基氰(1：4)等形成相应的络合物。

含氯络合物中还研究过$(NMe_4)_2ThCl_6$,NMe_4 为四甲基铵。$(NMe_4)_2ThCl_6$为白色晶体,属立方晶系。与此相似,含溴络合物$(NMe_4)_2ThBr_6$也是存在的。

含碘的络合物有 $ThI_4 \cdot 4CH_3CN$,$ThI_4 \cdot 4CNC_5H_{11}$,$ThI_4 \cdot 8CO(NH_2)_2$。

高氯酸钍还能形成一些络合物:$Th(ClO_4)_4 \cdot 6DMA$(DMA=二甲基乙酰胺),$Th(ClO_4)_4 \cdot 6DMA \cdot 3H_2O$, $Th(ClO_4)_4 \cdot 6DMSO$(DMSO=二甲基亚砜),$Th(ClO_4)_4 \cdot 4OMPA$(OMPA=八甲基焦磷酰胺),$Th(ClO_4)_4 \cdot 7AN$(AN=安替比林,$C_{11}H_{12}ON_2$),$Th(ClO_4)_4 \cdot 8PNO$(PNO=吡啶-N-氧化物)。这些络合物都是白色固体。

5.4.4　钍的重要盐类

1. 碳酸盐

钍有 $Th(OH)_2CO_3 \cdot xH_2O$ 形式的碳酸盐,都是白色的固体。氢氧化钍与 CO_2 在压力下作用,生成 $ThOCO_3 \cdot 2H_2O$(或 $Th(OH)_2CO_3 \cdot H_2O$)。向硝酸钍溶液有控制地加入碳酸钠或碳酸铵,也生成 $Th(OH)_2CO_3 \cdot H_2O$ 沉淀。在其他不同的反应条件,还能得到碳酸盐的三水化物和七水化物。

钍的碳酸盐能形成一系列的络合物,例如: $Na_6[Th(CO_3)_5] \cdot nH_2O(n=0,1,3,12,20)$,$K_6[Th(CO_3)_5] \cdot nH_2O(n=10)$,$Tl_6[Th(CO_3)_5] \cdot nH_2O(n=0,1,2)$,$[CN_3H_6]_6[Th(CO_3)_5] \cdot nH_2O(n=0,3,4)$,$Ba_3[Th(CO_3)_5] \cdot nH_2O(n=7)$,$[Co(NH_3)_6]_2 \cdot [Th(CO_3)_5] \cdot nH_2O(n=4,6,9)$,$(NH_4)_2[Th(CO_3)_3] \cdot nH_2O(n=6)$等。

2. 硝酸盐

硝酸钍 $Th(NO_3)_4$ 在钍的生产工艺中有重要的价值。从矿物中提取钍的流程中,氢氧化钍先溶于硝酸,用有机萃取剂磷酸三丁酯将硝酸溶液中的硝酸钍萃取入有机相,然后用相当稀的硝酸溶液将钍反萃取入水相,再从水相中将产品硝酸钍的水化物结晶出来。此外工业上使用的 ThO_2,也往往是将原料硝酸钍高温加热分解而得。

硝酸钍有几种带结晶水的水化物,$Th(NO_3)_4,nH_2O(n=2,3,4,5,6,12)$,其中在通常条件下可以分离出来的是 $Th(NO_3)_4 \cdot 4H_2O$,$Th(NO_3)_4 \cdot 5H_2O$(图5.3)和 $Th(NO_3)_4 \cdot 6H_2O$,它们都是白色晶体。

实验表明,从硝酸溶液中结晶出 $Th(NO_3)_4 \cdot nH_2O$ 时,结晶水的多少与 $Th(NO_3)_4$ 的浓度和母液的温度有依赖的关系。当溶液浓缩到含 $Th(NO_3)_4$ 为87％浓度,温度在150℃以上时,冷却母液析出的主要是 $Th(NO_3)_4 \cdot 4H_2O$。当 $Th(NO_3)_4$ 的浓度在70％—80％之间,将热母液冷却所得的主要是 $Th(NO_3)_4 \cdot 6H_2O$ 结晶。

曾对 $Th(NO_3)_4 \cdot 5H_2O$ 的晶体进行过 X 射线及中子衍射法的测定,属正交晶系,空间群 C_{2v}^{19}-$Fdd2$,$a_0=11.191$Å,$b_0=22.889$Å,$c_0=10.579$Å,在结构上四个硝酸根各为双配位体,再加上五个水分子中的三个水分子的配位络合,每个钍原子具有十一个配位体。

$Th(NO_3)_4 \cdot nH_2O$ 在水中极易溶解,且易溶于含氧的有机溶剂,如醇、酮、醚、酯中。

将 $Th(NO_3)_4 \cdot nH_2O$ 高温热分解可得 ThO_2。将 $Th(NO_3)_4 \cdot 5H_2O$ 在80℃

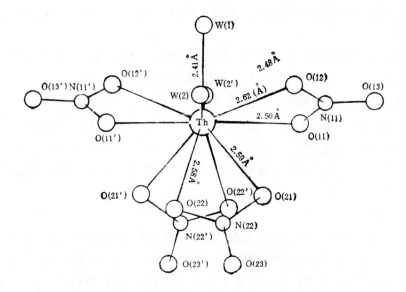

图 5.3 Th(NO$_3$)$_4$ · 5H$_2$O 晶体中的配位情形

[引自 T. Ucki et al. ,*Acta Cryst.* **20**,836(1966)]

时控制条件,可以得到较少的结晶水化物。将五水化物加热到 140℃,生成了碱式硝酸钍 ThO(NO$_3$)$_2$ · H$_2$O · Th(NO$_3$)$_4$ · nH$_2$O 在水溶液中发生水解,能生成 Th$_2$(OH)$_4$(NO$_3$) · nH$_2$O 和 Th$_2$(OH)$_2$(NO$_3$)$_6$ · 8H$_2$O 等白色碱式盐。

硝酸钍能形成一些复盐形式的无机络合物,如 MTh(NO$_3$)$_6$ · 8H$_2$O(M＝Mg, Zn,Co,Ni,Mn),MTh(NO$_3$)$_5$ · nH$_2$O(M＝Na,K),Cs$_2$Th(NO$_3$)$_6$ 等。

Th(NO$_3$)$_4$ 还能形成一些有机络合物。1973 年在水溶液中用红外光谱法研究,证明了 Th(NO$_3$)$_4$ · 6DMSO(DMSO:二甲基亚砜),Th(NO$_3$)$_4$ · 3DESO(DE-SO:二乙基亚砜),Th(NO$_3$)$_4$ · 4DPSO(DPSO:二苯基亚砜),Th(NO$_3$)$_4$ · 3DNSO (DNSO:二-α-萘基亚砜)和 Th(NO$_3$)$_4$ · 3DNSO · EA(EA:乙酸乙酯)的存在。

Th(NO$_3$)$_4$ 还能与 N,N-二甲基酰胺,三苯基膦氧化物,菲罗啉,2-二甲胺代甲基-4-甲基-酚,尿素等形成络合物。

3. 硫酸盐

用硫酸分解独居石所得的混合硫酸盐,用水浸取后即是硫酸钍 Th(SO$_4$)$_2$ 的溶液。二氧化钍水化物经硫酸溶解可得 Th(SO$_4$)$_2$ · nH$_2$O(n＝2,4,8,9)。将 Th(SO$_4$)$_2$ · nH$_2$O 加热到 400—500℃时能脱水成无水的 Th(SO$_4$)$_2$,或者将 ThO$_2$ 水化物和浓硫酸加热到 450—600℃以除去过量的酸,也可得到无水的 Th(SO$_4$)$_2$。

无水硫酸钍是白色结晶,很易吸水,在水中的溶解度很大(0℃时 100 g 水可溶 Th(SO$_4$)$_2$33 g),含结晶水的硫酸钍在水中的溶解度大为降低。Th(SO$_4$)$_2$ · 4H$_2$O

的溶解度与其他水化物不同,随温度升高而明显地下降,这一性质常被用来钍与稀土的分离。

　　在很稀的水溶液中可以观察到硫酸钍的水解作用,水解生成碱式盐 $Th(OH)_2SO_4$。$Th(OH)_2SO_4$ 为白色晶体,属正交晶系。

　　硫酸钍能与其他金属的硫酸盐生成各种复盐:$M_2[Th(SO_4)_3] \cdot nH_2O(M=Na, NH_4^+, K, Rb, Cs, Tl)$,$M_4[Th(SO_4)_3] \cdot nH_2O(M=Na, NH_4^+, K, Cs)$,$M_6[Th(SO_4)_5] \cdot nH_2O(M=NH_4^+, Cs)$,$M_8[Th(SO_4)_6] \cdot nH_2O(M=NH_4^+)$。在工艺上比较有用的是硫酸钾与硫酸钍的复盐,以这种复盐的形式能定量地将钍从钇族稀土中分离出来。

　　4. 磷酸盐

　　独居石矿物中含量高达百分之几的钍是以磷酸钍的形式存在的。在 $Th(IV)$ 的溶液中加入磷酸根离子,难溶的磷酸钍水化物 $Th_3(PO_4)_4 \cdot nH_2O$ 就沉淀下来。在 ThO_2-P_2O_5 相图研究中,除了确定了无水 $Th_3(PO_4)_4$ 外,还确定了 $Th_3P_2O_{11}$ 和焦磷酸钍 ThP_2O_7。$Th_3(PO_4)_4$ 晶体属单斜晶系,ThP_2O_7 属立方晶系。

　　溶液中的四价钍离子与 $H_2P_2O_6^{2-}$ 离子作用可生成连二磷酸钍 ThP_2O_6。在硝酸钍水溶液中加入磷酸及碱金属的磷酸盐,得到了磷酸氢钍 $Th(HPO_4)_2 \cdot 4H_2O$ 及 $(NH_4)_2Th(PO_4)_2 \cdot 5H_2O$,$KTh(OH)_2PO_4 \cdot 3.5H_2O$,它们的组成是用热性质及红外谱来确定的。

　　5. 草酸盐

　　向酸性的四价钍溶液中加入草酸,可得白色沉淀的六水草酸钍 $Th(C_2O_4)_2 \cdot 6H_2O$。即使在 2 mol/L 硝酸溶液中,草酸也能将钍定量地沉淀下来。所以在钍的分离和分析化学中草酸钍是比较重要的化合物。

　　将 $Th(C_2O_4)_2 \cdot 6H_2O$ 加热到 110℃,转化为 $Th(C_2O_4)_2 \cdot 2H_2O$。二水化物加热到 150—220℃,转化为 $Th(C_2O_4)_2 \cdot H_2O$,温度$>$260℃结晶水全部消失。在高温下灼烧,草酸钍成为 ThO_2。

　　草酸钍不溶于水和难溶于 3—4mol/L 酸度以下的酸溶液,但能溶于草酸钾,草酸钠和草酸铵的溶液中,形成 $(NH_4)_2Th(C_2O_4)_3$,$(NH_4)_4Th(C_2O_4)_4$,$(NH_4)_6Th(C_2O_4)_5$,$K_4Th(C_2O_4)_4$,$Na_4Th(C_2O_4)_4$ 等带结晶水的复盐(参见图 5.4)。

5.4.5　钍的其他化合物

　　1. 有机酸化合物

　　除了上述的草酸盐外,还有多种羧酸以单配位基的形式与钍化合。将 $Th(OH)_4$ 溶解于 40% 的甲酸中,蒸发溶液得到甲酸钍 $Th(HCOO)_4 \cdot 3H_2O$。如

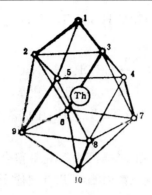

图 5.4　三斜晶系的 $K_4[Th(C_2O_4)_4] \cdot 4H_2O$ 的结构

Th—$O_{1.10}$=2.60±0.03Å,Th—O_{2-9}=2.46±0.02Å,

a=9.562Å,α=115.75°,b=13.087Å,β=80.90°,

c=10.387Å,γ=112.66°(粗黑线示 $C_2O_4^{2-}$ 连接的多面体的边界)

将 $Th(NO_3)_4 \cdot 4H_2O$ 加入到纯的甲酸中去则生成 $Th(HCOO)_4 \cdot 1.5H_2O$。在 100—200℃时,水化物脱水成无水 $Th(HCOO)_4$。由甲酸钍能制备通式为

$$M_x[Th(HCOO)_{4+x}] \cdot nH_2O$$

的复盐络合物,M 是一价或二价金属离子。

　　将四氯化钍与冰醋酸共煮得到乙酸钍 $Th(CH_3COO)_4$ 沉淀。乙酸钍微溶于水,不溶于一般的有机溶剂。将 $Th(CH_3COO)_4$ 与含水的乙酸(CH_3COOH：H_2O =2：1)共热,得到碱式的 $Th(OH) \cdot (CH_3COO)_3$。除此,还存在着形式为 $Th(OH)_x(CH_3COO)_{4-x} \cdot nH_2O$ 的碱式盐。

　　单配位基羧酸钍化合物还有异丁酸钍 $Th(C_3H_7COO)_4 \cdot 2H_2O$,苯甲酸钍 $Th(C_6H_5COO)_4$,三氯乙酸钍 $Th(CCl_3COO)_4 \cdot 2H_2O$,苯乙酸钍 $Th(C_6H_5CH_2COO)_4$ 等。

　　2.金属有机化合物及其他有机试剂螯合物

　　(1)将四氯化钍与过量的茂基钾(环戊二烯基钾)在苯中迴流,或者用四氟化钍与茂基镁在封闭管中加热到 180—280℃进行反应,都能制得无色的四茂钍,$Th(C_5H_5)_4$。四茂钍并不挥发,对空气中等敏感,遇水和酸即行分解,稍溶于苯、氯仿、溴仿、二氯甲烷、正戊烷和四氢呋喃。

　　四茂钍与卤素反应,生成相应的三茂钍卤化物,$Th(C_5H_5)_3X$。用上述制备四茂钍的方法,也同样能够制得 $Th(C_5H_5)_3X$。$Th(C_5H_5)_3Cl$ 是无色的,氟、溴、碘化物都是灰黄色的,它们在高真空下于 180—200℃时升华。这些络合物对加热比四茂钍更稳定,对空气也是中等敏感,溶于上述能稍溶四茂钍的一些有机溶剂中。

　　在 0℃以下的干的、无氧的四氢呋喃溶剂中,将环辛四烯钾 $K_2(C_8H_8)$ 与四氯

化钍反应得到二环辛四烯钍 $Th(C_8H_8)_2$。$Th(C_8H_8)_2$ 是由两个 C_8H_8 环组成的夹层形络合物(Sandwich complex)。

(2)通过 $ThCl_4+4NaOR \xrightarrow{ROH} Th(OR)_4+4NaCl$ 可制得一系列的白色醇盐,四醇化钍,R=甲基,乙基,丙基,丁基,戊基,己基,庚基等。

在氯仿溶剂中将芳庚酚酮与 $ThCl_4$ 反应,生成灰黄色的络合物四芳庚酚酮化钍 ThT_4(T=Tropolone)。

钍能与 8-羟基喹啉螯合成四-8-羟基喹啉化钍螯合物,与钍能形成螯合物的有机试剂还有钍试剂,噻吩甲酰三氟丙酮(TTA),铜铁试剂,偶氮胂 I,II,III,K,M,二甲酚醇,甲基百里酚兰,桑色素,茜红 S,栎精等,这在钍的分析化学中有实际意义。

$$ThL_4 \left(L = \begin{array}{c} \text{[8-羟基喹啉结构式]} \end{array} \right),$$

5.5　钍的水溶液化学

在水溶液中钍只有单一的 +4 价,也就是 Th^{4+} 离子不会发生氧化还原反应。在 $-100℃$ 的高氯酸钍的丙酮溶液中,找到过钍的九水合物 $Th(H_2O)_9^{4+}$。

钍的离子半径较小,为 $0.984Å$,所带的电荷又多,所以它具有强烈的水解性质。$pH>1$ 时 Th^{4+} 开始水解,$pH>3$ 则明显水解。水解过程为:

$$Th^{4+}+2H_2O \Longleftrightarrow Th(OH)^{3+}+H_3O^+$$

$$Th(OH)^{3+}+2H_2O \Longleftrightarrow Th(OH)_2^{2+}+H_3O^+$$

同时还存在着形成二聚物的反应:

$$2Th(OH)^{3+} \Longleftrightarrow Th_2(OH)_2^{6+}$$

通过超离心法和光散射实验,还证实了钍的多核高聚物的水解产物存在。在一般情况下,pH 增大随即发生 $Th(OH)_4$ 沉淀。

Th^{4+} 是 Z^2/r 值较大的阳离子,能与大量的阴离子形成络合物,与一些强酸根阴离子 NO_3^-,SO_4^{2-},Cl^- 也能形成络合物。与 UO_2^{2+} 离子形成的络合物相比,Th^{4+} 离子的络合物比较稳定,但它不如 U^{4+} 离子的络合物稳定。

Th^{4+} 还能与一些有机酸,如乙酸,乙二酸,丙二酸,水杨酸,柠檬酸,酒石酸等生成水溶性的螯合物。与氨羧型络合剂 EDTA,DTPA,TTHA,NTA 等也形成络合常数很大的水溶性螯合物。表 5.2 列出部分钍络合物的稳定常数。

表 5.2 钍络合物的稳定常数

配体	介质 μ	温度,℃	$\lg K_1$	$\lg K_2$	$\lg K_3$	$\lg K_4$
OH^-	0.5	25	11.64	10.80	10.62	10.45
SO_4^{2-}	2		3.22	2.31		
F^-	4		8.2	6.5		
Cl^-	1		0.18			
NCS^-	1	20	1.08	0.70		
乙二酸	1	25	7.86	6.26	5.82	
乙酸	1	25	3.86	3.11	1.97	1.35
乙酰丙酮	0.01	25	7.85	7.73	6.28	5.00
EDTA	0.1	25	25.3			
DTPA	0.1		30.34			
CDTA	0.1		25.6			
HEDTA	0.1	25	18.5			
TTHA	0.1	25	31.9			
NTA	0.1	25	16.9			

注:EDTA:乙二胺四乙酸,DTPA:二乙撑三胺五乙酸,CDTA:环己烷-1,2-二胺四乙酸,HEDTA:羟乙基乙二胺三乙酸,TTHA:三乙撑四胺六乙酸,NTA:氨三乙酸

5.6 钍的分离和分析

5.6.1 从矿石中提取钍

独居石原矿砂都需经过精选和磨碎以后,才能用酸或碱分解。典型的碱分解提取钍的工艺流程简图(图 5.5)。

5.6.2 钍的萃取分离

在工业上用得最多的有机萃取剂是中性磷类萃取剂磷酸三丁酯 TBP,水溶液介质为硝酸溶液,其萃取反应式为:

$$Th^{4+} + 4NO_3^- + 2TBP \Longrightarrow Th(NO_3)_4 \cdot 2TBP$$

从式中可知,一个 $Th(NO_3)_4$ 分子与两个 TBP 分子结合成一个中性络合物 $Th(NO_3)_4 \cdot 2TBP$,而可以被萃取入有机相。

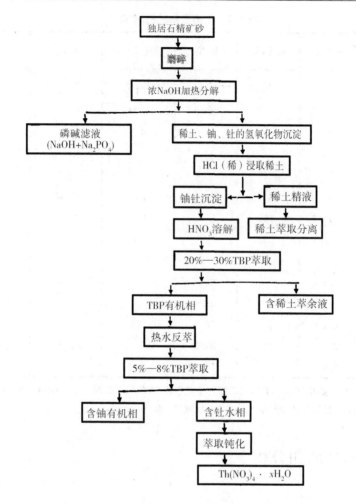

图 5.5　碱分解提取钍的工艺流程图

　　但是,由于可以被 TBP 萃取的元素很多,所以为了达到钍与其他元素的分离,必须控制好各种影响萃取的因素。这些因素包括 TBP 浓度,硝酸浓度,盐析剂,有机溶剂或稀释剂,反萃取剂等。例如用 10％TBP-己烷,2.5 mol/L HNO$_3$,并含盐析剂 Al(NO$_3$)$_3$ 和掩蔽剂酒石酸的萃取溶液萃取钍,可以将干扰的稀土、锆等离子全部留在水相。而萃取入有机相的钍,可用稀硝酸反萃取入水相。

　　胺类萃取剂中,只有季胺盐对钍有较好的萃取性能,常用的是氯化三烷基(C＝8—11)甲胺(国外代号 Aliquat-336,国内代号 N$_{263}$)。它对钍的萃取率高,酸度允许范围大,萃取平衡快,在生产中也有实际应用价值。

　　在钍的分析化学中,还常用一些螯合萃取剂,作为钍的浓集、精提的萃取试剂。常用的有噻吩甲酰三氟丙酮 TTA,1-苯基-3-甲基-4-苯甲酰-吡唑啉酮-5 PMBP,

8-羟基喹啉 HOX 等。

5.6.3 钍的离子交换分离

四价钍离子能强烈地吸附在阳离子交换柱上,利用这一特点,可以成功地将 Th^{4+} 与其他阳离子或阴离子相分离。

表 5.3 中列出了 Th^{4+} 在强酸介质中,在强酸性阳离子交换树脂上的分配系数。

表 5.3 Th^{4+} 在强酸性阳离子树脂上的分配系数

N	HCl	HNO_3	H_2SO_4	$HClO_4$
0.1	$>10^4$	$>10^4$	$>10^4$	$>10^4$
0.5	$>10^4$	$>10^4$	263	$>10^4$
1.0	2220	>1180	52	5780
3.0	70	48	3.0	509
4.0	60	24.8	1.8	608

在不少实验中,使用 $4N$ HCl 作为料液上柱和淋洗条件,在此时多数离子不能被阳离子交换树脂所吸收,而只有 Th^{4+} 留在柱上。

在 $8N$ HNO_3 介质中,钍形成 $Th(NO_3)_6^{2-}$ 阴离子,在阴离子交换树脂上,其分配系数接近 300,因此也可用于分离,但其应用范围和效果不如阳离子交换法。

5.6.4 钍的沉淀分离

钍的沉淀法分离目前已不如萃取法和离子交换法更为有用。最有用的沉淀是草酸钍六水合物 $Th(C_2O_4)_2 \cdot 6H_2O$。在 pH>0.5 的介质中,可用草酸沉淀钍,除了稀土元素,四价铀和钚能与钍共同沉淀外,少量的铁(III)、铝、锆、钛、铍、锡、铋等离子可以被除去。草酸钍沉淀的一个优点是可以在 1000℃ 灼烧成 ThO_2,进行定量称量测定。

其他沉淀试剂有用 HF 沉淀 ThF_4,将钍与 Li,Zr,Nb,Ta,Sn,W 和 PO_4^{3-} 分离;用碘酸钾可沉淀出 $4Th(IO_3) \cdot KIO_3 \cdot 18H_2O$,在沉淀时如加入 H_2O_2,酒石酸和 8-羟基喹啉,可以除去铀(VI),Ce(III),稀土、Ti,Zr,Nb,Ta,Sc 等元素。

此外,有机酸苯甲酸、2,2'-二苯基二羧酸等也能作为钍的沉淀试剂。

5.6.5 钍的主要分析方法

钍的分析测定方法很多,大体上有重量法,滴定法,络合滴定法,安培滴定法,极谱法,光度法,发射光谱法,X-荧光光度法,放射性法等。其中最常使用的是络合滴定法和光度法。

1.络合滴定法

络合滴定通常都用 EDTA 作络合剂,EDTA 与 Th 形成 1:1 的稳定络合物, $pK=23.2$,用 EDTA 滴定钍的指示剂很多,常用的有茜素红 S,邻苯二酚紫,二甲酚橙,偶氮胂 III 等。除了用 EDTA,还可用 DTPA,TTHA 来代替 EDTA 作为络合试剂。在络合滴定之前,通常先用萃取法将钍进行预分离或浓集。

举例说,在 pH2.5—3.5 时,用 EDTA 滴定钍,终点时红色的邻苯二酚紫钍螯合物转变为指示剂本身的黄色。钍可以在 Pb,Cu,Be,Ba,Al,Co,Ni,Mn,Zn,La,Ce,Pr,Ca,Mg,NH_4^+ 和 U(VI)等元素存在下进行测定。加入抗坏血酸可以减小 Fe^{3+},Hg^{2+},Cu^{2+} 的干扰。

2.光度法

光度法使用的显色剂颇多。主要的有钍试剂 I[2-(2-羟基-3,6-二磺酸-1-苯偶氮)-苯胂酸],桑色素,SPANDS,偶氮胂 III、K、M、偶氮氯膦 III 等等。

表 5.4 中列出了测定钍的部分显色剂的特性。

显色光度法测定钍的灵敏度一般属 ppm 级。

表 5.4　钍的显色剂特性

显色剂	条件	λ_{max}(nm)	ε,摩尔消光系数
	1N HCl	545	~5×10^3
钍试剂 I	pH2	580	2.2×10^4
偶氮胂 III	2—9N HCl	665	1.3×10^5
桑色素	pH2—2.5	410	4.2×10^4
SPANDS*	pH3	575	2×10^4
偶氮胂 K	0.3N HNO$_3$	675	3.5×10^4
偶氮胂 M	4N HNO$_3$	675	9.4×10^4
偶氮氯膦 III	2.5N HCl	670	1.32×10^5
二甲酚橙	pH1.5—2.2	570	3.9×10^4
茜红 S	pH2—7	520	~10^4

* SPANDS:2-(4-磺酸苯基偶氮)-1,8-二羟基-3,6-萘二磺酸钠。

目前测定微量钍最灵敏的方法则是中子活化分析法,其灵敏度一般为 10^{-11}—10^{-9}g 钍,因而特别适用于对食品和生物样品中微量钍的测定。

参 考 文 献

［1］D. I. Ryabchikov, E. K. Gol'braikh, "Analytical Chemistry of Thorium", Ann Arbor, London(1969).

［2］J. C. Bailar et al., "Comprehensive Inorganic Chemistry", Vol. 5, Pergamon Press(1973).

［3］陈于德，王文基，王志麟，周祖铭《核燃料化学》，原子能出版社(1985).

［4］《核燃料后处理工艺》编写组，《核燃料后处理工艺》，原子能出版社(1978).

［5］S. Peterson & R. G. Wymer, "Chemistry in Nuclear Technology", pp. 68—69, Addison-Wesley Publishing Co., U. S. A. (1963).

［6］"Treatise on Analytical Chemistry", ed. by I. M. Kolthoff and P. J. Elving, Part II, Vol. 5, 2nd Ed., Wiley & Sons, N. Y. (1966).

29.6 镤

6.1 引言

1872 年门捷列夫根据周期表曾预言在钍和铀之间有一个未知的 V 族元素存在,他称它为"类钽",估计其原子量约为 225,化学性质与铌钽相似。1917 年放射化学家 O. Hahn、L. Meitner F. Soddy、J. A. Cranston 独立地发现了此元素,它是存在于自然界的、长寿命的镤的同位素,^{231}Pa。在天然放射系中,它是锕的前驱,所以命名为 Protactinium,汉译名为镤。

在一吨与子体达到平衡的铀中,有 340mg 的镤存在着。1927 年首次从铀矿石中分离出 2mg 的 Pa_2O_5 化合物. 直到 50 年代中期,美国人从铀矿石的富渣中,提取了 125g 的镤。提取的方法是用二异丁基酮萃取加离子交换纯化。

对镤的本身的直接用途,至今没有什么报道。但是在 ^{232}Th-^{233}U 核燃料体系的研究工作中,镤是必不可少的。因为在:

$$^{232}_{90}\mathrm{Th}(n,\gamma)^{233}_{90}\mathrm{Th}\xrightarrow{\beta}{}^{233}\mathrm{Pa}\xrightarrow{\beta}{}^{233}\mathrm{U}$$

过程中,^{233}Pa 是必经的环节。要分离和纯制可分裂物质^{233}U,就必须对镤的化学性质作详尽的研究。通常在实验中常用长寿命的^{231}Pa 作为研究对象,这也是一些国家大量提取^{231}Pa 的重要原因。

6.2 镤的同位素与核性质

镤共有 21 个同位素,其质量数为 215—218,222—238,它们全是放射性的。在自然界只存在二个核素^{231}Pa 及^{234}Pa,其他都是人工合成的核素(表 6.1)。

最重要的核素是^{231}Pa,α 放射性半衰期为 3.25×10^4a。它是天然放射系^{235}U 系中的一个成员,母体是^{231}Th(UY),子体为^{227}Ac。^{231}Pa 也能用^{230}Th(I_0)经反应堆中子照射而产生:

$$^{230}\mathrm{Th}(n,\gamma)^{231}\mathrm{Th}\xrightarrow[25.52\mathrm{h}]{\beta}{}^{231}\mathrm{Pa}$$

表 6.1 镁的同位素

质量数	半衰期	衰变方式	来 源
215	14ms	α	
216	0.20s	α	$^{197}Au(^{24}Mg,5n)$, $^{190}Os(^{31}P,5n)$
217	1.6ms	α	$^{203}Tl(^{20}Ne,6n)$
	4.9ms		
218	0.12ms	α	
222	4.3ms	α	
223	6.5ms	α	
224	0.95s	α	$^{232}Th(p,9n)$
225	1.8s	α	$^{209}Bi(^{19}F,p2n)$, $^{209}Bi(^{22}Ne,d2n)$
226	1.8min	$\alpha(74\%)$ $\varepsilon(26\%)$	$^{232}Th(\alpha,p9n)$, $(p,7n)$
227	38.3min	电子俘获 $\alpha(85\%)$ $\varepsilon(15\%)$	^{231}Np 衰变, $^{232}Th(d,7n)$, $^{235}U(\alpha,\alpha p7n)$
228	22h	$\alpha(2\%)$ $\varepsilon(98\%)$	^{228}U 衰变, $^{230}Th(d,4n)$, $^{232}Th(p,5n)$
229	1.4d	$\alpha(0.25\%)$ $\varepsilon(99.57\%)$	$^{230}Th(d,3n)$, $^{232}Th(p,4n)$
230	17.4d	$\beta^-(10.4\%)$ $\varepsilon(89.6\%)$	$^{232}Th(d,4n)$, $(\alpha,p5n)$, $^{230}Th(d,2n)$ $^{231}Pa(d,p2n)$ $(\alpha,\alpha n)$
231	3.276×10^4a	α	天然, ^{231}Th 衰变
232	1.31d	β^-	$^{231}Pa(n,\gamma)$, (d,p), $^{232}Th(d,2n)$, $(\alpha,p3n)$
233	27d	β^-	^{233}Th 衰变, $^{232}Th(d,n)$, $(\alpha_5 p2n)$
234 (UZ)	6.70h	β^-	IT, 同核异能跃迁
234* (UX$_2$)	1.17min	$\beta^-(99.87\%)$ IT(0.13%)	天然
235	24.2min	β^-	^{235}Th 衰变, $^{238}U(p,\alpha)$, $^{235}(n,p)$
236	9.1min	β^-	$^{238}U(d,\alpha)$, $^{236}U(n,p)$
237	8.7min	β^-	$^{238}U(\gamma,p)$, (n,pn)
238	2.3min	β^-	$^{238}U(n,p)$

注:各符号意义参见表4.1之注释。

由于它是镁同位素中寿命最长的一个核素,作为研究的对象最为方便。^{234}Pa 亦是一个天然放射性核素。它有一对同核异能素:

$$^{238}U \longrightarrow {}^{234}Th(UX_1) \begin{cases} {}^{234*}Pa(UX_2) \\ {}^{234}Pa(UZ) \end{cases}$$

UX$_2$ 的半衰期为 1.17min,UZ 的半衰期为 6.70h,都是 β^- 放射性。

还有一个比较重要的核素 ^{233}Pa,β^- 放射性,半衰期 27d。它是人工 $4n+1$ 放射系的成员,是可分裂物质 ^{233}U 的母体。最早是用中子照射 ^{332}Th,生成 ^{233}Th 经 β^- 衰变而产生的;也可用核反应 $^{232}Th(\alpha,n)$ 或 $(\alpha,p2n)$ 制得。^{233}Pa 常用作示踪剂来研究镁的性质。

其他多个镁的同位素都是用加速器进行人工核反应所得的放射性核素,其中半衰期最长的是 17.7d 的^{230}Pa,最短的是 1.6ms 的缺中子核素^{217}Pa。

6.3　镁的元素性质

最早在 1934 年曾采用两种方法制备镁金属:一是将氧化镁在真空中用 35keV 电子轰击,使氧化物分解成金属;二是将镁的氯化物,溴化物或碘化物的蒸气在真空中用钨丝灯进行分解。但是这两种方法所得的金属都没有用 X 射线进行鉴定。

1954 年成功地用钡蒸气在 1400℃还原 0.1 mg 四氟化镁,得到小球状的金属镁,并用 X 射线作了鉴定。更新的方法是 1970 年在氟化钡坩埚中用钡蒸气还原四氟化镁,还原温度从 1300℃升高到 1600℃,所得的金属镁具有很高的纯度。

金属镁有两种变体。1500℃以下是 α-Pa,为体心四方晶,$a=3.931\pm0.001$Å,$c=3.236\pm0.001$Å,密度为 15.37g/cm^3,配位数为 12 的金属半径 1.682Å。在 1500℃以上的高温时,转化为 β-Pa,属面心立方晶系,$a=5.019\pm0.03$Å,密度 12.12g/cm^3。镁的熔点是 1567℃,在低于 1.4K 时,镁具有超导性质。升华热(25℃)571kJ/mol。25℃时金属镁是顺磁性的,$\chi_m=190\times10^{-6}$emu/mol。镁与钽一样,它的磁矩几乎与温度无关。

新鲜制成的金属是银色,当暴露于空气中后,在表面上很快形成一层薄的 PaO 和 PaO$_2$ 组成的膜。金属元素与氢在 250—300℃作用生成 PaH$_3$。在真空中与碘蒸气 400℃时生成 PaI$_5$,无疑地与其他卤素也能形成相应的五卤化物。

在 50 年代以前,对镁的研究是十分困难的。随着铀矿的大规模开采和处理,以及钍反应堆的研究和发展,为镁的常量化学工作创造了条件,并起了积极的促进作用。近 30 多年中,镁的化学有了较多的发展,但总的来说还是研究得极其不够的。

6.4　镁的化合物

镁的化合价是＋3,＋4,＋5,以＋5 价为最稳定。大体上五价镁像铌,四价镁像钍。镁化物几乎完全不溶于通常的水溶液介质之中(除 H$_2$SO$_4$ 及 HF 外)。

6.4.1　氢化物、氮化物和碳化物

(1)氢化物。用氢气与金属镁在 250—300℃作用生成氢化镁 PaH$_3$。它是黑色的化合物,与 β-UH$_3$ 属相同的 β-W 型立方晶体结构,晶格常数 $a_0=6.648$Å,Pa—H 键长 2.32Å。

(2)氮化物。1954 年报道,在 800℃将氨与 $PaCl_4$ 或 $PaCl_5$ 反应,能制得氮化镤 PaN,但没有 X 射线的支持数据。

(3)碳化物。1969 年报道,成功地用碳热还原法将 Pa_2O_5 还原为碳化镤,约在 1100℃时先得 PaO_2,温度超过 1900℃时得 PaC。一碳化镤具有面心立方 NaCl 型晶体结构,$a_0=5.0608Å$。PaC_2 是四方晶系,$a_0=3.61Å$,$c_0=6.11Å$。

6.4.2 氧化物

镤的主要的氧化物是五氧化二镤、二氧化镤和一氧化镤,此外,镤有许多非化学计量的中间产物,在锕系元素中它是最突出的。

五氧化二镤 Pa_2O_5,是在空气或氧中将氢氧化镤或其他任何镤的氧化物(四价或五价)的水合物加热超过 650℃时得到的。它是一个具有化学计量相(stoichiometric phase)的稳定化合物,所以是在化学研究中,尤其在分析步骤中最常用的化合物。它有五种晶型变体(见表 6.2)。

二氧化镤和中间相。在 1550℃用氢气还原 Pa_2O_5 得到黑色的二氧化镤 Pa_2O_2。与其他锕系元素的二氧化物相似,它也具有氟石型的结构。将 Pa_2O_5 还原或将 PaO_2 氧化,经过 X 射线的粉末衍射分析,鉴定了四种中间相的化合物(见表 6.2)。实验还证明,四方晶系的 P_2O_5 实际上其成分有一个有限的区间 $PaO_{2.476}$—$PaO_{2.500}$。

表 6.2 二元镤氧化物的晶体数据

组成	颜色	对称性	晶格常数				存在区间 (℃)
			$a(Å)$	$b(Å)$	$c(Å)$	$\alpha(°)$	
Pa_2O_5	白	立方	5.446	—	—	—	650—700
Pa_2O_5	白	四方	5.429	—	5.503	—	700—1000
Pa_2O_5	白	六方	3.817	—	13.220	—	1000—1500
Pa_2O_5	白	三方	5.424	—	—	89.76	1250—1400
Pa_2O_5	白	正交	6.92	4.02	4.18	—	?
$PaO_{2.42}$—$PaO_{2.44}$	白(?)	三方	5.449	—	—	89.65	
$PaO_{2.40}$—$PaO_{2.42}$	白(?)	四方	5.480	—	5.416	—	
$PaO_{2.33}$	黑	四方	5.425	—	5.568	—	
$PaO_{2.18}$—$PaO_{2.21}$	黑	立方	5.473	—	—	—	
PaO_2	黑	立方	5.505	—	—	—	
PaO	—	立方	4.961	—	—	—	

一氧化镤 PaO。镤金属很易形成氧化膜,X 射线粉末衍射定为一氧化镤。与其他锕系元素的一氧化物相似,它也是立方晶系,$a_0=4.961Å$,它慢慢地氧化成

PaO_2,至今还未取得纯的一氧化镁。

镁的氧化物还能与多种其他金属氧化物形成许多混合氧化物:四方晶系的 Li_3PaO_4,六方晶系的 Li_7PaO_6,正交晶系的 $NaPaO_3$,四方晶系的 Na_3PaO_4,立方晶系的 $RbPaO_3$,立方晶系的 $BaPaO_3$,四方晶系的 $\alpha\text{-}PaGeO_4$,四方晶系的 $\alpha\text{-}PaSiO_4$,单斜晶系的 $\beta\text{-}PaSiO_4$,四方晶系的 $PaO_2 \cdot 2Nb_2O_5$,四方晶系的 $PaO_2 \cdot 2Ta_2O_5$,等等。从这些所形成的混合氧化物中,可以看出 Pa 的性质与其他锕系元素很相似,而与铌钽的相似性很小。

6.4.3　卤化物

表 6.3 列出了镁的卤化物和卤氧化物的组成。

表 6.3　镁的卤化物及卤氧化物

			PaI_3
PaF_4	$PaCl_4$	$PaBr_4$	PaI_4
Pa_2F_9	—	—	—
PaF_5	$PaCl_5$	$PaBr_5$	PaI_5
—	$PaOCl_2$	$PaOBr_2$	$PaOI_2$
Pa_2OF_8	Pa_2OCl_8		
—	$(PaOCl_3)$	$PaOBr_3$	$PaOI_3$
—	$Pa_2O_3Cl_4$	—	—
PaO_2F	PaO_2Cl	PaO_2Br	PaO_2I
Pa_3O_7F	—	—	—

1.氟化物

已知的有 PaF_5,$PaOF_8$,Pa_2F_9(或 Pa_4F_{17}),PaF_4,PaO_2F 和 Pa_3O_7F。

五氟化镁与 $\beta\text{-}UF_5$ 同晶型。将 PaF_7 在 700℃时氟化即可得到。如将 $PaCl_5$ 在 200℃起氢氟化作用,能得到无定形的 PaF_5。它是白色的易潮解的固体,易溶于水介质中,它比 VF_5,NbF_5 和 TaF_5 不易挥发,只有在 500℃的真空中才升华。

八氟氧化二镁 Pa_2OF_8 可由几种方法制得,如在氧存在下,600℃时将 PaF_4 氟化,或在 160℃用 HF 处理经真空干燥的五价的氢氧化镁等。它是白色的易潮解的固体。在空气中加热到 270℃时得到白色的稳定的固体二氧一氟化镁 PaO_2F。 PaO_2F 加热到 500—600℃时它分解为白色的 Pa_3O_7F。当在真空中加热到 800℃时,它能歧化成 PaF_5 和一种成分不明的化合物,可能是另一种氟氧化物。它和 Pa_2O_9 一样,都是体心立方晶型,与 U_2F_9 同晶型。

四氟化镁 PaF_4 是深棕色固体。将五氧化镁在氢和氟化氢的混合气体中加热到 500—600℃时即能方便地得到 PaF_4。为了避免形成 Pa_2F_9(或 Pa_4F_{17}),在制备时需要使用过量很多的氢气和在较高温度下进行还原。将二氧化镤与氟化氢反应也能制得 PaF_4。与其他锕系元素的四氟化物相似，PaF_4 具有 8 配位体的 UF_4 型结构。它是镤的四卤化物中最稳定的一个，至少在短时期内能不发生水解或氧化反应。它是制备金属镤的原料。它溶解于氟化铵的水溶液中，从中取得过一些光谱性质的数据。

Pa_2F_9（或 Pa_4F_{17}）是黑色固体。以 1∶2 的氢和氟化氢将 Pa_2O_5 进行氢氟化作用时可以得到 Pa_2F_9 和 Pa_4F_{17} 将 $(NH_4)_2PaF_7$ 进行热分解，除了得到 PaF_5 外，同时可得到 Pa_2F_9 和 Pa_4F_{17}。它们与 U_2F_9 同晶型。

2. 氯化物

将五氧化镤与碳酰氯 $COCl_2$ 在 550℃时反应首次制得五氯化镤 $PaCl_5$。最佳的制法是于密封的、抽空的高温反应器中，将真空干燥的氢氧化物与硫酰氯 $SOCl_2$ 蒸气在 350—500℃下反应，产率可大于 95%。用此法可以得到克级量的 $PaCl_5$，它是黄色的可挥发性的固体。

五氯化镤的另一制法是将 Pa_2O_5/C 混合物在盛有饱和了氯气的四氯化碳的封闭管中，加热到 500—600℃。在得到 $PaCl_5$ 同时，还得到了五价的 α-型的八氯氧化二镤 Pa_2OCl_8。用真空升华法在 180—200℃时可将 $PaCl_5$ 从 Pa_2OCl_8 中分离出来。

$PaCl_5$ 具有单斜晶系，但它不与 $NbCl_5$ 或 UCl_5 同晶型。与热不稳定的 UCl_5 不同，它在真空中＞180℃升华而不变质。它对水气敏感，微溶于苯、四氢呋喃和四氯化碳。

α-Pa_2OCl_8 在＞250℃时发生歧化反应：

$$3Pa_2OCl_8 \xrightarrow[\text{真空}]{270℃} Pa_2O_3Cl_4 + 4PaCl_5$$

在 520℃四氯三氧化二镤 $Pa_2O_3Cl_4$ 进一步歧化：

$$2Pa_2O_3Cl_4 \xrightarrow[\text{真空}]{520℃} 3PaO_2Cl + PaCl_5$$

Pa_2OCl_8 和 $Pa_2O_3Cl_4$ 还可直接从 $PaCl_5$ 与氧反应而生成：

$$4PaCl_5 + O_2 \xrightarrow[\text{封闭管}]{400℃} 2Pa_2OCl_8 + 2Cl_2$$

$$4PaCl_5 + 3O_2 \xrightarrow[\text{封闭管}]{500℃} 2Pa_2O_3Cl_4 + 6Cl_2$$

它们都是对水汽敏感的白色固体，能被液氨很快地分解。

将 $PaCl_5$ 在 400℃下用氢还原可以制得毫克级四氯化镤 $PaCl_4$，用 CCl_4 蒸气与 PaO_2 作用也能制得 $PaCl_4$。最方便的方法是 $PaCl_5$ 在 400℃用金属铝还原。$PaCl_4$ 在室温时是绿黄色的固体，超过 300℃时呈亮红色。与其他锕系元素的四氯化物

（Th,Np 除外）一样，它具有 8 配位体 UCl$_4$ 型结构。PaCl$_4$ 很易溶于无氧的盐酸溶液中而不发生水解。

它与三氧化二锑在约 200℃作用生成四价的二氯氧化镁 PaOCl$_2$。它是深绿色固体，它与 ThOCl$_2$,UOCl$_2$ 和 NpOCl$_2$ 同晶型（图 6.1）。与其他锕系元素的二卤氧化物一样，它是热不稳定的，在真空中＞550℃时歧化：

$$2PaOCl_2 \xrightarrow[\text{真空}]{>550℃} PaCl_4 + PaO_2$$

3.溴化物

将 Pa$_2$O$_5$ 与 AlBr$_3$ 在真空中 400℃时反应得到深红色的五溴化镁 PaBr$_5$ 固体，但此法并不宜于大量制备。在密封的石英瓶中，在 600—700℃下，将 Pa$_2$O$_5$ 和碳的混合物与过量的溴反应，能得到克级量的 PaBr$_5$。反应中也生成一些淡绿色的三溴氧化镁 PaOBr$_3$，但可容易地在 300℃时将挥发性的 PaBr$_5$ 真空升华分离。PaBr$_5$ 对水汽敏感，遇水很快水解。

PaBr$_5$ 有二种晶体变体，α 型和 β 型。单晶的研究表明，β-PaBr$_5$ 与 UCl$_5$ 同晶型，它是双分子聚合的，每个镁原子有 6 个配位体，Pa—Br 距离是 2.83—2.84Å（桥联的）和 2.52—2.67Å（不桥联的），α-PaBr$_5$ 的晶体结构还未报道。

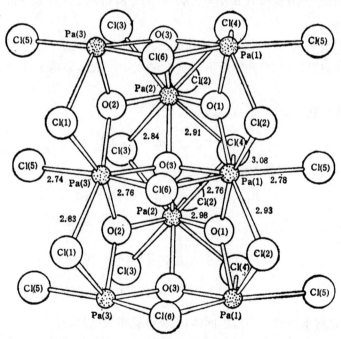

图 6.1　PaOCl$_2$ 的结构

［引自 R. P. Dodge et al.,*Acta Cryst*. 24B,304(1968)］

除了上述的作为制备 $PaBr_5$ 时的副产品 $PaOBr_3$ 外,它还可用 $PaBr_5$ 与化学计量氧或三氧化二锑在密封的瓶中加热到 350℃时生成,反应式为:

$$2PaBr_5 + O_2 \xrightarrow[\text{密闭管}]{350℃} 2PaOBr_3 + 2Br_2$$

$$3PaBr_5 + Sb_2O_3 \xrightarrow[\text{真空}]{350℃} 3PaOBr_3 + 2SbBr_3$$

三溴氧化镁 $PaOBr_3$ 在 500℃时发生歧化:

$$2PaOBr_3 \xrightarrow[\text{真空}]{500℃} PaO_2Br + PaBr_5$$

溴二氧化镁 PaO_2Br 是非挥发性的米色固体。关于 Pa_2OBr_8 或 $Pa_2O_3Br_4$ 的存在至今尚未报道。

$PaOBr_3$ 具有单斜对称性,每个镁原子有 7 个配位体,$Pa—Br$ 键长为 2.69—3.02Å,它与 $UOBr_3$ 不同晶型。

将 $PaBr_5$ 在 400℃用氢或金属铝还原能产生四溴化镁 $PaBr_4$。即使用过量的铝,也未发现更低价的镁化合物。$PaBr_4$ 是红棕色固体,与 α-$ThBr_4$ 同晶型,具有八个配体的 UCl_4 型结构。镁与四个溴原子的间距是 2.83Å,与另四个溴原子是 3.01Å。与 $PaCl_4$ 相似,>500℃在真空中升华并少量分解。$PaBr_4$ 与 Sb_2O_3 作用生成橙色的二溴氧化镁 $PaOBr_2$。$PaOBr_2$ 与其他四价的锕系元素的类似化合物同晶型,它与 $PaOCl_2$ 相似,在真空中>550℃是不稳定。

4. 碘化物

将 Pa_2O_5 在 400℃的真空中与 AlI_3 作用生成五碘化镁 PaI_5。最佳的大量制法是将 $PaCl_5$ 或 $PaBr_5$ 与过量的 SiI_4 在 180℃的真空中反应,黑色结晶产物在 400—450℃真空下升华纯化。

PaI_5 晶体具有斜方对称性。它对水汽极端敏感,遇水立即水解,它微溶于甲基氰,不溶于异戊烷和四氯化碳。

三碘氧化镁 $PaOI_3$ 和一碘二氧化镁 PaO_2I 可由五碘化镁与 Sb_2O_3 反应而得:

$$3PaI_5 + Sb_2O_3 \xrightarrow[\text{真空}]{150—200℃} 3PaOI_3 + 2SbI_3$$

$$3PaI_5 + 2Sb_2O_3 \xrightarrow[\text{真空}]{150—200℃} 3PaO_2I + 4SbI_3$$

三碘氧化镁是深棕色固体,能加热分解:

$$2PaOI_3 \xrightarrow[\text{真空}]{450℃} PaO_2I + PaI_5$$

四碘化镁 PaI_4 可由 PaI_5 在 400℃用铝还原而得,是深绿色固体,晶体结构还不明。它在石英器皿中超过 500℃时升华,形成少量红色的二碘氧化镁 $PaOI_2$,它的结构不明,但它与 $ThOI_2$ 同晶。

在 1967 年将五碘化镤在 350℃连续地抽真空一周以除去碘,而得到了黑色的 PaI_3 晶体,它属于正交晶系对称性。在严格的强还原剂条件下,可将 Pa 与 I_2 作用生成 PaI_4,但后者极不稳定。

5.混合卤化物

已知的混合卤化物为二碘三溴化镤 $PaBr_3I_2$,黑色晶体,与 PaI_5 同晶型。将等摩尔数的 $PaBr_5$ 和 PaI_5 一起加热到 300℃能得到 $PaBr_3I_2$。可以预计还存在着许多种镤的混合卤化物,不过是尚未进行研究而已。

6.含卤络合物

有不少含卤镤酸盐,五价的通式为 $M_3^I PaX_8$(M^I=一价正离子,X=F,Cl),$M_2^I PaX_7$ 和 $M^I PaX_6$(X=F,Cl,Br 和 I)。四价的通式是 $M_2^I PaX_6$(X=Cl,Br 和 I),还有不寻常的 $M_7^I Pa_6 F_{31}$。此外还有 $(NH_4)_4 PaF_8$,$Na_3 PaF_7$ 和 $LiPaF_5$ 等四价的含氟镤酸盐。类似于五价的 $Cs_2 NbOCl_5$,$CsTaOCl_4$ 的氧卤络镤酸盐没有发现存在。

在相当高浓的氢氟酸水溶液中,五价镤离子是稳定的,但是在其他氢卤酸溶液中即使 Pa(V)的浓度在 10^{-3}—10^{-4}mol/L 时,也发生不可逆的水解缩聚反应。只有氟镤酸盐在水溶液中制得。喇曼光谱研究结果,在氢氟酸的水溶液中存在着络离子 PaF_6^- 和 PaF_7^{2-},电导滴定实验证明在溶液中存在着 PaF_4^+,PaF_6^-,PaF_7^{2-},PaF_8^{3-} 等一系列的络离子。其他五价的卤络镤酸盐离子只能在非水溶液中得到,如在 $SOCl_2$ 中能得到氯络离子,在甲基氰中能得氯、溴和碘的络离子。

由于四价镤在空气中很易被氧化,所以四价镤的络合物只能在无氧溶剂中或在惰性气体下制得。溶剂萃取研究证明,在酸的水溶液中,存在着 PaX_2^{2+} 和 PaX^{3+}(X=Cl 和 F)络离子。

7.卤化物与给体配位体(donor ligand)的络合物

已知锕系元素的卤化物和氧卤化物能与氧、硫和氮等的供主配体形成许多络合物,镤也不例外,表 6.4 列出典型络合物。

这类化合物多数比较稳定,四价镤的络合物需在非水的无氧溶剂,如二氯甲叉,氯仿,甲基氰中制备。曾从这些五价和四价的络合物溶液中测得大量的红外光谱数据。

表 6.4　镤的典型络合物

镤的价态	配位体	络合物	颜色
5	H_2O	$PaF_5 \cdot 2H_2O$	白
5	三苯基膦氧化物 Ph_3PO	$PaCl_5 \cdot Ph_3PO$	淡黄

续表

镁的价态	配位体	络合物	颜色
5	三苯基膦氧化物 Ph₃PO	PaBr₅ · Ph₃PO	橙黄
5	二苯基膦硫化物 Ph₃PS	PaCl₅ · Ph₃PS	黄
5	三苯基膦硫化物 Ph₃PS	PaBr₅ · Ph₃PS	红
5	N,N-二甲基乙酰胺 $(CH_3)_2NCOCH_3$	PaBr₅ · 3(CH₃)₂NCOCH₃	橙
4	甲基氰,CH₃CN	PaCl₄ · 4CH₃CN	黄绿
4	甲基氰,CH₃CN	PaBr₄ · 4CH₃CN	橙
4	N,N-二甲基乙酰胺 $(CH_3)_2NCOCH_3$	PaCl₄ · 3(CH₃)₂NCOCH₃	黄
4	N,N-二甲基乙酰胺 $(CH_3)_2NCOCH_3$	PaBr₄ · 5(CH₃)₂NCOCH₃	黄
4	二甲基亚砜 $(CH_3)_2SO$	PaCl₄ · 5(CH₃)₂SO	黄
4	三苯基膦氧化物	PaCl₄ · 2Ph₃PO	黄
4	三苯基膦氧化物	PaBr₄ · 2Ph₃PO	绿黄

6.4.4　镤的重要盐类

五价镤的简单硝酸盐并不存在,但存在着这些化合物:$M^I Pa(NO_3)_6$,$Pa_2O(NO_3)_8 \cdot 2CH_3CN$ 和 $PaO(NO_3)_3 \cdot xH_2O(1<x<4)$。

简单的镤的硫酸盐也未被证实。将包含五价镤的硫酸-氢氟酸混合溶液高温蒸发,得到白色的晶态固体 $H_3PaO(SO_4)_3$。在真空下加热 $H_3PaO(SO_4)_3$,到 375—400℃ 分解得到 $HPaO(SO_4)_2$,约到 500℃ 得 $HPaO_2SO_4$,大于 600℃ 成 Pa_2O_5。

与硫酸盐相似,也存在着白色的 $H_3PaO(SeO_4)_3$,加热时直接分解为 Pa_2O_5。
$H_3PaO(SO_4)_3$ 与 $H_3PaO(SeO_4)_3$ 同晶型,均为六方晶系。

6.4.5　镤的其他化合物

将五氯化镤与 $Be(C_5H_5)_2$ 在真空中加热,得到四价镤的第一个元素有机化合物四茂镤或四环戊二烯镤 $Pa(C_5H_5)_4$。$Pa(C_5H_5)_4$ 是橙黄色固体,在空气中不稳定,微溶于苯(1.1mg/ml),与铷系的同类化合物同晶型。$PaCl_4$ 与 $K_2(C_8H_8)$ 在四氢呋喃中作用能生成二环辛四烯镤 $Pa(C_8H_8)_2$。

其他的有机化合物有:二酞青镤 $PaPc_2$,深蓝色固体;二乙酰丙酮三氯化镤 $Pa(acac)_2Cl_3$,亮黄色单斜晶体;PaT_4,PaT_4X(T=芳庚酚酮、tropolone,X=Cl,Br 和 I);$Pa(dtc)_4Cl$(dtc=二硫代氨基甲酸二乙酯、diethyldithiocarbamate)等。

6.5　镤的水溶液化学

在水溶液中镤只有五价和四价。在固态的 PaI_3 中镤是三价的,而溶液中只有极谱鉴定了三价镤存在的报道。溶液中的四价、五价镤离子易氧化成五价离子,五价离子比四价离子更普遍。

与铌、钽性质相似,镤强烈地发生水解,并能聚合成胶体而被吸附在容器壁上。在过去的镤的水溶液化学研究中,往往得不到一致的或良好的实验结果,是和镤的这个性质密切有关的。用离心法证实,在酸度小于 3mol/L HCl 或 HNO_3 时,镤的真溶液是不存在的。如要避免镤生成胶体,则必须在溶液中加入 F^-,cit^{3-} 等络合离子,使镤形成不水解的稳定的络离子。

Pa^{IV} 在 $HClO_4$ 溶液中的水解和离子形式见图 6.2。

四价镤与邻近的其他铷系元素相比,它更易水解,K 是 250℃时的第一级水解常数($M^{IV} \rightarrow M(OH)^{III}$),$I$ 是离子强度:

$$Th^{IV} \qquad pK_1 = 5.0(I=3)$$
$$Pa^{IV} \qquad pK_1 = 0.14(I=3)$$
$$U^{IV} \qquad pK_1 = 2.0(I=3)$$
$$Np^{IV} \qquad pK_1 = 2.3(I=2)$$
$$Pu^{IV} \qquad pK_1 = 1.73(I=2)$$

五价镤也同样容易水解,pH>3 时发生水解并聚合。只有在浓 $HClO_4$ 溶液中

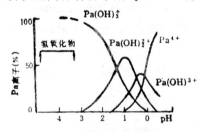

图 6.2　Pa(IV)在 $HClO_4$ 溶液中的离子形式

(引自 A. Несмеянов《Радиохимия》一书)

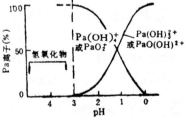

图 6.3　Pa(V)在 $HClO_4$ 溶液中的离子形式

才以简单的 Pa^V 离子存在。在低浓度 $HClO_4$ 溶液中的 Pa^V 水解情况参见图 6.3。

Pa^V 与 Th,U,Np,Pu 不同,在溶液中并未发现 MO_2^+ 的镤酰离子的存在。

研究镤的水解性质必须同时研究它的络合性质。例如在低浓度的磷酸介质中,Pa^V 是以这些络合水解离子形式存在的: $PaO(OH)(H_2PO_4)^+$, $PaO(H_2PO_4)^{2+}$,$Pa(OH)_2(H_2PO_4)^{2+}$,$H[Pa(PO_4)_2]$。在别的无机酸中,还以 $Pa(OH)_3NO_3^+$,$Pa(OH)_2F^{2+}$,$Pa(OH)_2(SO_4)_2^-$ 等离子形式存在。

镤络合时,配位数较高,一般为 6—8 个。一般地说 Pa^{IV} 的络合常数 β 大于 Pa^V 的 β。Pa^{IV} 和 Pa^V 都能与 F^- 等卤离子、NO_3^- 离子、SO_4^{2-} 离子等形成稳定的络合离子。镤还能与 8-羟基喹啉、乙酰丙酮、铜铁试剂、EDTA、TTA、偶氮胂 III 等有机试剂形成螯合物。

6.6　镤的分离和分析

6.6.1　从矿石中提取镤

[231]Pa 在天然铀矿中的最大可能含量仅为 0.34ppm,而实际上矿石中的含量还不到此量。五十年代中期开始,美国原子能管理局组织了三个组的放射化学家,成功地从铀矿富渣中提取了多达 150g 的纯度为 99.9%的[231]Pa。他们用的原料是刚果沥青铀矿石,经乙醚萃取铀后剩下的乙醚泥浆,在 60 吨的这种富渣(含[231]Pa3ppm)中提取了镤。整个分离过程耗资 500,000 美元,历时 18 个月。

化学分离过程大体上是这样:第一步先将乙醚泥浆用 4mol/LHNO$_3$,0.1mol/LNaF 溶液沥取。沥取液用 20%磷酸三丁酯煤油溶液萃取铀,萃余水相中含有镤。在此水溶液中加入 AlCl$_3$,得到铝和锆、钛、硅等的氢氧化物沉淀和不溶性磷酸锆沉淀,微量镤被一起沉淀下来了,为了防止不溶于盐酸的磷酸锆沉淀将微量镤带走,对氢氧化铝饼加入 30%NaOH,使磷酸锆沉淀转化为溶于酸的磷酸钠。氢氧化铝饼用含 0.1mol/LHF 的浓 HCl 溶解,保证全部的镤都进入了水相。在水溶液中加入 AlCl$_3$ 将 F^- 离子掩蔽起来,用二异丁酮进行萃取。萃取有机相用含 0.1mol/LHF 的 7mol/LHCl 反萃。含镤约 2g/L 的反萃液在酸度为 8mol/LHCl 时通过阴离子交换柱。镤和铁被交换在柱子上,其他杂质和放射性子体能通过交换柱。柱子用 8mol/LHCl,1mol/LHF 溶液淋洗,镤被洗下,铁留柱上。淋出液加入 NH$_4$OH,最终得到高纯度的 Pa(OH)$_5$ 沉淀。

6.6.2 镤的共沉淀

最早发现镤时，就是利用了钽与镤的相似性，将钽加到铀矿的镤的浓集物中，以共沉淀微量的镤。von A. Grosse 在分离天然的 ^{231}Pa 时，成功地用磷酸锆作载体分离得纯的镤。在从中子辐照钍靶中分离镤时，将浓度为 0.1—1mg/ml 的锆在酸介质中用过量的磷酸使之沉淀，能基本上使镤都共沉淀下来。载体磷酸锆可溶于氢氟酸或饱和草酸中除去。此外，可用草酸钍载带镤，再用 HF 处理沉淀出 ThF_4，而镤与 F^- 离子络合留在溶液中。碘酸锆（$ZrO(IO_3)_2$）也能很好地共沉淀镤，是在含锆的硝酸溶液中加入 HIO_3，碘酸锆沉淀用 HCl 溶解，加热时碘酸根被破坏。在硝酸溶液（1—5mol/L）中将 $KMnO_4$ 用硝酸锰还原成 MnO_2 沉淀，也能有效地载带镤。

除了上述的良好共沉淀剂以外，K_2TaF_4，$ZrAsO_3$，Ta，Nb 的氢氧化物，水杨酸钽，鞣酸铌和钽也能全部地或大部分地将镤共沉淀下来。大体上，在没有 F^- 离子等强络合剂存在时，酸性溶液中的常量的或微量的镤，均可被许多不溶性化合物所载带。

6.6.3 镤的光谱分析

1943 年苏勒（H. Schuler）等用 5mg 纯的 K_2PaF_7 测定了镤的可见区的发射光谱（4300—5600Å）。1949 年汤姆金斯（F. S. Tomkins）等用铜火花法，测定了 2650—4370Å 的光谱，用此法可以对 $0.5\mu g$ 的镤进行分析测定。可以作为鉴定的最灵敏和明显的谱线为 3054.6，3053.5 和 2743.9Å。

6.6.4 镤的光度法测定

用四价镤的 1mol/LHCl 溶液测得了紫外区吸收光谱。在 276 和 255nm 处摩尔消光系数呈极大值，消光曲线形状与 Ce^{3+} 相似。在 $2mol/LHClO_4$ 溶液中，将五价镤还原，能得到一个 250nm 的吸收高峰。后来又在 HCl 或 H_2SO_4 溶液中在 290nm 处测得了一个峰值，其摩尔消光系数～1×10^3。

对五价镤的溶液的吸收光谱也早已作过测定。研究的也是紫外区，摩尔消光系数为 10^3—10^4 之间，在盐酸溶液中，Pa(V) 在 210 到 225nm 区被强烈地吸收，当 H^+ 和 Cl^- 浓度加大时，高峰向更长区移动。无水 $PaCl_5$ 在 11mol/LHCl 溶液中在 225nm 波长处的摩尔消光系数为 6×10^3。当浓度稀达 10^{-4}—10^{-5}mol/L 时，比耳定律依然适用。在 260—270nm 处还有一个次要吸收带。在硫酸介质中的吸收情况与盐酸比较相似，但其摩尔消光系数更大，例如在 0.5—1.5 mol/L H_2SO_4 中其

值为 7.7×10^3。

镁的水解给分光光度法测定带来不少困难。1962 年有人用有机络合剂偶氮胂 III 或噻吩甲酰三氟丙酮与镁在强酸中络合可在可见区测得特征的吸收光谱。用偶氮胂 III 的络合物在 620nm 处吸收,摩尔消光系数为 2.2×10^4,用此法可检测的浓度为 $0.3—3.0\mu g/ml$ 的镁。

6.6.5 镁的电化学分析

在 8mol/LHCl 溶液中可以用电解还原滴定法定量分析镁。用汞齐的银阴极通 100mA 电流五小时,还原后溶液中含有 ~4mg 的镁,用氯化铁滴定到电位计或电流计终点。分析的相对误差是 $\pm 3\%$。在 1.0—1.8 N 的硫酸中也能进行这样的还原和滴定。

对镁在氯化物和硫酸盐介质中的极谱性质进行了研究。在硫酸盐溶液中对饱和甘汞电极的阴极波段在 $-0.45V$ 和 $-0.97V$ 之间,阳极波段位 $-0.12V$。这现象反映出 Pa(V)/Pa(IV) 偶的不可逆性质。在氯化物溶液中,在电位低于 H^+ 离子还原电位时测不到阴极波段,Pa(IV) 氧化时可测得一个单一的阳极波段。在草酸盐和氟化物介质中的镁极谱波段也作过测定,例如在 Pa 的浓度为 2×10^{-4} mol/L,pH 为 7.2 的 3.84 mol/L NH_4F 溶液中,观察到一个可逆波段。对饱和甘汞电极 $E_{1/2}$ 值为 $-1.92V$,发生的反应表示式:

$$PaF_8^{3-} + e \longrightarrow PaF_8^{4-}$$

参 考 文 献

[1] Gmelin Handbuch der Anorganischen Chemie, 8 Auflage. Teil 51 Pa, ergänzungsband 2 metail-verbindan-gen(1977).

[2] D. Brown, Some Recent Preparative Chemistry of Protactinium, in "Advances of Inorganic Chemistry and Radiochemistry", Vol. 12, pp. 1—5(1969).

[3] "Treatise on Analytical Chemistry" ed. by I. M. Kolthoff and P. J. Elving. Part II. Vol. 6, 2nd Ed. Wiley and Sons, N. Y. (1966).

[4] J. C. Bailar et al. "Comprehensive Inorganic Chemistry", Vol. 5 Pergamon Press(1973).

[5] A_H. H. 涅斯米扬诺夫,《放射化学》中译本,原子能出版社(1985).

29.7　铀

7.1　引言

铀(Uranium)，是一种天然放射性元素，原子序数 92，化学符号 U。作为最重的天然元素和核燃料，不但为人类提供了新的原子核能源，而且又是超铀元素研究领域的根基。

远在 1789 年，德国化学家 M. H. Klaproth 用硝酸处理沥青铀矿，得到黄色溶液，在加入碳酸钾中和时，析出黄色沉淀氧化物，将此氧化物与碳于高温下加热，得到了一种表观象金属的物质。直到 1841 年，法国化学家 E. M. Péligot 通过用钾还原四氯化铀才制得金属铀，至此，一种新元素铀——化学元素中的"天王星(Uranus)"真正诞生了[1]。

铀的地球化学性质十分活泼，易于迁移分散，因此在自然界中的分布是很广泛的。在地壳中铀的平均含量为 3—4×10^{-4} 克拉克值，比金、银、汞、铋和铂的都高。在海水中铀的含量为 0.0033ppm，总量达 45 亿吨。已知铀矿物和含铀矿物约有500 种，其中矿物组成稳定、铀含量恒定的铀矿物近 200 种，而可作为工业资源的仅 20 余种。自然界中尚未见有单质状态的铀存在，由于铀的亲氧和两性性质，它总是以四价或六价离子与其他元素化合而存在，例如它与钍、稀土、钇、铌、钽、锆、铪等元素有密切的类质同象关系[2]。

按铀矿物的化学成分而言，可有下列几类：

1. 简单氧化物类

这类矿物中，晶质铀矿和沥青铀矿是提取铀的主要工业原料。晶质铀矿，化学式 $m(U, Th)O_2 \cdot nUO_3$，含铀 42%—76%，常见于伟晶岩、高温热液铀矿床或沉积变质矿床，与方钍矿、锆石、独居石、褐帘石等共生。沥青铀矿，化学式 $mUO_2 \cdot nUO_3$，含铀 55%—64%，常见于中、低温热液矿床，与铜、铅、锌、铁、砷、钴、镍等的硫化物、碳酸盐、萤石、石英、赤铁矿等矿物共生。与晶质铀矿不同，沥青铀矿一般不含钍而只含痕量的稀土元素。

2. 复杂氧化物类

主要是含铀的钛、铌、钽矿物，成分复杂，变化不定，种类很多。产于高温热液蚀变的花岗岩、变质岩和花岗伟晶岩中。这类矿物有综合利用的工业价值，但铀的提取难度较大。具有强放射性而不发荧光。常见的矿物有：

钛铀矿 $(U,Ca,Th,Y)(Ti,Fe)_2O_6$

铈铀钛铁矿 $(Fe^{2+},La,Ce,U)_2(Ti,Fe^{3+})_5O_{12}$

铌钇矿 $(Y,U,Fe)_2(Nb,Ti,Fe)_2O_7$

黑稀金矿 $(Y,U)(Nb,Ti)_2O_6$

铀烧绿石 $(Ca,Na,U)_2(Nb,Ti)_2O_6(OH,F)$

铈铀烧绿石 $(Ca,Na,Ce,U)_2(Nb,Ti)_2O_6(F,OH)$

铌钛铀石 $(U,Ca)_2(Nb,Ti)_2O_6(OH)$

3. 氢氧化物类

由晶质铀矿和沥青铀矿经氧化和水化作用而形成的次生矿物,它又可转化成各种铀的硅酸盐类矿物。主要有：

水铀矿 $UO_3 \cdot nH_2O$

水斑铀矿 $U(UO_2)_5O_2(OH)_{10} \cdot ,nH_2O$

橙水铅铀矿 $Pb[(UO_2)_7O_2(OH)_{12}] \cdot 6H_2O$

红铀矿 $Pb[(UO_2)_4O_2(OH)_6] \cdot H_2O$

这类矿物颜色鲜艳,有橙红色、红褐色、黄色,在紫外光照射下发暗褐色荧光。

4. 铀云母类

它们是六价铀的磷酸盐、砷酸盐和钒酸盐,因外表特征与云母相似而得名,是自然界分布最广的铀矿物。主要有：

钙铀云母 $Ca(UO_2)_2(PO_4)_2 \cdot 8{-}10H_2O$

铜铀云母 $Cu(UO_2)_2(PO_4)_2 \cdot 12H_2O$

铁铀云母 $Fe(UO_2)_2(PO_4)_2 \cdot 10{-}12H_2O$

钡铀云母 $Ba(UO_2)_2(PO_4)_2 \cdot 8H_2O$

铝铀云母 $HAl(UO_2)_4(PO_4)_4 \cdot 16H_2O$

翠砷铜铀矿 $Cu(UO_2)_2(AsO_4)_2 \cdot 10H_2O$

钙砷铀云母 $Ca(UO_2)_2(AsO_4)_2 \cdot 8H_2O$

钾钒铀矿 $K_2(UO_2)_2(VO_4)_2 \cdot 1{-}3H_2O$

钒钙铀矿 $Ca(UO_2)_2(VO_4)_2 \cdot 8H_2O$

5. 硅酸盐类

有铀硅酸盐如：铀石 $U(SiO_4)_{1-x}(OH)_{4x}$,硅镁铀矿 $(H_3O)_2Mg[(UO_2)(SiO_4)]_2 \cdot 3H_2O$ 等;另一类为钍硅酸盐,如:铀钍石 $(Th,U)SiO_4$,硅铀钙镁矿 $(U^{4+},Y,Ce,Th)U^{6+}(Mg,Ca,Pb)(SiO_4)_2(OH)_2 \cdot nH_2O$ 等。

从 1789 年发现铀元素至 1896 年认识铀的放射性为止,经历了一百多年的时间。这时期对铀元素的研究只是阐明它的化学性质,以及寻找含铀的原生和次生矿物。在纺织工业、玻璃工业和陶瓷工业中,人们将铀作为染色剂,或是在电子管制造业中用作除气剂,但所需数量很少。铀放射性的觅见,刚开始了人类探索原子核的序幕。1939 年铀核裂变现象发现(德国化学家 O. Hahn 和 F. Strassmann)以后,打开了大规模释放原子核能的大门,从而开创了人类利用核能的广阔前景。无论核电站和核武器都要用铀作为能源,核能工业的发展,使铀的地位发生了显著的变化。自 40 年代以来,相继在加拿大、美国、法国、苏联和澳大利亚等寻得许多大型铀矿床,中国已发现 70 余种含铀矿物,世界上对铀及其化合物的需求量日益增长,铀化学的研究被推进到新的发展阶段。由于它,科学技术和人类生活才进入了原子能的时代。

7.2　铀的同位素与核性质

已知铀有 15 种同位素和一种同质异能素,质量数从 226 到 240,其中^{234}U,^{235}U和^{238}U 三种是铀的天然放射性同位素(参见表 7.1)[3,4],它们以混合物的形式构成了天然铀。其他铀的同位素通过核反应制得。

表 7.1　铀的同位素[3,4]

核素	半衰期及丰度	衰变方式(分支比,%)	主要的粒子能量 MeV (强度,%)	产生方式
^{234}U	2.44×10^5a	$\alpha(\sim100)$	$E_\alpha=4.773(72.5)$ 4.723(27.5)	铀天然放射系成员
(UII)	0.005%			^{238}Pu 衰变子核
^{235}U	7.1×10^8a	$\alpha(100)$	$E_\alpha=4.401(56)$ 4.365(12.0) ……	天然存在
(AcU)	0.720%		$E_\gamma=0.1857(54.0)$ 0.0266(12.0) ……	锕天然放射系始核
^{238}U	4.51×10^9a	SF($\sim4\times10^{-7}$) $\alpha(>99)$	$E_\alpha=4.196(77)$ 4.149(23)	天然存在
(UI)	99.275%	SF(4.55×10^{-5})		铀天然放射系始核
^{226}U	0.50s	α	$E_\alpha=7.43$	^{232}Th$(\alpha,10n)$
^{227}U	1.1min	α	$E_\alpha=6.87$	^{232}Th$(\alpha,9n)$
^{228}U	9.1min	$\alpha(\geq95)$	$E_\alpha=6.69(67)$ 6.60(28)	^{232}Th$(\alpha,8n)$
^{229}U	58min	$\varepsilon(\leq5)$ $\alpha(\sim20)$	$E_\alpha=6.360(13)$	^{232}Th$(\alpha,7n)$

续表

核素	半衰期及丰度	衰变方式（分支比,%）	主要的粒子能量 MeV （强度,%）	产生方式
^{230}U	20.8d	ε (~80) $\alpha(100)$	6.332(4) ······ $E_\alpha=5.8886(67)$ 5.8177(32)	^{230}Pa 衰变子核
^{231}U	4.2d	$\alpha(0.0055)$ ε (~100)	$E_\alpha=5.46(0.0055)$ $E_\gamma=0.0256(12)$	$^{231}Pa(d,2n)$
^{232}U	72a	$\alpha(\sim100)$	$E_\alpha=5.320(68)$ 5.263(31.7)	$^{233}U(n,2n)$ $^{232}Th(\alpha,4n)$
^{233}U	1.58×10^5a	$SF(\sim10^{-10})$ $\alpha(100)$	$E_\alpha=4.824(84.4)$ 4.782(13.2)	锕人工放射系成员 $^{232}Th(n,\gamma)$
^{235m}U	26.1min	IT		^{239}Pu 衰变子核
^{236}U	2.39×10^7a	$\alpha(>99)$ $SF(1.2\times10^{-7})$	$E_\alpha=4.494(73.7)$ 4.445(26)	$^{235}U(n,\gamma)$
^{237}U	6.75d	$\beta^-(100)$	$E_{\beta^-}=0.248(96)$ $E_\gamma=0.0595(36.1)$	锕人工放射系成员 $^{238}U(n,2n)$
^{239}U	23.5min	$\beta^-(100)$	$E_{\beta^-}=1.211(80)$ 1.285(20)	$^{238}U(n,\gamma)$
^{240}U	14.1h	$\beta^-(100)$	$E_{\beta^-}=0.36$	^{244}Pu 衰变子核 $^{239}U(n,\gamma)$

注:ε轨道电子俘获;IT 同核异能跃迁;SF 自发裂变;其他符号意义参见表4.1之注释

^{235}U 是主要的核燃料之一。它吸收慢中子后即发生裂变,裂变截面为 $582.2b$,并伴随大量的能量放出。完全裂变的"热能当量"约为 $2.202\times10^7kW\cdot h/kg^{235}U$,在放出能量的同时,产生出裂变产物,包括 36 个元素的 300 多种核素(参见图 7.1)。每个发生裂变的铀核平均放出 2.5 ± 0.1 个中子,其过程如下:

$$^{235}U+n \longrightarrow FP+2.5n+E$$

式中 FP 表示裂变产物,E 为裂变释放的能量。^{235}U 也能为快中子所裂变,但裂变截面远小于慢中子裂变的数值。^{235}U 除主要发生 α 衰变外,还能自发裂变,其自发裂变的半衰期 $T_{1/2(SF)}=(1.8\pm1.0)\times10^{17}a$。

^{238}U 在慢中子作用下,不能发生裂变;但可进行如下核反应:

$$^{238}U+n \longrightarrow [^{239}U]$$

产生的 ^{239}U 很不稳定,经两次 β^- 衰变生成 ^{239}Pu:

$$^{239}U \xrightarrow{\beta^-} {}^{239}Np \xrightarrow{\beta^-} {}^{239}Pu$$

^{239}Pu 能为慢中子所裂变,因而它也是一种重要的核燃料。^{238}U 除主要发生 α 衰变外,也能自发裂变,其自发裂变的半衰期 $T_{1/2(SF)} = (9.86 \pm 0.3) \times 10^{15}a$。

^{234}U 是 $^{238}U(UI)$ 的衰变子体,故又称 UII,它的量极小,暂不具实际意义。此外,它的丰度值常发生变化[2],在研究铀的迁移、富集时起示踪作用[6]。

在人工的铀同位素中,具有重要意义的是 ^{239}U 和 ^{233}U。刚提到 ^{239}U 是制备 ^{239}Pu 核燃料的中间产物。^{233}U 则是由次级核燃料 ^{232}Th 和中子反应后经 β⁻ 衰变而得,它是很有潜力的人工核燃料。这些可裂变的铀核,为人类带来了原子能世纪的曙光。

自然界存在着三个天然放射性衰变系。^{238}U (UI)是铀系(4n+2)的起始核素,中间经历 8 次 α 衰变和 6 次 β⁻ 衰变后,最终的稳定核素是 $^{206}Pb(RaG)$ 衰变过程可简略地表为:

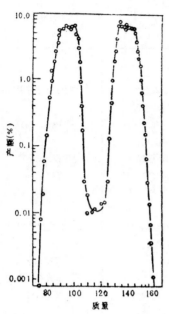

图 7.1　热中子诱发 ^{235}U 裂变的产物质量分布[5]

$$^{238}_{92}U \longrightarrow {}^{206}_{82}Pb + 8{}^{4}_{2}He(\alpha) + 6{}^{0}_{-1}e(\beta^-)$$

铀系衰变链各核素的质量数均可用 4n+2 表示,其中 n 为整数。$^{235}U(AcU)$ 是另一锕铀系(4n+3)的起始核素,其间经 7 次 α 衰变和 4 次 β⁻ 衰变后,至最终的稳定产物 $^{207}Pb(AcD)$ 为止。衰变过程可表示成:

$$^{235}_{92}U \longrightarrow {}^{207}_{82}Pb + 7{}^{4}_{2}He(\alpha) + 4{}^{0}_{-1}e(\beta^-)$$

天然放射系建立的经过,反映了人们对以铀和钍为首的放射性衰变相互关系的认识,它们的共同点是:各具有一个与地球年龄相仿的长寿命始核,中间形成稀有放射性气体氡 Rn,最终都以稳定性铅同位素告终。表 7.2 和表 7.3 列出了铀-镭系和锕-铀系中与一定量母体相平衡的各成员的质量[7]。相应的铀-镭系和锕-铀系两条天然放射性衰变链示于图 7.2 和图 7.3。

^{233}U 和 ^{235}U 受中能(20—100MeV)α 粒子轰击诱发裂变的情形,唐任寰等作过研究并检验于三种核裂变理论模型[22]。

表 7.2 铀-镭系(4n+2)的成员

核素	历史名称	衰变方式 (分支比,%)	半衰期	1 吨^{238}U 始核相平 衡的质量(g)
^{238}U	UI 始核	$\alpha(100)$	4.51×10^9a	10^6
^{234}Th	UX$_1$	$\beta^-(100)$	24.1d	1.44×10^{-5}
^{234m}Pa	UX$_2$	$\beta^-(\sim99.7)$	1.17min	4.85×10^{-10}
		IT(0.33)		
^{234}Pa	UZ	$\beta^-(100)$	6.75h	2.19×10^{-10}
^{234}U	UII	$\alpha(100)$	2.44×10^5a	53.2
^{230}Th	Io	$\alpha(100)$	7.7×10^4a	16.5
^{226}Ra	Ra	$\alpha(100)$	1602a	0.337
^{222}Rn	Rn 氡气	$\alpha(100)$	3.82d	2.16×10^{-6}
^{218}Po	RaA	$\alpha(>99)$	3min	1.16×10^{-9}
		$\beta^-(1.85\times10^{-2})$		
^{218}At		$\alpha(>99)$	2s	2×10^{-15}
		$\beta^-(0.1)$		
^{214}Pb	RaB	$\beta^-(100)$	26.8min	1.02×10^{-3}
^{214}Bi	RaC	$\beta^-(>99)$	19.7min	7.47×10^{-9}
		$\alpha(0.021)$		
^{214}Po	RaC	$\alpha(100)$	1.64×10^{-4}s	1.04×10^{-15}
^{210}Tl	RaC′	$\beta^-(100)$	1.32min	1.03×10^{-13}
^{210}Pb	RaD	$\beta^-(\sim100)$	22.3a	4.36×10^{-3}
		$\alpha(2\times10^{-6})$		
^{210}Bi	RaE	$\beta^-(\sim100)$	5a	2.7×10^{-6}
		$\alpha(1.3\times10^{-4})$		
^{210}Po	RaF	$\alpha(>99)$	138.4d	7.46×10^{-5}
^{206}Hg		$\beta^-(100)$	8.1min	5.9×10^{-17}
^{206}Tl	RaE′	$\beta^-(100)$	4.2min	1.99×10^{-15}
^{206}Pb	RaG 终止	稳定		

表 7.3 锕-铀系(4n+3)的成员

核素	历史名称	衰变方式 (分支比,%)	半衰期	按标准天然丰度 与 1 吨^{238}U 相 平衡的质量(g)
^{235}U	AcU 始核	$\alpha(100)$	7.1×10^8a	7100
^{231}Th	UY	$\beta^-(100)$	25.5h	2.86×10^{-8}
^{231}Pa	Pa	$\alpha(100)$	3.25×10^4a	0.318
^{227}Ac	Ac	$\beta^-(98.6)$	21.8a	2.11×10^{-4}
		$\alpha(1.4)$		
^{227}Th	RdAc	$\alpha(100)$	18.2d	1.81×10^{-7}

核素	历史名称	衰变方式 （分支比,%）	半衰期	按标准天然丰度 与1吨^{238}U相 平衡的质量(g)
^{223}Fr	AcK	$\beta^-(>99)$ $\alpha(5\times10^{-3})$	22min	5.5×10^{-12}
^{223}Ra	AcX	$\alpha(100)$	11.4d	2.96×10^{-7}
^{219}Rn	An 锕射气	$\alpha(100)$	3.96s	1.16×10^{-12}
^{219}At		$\alpha(\sim97)$	54s	7.98×10^{-16}
		$\beta^-(\sim3)$		
^{215}Po	AcA	$\alpha(>99)$	1.8×10^{-3}s	5.22×10^{-16}
^{215}Bi		$\beta^-(100)$	7.4min	6.4×10^{-15}
^{211}Pb	AcB	$\beta^-(100)$	36.1min	6.17×10^{-10}
^{211}Bi	AcC	$\alpha(99.7)$	2.14min	3.65×10^{-12}
		$\beta^-(0.28)$		
^{211}Po	AcC′	$\alpha(100)$	0.56s	4.46×10^{-16}
^{207}Tl	AcC″	$\beta^-(100)$	4.79min	8.00×10^{-11}
^{207}Pb	AcD 终止	稳定		

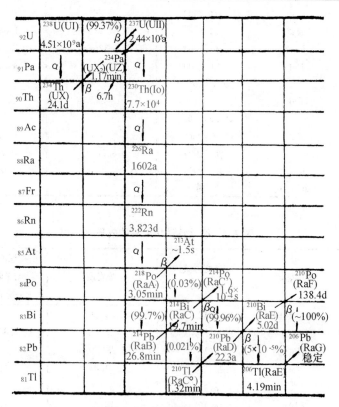

图7.2　铀-镭系（$4n+2$系）

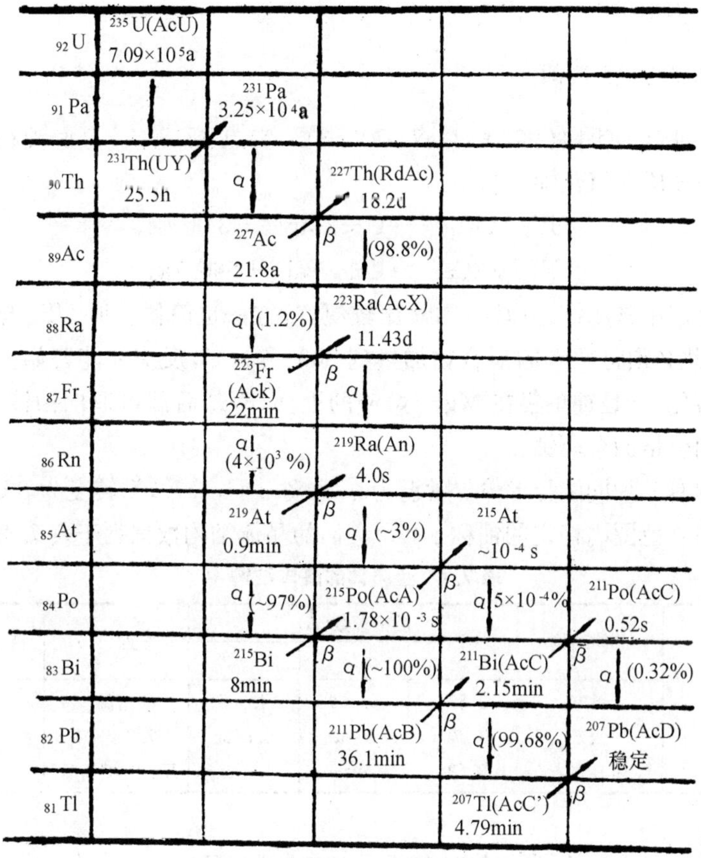

$_{92}$U	^{235}U(AcU) 7.09×10^{5}a				
$_{91}$Pa		^{231}Pa 3.25×10^4**a**			
$_{90}$Th	^{231}Th(UY) 25.5h	α	^{227}Th(RdAc) 18.2d		
$_{89}$Ac		^{227}Ac 21.8a β	(98.8%)		
$_{88}$Ra		α (1.2%)	^{223}Ra(AcX) 11.43d		
$_{87}$Fr		^{223}Fr (Ack) 22min β	α		
$_{86}$Rn		α (4×10^3 %)	^{219}Ra(An) 4.0s		
$_{85}$At		^{219}At 0.9min β	α (~3%)	^{215}At ~10^{-4} s	
$_{84}$Po		α (~97%)	^{215}Po(AcA) 1.78×10^{-3} s β	α 5×10^{-4}%	^{211}Po(AcC) 0.52s
$_{83}$Bi		^{215}Bi 8min β	α (~100%)	^{211}Bi(AcC) 2.15min β	α (0.32%)
$_{82}$Pb			^{211}Pb(AcB) 36.1min	α (99.68%)	^{207}Pb(AcD) 稳定
$_{81}$Tl				^{207}Tl(AcC') 4.79min β	

图 7.3　锕-铀系($4n+3$ 系)

铀矿石的放射性大部分来自逸出的^{222}Rn 气及其短寿命衰变产物,^{222}Rn 的半衰期为 3.82d,除去氡也就去掉了铀矿石的大部分 α 和 γ 放射性。但除去氡只能维持一段短时间,经过它的约 10 个半衰期长的时间后,氡的含量又恢复到原来的平衡值,它的衰变子体又将再现。故需除去它的母体^{226}Ra,才能有效地防止^{222}Rn 的生成。通常,镭在矿石浸出阶段与铀相互分离。至于铀矿石的 β 放射性,主要由半衰期为 1.17min 的^{234m}Pa 产生的,此核素在纯化铀的过程中与其母体^{234}Th(半衰期为 24.1d)一起除掉,但它生长得相当快,经纯化过的铀,其 β 放射性在一年内就恢复到原来的值,而 α 放射性则由铀的几个天然同位素产生。

7.3　铀的元素性质

铀原子的外层电子构型为 $5f^3 6d^1 7s^2$,有 +3,+4,+5 和 +6 四种氧化态,其中

以 +6 价态为最稳定。

7.3.1　铀的物理性质

铀是一种软的银白色金属,熔点 1132.3℃,沸点 3818℃。金属铀在工业上通常用钙或镁还原四氟化铀来制备:

$$UF_4 + 2Mg \longrightarrow U + 2MgF_2 + 343.1kJ$$

$$UF_4 + 2Ca \longrightarrow U + 2CaF_2 + 560.7kJ$$

实际生产中常用镁还原法,因镁比较便宜,方法也简便。但 UF_4 与它的反应热较低,因此必须将两者的混合物加热到 600—700℃,反应才能开始。反应释放的热使铀熔化,于是铀聚集在 MgF_2 熔渣的下面,冷却后即可取出铀锭,再经过精炼即可得到合格的金属铀。

金属铀有三种同素异形体。常温为 α 型,称 α-U,667.7℃转变为 β-U,774.8—1132.3℃温度范围内稳定的铀称 γ-U。它们的晶体结构数据列于表 7.4。

表 7.4　金属铀的晶体结构[2]

同素异形体	晶体结构	晶格参数(Å)			温度(℃)	密度(g/cm³)
		a	b	c		
α-U	斜方	2.854	5.869	4.955	室温	19.05
β-U	四方	10.754	$b=a$	5.6525	667.7—774.8	18.13
γ-U	体心立方	3.534	$b=a$	$c=a$	774.8—1132.3	17.91

α-U 是各向异性的,在加热时向两个方向膨胀,而在第三个方向收缩。β-U 同样也是各向异性的。唯有 γ-U 是各向同性的。铀不是良导体,与铁相仿。当温度低于 0.68K 时具有超导性[1];铀的热导率随温度的升高而逐渐增加。金属铀有延展性,但加工时又有硬化倾向,在 α-铀的温度范围内进行热处理,可消除加工硬化现象。其机械性能与纯度有关,如金属铀中含氢为 0.3—5ppm 时,它就会变脆。铀属于一种软金属,当它接受中子照射时,会发生畸变和肿胀。将铀制成铀合金,或者在燃料元件外层使用高强度的包壳,可使这种蠕变效应和肿胀程度减到最小。

铀原子较大,半径为 1.56Å。铀的第一、第二、第三电离势分别等于 5.65,14.36 和 2513eV。U^{3+} 离子半径为 1.022Å;U^{4+} 的为 0.929A;U^{5+} 为 0.88Å;U^{6+} 为 0.83Å。

7.3.2　铀的化学性质

铀的化学性质极活泼,它能与除惰性气体以外的所有元素反应,包括氢、氮、卤素等。

金属铀块暴露在空气中会缓慢地氧化,生成黑色的氧化膜,而使表面变暗,此氧化层可防止金属进一步被氧化。粉末状的铀在空气中能自燃! 甚至有时在水中也能自燃。铀氧化时形成 UO_2 和 U_3O_8。铀属于高毒性元素[9]。

铀块与沸腾的水作用生成 UO_2 和 H_2,H_2 又与铀作用形成 UH_3,由于 UH_3 的生成使铀块易于破碎,加快了水对铀的侵蚀。铀与水蒸气作用很猛烈,在 150—250℃时反应生成 UO_2 和 UH_3 的混合物:

$$7U+6H_2O(气)\longrightarrow 3UO_2+4UH_3$$

在反应堆中,为避免铀与水起反应,燃料元件通常采用铝、锆或不锈钢包壳。

铀在溶解时被氧化成不同氧化态(III、IV 或 VI)的铀盐。金属铀能溶于 HNO_3 形成硝酸铀酰;也能溶于 HCl 生成 UCl_3 和黑色的羟基氢化物 HO−UH−

OH,此残留物与 H_2O_2 作用可生成过氧化物 （结构式）而溶解。

没有氧化剂存在时,H_2SO_4 或 $HClO_4$ 都不与铀反应,但有 H_2O_2 或 HNO_3 存在,反应就能进行。H_3PO_4 对铀的作用与 $HClO_4$ 类似,可生成 U(IV)的酸式磷酸盐。

碱通常不与铀作用,需在碱中加入 H_2O_2 才能溶解铀,并形成过铀酸盐。

铀能与多种金属生成合金。铀合金的许多性质比金属铀优越,如形状稳定,耐腐蚀和不易发生辐照膨胀现象。因此在核燃料后处理工艺中,铀合金占有重要的地位。下面举两个合金体系为例:

(1) γ-U 混溶体系。Zr,Mo,Ti,Nb,Ru 等元素都易溶于 γ-U 中,合金能在室温下保持 γ 相铀,改善了抗胀性能。例如将含有 10%Mo 的 U-Mo 合金作为快中子堆燃料,当燃耗达到 2%时,它仍不发生膨胀。U-Mo、U-Nb 合金主要用在动力反应堆中作为核燃料。

(2) α-U 合金体系。γ-U 体系中引入了大量合金元素,造成过多的中子吸收,所以需用浓缩铀。α-U 合金体系则采用尽量少的添加剂,以控制铀的粒度和晶粒取向,此时铀相仍是 α 的结构,但性能大为改善。用合金化与热处理相结合的方法能使铀经受 $\alpha\beta$ 相变温度的热循环(反复加热冷却),而不发生显著的变形。例如U-Mo(1.2%)合金和 U-Mo(2%)-Zr(0.5%)合金对于防止元件形变都很有效。

在天然铀石墨反应堆中,只有金属铀才能达到临界。现在,以生产[239]Pu 为目的的反应堆即生产堆中,一般都用金属铀作为燃料元件的芯体。但是铀的相变会使燃料元件变形和破坏,因此反应堆中铀棒周围的温度不能超过铀的 $\alpha\beta$ 相变温度。

7.4　铀的化合物

铀在不同情况下,可形成 U(III) 至 U(VI) 的各种铀化合物,其中最稳定的是 U(VI) 的化合物,其次是 U(IV) 的化合物。有些铀化合物由于能作为核燃料或是制备其他化合物的中间原料,而受到人们密切的注意。

7.4.1　氢化物、氮化物和碳化物

1. 氢化物

铀的氢化物是在实验室中用铀作原料制备各种铀化合物的中间产物,块状铀与 H_2 在温度约为 250℃时迅速反应生成 UH_3 黑色粉末。UH_3 是化学性质很活泼的物质,它与 N_2,O_2,Cl_2,Br_2,I_2 反应,分别生成铀的氮化物、氧化物和四价卤化物。与水发生剧烈的反应。与卤代有机溶剂的反应则是危险的。已知存在氢化铀的两种晶体,α-UH_3 和 β-UH_3,其中 β-UH_3 为常见。当温度大于 400℃时,氢化铀开始分解,得到高活性细粉末状的铀;这种铀特别适合于合成铀的化合物,也是氢化铀的主要用途。

2. 氮化物

铀的氮化物 UN 具有导热性好、熔点高、辐照稳定性也好的优点,抗腐蚀性比 UC 强,因此可能成为动力反应堆的潜在核燃料。氮化铀易于氧化,在温度低于 1200℃制得的 UN 粉末会于空气中着火。在温度 300℃以下时,UN 与水缓慢反应生成一层 UO_2 保护层。一氮化铀溶于硝酸、浓高氯酸或热磷酸,但不溶于盐酸、硫酸或氢氧化钠溶液。此外,还有 U_2N_3 和 UN_2 两种氮化物。

3. 碳化物

铀的碳化物主要有 UC 和 UC_2 两种,前者的熔点为 2525℃,后者约为 2480℃。将 UH_3 于 450℃以上进行分解,获得的铀粉再与 CH_4 作用,650℃时产物主要是 UC,而 950℃以上则是 UC_2。UC 也可用以下反应制得:

$$UO_2 + 3C \longrightarrow UC + 2CO$$

碳化物的性质很活泼。与氧作用时,部分碳被氧化,在 400℃时,碳完全被氧化。UC 与水在 60℃以上迅速反应,生成 UO_2 和 CH_4。UC 能与许多金属起反应,因此这些金属不能作为包壳材料。若 UC 中溶有 Zr,Nb,Ti,V 等金属,则能提高 UC 的机械强度和耐腐蚀性,碳化铀导热性好,熔点和硬度都很高,类似于金属,因此,可把弥散于石墨中的 $(U+Th)C_2$ 固溶体作为燃料在高温气冷堆中应用,而碳化物 $(U+Pu)C$ 也可能成为未来的快堆燃料。

7.4.2 氧化物和硫化物

1.铀的氧化物

铀-氧体系是复杂的二元体系,不但存在着多种氧化物相,而且氧化物的量常偏离化学计量。铀的氧化物有 UO_2,U_2O_5,U_4O_9,U_3O_{13},U_3O_8,UO_3,$UO_4 \cdot 2H_2O$ 等,较重要的是 UO_2,U_3O_8,UO_3 和 $UO_4 \cdot 2H_2O$,其中最稳定的是 U_3O_8,其次是 UO_2。

(1)UO_2。UO_2 是动力反应堆中广泛使用的燃料,同时也是制取 UF_4 的原料。它可由下列方法制得:

用 H_2 于 650℃还原高价氧化物:

$$UO_3 + H_2 \xrightarrow{650℃} UO_2 + H_2O$$

也可由 $(NH_4)_4[UO_2(CO_3)_3]$ 直接热分解:

$$3(NH_4)_4[UO_2(CO_3)] \xrightarrow{800℃} 3UO_2 + 10NH_3 + 9CO_2 + N_2 + 9H_2O$$

动力反应堆多以 ^{235}U 丰度较高的 UO_2 作为燃料元件。上述方法制得的 UO_2 粉末,先经压制成型,如圆柱或片状,然后在 N_2 或 H_2 气氛中于 1400—1700℃烧结,最后装在精密加工的锆管中,即成为反应堆用的燃料元件。

陶瓷二氧化铀具有熔点高,不发生相变的优点,适宜在动力堆中使用。缺点是铀密度低和导热性差,在热通量高的快中子反应堆中不宜使用。因此推动了 NaCl 型半金属的铀化合物如碳化物、氮化物等的发展。

UO_2 是一种暗红色粉末,比重为 10.87,熔点为 2865℃(图 7.4)。它能与很多金属如 Th,Zr,Bi 和稀土的氧化物生成固溶体。在氧气中,粉末状的 UO_2 会着火! 在与空气隔绝条件下,UO_2 可被强酸溶解而得四价铀盐的绿色溶液,若溶于 HNO_3 中,则成为亮黄色的硝酸铀酰溶液。

(2)U_3O_8。八氧化三铀至少存在三种结晶变体,通常见到的是 α-U_3O_8(图 7.5)。它是黑色的化合物,随制备温度的不同有时呈暗绿或橄榄绿色。它在空气中很稳定,800℃以下其组成不发生变化,通常作为铀的重量分析中的基准物。

不同氧化态的铀化合物在高温下可转

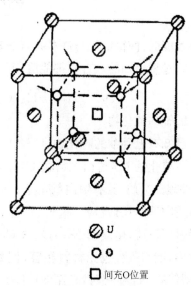

○ U

○ O

□ 间充O位置

图 7.4 UO_2 晶格

变为 U_3O_8。例如三氧化铀或重铀酸铵的热分解反应。

$$6UO_3 \xrightarrow{>500℃} 2U_3O_8 + O_2$$

$$9(NH_4)_2U_2O_7 \xrightarrow{800℃} 6U_3O_8 + 2N_2 + 14NH_3 + 15H_2O$$

(3)UO_3。三氧化铀随着生成条件的不同,具有无定形和六种晶体结构,各具不同的颜色和特性,几乎所有的铀酸盐、铀酰铵复盐和铀酸铵盐在空气中煅烧,都可生成三氧化铀。例如由硝酸铀酰脱硝而有:

$$UO_2(NO_3)_2 \cdot 6H_2O \xrightarrow{300—370℃} UO_3 + 2NO_2 + \frac{1}{2}O_2 + 6H_2O$$

生成的 UO_3 是橙红色的球状颗粒,在 450—650℃ 时它在空气中是稳定的。650℃ 以上 UO_3 开始分解成铀的各种氧化物,从 UO_2 到 U_3O_8。三氧化铀是制取金属铀和二氧化铀的原料。

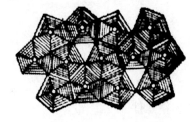

图 7.5 $\alpha\text{-}U_3O_8$ 的晶体结构

(图中小球代表五角双锥的顶点)

(4)$UO_4 \cdot xH_2O$。过氧化铀以多种水合物如含 2,3,4 或 5 个水分子的形式存在。常见的是 $UO_4 \cdot 2H_2O$,它是在微酸性溶液中由 H_2O_2 作用于 UO_2^{2+} 得到的:

$$UO_2^{2+} + H_2O_2 + 2H_2O \xrightarrow{70—80℃}$$

$$UO_4 \cdot 2H_2O \downarrow + 2H^+$$

它的结构式可表为 $\begin{bmatrix} O & & O \\ & U & \\ O & & O \end{bmatrix} \cdot 2H_2O$。由于

其溶解度低,使得铀可与许多元素分离,常用于铀的纯化,但 Th,Pu,Np,Zr 和 Hf 除外。过氧化铀的水合物都能溶于无机酸中:

$$UO_4 \cdot xH_2O + H_2SO_4 \longrightarrow US_2SO_4 + H_2O_2 + xH_2O$$

2.铀的硫化物

已知有五种铀的硫化物:US,U_2S_3,U_3S_5,US_2 和 US_3。

一硫化铀 US 可由细粉状 UH_3 与 H_2S 在 500℃ 加热而制得。完全均相化的 US 外表象金属,具有银白色光泽。它不与沸水作用,可溶于稀的氧化酸中并放出 H_2S,但不与 HCl 反应。直到 300℃,US 的抗氧化性仍然良好,温度较高时,与氧缓慢进行反应,生成 UOS;粉末状 US 在 360—375℃ 之间着火。US 在很大的温度范围内,能与各种包壳材料相容,例如,Mo,Nb,Ta 和 V 直到 2000℃ 都不与它反应,即使有 Na 存在时,直至 800℃ 也未发现有何变化。高密度液相熔结的 US 具有良好的辐照稳定性,放出的裂变气体很少。

其他硫化物也可用金属铀与硫或硫化氢于不同温度下制取,其中 US_2 有三种结晶变体。它们具有与 US 相似的化学性质,抗氧化,不与 HCl 等非氧化性无机酸作用,还具有耐碱性溶液的性能。

7.4.3 卤化物

铀的卤化物如下:

UF_3 UF_4 UF_5 UF_6

UCl_3 UCl_4 UCl_5 UCl_6

UBr_3 UBr_4 UBr_5

UI_3 UI_4

卤化物的稳定性随卤素原子序数的增加而递降。例如,六价的卤化物只有 UF_6 和 UCl_6,并没有相应的溴化物和碘化物。四价卤化物中,UI_4 在中等温度下即分解成 UI_3 和 I_2,反映出同样的稳定性降低的趋势(参见表 7.5)。

表 7.5 四卤化铀的一些性质

化合物	熔点(℃)	沸点(℃)	生成热$-\Delta H_{298}$ (kJ/mol)
UF_4	1036	1415	1882.8
UCl_4	590	792	1051.4
UBr_4	519	761	826.3
UI_4	506	756	529.3

卤化物的挥发性则随铀氧化态的增高而显著变大。三卤化铀难挥发,四卤化铀略有挥发性,至六卤化铀 UF_6 和 UCl_6 则有很强的挥发性了。

卤化铀以氟化物为最重要,六氟化铀用于大规模分离 ^{235}U 和 ^{238}U 以获取浓缩铀-235,四氟化铀则是制备 UF_6 和金属铀的原料。

1.六氟化铀

目前工业上制备 UF_6 的主要方法是在高温下用氟与 UF_4 反应:

$$UF_4(固)+F_2 \xrightarrow{300℃} UF_6(气)$$

UF_6 在常温下是近于白色的晶体,有时因夹带杂质而呈黄色,在空气中水解而发烟,它属斜方结构,生成热$-\Delta H_{298}=2186.6kJ/mol$。在 1 大气压下,$UF_6$ 不能以液态存在;在 56.5℃时,固态的 UF_6 迅速升华为气体。但在压力大于 1.47 大气压时,它能凝结成无色透明液体。

UF_6 与 F_2 相似,是一种强氧化剂,但活泼性略低于 F_2。UF_6 与 H_2,HCl,HBr,烃和卤代烃都能起反应,而其自身则被还原。它不与 O_2,N_2,CO_2 或卤素作用。

UF_6 在潮湿空气中水解产生 HF,若与玻璃作用则发生下述反应:

$$SiO_2 + 6HF \longrightarrow H_2SiF_6 + 2H_2O$$

反应一直进行至 UF_6 完全分解为止,因此不能用玻璃器皿装存。

UF_6 在 NaOH 溶液中强烈水解,形成重铀酸钠沉淀。

$$2UF_6 + 14NaOH \longrightarrow Na_2U_2O_7 + 12NaF + 7H_2O$$

UF_6 对金属有很强的腐蚀性,但在室温下 Cu,Al 和 Ni 被腐蚀后,表面上形成一层氟化物膜,从而具有抗腐蚀作用。在高温下,Ni 和高 Ni 合金是耐 UF_6 腐蚀的材料。聚四氟乙烯、聚三氟氯乙烯等也不与 UF_6 作用,常用做衬填材料。

UF_6 是扩散分离铀同位素的适宜原料。这是因为 UF_6 能以稳定的气态化合物形式在较低温度下存在,而且氟是只有一种质量数为 19 的稳定核素[19]F。因此,UF_6 实际上只是两种分子:即分子量为 349 的 $^{235}UF_6$ 和分子量为 352 的 $^{238}UF_6$ 的混合物,所以扩散法分离过程仅由铀的质量决定。

UF_6 与 NaF,KF 能生成络合物 $3Na(K)F \cdot UF_6$。此络合物在 100℃ 以内是稳定的,高于 100℃ 即分解。这在工业上很有意义,因为冷凝 UF_6 需花很长时间,而且能量损耗大,用生成 $3NaF \cdot UF_6$ 的方法可以保存 UF_6,到需要时再使它分解。这个方法也常用来精制 UF_6。

2. 四氟化铀

UF_4 是绿色晶状物质,俗称绿盐. 它有两种晶型,在 833℃ 以下为 α 型,单斜结构;高于 833℃ 时成为 β 型。其熔点为 1036℃。UF_4 的化学性质比较稳定,是一种不很活泼的化合物。例如,它与氧需 800℃ 才发生反应:

$$2UF_4 + O_2 \longrightarrow UF_6 + UO_2F_2$$

它与氯几乎不发生反应,但在温度高于 250℃ 时易与氟反应而转化为 UF_6。

UF_4 可溶于草酸铵,但不大溶于 HCl 和 HNO_3。它在水中的溶解度约为 0.1mmol/L(25℃)。UF_4 不吸水,但在高温下易水解,反应如下:

$$UF_4 + 2H_2O \Longrightarrow UO_2 + 4HF$$

3. 氯化铀

UCl_4 是较为重要的氯化物,它是暗绿色固体,熔点为 590℃。UCl_4 强烈吸湿,极易与水气反应生成 UO_2Cl_2;在空气中 300℃ 左右,UCl_4 被迅速氧化为 UO_2Cl_2。由于 UCl_4 具有挥发性,而大部分铀裂变产物的氯化物是不挥发的,因此,高温氯化法有可能用于铀与裂变产物的分离。UCl_4 可由 UO_2 与 CCl_4 或 $SOCl_2$ 在适当温度下反应来制得:

$$UO_2 + CCl_4 \xrightarrow{450℃} UCl_4 + CO_2$$

UCl_3 在室温下呈橄榄绿色,熔点 835℃。它是强还原剂,在 250℃ 时与 Cl_2 反

应生成 UCl_4。

UCl_5 是红棕色微晶形粉末,吸水性强,遇水发生歧化反应:

$$2UCl_5 + 2H_2O \longrightarrow UCl_4 + UO_2Cl_2 + 4HCl$$

在 520℃时,UCl_4 与氯作用可得 UCl_5:

$$2UCl_4 + Cl_2 \rightleftharpoons 2UCl_5$$

UCl_5 不稳定,加热到 1500℃,分解而成低价氯化铀和氯气。

UCl_6 是暗绿色或黑色固体,熔点为 177.5℃。它有显著的挥发性。与水剧烈反应,产物是 UO_2Cl_2。UCl_6 可由 UCl_5 在真空中进行歧化反应,或在高温下进一步与氯作用而得。

4. 溴化铀

UBr_3 是褐色晶体。氢化铀与溴化氢作用,或金属铀在500℃时与溴反应,均可制得 UBr_3。它的性质与 UCl_3 相似,但它的吸水性以及在空气中的氧化反应比 UCl_3 强。

UBr_4 是熔点为519℃的棕色物质,可由 UO_3 与 CBr_4 于165℃作用而得。它能溶于有机溶剂;也很易溶于水,成为绿色溶液,在水中强烈水解。化学稳定性差。

UBr_5 是一种黑色粉末,在干燥的氧中虽稳定,但对水分很敏感,极不稳定。

5. 碘化铀

铀的碘化物只有 UI_3 和 UI_4 两种,都是黑色针状晶体,可直接由单质化合制备。它们之间容易互相转化:

$$2UI_4 \rightleftharpoons 2UI_3 + I_2$$

6. 卤化铀酰

已知有四价和六价铀的卤氧化物存在。四价铀的有 $UOCl_2$ 和 $UOBr_2$;六价铀的有 UO_2F_2,UO_2Cl_2,UO_2Br_2 和 UO_2I_2。

UO_2F_2 呈淡黄色,在空气中加热至约300℃仍是稳定的;但至800℃时,完全分解成 U_3O_8。UO_2F_2 易溶于水,25℃时为 65.6%(重量),也易溶于乙醇。但它与其他卤化铀酰不同,不溶于乙醚。无水氟化铀酰可用气态 HF 与 UO_3 在 350—500℃时反应而制得。

$UOCl_2$ 为黄绿色物质,它由蒸发四氯化铀水溶液来获得。二氯氧化铀易溶于水,成为绿色溶液。如与 CCl_4 在170℃反应,则生成 UCl_4。对它的红外光谱研究表明,$UOCl_2$ 分子中不存在游离的 UO^+ 基团。

7. 混合卤化物

U(III)和 U(IV)的混合卤化物一般都具有收湿性,可溶于水。混合氟化物在水中分解生成一种不溶相。兹举数例如下:

$$UBrCl_2 \quad UClF_3 \quad UBrCl_3 \quad UICl_3 \quad UIBr_3$$
$$UBr_2Cl \quad UBrF_3 \quad UBr_2Cl_2 \quad UI_2Cl_2 \quad UI_2Br_2$$

$$UICl_2 \quad UIF_3 \quad UBr_3Cl \quad UI_3Cl \quad UI_3Br$$

$$UIBr_2 \qquad\qquad\qquad UIBr_2Cl$$

$$UI_2Br \qquad\qquad\qquad UIBrCl_2$$

此外,有人制得氢硼化铀 $U(BH_4)_4$ 和铀的氮卤化物如 $UNCl$,$UNBr$ 和 UNI 等,氮卤化物在潮湿空气中水解生成 β-UO_2 和相应铵卤化物,加热可转化为 U_3O_8。

7.4.4　铀的重要盐类

1.硝酸盐

$UO_2(NO_3)_2$ 易溶于水,也溶于多种有机溶剂,与 TBP 形成中性溶剂络合物而被萃取。在铀矿石加工和核燃料后处理工艺中都广泛应用 $UO_2(NO_3)_2$。

硝酸铀酰有三种常见的水合物:$UO_2(NO_3)_2 \cdot 2H_2O$,$UO_2 \cdot (NO_3)_2 \cdot 3H_2O$ 和 $UO_2(NO_3)_2 \cdot 6H_2O$,此外它也能生成一水合物和无水盐。

$UO_2(NO_3)_2 \cdot 6H_2O$ 受热分解生成 UO_3:

$$UO_2(NO_3)_2 \cdot 6H_2O \xrightarrow{\triangle} UO_3 + 2NO_2 + \frac{1}{2}O_2 + 6H_2O$$

将铀或氧化铀溶于 HNO_3,蒸发到开始结晶后冷至室温,即有六水合物 $UO_2(NO_3)_2 \cdot 6H_2O$ 结晶析出,它呈现出亮黄的颜色(图 7.6)。无水硝酸铀酰则是一种淡黄色粉末,它的化学反应性强。配位化合物 $UO_2(NO_3)_2 \cdot 2X$(式中 X 为乙醚、丙酮、二氧杂环己烷或硝基甲烷)在液态空气温度下会发出强烈的荧光。

2.硫酸盐

在铀处理工艺中,常用 H_2SO_4 浸取铀矿石,使铀以硫酸根络阴离子形式进入溶液。UO_2SO_4 的重水(D_2O)溶液还可作为均相反应堆的燃料。硫酸铀酰可生成三水合物,一水合物和无水盐。但也有人认为,自水溶液中结晶所得的水合物组成是 $UO_2SO_4 \cdot 2.5H_2O$,而不是三水合物。此化合物在室温下不稳定。无水 UO_2SO_4 可于 450℃ 下加热任何一种水合物制得,它的生成热 $-\Delta H = 1847.2kJ/mol$。

3.碳酸复盐

三碳酸铀酰铵 $(NH_4)_4[UO_2(CO_3)_3]$ 是淡黄色结晶,能溶于水,它在水中的溶解度随温度上升而增加,酸和碱都能使它破坏。与酸作用可得到铀酰离子,与碱作用则得到重铀酸盐沉淀。三碳酸铀酰铵水溶液受热发生分解反应:

$$(NH_4)_4[UO_2(CO_3)_3] \xrightarrow{100℃} UO_2CO_3 + 4NH_3 + 2CO_2 + 2H_2O$$

固体 $(NH_4)_4[UO_2(CO_3)_3]$ 受热易分解,在温度为 300—500℃ 时分解生成 UO_3,NH_3,CO_2 和水。在不通空气的情况下,700℃ 时分解而为 UO_2。

在铀矿石浸取、化学浓缩物净化及从有机相中反萃铀的过程中,都会用到铀的

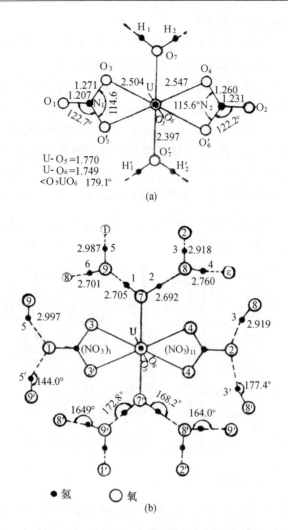

图 7.6　(a) UO$_2$(NO$_3$)$_2$·2H$_2$O 分子中 U 原子和 NO$_3^-$ 的构型

(b) UO$_2$(NO$_3$)$_2$·6H$_2$O 分子中的 H 键

[引自 J. C. Taylor et al., *Acta Cryst.* 19, 536(1965).]

碳酸复盐。

当溶液中有 (NH$_4$)$_2$CO$_3$ 存在时,三碳酸铀酰铵的溶解度显著下降;在水溶液中存在其他铵盐时,其溶解度也能降低。当用较大浓度的碳酸铵溶液反萃存在于有机相的铀时,铀从有机相转入水相,并以 (NH$_4$)$_4$[UO$_2$(CO$_3$)$_3$] 晶体的形式析出,可一步完成反萃和沉淀操作。

4. 铀酸盐

单铀酸盐为 M$_2$UO$_4$,M 是一价金属阳离子,铀呈六价,由铀盐与碱金属氧化物、碳酸盐或醋酸盐一起加热而得。

　　多铀酸盐的主要化合物是重铀酸铵（ADU）。在工业上是将氨水加入到硫酸铀酰或硝酸铀酰溶液中，于是得到亮黄色的重铀酸铵沉淀：

$$2UO_2SO_4+6NH_3+3H_2O \longrightarrow (NH_4)_2U_2O_7 \downarrow +2(NH_4)_2SO_4$$

　　制备这种沉淀时，溶液中不能有可溶性的碳酸盐，否则会因形成碳酸铀酰络盐而达不到预期的结果。$(NH_4)_2U_2O_7$ 在铀水冶工业中是生产回收铀的重要中间产品，工业上又称化学浓缩物或"黄饼"。重铀酸铵的近年研究表明，它的 UO_3-NH_3-H_2O 的三元体系，随着沉淀形成的 pH 等条件的不同，其三元组成也有所变化。

　　$(NH_4)_2U_2O_7$ 是重量法测定铀常用的形式，经灼烧后转变为 U_3O_8：

$$9(NH_4)_2U_2O_7 \xrightarrow{800℃} 6U_3O_8+14NH_3+2N_7+15H_2O$$

铀酸赴和多铀酸盐具有如下结构：

其通式为 $[U_nO_{3n+1}]^{2-}$，它们是由金属氧化物和 UO_3 熔融制得的。

7.4.5　铀的其他化合物

　　铀还能与其他无机酸及某些有机酸反应生成铀酰 UO_2^{2+} 盐或铀 U^{4+} 盐。

　　磷酸铀酰 $(UO_2)_3(PO_4)_2 \cdot 6H_2O$、酸式 $UO_2HPO_4 \cdot 4H_2O$、焦式 $(UO_2)_2P_2O_7$ 和无水铀酰盐均被人制备过[1,8]，但未有系统研究。着重于它们的天然产物的注意，如钙铀云母是重要的铀矿物之一，它是组成大致为 $CaO \cdot 2UO_3 \cdot P_2O_5 \cdot 10H_2O$ 或 $Ca(UO_2)_2$ $(PO_4)_2 \cdot 10H_2O$ 的磷酸铀酰钙。偏磷酸铀(IV)$U(PO_3)_4$ 也曾制得过。

　　醋酸铀酰能从 UO_3 的醋酸溶液中以二水合物 $UO_2(CH_3 \cdot COO)_2 \cdot 2H_2O$ 形式结晶析出，它具斜方结构（图 7.7）。在 115℃ 加热之，或用醋酸酐与硝酸铀酰作用，都能生成无水醋酸铀酰。无水盐在 245℃ 以下稳定。

　　醋酸铀酰碱金属复盐是一些有意义的化合物，其中以钠盐的溶解度为最小。无水化合物为 $NaUO_2(CH_3COO)_3$。

　　草酸铀酰 $UO_2(C_2O_4) \cdot 3H_2O$ 是将草酸加入硝酸铀酰水溶液制得，此盐微溶

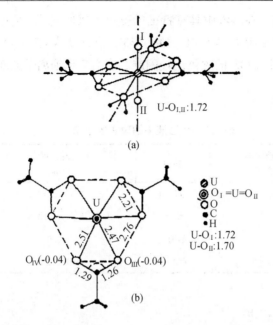

图 7.7 $UO_2(CH_3COO)_2 \cdot 2H_2O$(a)和 $NaUO_2(CH_3COO)_3$(b)的结构

于水,但有草酸或草酸铵存在时,由于生成活性络合物而变为易溶,可表为$(NH_4)_2$ $(C_2O_4) \cdot UO_2(C_2O_4) \cdot 3H_2O$ 的形式。

草酸铀(IV)$U(C_2O_4)_2 \cdot 6H_2O$ 是呈绿色的四价铀盐,当杂有草酸时,几乎成白色。它微溶于水和稀酸中,加热时逐步失去水分子。其一水合物不经无水盐而直接分解成氧化铀。

7.5　铀的水溶液化学

铀元素有六个价电子,基态原子构型是$[Rn]5f^3 6d^1 7s^2$。它有四种氧化态,在水溶液中主要以 U(IV) 和 U(VI) 的形式存在。现将它们的离子半径列于表 7.6 之中。

表 7.6　铀离子的氧化态和离子半径

氧化态	$(n-2)$内层电子	离子半径(Å)
U(III)	$5f^3$	1.022
U(IV)	$5f^2$	0.929
U(V)	$5f^1$	0.88
U(VI)	$5f^0$	0.83

不同价态的铀离子在溶液中具有特征的颜色和吸收光谱,因而可用来鉴定它们的价态。在酸性溶液中 U(Ⅵ)以 UO_2^{2+} 形式存在;U(Ⅴ)为 UO_2^+ 形式,它在水溶液中很不稳定,确定 UO_2^+ 的颜色比较困难。表 7.7 示铀离子的颜色和某些热力学数据。

表 7.7　水溶液中铀离子的生成

氧化态	溶液中的离子	颜色	生成热,ΔH_{298} kJ/mol	标准熵,S_{298} J/mol·K
Ⅲ	U^{3+}	玫瑰红	-471.1 ± 12.6	-146.4 ± 25
Ⅳ	U^{4+}	绿色	-612.1 ± 12.6	-338.9 ± 29
Ⅴ	UO_2^+	不稳定	-992.9^*	
Ⅵ	UO_2^{2+}	黄绿色	-1046.0 ± 8.4	-83.7 ± 21

* 生成自由能 ΔG_{298}。

7.5.1　氧化还原反应

不同价态铀在溶液中表现出各自的氧化还原性质。

U^{3+} 是一种强还原剂,与水作用可缓慢地放出 H_2:

$$2U^{3+}+2H_2O\longrightarrow 2U^{4+}+H_2+2OH^-$$

它易被氧化为四价和六价。与三价稀土元素性质相似,在酸性溶液中,其氟化物和草酸盐均为难溶化合物。

U^{4+} 在空气中不稳定,可被溶液中的 O_2 所氧化。由于氧化为 UO_2^{2+} 的过程伴随着破坏水分子中两个 $H-O$ 键,形成 $U-O$ 键,故反应速度较慢。但在光照条件下,U^{4+} 被氧化的速度加快。此外,酸度降低、UO_2^{2+} 的存在也显著加速它的氧化过程。为了稳定溶液中 U^{4+} 的状态,可加入与 U^{4+} 形成络合物的酸,如硫酸、磷酸或者肼、尿素和氨基磺酸作为稳定剂。U(Ⅳ)与 Ce(Ⅳ)的化学性质相似,碘酸盐、砷酸盐或铜铁试剂都可形成铀(Ⅳ)沉淀。

UO_2^+ 很不稳定,在酸性溶液中发生歧化反应,生成 U^{4+} 和 U_2^{2+}:

$$2UO_2^++4H^+\longrightarrow U^{4+}+UO_2^{2+}+2H_2O$$

平衡常数 $K=1.7\times10^6$。只有当 pH 在 2.0—2.5 的狭窄范围内,UO_2^+ 离子才能稳定存在。

UO_2^{2+} 是铀最稳定的价态。它与还原剂作用生成 U^{4+},还原方法可采用电化学法、化学法或光化学法。电化学还原的过程如下:

阴极　　　$UO_2^{2+}+4H^++2e\longrightarrow U^{4+}+2H_2O$

阳极 $\qquad H_2O \longrightarrow \dfrac{1}{2}O_2 \uparrow + 2H^+ + 2e$

电解还原铀在炼铀工艺中,是制取 UF_4 的常用方法。此外,铀的电解还原也可以用汞阴极电解法。在汞阴极上,UO_2^{2+} 还原为 U^{4+},由于 H_2 在汞阴极上的超电势很大,故不会发生 H^+ 的还原作用。Zn,Fe,Ni,Pb 和 Cu 等氧化还原电势在 Mn 以下的金属,都能在汞阴极上析出,而 U^{4+} 则留在溶液中。这一方法不仅使 UO_2^{2+} 得以还原,同时使之纯化。

如用化学法还原铀,常用的还原剂有金属 Zn,Cd,Pb 和它们的汞齐,银粉,Sn^{2+},Ti^{3+},Fe^{2+} 和 $Na_2S_2O_4$ 等。在光作用下,某些有机物能将 UO_2^{2+} 还原为 U^{4+},例如:

$$UO_2^{2+} + C_2O_4^{2-} + 4H^+ \xrightarrow{\text{光}} U^{4+} + 2CO_2 + 2H_2O$$

唯其还原速度较小,这类实际应用不多。

现将各种价态铀在 $25℃,0.1mol/L\ HClO_4$ 溶液中的电势图画出(图7.8),图中为摩尔氧化还原电势,指在一定介质中反应物和生成物的浓度均为 $1mol/L$ 时,测得的电极电势值。括号内为标准电极电势 E°,指各物质的活度为1时的数值,或外推或由热力学数据算得,不及摩尔氧化还原电势实际。

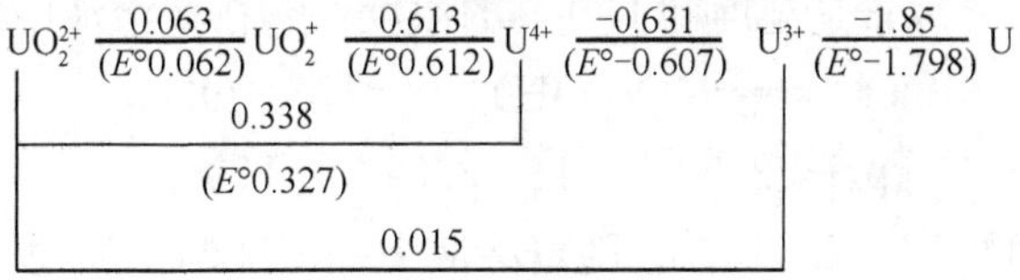

$$UO_2^{2+} \overset{0.063}{\underset{(E^\circ 0.062)}{\rule{1.5cm}{0.4pt}}} UO_2^+ \overset{0.613}{\underset{(E^\circ 0.612)}{\rule{1.5cm}{0.4pt}}} U^{4+} \overset{-0.631}{\underset{(E^\circ -0.607)}{\rule{1.5cm}{0.4pt}}} U^{3+} \overset{-1.85}{\underset{(E^\circ -1.798)}{\rule{1.5cm}{0.4pt}}} U$$

$$\underset{(E^\circ 0.327)}{\overset{0.338}{\rule{4cm}{0.4pt}}}$$

$$\overset{0.015}{\rule{8cm}{0.4pt}}$$

图7.8 铀元素电势图(单位:V)

($25℃,0.1mol/L\ HClO_4$ 溶液)

铀的电极电势受介质的影响很大,例如,在碱性介质中它有如下的氧化还原电势(V):

$$UO_2(OH)_2 \xrightarrow{-0.62} U(OH)_4 \xrightarrow{-2.14} U(OH)_3 \xrightarrow{-2.17} U$$

此外,如介质不是 $HClO_4$ 而是其他介质中,那么铀会发生不同程度的络合或水解,其电极电势也跟着发生变化。而 $HClO_4$ 对铀的络合作用极弱,即使在 $1mol/L\ HClO_4$ 中,铀的各种离子几乎都只以水合离子形式存在。

7.5.2 水解反应

铀和其他多电荷金属离子一样,在水溶液中容易发生水解反应。离子势 φ 越高,水解能力也越强。水溶液中铀离子水解能力的顺序为:$U^{4+} > UO_2^{2+} > U^{3+} > UO_2^+$。由于 U^{3+} 和 UO_2^+ 都不稳定,因此对它们的水解行为研究较少。

1. U^{4+} 的水解

U^{4+} 离子最易水解,与同一配位体生成络合物的能力也比 UO_2^{2+} 离子强得多。其实水解不过是络合离子形成的一种特殊情况,在该络合离子中,羟基离子是配位体 L,H_2O 则是质子化的配位体。U^{4+} 在 $25℃$,pH 为 2 的溶液中开始水解,结果产生氢离子而呈酸性:

$$U^{4+} + H_2O \Longrightarrow U(OH)^{3+} + H^+$$

其第一级水解常数为 $K_{h1} = 2.7 \times 10^{-2}$。当 pH$>$2 时,$U(OH)^{3+}$ 单体与 U^{4+} 形成聚合体,然后进一步聚合组成多核离子 $U[(OH)_3U]_n^{4+n}$ 和聚合物 $[U(OH)_4]_x$。这些水解产物往往聚合成胶状物,而难溶于酸。U^{4+} 的氢氧化物在加入过量碱时被溶解:

$$U(OH)_4 + OH^- \longrightarrow H_3UO_4^- + H_2O \quad K = 1.7 \times 10^{-4}$$

随着温度的升高,U(IV)的水解产物增多,水解常数 K_h 也随着增大。例如,除主要一级水解产物 $U(OH)^{3+}$ 以外,尚有 $U(OH)_2^{2+}$,$U(OH)_3^+$ 和 $U(OH)_4$。

2. UO_2^{2+} 的水解

UO_2^{2+} 在水溶液中的状态随 pH 而改变,只有当 pH$<$2.5 时,它才是稳定的;pH$>$2.5 时,UO_2^{2+} 开始水解,同时伴随有聚合反应,最后生成复杂的氢氧化物沉淀。影响水解的主要因素是温度和 UO_2^{2+} 的浓度。它在稀溶液中的水解过程为:

$$UO_2^{2+} \Longrightarrow UO_2(OH)^+ \Longrightarrow UO_2(OH)_2$$
$$\text{pH}<2.5 \qquad \text{pH}>2.5 \qquad \text{pH}>4$$

生成 $UO_2(OH)^+$ 的 $K_{h1} = 2 \times 10^{-6}$。随着溶液中铀浓度的增加,所得水解产物除带一个正电荷的 $UO_2(OH)^+$ 离子之外,还有少量带二个正电荷的聚合离子,如 $U_2O_5^{2+}$ 和 $U_3O_8^{2+}$ 等,这些产物都可形成单聚或多聚铀化合物。铀浓度越高,则由水解反应析出氢氧化物沉淀时的 pH 值越低。参见表 7.8。

利用 UO_2^{2+} 在水解过程中产生 H^+ 离子的特点,可用碱滴定溶液中的 H^+ 的浓度,从电位曲线上观察水解产物状态的变化。

表 7.8　UO_2^{2+} 水解析出氢氧化物沉淀的 pH 值

$[UO_2^{2+}]$,mol/L	10^{-1}	10^{-2}	10^{-3}	10^{-4}	3×10^{-5}	1×10^{-5}
开始析出的 pH 值	4.47	5.27	5.90	6.62	6.80	7.22

7.5.3　络合反应

各种价态铀的成络能力顺序,与其水解次序一致,即是

$$U^{4+} > UO_2^{2+} > U^{3+} > UO_2^+$$

由于在溶液中 U^{4+} 不如 UO_2^{2+} 稳定,下面从最常见的铀酰离子开始讨论。

1. UO_2^{2+} 离子的络合物

UO_2^{2+} 形成络合物的倾向颇强,它能与很多无机和有机的配位体作用。在各种配位体中,以含氧配位体为最,含氮、硫配位体次之。

U(VI)常见的配位数是 8,这比其 $5f6d7s7p$ 电子壳层中共有 16 个空轨道要少。在配位数为 8 的络合物中,两个配位的位置被 UO_2^{2+} 中的 O 原子占据,因此有六个位置可与配位体配位。

UO_2^{2+} 的络合物常具有六角双锥的构型(参见图 7.9)。它与卤素离子形成络合物的稳定性次序为:

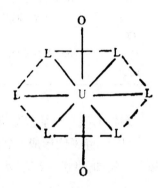

$$F^->Cl^->Br^->I^-。$$

可以看出 UO_2^{2+} 难与 I^- 形成络合物。

UO_2^{2+} 与 SO_4^{2-} 络合形成中性分子 UO_2SO_4 和络阴离子 $UO_2(SO_4)_2^{2-}$,$UO_2(SO_4)_3^{4-}$。所形成的铀酰络阴离子容易被胺类萃取剂萃取,或被阴离子交换树脂所吸附。这个特性广泛地用于铀的水冶工艺中。UO_2^{2+} 的 SO_4^{2-} 络合物比相应的 NO_3^-,Cl^- 络合物稳定。

图 7.9 UO_2^{2+} 络合物
的立体结构

UO_2^{2+} 与 CO_3^{2-} 形成的络合产物为 UO_2CO_3,$UO_2(CO_3)_2^{2-}$ 和 $UO_2(CO_3)_3^{4-}$。当温度为 $25℃$,pH 为4.5—6.5时,$UO_2(CO_3)_2^{2-}$ 是稳定的;当 pH>6.5 时,随着 CO_3^{2-} 浓度的增加,$UO_2(CO_3)_2^{2-}$ 逐渐变为 $UO_2(CO_3)_3^{4-}$,它的稳定范围在 pH 6.5—11.5 之间;当 pH 达到 11.5 以上时,络离子被破坏,生成氢氧化物沉淀。

UO_2^{2+} 与 $C_2O_4^{2-}$ 络合生成 $UO_2C_2O_4$,$UO_2(C_2O_4)_2^{2-}$ 和 $UO_2(C_2O_4)_3^{4-}$。

UO_2^{2+} 与 NO_3^- 络合的能力很弱。虽可形成 $UO_2(NO_3)^+$,$UO_2(NO_3)_2$,$UO_2(NO_3)_3^-$ 和 $UO_2(NO_3)_4^{2-}$ 等络离子。后两种状态只存在于固体或有机相中。

UO_2^{2+} 在磷酸体系中形成 $[UO_2H_2PO_4]^+$,$[UO_2H_3PO_4]^{2+}$,$[UO_2(H_2PO_4)_2]$,$UO_2(H_2PO_4)(H_3PO_4)^+$ 络合物,当磷酸浓度高时,可形成阴离子络合物,磷酸络离子比硫酸络离子稳定。

UO_2^{2+} 与 EDTA 形成水溶性的螯合物 $[UO_2EDTA]^{2-}$,$K=2.5×10^{10}$。因为在 pH 为 4—7 时,EDTA 对 UO_2^{2+} 的络合作用较弱,而对其他许多阳离子有强烈的掩蔽作用,故在六价铀的分析中常用 EDTA 为掩蔽剂。此外,UO_2^{2+} 与 DTPA,酒石酸、柠檬酸等也能形成水溶性的螯合物。

表 7.9　UO_2^{2+} 络合物的稳定常数

配位体	介质	温度 (℃)	稳定常数			
			K_1	K_2	K_3	K_4
NO_3^-	2mol/LNaClO$_4$	20	0.5			
F^-	1mol/LNaClO$_4$	20	3.9×10^4	2.2×10^3	3.6×10^2	23
Cl^-	1mol/LNaClO$_4$	20	0.79			
Br^-	1mol/LNaClO$_4$	20	0.5			
SO_4^{2-}	1mol/LNaClO$_4$	20	50	7.0	7.2	
CO_3^{2-}		25		$K_1K_2=4.0\times10^{14}$	5.0×10^3	
$C_2O_4^{2-}$	1mol/LNaClO$_4$	20	4.3×10^3	1.1×10^4	2.0×10^3	
$H_2PO_4^-$		20	1.0×10^3	2.7×10^2	80	

现将 UO_2^{2+} 与某些配位体的络合物稳定常数列于表 7.9[7,10]。

UO_2^{2+} 除了能形成上述络合物外,还能形成多核络合物,其中含有两个以上 U 原子。例如 UO_2^{2+} 与 $C_2O_4^{2-}$ 就能形成多核络合物,其结构式为:

$$\begin{array}{ccc} & C_2O_4 & C_2O_4 \\ & | & | \\ H_2O-UO_2-C_2O_4-UO_2-OH_2 \\ & | & | \\ & C_2O_4 & C_2O_4 \end{array}$$

此外,冠醚与铀酰离子络合物的研究正在深入进行。

2. U^{4+} 离子的络合物

U^{4+} 离子具有较高的电荷和较小的离子半径(0.929Å),它不但能与各种配位体形成络离子,而且容易发生水解。U^{4+} 与配位体形成的络合物的配位数通常是 8,络合物具有正四方体结构,如图 7.10 所示。

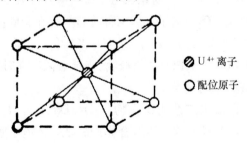

　　　　　　　　　　　　⊘ U^{4+} 离子
　　　　　　　　　　　　○ 配位原子

图 7.10　U^{4+} 络合物的结构

表 7.10 U⁴⁺ 络合物的稳定常数

配位体	离子强度 μ	温度(℃)	稳定常数			
			K_1	K_2	K_3	K_4
NO_3^-	2		1.6	1.5	0.96	0.35
F^-	2	25	1.4×10^7	1.8×10^5	2.0×10^3	
Cl^-	2	25	1.21	0.91		
Br^-	1	20	1.5			
SO_4^{2-}	2	25	1.7×10^3	1.5×10^2	6.3×10^5	1×10^5
$C_2O_4^{2-}$	1		4.1×10^8	2.0×10^8	4.0×10^8	1.0×10^8
HPO_4^{2-}	0.35		1.0×10^{12}	1.0×10^{10}		

它比 UO_2^{2+} 相应的螯合物稳定得多。U^{4+} 与 DTPA 形成螯合物 $U(DTPA)^-$，$K = 5.4 \times 10^{28}$，也很稳定。由于 U^{4+} 在溶液中易被氧化，限制了对它的络合物作更广泛的研究。对 U^{3+} 和 UO_2^+ 更是如此。

U^{4+} 与阴离子的络合作用比 UO_2^{2+} 的强，表 7.10 列出了一些 U^{4+} 络合物的稳定常数。在溶液中 SO_4^{2-} 浓度较高时，能形成 $U(SO_4)_4^{4-}$ 和 $U(SO_4)_3^{2-}$；而在稀 H_2SO_4 溶液中，则生成 $U(SO_4)_2 \cdot (H_2O)_4$ 含水络合物和 $U(SO_4)(H_2O)_6^{2+}$ 络离子。U^{4+} 与 Cl^-，Br^- 和 NO_3^- 离子形成的络合物，其稳定性都较差。但它与草酸或磷酸根离子形成络合物的能力则很强。

U^{4+} 与 EDTA 形成螯合物 $U(EDTA)$，$K = 4.1 \times 10^{25}$。

7.6 铀的分离和分析

7.6.1 从矿石中提取铀

从矿石中提取铀，直到制成"核纯"铀化合物的工艺过程，是生产天然铀的重要步骤。铀矿石品种繁多，组成复杂，当铀含量在万分之几到百分之几的范围时，即认为是具有工业价值的铀矿。提取铀的工艺流程大致分为下列两类：酸法和碱法。

1. 浸取方法

(1)酸法

矿石的碳酸根含量小于 4%—5% 时，宜用酸法浸出，常以 H_2SO_4 作浸出剂。为使矿石中的四价铀也能与六价一起浸出，通常采用氧化焙烧预处理，或加入 MnO_2，$NaClO_3$ 为氧化剂，以提高铀的浸出率。在浸出液中生成可溶的 UO_2^{2+} 和 $[UO_2(SO_4)_n]^{2-2n}$ 离子，同时有过剩的 H_2SO_4 和大量的 Fe，Al，Ca，Mg，SiO_2 和

PO_4^{3-} 等杂质,可采用阴离子交换树脂吸附,或叔胺萃取使 U 与杂质分离。然后从解吸液或反萃液中使呈重铀酸铵 $(NH_4)_2U_2O_7$ 沉淀(浓缩物,黄饼),再用 TBP 萃取法对黄饼进行精制。

(2)碱法

矿石中的铀在加温加压下,以空气为氧化剂,用 $Na_2CO_3-NaHCO_3$ 溶液浸取,铀以 $[UO_2(CO_3)_3]^{4-}$ 形式浸出。然后用季胺型萃取剂萃取,最后用饱和 $(NH_4)_2CO_3$ 溶液从有机相中反萃,铀以 $(NH_4)_4[UO_2(CO_3)_3]$ 形式结晶析出。此法适于碳酸根含量大于 4%—5% 的铀矿,以节省酸法的耗酸量,从而降低成本。

2.铀的沉淀

从浸取液中,可将铀以不溶性化合物的形式分离出来,再作纯化。主要方法有:

(1)碱中和法。将 NH_3 水、MgO 或气态 NH_3 等加入到含铀的酸性溶液,控制最终 pH 值为 6.5—8.0,铀便以重铀酸盐形式沉淀出来。工业上对碱性浸出液主要采用 NaOH 为沉淀剂,得铀酸钠或重铀酸钠沉淀。如从纯化过的酸性溶液中沉淀铀,则以重铀酸铵沉淀的纯度较高。

(2)过氧化氢法。将含铀溶液的 pH 值调至 2.5—4.0,加入比化学计量稍多的 $30\%H_2O_2$,以及适量氨水,以中和反应过程生成的酸,使最终 pH 值达 2.8,生成铀的过氧化物 $UO_4 \cdot xH_2O$ 沉淀。过氧化氢沉淀法对铀的选择性高,且能获得晶状产物,故仍具有工业意义。

由铀的化学浓缩物至金属铀的工艺流程见图 7.11,其中溶剂萃取过程得到的产物硝酸铀酰,它是生产许多重要铀化合物的工业原料。

除了广泛存在的各种铀矿物以外,在海水中也有铀,每立方米海水约含 3mgU,但总储量可达 45 亿吨左右。所以从海水提铀是开发能源的重要途径之一,目前正处于探索性研究阶段。海水提铀的关键是吸附剂的制备,已研究过的吸附剂有水合氧化钛、氢氧化铝、碱式碳酸锌、方铅矿以及含活性碳、Zn、Pb 和氢氧化钛的复合物,对铀的最高吸附容量可达 $810\mu gU/g$ 吸附剂。

7.6.2 铀的萃取分离

铀的某些分析方法具有良好的选择性,在一定的条件下,它们可以不经分离共存元素而直接测定样品中的铀。但在多数情况下,共存元素会干扰铀的测定,因此必须预先部分或完全地加以分离。特别是分析复杂样品中的痕量铀时,分离尤为必要。

在铀的各种分离方法中,溶剂萃取最为普遍。常用的萃取剂有下列几种:

(1)磷酸酯类萃取。这一类以 TBP 为代表,是目前应用最多的。TBP 对铀有

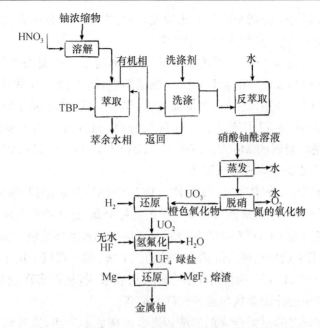

图 7.11　由铀浓缩物制备金属铀及铀化合物的流程图[1]

很强的萃取能力和较高的选择性,它的水溶性小,挥发性低,化学性能稳定,对于多种杂质元素、裂变碎片元素和钍等都能良好的分离。主要在 HNO_3 介质中进行,常以 $Al(NO_3)_3$ 或 $NaNO_3$ 为盐析剂,控制不同的酸度,可以实现各类样品中铀的分离。萃合物形式为 $UO_2(NO_3)_2 \cdot 2TBP$,铀的回收率大于99%。此外,TBP 也常用于低浓铀的萃取浓缩。徐光宪和王文清等对萃取机理做过深入的研究[23]。

(2)正烷基氧膦类化合物萃取。主要有三辛基氧膦 TOPO、三-十二烷基氧膦 TDPO 等,在 HNO_3 和 H_2SO_4 介质中均能进行,它们对很多杂质元素都可实现分离,铀的回收率大于99%。但这类萃取剂比 TBP 贵,且不易纯化,故还不那么普遍使用。

(3)胺类萃取。应用较多的有三辛胺 TOA。以5%TOA 溶液从 7mol/L HCl 介质中萃取铀时,回收率也可达99%以上。若改从 0.1mol/LHCl 或 1mol/L HAc 溶液中萃取时,铀回收为98%. 国内生产的 N-235(或7301)指的是 C_8—C_{10} 烷基的叔胺混合物,相当于 Alamine-336 或 Adogen-364,其萃取性能与三辛胺相仿。在浓 HNO_3 或硝酸盐介质中,上述叔胺以 $(R_3NH)[UO_2(NO_3)_3]$ 形式萃取铀。

此外,较常用的萃取剂还有甲基异丁基酮、乙酸乙酯等。

7.6.3　铀的离子交换分离

关于铀的离子交换分离,主要以络阴离子的形式用强碱性阴离子交换树脂来进行,它的分离特性、介质条件和干扰情况,都与季铵萃取分离相仿。阳离子交换由于选择性较差,只在少数情况下才采用。

铀酰离子能与多种阴离子生成稳定的络阴离子。在硫酸介质中,UO_2^{2+} 与 SO_4^{2-} 形成 $UO_2(SO_4)_3^{4-}$,在 pH 为 1—2 的范围内,能为 201×7 等强碱性阴离子交换树脂定量吸附。利用此性质,可将铀与铁、铝、钙、镁、稀土元素等分离。本法选择性好,经济合算,不仅用于分析工作的预分离,而且普遍用于铀矿的水冶流程中[11]。与铀同时吸附的 Mo(VI),Zr(IV),Hf(IV),Nb(V),Th(IV) 和 Cr(VI) 等,可通过浓 HCl 洗涤交换柱等法除去。

在硝酸介质中,Zr(IV),Th(IV),Pu(IV),Pa(V) 等均强烈地吸附,它们在浓酸中的分配系数远高于铀,从而可实现与铀的良好分离,这比胺类萃取分离有利。

碳酸根络合物 $UO_2(CO_3)_3^{4-}$ 的吸附主要用于铀水冶碱法浸出流程中铀的富集和纯化,也可用于荧光法测定天然水中铀的预分离,但一般很少用于分析。

铀酰离子与 Cl^-,F^- 的络阴离子也能被树脂吸附,从而实现铀与钍等的分离,但含氟络阴离子的分配系数与选择性都不很高。

最近研究较多的是混合溶剂淋洗和络合型树脂的应用,这些络合型树脂有膦酸型、聚甲亚胺(西弗碱)型、偶氮化合物型和氨羧型等。此外出现了各种阴、阳离子交换树脂膜和螯合型树脂膜,为化学分离提供了新的手段。

萃取色层法在铀的分离分析中占有一定的地位,它将上述萃取法和离子交换法两者结合起来应用。例如,采用三月桂胺 TLA 萃取色层法,成功地分离了铀、钚、镎。在毫克量钍与微量铀共存下,用三辛基氧膦 TOPO-聚三氟氯乙烯粉盐酸体系进行萃取色层法分离,然后以碳酸铵溶液洗脱微量铀。此法分离量至克级。

7.6.4　铀的沉淀分离

利用生成铀的各种难溶化合物的沉淀反应,是简单有效分离铀与其他元素的经典化学方法。

1. 碳酸盐法。将共存元素以碳酸盐和氢氧化物形式沉淀,铀酰离子则与碳酸盐形成络阴离子 $UO_2(CO_3)_n^{2-2n}$ 留在溶液中,它在 pH5—11 之间稳定存在。除钍和某些稀土元素外,利用本法可使铀与大多数共存元素分离。

2. 氢氧化铵法。氢氧化铵沉淀法并无很高的选择性,只能分离碱金属、部分碱土金属以及可形成氨络合物的阳离子 Zn^{2+},Cu^{2+},Ni^{2+},CO^{2+},Ag^+ 等。但在络合剂 EDTA 存在下,此时仅有 UO_2^{2+},Ti^{4+} 和 Be^{2+} 定量沉淀,因而大大提高了方法的选择性。

3. 过氧化氢法。在 pH 为 0.5—3.5 的酸性介质中,H_2O_2 能与 UO_2^{2+} 生成浅黄色的沉淀。反应分两步进行:

$$UO_2(NO_3)_2 + 3H_2O_2 \rightleftharpoons H_4UO_8 + 2HNO_3$$

$$H_4UO_8 + 2UO_2(NO_3)_2 \rightleftharpoons (UO_2)_2UO_8 + 4HNO_3$$

过氧化氢沉淀法的优点是选择性较高。在相同条件下，仅钍和部分锆、铪有类似的反应，其他常见元素在含量不高时均可圆满分离。但因铀酰离子的过氧化物沉淀有一定的溶解度，故比较适于从少量杂质元素共存下，分出主体的铀元素。

4. 共沉淀法。$Fe(OH)_3$ 是最为人们熟悉的共沉淀剂，在不含 CO_3^{2-} 和 pH 为 5—8 的溶液中，当用氢氧化铵沉淀 Fe^{3+} 时，毫克量至微克量的铀均能为 $Fe(OH)_3$ 定量共沉淀。

其他共沉淀剂尚有 $Al(OH)_3$，$TiO_2 \cdot xH_2O$，$AlPO_4$，ThF_4 和 CaF_2 等。

对于四价铀，较重要的有碘酸盐和氟化物等无机沉淀剂，使形成 $U(IO_3)_4$，UF_4 沉淀来净化。

7.6.5　铀的主要分析方法

许多反应可用作铀的定性鉴定。常用的有下列几种：

亚铁氰化钾与铀酰离子生成红棕色的 $K_2UO_2Fe(CN)_6$ 沉淀，Fe^{3+}，Cu^{2+} 等离子干扰，须经预分离。此法很灵敏，点滴反应可检测至 1ppmU。

磷酸氢二铵与铀酰离子形成不溶于醋酸的淡黄色 UO_2HPO_4 沉淀；磷酸三铵得到更难溶的化合物 $NH_4UO_2PO_4$。

硝酸铊固粒加入铀酰盐的碳酸铵溶液中，形成淡黄色斜方晶体 $TlUO_2(CO_3)_3$，加入 $K_4Fe(CN)_6$ 时，铀变成棕色，从而与钍的晶型相区别。本法可在显微镜下作鉴定。

硫化铵通常可得棕色 UO_2S 沉淀，它可溶于稀酸中。但这些化学反应并不很特效。

尚有紫外线荧光法、发射光谱法等鉴定铀。光谱法的特征谱线为 4244.35Å，4090.14Å 和 3149.21Å 等。

铀的定量分析方法很多，选用哪一种方法，主要取决于分析样品的性质和铀的含量。下面简述其中几种：

(1)重量法。将铀沉淀为氢氧化物、$UO_4 \cdot 4H_2O$ 或适当的盐类，然后灼烧成 U_3O_8 称重。$UO_4 \cdot 4H_2O$ 沉淀法的优点是选择性好。U(VI)还可以沉淀为 8-羟基喹啉盐 $UO_2(C_9H_6NO)_2 \cdot C_9H_7 \cdot NO$；U(IV)可沉淀为草酸盐、铜铁试剂盐等，最后灼烧成 U_3O_8。重量测定法只适用于铀的常量分析。

(2)容量法。利用铀的氧化还原性质，先将 U 还原为 U^{4+}，再用标准氧化剂滴定至终点。常用的还原剂有 Zn 或 Cd 的汞齐，Ag 粉，Ti^{3+}，Cr^{2+}，Fe^{3+}，$Na_2S_2O_4$

等。滴定时常用的氧化剂为 $KMnO_4$，$K_2Cr_2O_7$，$Ce(SO_4)_2$ 和 NH_4VO_3。

例如，在 HNO_3 体系中，可采用亚钛-重铬酸钾氧化还原滴定法测定铀。根据是用 Ti^{3+} 作还原剂将铀全部还原至 U^{4+}，过量的 Ti^{3+} 被硝酸根离子氧化，或被空气中的 O_2 氧化为 Ti^{4+}。然后再利用 Fe^{3+} 与 U^{4+} 反应，把 U^{4+} 定量地氧化为 UO_2^{2+}，而 Fe^{3+} 本身则按化学当量被还原为 Fe^{2+}，最后以二苯胺磺酸钠作指示剂，用标准的重铬酸钾溶液滴定 Fe^{2+}。滴定终点呈紫红色，其滴定反应如下：

$$2Ti^{3+}+UO_2^{2+}+4H^+\longrightarrow 2Ti^{4+}+U^{4+}+2H_2O$$

$$2Fe^{3+}+U^{4+}+2H_2O\longrightarrow UO_2^{2+}+2Fe^{2+}+4H^+$$

$$6Fe^{2+}+Cr_2O_7^{2-}+14H^+\longrightarrow 6Fe^{3+}+2Cr^{3+}+7H_2O$$

此法有较好的选择性和精密度，适宜于常量或半微量铀的分析。尚有 EDTA 络合滴定法测定铀。

(3)分光光度法。常用的有偶氮胂 III 法、氯磷偶氮 III 法、2-(5-溴-2-吡啶偶氮)-5-二乙胺基苯酚(简称 Br-PADAP)法和 4-(2-吡啶偶氮)间苯二酚(简称 PAR)法等。偶氮胂 III 法对 UO_2^{2+} 的摩尔消光系数 $\varepsilon=7.55\times 10^4(\lambda=665nm)$；对 U^{4+} 的 $\varepsilon=1.27\times 10^5(\lambda=665nm)$。氯磷偶氮 III 法对 UO_2^{2+} 的 $\varepsilon=7.86\times 10^4(\lambda=670nm)$，对 U^{4+} 的 $\varepsilon=1.21\times 10^5(\lambda=673nm)$。

分光光度法的灵敏度比容量法高，是测定微量铀的主要手段之一，目前已广泛用于铀水冶生产中的矿石、矿渣、浸出液和废水中铀的测定。至今已有几百种分光光度测定铀的方法，以上几种有机分析试剂的灵敏度和选择性较好。近年来铀的萃取光度测定法有了迅速发展。

(4)荧光法。微量铀与 NaF 熔融后，在紫外光作用下熔体能发荧光[12]，这种根据熔体的荧光强弱测量铀含量的方法称为固体荧光法。它的灵敏度可达 10^{-10} g。近年来发展了激光诱发磷光法测量溶液中微量铀的新技术，灵敏度可达 0.05ppb。目前固体荧光法常用于尿铀分析。

(5)电化学分析法。就铀的电化学分析而言，用得较多的是极谱分析、电位滴定和电量分析法。极谱分析主要用于低含量铀样的测定，根据铀酰离子发生的逐级还原作用，给出由三个波组成的极谱图，相应的半波电位为 -0.15，-0.80 和 -1.06V(0.1mol/L KCl，相对饱和甘汞电极)。铀若在 0.1mol/L 酒石酸铵底液中，示波极谱法可测得非常灵敏的铀峰，灵敏度可达 0.02ppm。电量分析法，尤其是库仑滴定法适用于纯铀化合物中高含量铀的精密测定，是最准确的方法之一。近年来开始了对铀的离子选择性电极的研究。

(6)X 射线谱分析法。利用铀元素的特征 X 射线谱进行试样中铀的分析。能量色散 X 射线荧光分析是整个 X 射线谱分析学科中迅速发展起来的分支[13]，由于高分辨固体探测器和电子计算机的发展,只用一个半导体探测器,不用多光路晶体分光装置,就可以快速同时测定试样中原子序数大于 11 的所有元素包括铀。在地质勘探中,已有很轻便的 X 荧光测铀仪,总重不到 2kg,可在野外快速测定地质试样中的铀。它向多元素同时测定仪器的计算机化和小型专用化发展。

(7)放射分析法。这是测定铀同位素及其衰变子体的射线强度、各种射线对铀的作用,或添加放射性同位素示踪剂几项方法的统称[14]。在铀矿水冶和铀化学加工厂,常用 γ 能谱法和 γ 吸收法对工艺溶液中的铀进行流线分析;在地球化学、生物物理和环境监测中,广泛应用 α 能谱法和液体闪烁法测定微量铀和铀的同位素组成;在同位素分离厂和核燃料元件厂中,开始使用无源 γ 射线检测法和有源中子探询法控制铀产品质量,实现了对样品的非破坏性分析。

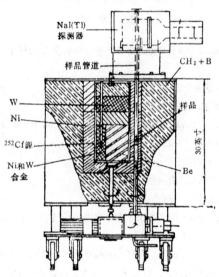

图 7.12 多能^{252}Cf 监测系统

多能^{252}Cf 监测系统是一种用快中子照射,由测定缓发 γ 射线对核材料进行非破坏性分析的装置,参图 7.12。它包括中子慢化器、样品传送器和 NaI(Tl)闪烁探测器等部分。放置^{252}Cf 源(50—200μg)的芯部是可旋转的。在中子源周围装有 W,Ni 和 Be 块,使中子能谱展开。用同步马达调节旋转角,随着旋转角的变化,使照射管道中的中子能量在 500eV—0.4MeV 范围内连续可调。照射后的样品自动传送至测量位置,用 NaI(Tl)闪烁探测器测量缓发 γ 射线。由微型计算机控制分析装置的操作,并进行数据处理。选择不同的中子能谱,可分别测定样品中的^{235}U和^{238}U 的含量。

现将几种常用方法对铀的最低测定值列入表 7.11 中。

表 7.11　几种铀分析方法的最低测定值[21]

分析方法	重量法	容量法	极谱法	分光光度法	固体荧光法	
					目规	荧光计
最低测定值(gU)	10^{-2}—10^{-1}	5×10^{-4}—1×10^{-3}	1×10^{-6}	1×10^{-7}	10^{-8}	10^{-10}

此外,还有质谱分析法用于铀同位素的分析[15],发射光谱分析[16],原子吸收光谱分析[17],气相色谱分析[18],中子活化分析等法测定铀的研究都有不同程度的发展[19]。关于铀的络合物萃取及分析的最新资料见之于国际核化学与放射化学会议报告(1986 年 9 月北京)[20],其中我国科学工作者做出了不少的贡献。汪德熙的特邀报告集中反映了我国在核燃料循环化学方面的概貌和最新成果,包括离心法分离同位素的进展。郑企克介绍了近年来铀的激光化学成就。

参 考 文 献

[1] E. H. P. 科德芬克(Cordfunke),《铀化学》,《核原料编辑部铀化学翻译组》译,杨承宗校,原子能出版社(1977).

[2] 董灵英主编,陈国珍校阅,《铀的分析化学》,原子能出版社(1982).

[3] 核素图表编制组,《核素常用数据表》,原子能出版社(1977).

[4] W. Seelmann-Eggebert et al. , "Chart of the Nuclides", 5th Edition, Karlsruhe GmbH(1981).

[5] K. F. Flynn and L. E. Glendenin "Yields of fission products for several fissionable nuclides at various incident neutron energies". ANL-7749(1970).

[6] 张祖还等编,《铀地球化学》,原子能出版社,76(1984).

[7] 祝霖主编,刘伯里审校,《放射化学》,原子能出版社(1985).

[8] J. E. 金德勒(Gindler),《铀的物理和化学性质》,向家忠译,原子能出版社(1982).

[9] H. C. Hodge, J. N. Stannard, J. B. Hursh, "Uranium, Plutonium, Transplutonic Elements-Handbook of Experimental Pharmacology, New Series XXXVI", Springer-Verlag Berlin, New York(1973).

[10] 复旦大学放射化学编写组,《铀钍工艺过程化学》,上海人民出版社(1976).

[11] G. W. Milher et al. , *Anal. Chim. Acta*, 17, 259, 494(1957).

[12] I. M. Kolthoff, "Treatise on Analytical Chemistry", PartII, Vol. 9, Luterscience, N. Y. (1962).

[13] R. L. Heath, in: "Advance in X-ray Analysis", Vol. 15, Plenum Press, New York, 1(1972).

[14] А. Л. Якубовича, "Ядерно-Физические Методы Анализа Минерального Сырья", Атомиздат(1973).

[15] I. L. Barnes et al. , *Anal. Chem.* , 45, 880(1973).

[16] G. Rossi, *Spectrochim. Acta*, Part B, 26, 271(1971).

[17] J. F. Alder et al. , *Analyst.* , 102, 564(1977).

[18] A. Steffen et al. , *Talanta* 25, 551(1978).

[19] H. Hamaguchi et al. , *Anal. Chim. Acta*, 75, 445(1975).

[20] International Conference on Nuclear and Radiochemistry (ICNR'86) Abstracts, Beijing(1986).

[21] 张寿华,强亦忠,《放射化学》,原子能出版社,189(1983).

[22] R. H. Tang(唐任寰)et al. , *Bull. Amer. Phys. Soc.* 27(4), 459(1982); *Bull. Can, Assoc. Phys.* , 38(3), 34(1982).

[23] 徐光宪、王文清、吴瑾光等,原子能科学技术,7, 487(1963); 2, 117(1964).

29.8　镎

镎(Np)的原子序数为 93,是紧位于铀之后的元素。早在 1940 年 E. McMillan 和 P. H. Abelson[1]利用中子轰击薄铀片研究裂变产物的射程时,发现大部分裂变产物自薄片上反冲出来,但半衰期为 23.5min 的^{239}U 和另一种半衰期为 2.3d 左右的放射体留在薄片内,进而证明该放射体即是 93 号元素的同位素。它是按下列核反应生成的:

$$^{238}U(n,\gamma)^{239}U \xrightarrow[23.5min]{\beta} {}^{239}Np \xrightarrow[2.35d]{\beta}$$

此元素被命名为镎(Neptunium),是从海王星(Neptune)取意来的。我们知道^{239}Np衰变生成^{239}pu,但在当时发现者们还不清楚这一点。

自然界中的镎量是很少的,因为寿命最长的^{237}Np 其半衰期也比地球的年龄短许多,即使当初有,几乎都衰变掉了;只是由于铀俘获中子的结果,连续不断地生成镎,所以它才能以极少量的形式存在于自然界中。镎的发现是很重要的,这不仅从揭开超铀元素领域的观点来说是如此,而且它首次启示 5f 电子存在的可能性,即涉及锕后元素在周期表中的位置问题。

镎的化学性质表明,它与锕系中相邻近的元素铀和钚有明显的差别,两者比较起来,更接近于铀,特别是水溶液中的化学行为如此。目前已经以公斤量生产长寿命的^{237}Np,它的半衰期虽长达 2.14×10^6 a,但它的比活度仍为天然铀的 2000 倍左右。由于研究它们时需要复杂的设备,以及超铀元素的毒性作用,因而对镎化学在许多方面尚待深入研究。

8.1　镎的同位素与核性质

目前已知镎有 18 种同位素,都具有放射性,现列于表 8.1。其中最主要的同位素^{237}Np,^{238}Np,^{239}Np 的衰变见图 8.1。从表可见,^{237}Np 是镎的同位素中唯一既易得到又有相当长寿命的核素,而另一较长寿命的^{236}Np 只能由回旋加速器上进行核反应制取,故不能得到可称的数量。

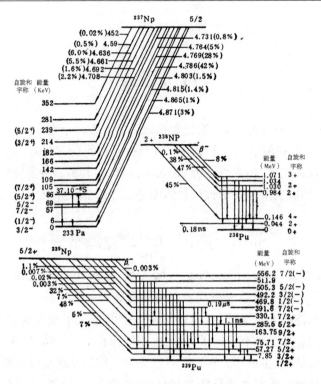

图 8.1　镎的最主要的同位素 ^{237}Np, ^{238}Np 和 ^{239}Np 的衰变图[3]

（根据 C. M. Lederer. J. M. Hollandex, I. Perlman：“Table of Isotopes”. 6th ed.,

John Wiley, New York 1968, 并予更正)

表 8.1　镎的同位素[2]

核素	半衰期	衰变方式 (分支比,%)	粒子能量 MeV (强度,%)	主要的产生方式
[^{228}Np]	～1.0min	SF；α		
^{229}Np	4.0min	$\alpha(\sim 50)$	$E_\alpha = 6.89$	^{233}U$(p,5n)$
		$\varepsilon(\sim 50)$		
^{230}Np	4.6min	$\alpha(\sim 99)$	$E_\alpha = 6.66$	^{233}U$(p,4n)$
		$\varepsilon(\sim 1)$		
^{231}Np	50min	α	$E_\alpha = 6.28$	^{233}U$(d,4n)$
^{232}Np	14.7min	$\beta^+(<0.3)$	$E_\gamma = 0.8672(47^*)$	^{233}U$(d,3n)$
		$\varepsilon(\sim 100)$	0.8643(39*)	^{238}U$(d,8n)$
			0.8195(64*)	^{235}U$(d,5n)$
			0.3273(100*)	
			0.2820(38*)	
^{233}Np	35min	$\alpha(<10^{-3})$	$E_\alpha = 5.53$	^{233}U$(d,2n)$
		$\varepsilon(\sim 100)$		^{235}U$(d,4n)$
^{234}Np	4.4d	$\alpha(<0.01)$		^{233}U(d,n)

核素	半衰期	衰变方式 （分支比,%）	粒子能量 MeV （强度,%）	主要的产生方式
		β^+ (0.046)	$E_{\beta^+}=0.790$	$^{235}U(d,3n)$
		$\varepsilon(\sim100)$	$E_\gamma=1.602(151^*)$	$^{231}Pa(\alpha,n)$
			$1.5706(129^*)$	
			$1.559(100^*)$	
			$1.528(62^*)$	
			$1.4356(33^*)$	
^{235}Np	396d	$\alpha(0.0014)$	$E_\alpha=5.105(2.1\times10^{-5})$	$^{233}U(\alpha,pn)$
			$5.022(7.4\times10^{-4})$	$^{235}U(d,2n)$
			$5.004(3.36\times10^{-5})$	
			$4.994(8.4\times10^{-5})$	
			$4.922(1.6\times10^{-5})$	
		$\varepsilon(\sim100)$		
^{236A}Np	22.5h	β^- (48)	$E_{\beta^-}=0.537(39.7)$	$^{235}U(d,n)$
			$0.492(8.3)$	$^{235}U(\alpha,p2n)$
		$\varepsilon(52)$		
			$E_\gamma=0.6877(26^*)$	
			$0.6424(100^*)$	
^{236B}Np	$\geqslant5000a$	β^-		$^{238}U(d,4n)$
^{237}Np	2.14×10^6a	$\alpha(>99)$	$E_\alpha=4.873(2.6)$	$^{238}U(n,2n)$
			$4.816(2.5)$	$^{231}U(\beta^-)$
			$4.802(\sim3)$	镎人工放射系
			$4.788(47)$	成员
			$4.770(25)$	
			$4.766(8)$	
			$4.663(3.32)$	
			$4.639(6.2)$	
		$SF(\leqslant2\times10^{-10})$	$Er=0.08649(14)$	
			$0.02938(13)$	
^{238}Np	2.117d	β^- (100)	$E_{\beta^-}=1.24(42)$	$^{238}U(d,2n)$
			$0.265(\leqslant39)$	$^{238}U(p,n)$
			$0.223(10)$	$^{237}Np(n,\gamma)$
			$E_\gamma=1.02854(17.4)$	
			$0.98445(24.0)$	
^{239}Np	2.35d	β^- (100)	$E_{\beta^-}=0.705(7)$	$^{238}U(n,\gamma)^{239}U\xrightarrow{\beta^-}$
			$0.713(6)$	

续表

核素	半衰期	衰变方式 （分支比,%）	粒子能量 MeV （强度,%）	主要的产生方式
			0.437(25)	
			0.393(7)	
			0.332(58)	
			$E_\gamma=0.27762(14.5)$	
			0.22820(11.4)	
			0.10614(27.8)	
^{240A}Np	65min	β^-(100)	$E_{\beta^-}=0.86$	^{238}U(α,pn)
			$E_\gamma=0.9739(23)$	
			0.8965(14)	
			0.6011(22)	
			0.5672(29)	
			0.4482(18)	
^{240B}Np	7.5min	$\beta^-(\sim100)$	$E_{\beta^-}=2.18(10)$	^{240}U 衰变子核
			2.14(42)	
			1.58(31.9)	
		[IT(0.1)]	$E_\gamma=0.59740(12.5)$	
			0.55460(22.4)	
^{241}Np	16.0min	$\alpha(<10^{-6})$		^{238}U(α,p)
		$\beta^-(\sim100)$	$E_{\beta^-}=1.36$	
			1.25	
[^{242A}Np]	2.2min	β^-	$E_{\beta^-}=2.7$	
[^{242B}Np]	5.5min	β^-		

注:衰变方式以下列符号表示:

α——α粒子发射

β^-——负电子发射

β^+——正电子发射

ε——轨道电子俘获

IT——同核异能跃迁

*——相对强度

分支比——指每一百个核发生衰变时,按该种衰变方式进行衰变的核的平均个数。

强度——指每一百个核发生衰变时,放出该种粒子的平均个数或放出该γ射线的几率。

方括号[]——可疑或不确定。参见 W. Seelmann-Eggebert et al. , Chart of the Nuclides, 5th edition, Karlsruhe Gm bH(1981)。

　　质量数在 237 以上的主要为β^-衰变同位素,^{236}Np 和更轻的镎同位素存在中子不足的情形,这时进行电子俘获衰变。在极缺中子的同位素中主要是 α 衰变。图 8.1 绘出镎的三种最主要的同位素 ^{237}Np, ^{238}Np 和 ^{239}Np 的衰变图。

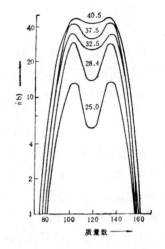

图 8.2 是 ^{237}Np 被加速 α 粒子轰击后裂变的质量产额曲线,它清楚地表示出对称裂变的比例随着入射粒子能量的增加而增加[4]。当复合核 $[^{241}$Am$^*]$

$$^{237}\text{Np} + {}^4\text{He} \longrightarrow [^{241}\text{Am}^*]$$ 的激发能等于 26.0MeV 时,裂变截面与总吸收截面的比值 $\sigma_f/\sigma_t = 0.97$,即每 100 个复合核 $[^{241}$Am$^*]$ 有 97 个发生裂变衰变,而只有 3 个发射出轻粒子(表 8.2)。

图 8.2　^{237}Np 被加速 α 粒子轰击后裂变的质量产额曲线[4]

表 8.2　镎同位素的截面和共振积分[5]

核素	中子俘获		裂变		
	$\sigma_{(n,r)}$(b)	$l_{(n,r)}$(b)	σ_f(b)	I_f(b)	$\sigma_{(n,2n)}$(b)
^{234}Np			900		
^{236}Np			2800		
^{237}Np	185	660	0.02	0	0.0013***
			1.42*		
^{238}Np	1600	660	2070	880	
^{239}Np	35**(生成^{240}BNP)				
	25**(生成^{240}BNP)				

* 指 3MeV 中子的截面值。

* * 指"反应堆中子"的截面值。

* * * 指裂变谱中子的截面值。

$_{237}$Np 和 ^{238}Np 可由热中子导致裂变(表 8.2)。

8.2　镎的主要同位素的生产

8.2.1　^{237}Np

在天然铀反应堆中,大部分 ^{237}Np 是天然铀与能量大于 6.7MeV 的中子通过 $(n,2n)$ 反应产生的:

$$^{238}U(n,2n)^{237}U \xrightarrow[6.75d]{\beta^-} {}^{237}Np$$

在浓缩铀反应堆中,特别是在高燃耗($>7\times10^{20}$中子/cm^2)时,^{237}Np 主要是 ^{235}U 经过两次中子俘获生成的[6]:

$$^{235}U(n,\gamma)^{236}U(n,\gamma)^{237}U \xrightarrow[6.75d]{\beta^-} {}^{237}Np$$

$$\sigma(n,\gamma)=100.5b \qquad \sigma(n,\gamma)=6b$$

从烧过的核燃料中分离^{237}Np 有两种方法。第一种方法是利用镎与铀、钚一起被萃取,然后再与这两个元素分离;第二种方法是镎不被萃取,留在强放射性的废液中,在流程后面的另外一步与裂变产物分开。这两种方法对镎的分离基于不同的原理,但都与 Purex 流程密切相关。由于四价镎和六价镎可被磷酸三丁酯(TBP)从硝酸溶液中萃取,而五价镎则不被萃取,流程上作这样的变化是可行的。因此,为获得镎需将其定量调节到要求的价态,从而实现定量的萃取分离。

表 8.3 给出镎被 TBP-煤油萃取的分配系数[7],由此可见,当硝酸浓度较低时,六价镎的分配系数比四价镎高得多。Np(IV)可在 0.005mol/L HNO$_2$ 作催化剂的条件下,用硝酸氧化为 Np·(VI)。亚硝酸根离子一方面能还原 Np(VI) 为 Np(V),但另方面在硝酸氧化 Np(V)为 Np(VI)的过程中起催化作用[8]。如以磷酸三丁酯进行萃取,则由于 Np(VI)不断被萃取从而促使下列氧化还原平衡:

表 8.3　30%(体积)TBP-煤油萃取镎的分配系数[7]

HNO$_3$	分配系数		
(mol/L)	Np^{4+}	NpO$_2^+$	NpO$_2^{2+}$
1	0.4	0.01	5
2	1.4	0.01	11
3	2.9	0.01	17
4	4.8	0.01	20

$$NpO_2^+ + \frac{3}{2}H^+ + \frac{1}{2}NO_3^- \rightleftharpoons NpO_2^{2+} + \frac{1}{2}HNO_2 + \frac{1}{2}H_2O$$

$$(24.5℃时\ K=5.2\times10^{-4})$$

由原来偏 Np(V)这边转向 Np(VI)那边移动。据此可实现 Np(VI)与 U(VI),Pu(IV)一起被萃取。Np(IV)的定量萃取则需要高浓度的硝酸(图 8.3)。采用镎与铀、钚同时萃取的方法,在 Purex 流程里通常镎的产额只达到 85%左右。

若在 Purex 料液(含 U,Np,Pu 和裂变产物)中加入大量的亚硝酸盐使镎基本上转化为 Np·(V),并且使有机相尽量被铀饱和,则当铀、钚被萃取时镎就留在水相中,从而实现镎的定量分离。^{237}Np 是中子照射法生产^{238}Pu 的靶材料,如:

$$^{237}Np(n,\gamma)^{238}NP \xrightarrow[2.117d]{\beta^-} {}^{238}Pu$$

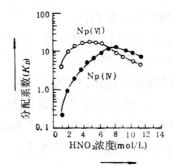

图 8.3　磷酸三丁酯(30%TBP-煤油)在硝酸溶液中萃取四价、六价镎的分配系数[9]

由于 ^{238}Pu 在放射性核电池上应用广泛，^{237}Np 的分离制取更加显得重要了。

8.2.2　^{238}Np

^{238}Np 近年来常用作示踪剂的研究。它的优点是易于从中子照射 ^{237}Np 制得，例如，以 10^{14} 中子/cm^2·s 的中子通量照射 1mg^{237}Np(相当于 0.71μCi)两小时，可生成 33mCi 的 ^{238}Np。由于 ^{237}Np 的裂变截面低，$\sigma_{n,f}=0.019$b，而其热中子反应截面($\sigma_{n,\gamma}=185$b)则较大，两者之比 $\sigma_{n,\gamma}/\sigma_{n,f}$ 约为 10^4，所以 ^{238}Np 的纯化既快又简便，照射所用的靶材料 ^{237}Np 也起载体的作用。

纯化时将 ^{237}NpO$_2$ 溶于中等浓度的高氯酸，再将它从大约 8mol/LHNO$_3$ 的肼溶液中吸附到阴离子交换柱上。用 8mol/LHNO$_3$＋0.01mol/LHF＋肼的混合溶液洗涤交换柱，以除去钍和各种裂变产物，继而以稀硝酸洗脱镎[10]。另一种纯化镎的方法是用 0.1mol/L 噻吩甲酰三氟丙酮(HTTA)-二甲苯从稀酸溶液中萃取四价镎[11]。

8.2.3　^{239}Np

制取 ^{239}Np 有两种来源：1)中子照射过的铀；2)^{243}Am，由它衰变成 ^{239}Np。第一种情况下需使镎与铀、钍、裂变产物分离；第二种情况只需与镅分离。

关于从照射过的铀(特别是贫化铀)中分离 ^{239}Np，曾经介绍过许多方法。采用 Np(Ⅵ)-Np(Ⅴ)氧化还原循环的沉淀反应能制得纯 ^{239}Np，但此法极费时间且产额不高。溶剂萃取法和离子交换法都是比较成功的。Zolotov 和 Alimarin[12] 用乙醚作萃取剂从微酸性(0.2mol/LHNO$_3$)的硝酸钙浓溶液(3.5mol/L)中萃取 U(Ⅵ)和 Np(Ⅵ). 然后在冷却的情况下用肼将 Np(Ⅵ)还原成 Np(Ⅴ)，从而使镎与铀分离。经过两次萃取循环后可得到高纯度的 ^{239}Np。若要制得极纯的 ^{239}Np，则需在萃取前加一步离子交换，这时将照射过的铀溶于 1mol/LHNO$_3$，再将溶液加入阳离子交换柱中。阳离子交换树脂能将 Np(Ⅵ)，还原为 Np(Ⅴ)，并将 Np(Ⅳ)氧化为

Np(V)，因此分离前不必对镎作仔细的调价。以 $1mol/LHNO_3$ 洗脱时首先流出的是 Np(V)；铀在很晚才被洗出；而钚和大部分裂变产物都留在柱上。最后将 Np(V)氯化为 Np(VI)，用乙醚萃取进行纯化。

有人提出以载有 TBP 的硅藻土柱作为固定相，不同浓度的硝酸作为流动相的萃取色层法[13]。欲制得纯 ^{239}Np，首先需加碘化物作为载体，在 4mol/L 以上的硝酸介质中蒸发除去放射性碘。该法具有简便可行、产额较高的优点。

由 ^{243}Am 衰变制取 ^{239}Np 是更为简便的一种方法：

$$^{243}Am \xrightarrow[7950a]{\alpha} {}^{239}Np$$

它涉及的只是镎与镅的分离。$1mg^{243}Am$ 每天可生成 $50\mu Ci^{239}Np$，足够作示踪量实验用。可是，只有从相当纯的 ^{243}Am 中才能分离出纯的 ^{239}Np，若有少许 ^{241}Am 存在，由其衰变出来的 ^{237}Np 就有干扰；若有 ^{242}Cm，^{238}Pu 和镧系裂片存在，则干扰更大。C. W. Sill 用三异辛胺（TIOA）从镅中萃取分离出 ^{239}Np[14]，这样就可从 ^{239}Np 的"母牛"——^{243}Am 中不断地提取 ^{239}Np。

8.3　镎的化合物

8.3.1　镎的氢化物

镎的氢化物已知有 NpH_2 和 NpH_3，可直接由金属镎与氢作用制得[15]。面心立方晶系的 NpH_2 其相宽较大（NpH_{2+x}，$0 \leqslant x \leqslant 0.7$），晶格常数随着 H：Np 比值的增加而增加，这一点与 PuH_{2+x} 和稀土元素的二氢化物相不同。H：Np 比值 > 2.7 时发现有六方晶系的 NpH_3，它与 PuH_3，GdH_3 和 HoD_3 是同构的。将镎的氢化物在惰性气流或真空中加热至大约 300℃ 以上，则生成在空气中可自燃的粉末状镎。

按照以下反应式

$$Np_{(固)} + H_{2(气)} \longrightarrow NpH_{2(固)}$$

NpH_2 的生成热 $\Delta H_f = -117.2kJ/mol$（623～898K）。又按照反应式

$$6.67NpH_{2.7(固)} + H_{2(气)} \longrightarrow 6.67NpH_{3(固)}$$

NpH_3 的生成热 $\Delta H_f = -71.5kJ/molH_2$。

在 623—898K 之间，NpH_2 的分解压可从下列关系式求得[15,16]：

$$\log P(atm) = 6.257 - 6126/T(K)$$

8.3.2 镎的卤化物

1. 氟化物

紫色的 NpF_3 和绿色的 NpF_4 是分别在 H_2 与 O_2 存在下,将二氧化镎于 500℃ 时通氟化氢制成的:

$$NpO_2 + \frac{1}{2}H_2 + 3HF \longrightarrow NpF_3 + 2H_2O$$

$$NpF_3 + \frac{1}{4}O_2 + HF \longrightarrow NpF_4 + \frac{1}{2}H_2O$$

其中 NpO_2 可由镎的氢氧化物、碳酸盐、草酸盐或硝酸盐代替。NpF_4 在氢气流中加热可还原成 NpF_3。这两种氟化物都不溶于水和稀酸,因而也能从水溶液中用沉淀法制得。

NbF_6 固态时为橙色,气态时无色。它可在 300—500℃ 时以 BrF_3,BrF_5 或单质氟对 NpO_2 或 NpF_4 进行氟化而得。制备克量级 NpF_6 的装置见图 8.4。氟气通入后在装置的上部冷凝,然后向下流,滴到加热的 NpF_4 上。生成挥发性的 NpF_6 同样也在仪器上部冷凝为固体,以防止它发生热分解。

NpF_6 同 PuF_6 一样见光便分解。由于 ^{237}Np 的比活度低,它的自辐解作用也弱。NpF_6 在 54.4℃ 时熔融,55.76℃ 时沸腾,三相点在 54.759℃ 和

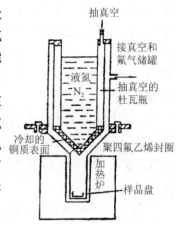

图 8.4 生产克量级 NpF_6 的简单装置[17]

1.01bar 处。因此与 UF_6 相反,NpF_6 在一般条件下不升华。熔化热 $\Delta H_m = 17.524$kJ/mol。NpF_6 的红外光谱与 UF_6,PuF_6 相似,在气态 NpF_6 中,镎原子周围是由六个氟原子组成的八面体,Np—F 间距等于 1.981Å(力常数 $= 3.71 \times 10^{-8}$ N/Å)[18]。NpF_6 的磁化率 χ_M(cm³/mol)$= 3.21 \times 10^{-4} + 0.0362/T$(K)($T < 300$K),表明有一个未成键的 $5f$ 电子[19]。

NpF_6 遇到痕量水分便迅速分解为氟化镎酰 NpO_2F_2,较纯的 NpO_2F_2 是由 $NpO_3 \cdot H_2O$ 与 BrF_3 在室温下反应,或与 F_2 在 230℃ 时反应,与 HF 在 300℃ 时反应而得到[20];也能在真空条件下浓缩 Np(VI)的氢氟酸溶液制得。由 Np_2O_5 与气态氟化氢反应生成 $NpOF_3$,它与 NpO_2F_2 是同构的。

NpF_6 在 250—400℃ 范围内被 NaF 吸附生成八氟合镎(V)酸钠:

$$3NaF_{(固)} + NpF_{6(气)} \Longleftrightarrow Na_3NpF_{8(固)} + \frac{1}{2}F_{2(气)}$$

此反应是可逆的,平衡常数 $K = p(NpF_6)/p^{\frac{1}{2}}(F_2)$,有下列关系式:

$$\log K(\text{atm}^{1/2}) = 2.784 - 3.147/T(\text{K})$$

在含 NH_4^+ 的 Np(IV)溶液中加入稀氢氟酸,生成淡绿色的 NH_4NpF_5 沉淀。在 Np(IV)的盐酸溶液中加入 KF-HF 溶液,则生成斜方晶系的 KNp_2F_9。C. E. Thalmayer 和 D. Cohen[21] 从饱和的 KF 溶液中提取成功各种价态镎的三元氟化物。他们意外地发现,在浓的 KF 溶液中,镎的最稳定的价态是 Np(IV)而不是Np(V)。

固体 NpO_2 与碱金属碳酸盐、碳酸氢盐或草酸盐在 500℃的 HF-O,气流中反应,可生成三元氟化物 $LiNpF_5$ 或 $7MF \cdot 6NpF_6(M=Na,K,Rb)$,它们与其他四价锕系元素的相应化合物都是同构的。$LiNpF_5$ 呈四方晶系结构,7:6 的氟化物复盐呈六方晶系结构。此外尚有 Na_2NpF_6,Na_3NpF_8,K_2NpF_6,Rb_2NpF_6,$Rb_2 \cdot NpF_7$,$CsNpF_6$,$KNpO_2F_2$,$K_3NpO_2F_5$ 等含镎的氟化物,它们多呈绿色或粉红-紫色。

2.氯化物、溴化物和碘化物

将 NpO_2 或草酸镎在含有 CCl_4 蒸气的氯气流中于 450℃时反应,可得到高纯度的挥发性 $NpCl_4$。四氯化镎很易潮解,它的水解过程经由黄色的 $NpOCl_2$ 变成 NpO_2。

NpX_4 与 Sb_2O_3 反应,如:

$$3NpCl_4 + Sb_2O_3 \longrightarrow 3NpOCl_2 + 2SbCl_3$$

这与钍、镁、铀的氯氧化物一样,生成的是纯淡棕色的 $NpOCl_2$ 或橙色的 $NpOBr_2$[22]。

用氢气或氨气在 350—400℃时还原 $NpCl_4$,可生成绿色的 $NpCl_3$,其熔点为 800℃。在潮湿空气中,温度为 450℃时水解而成四方晶系的 $NpOCl$。

如用过量的 $AlBr_3$,在 350℃的温度下对 NpO_2 进行溴化反应,则可生成红棕色的四溴化镎:

$$3NpO_2 + 4AlBr_3 \longrightarrow 3NpBr_4 + 2Al_2O_3$$

然后在 250℃的真空中,除去过量的 $AlBr_3$,用升华法得到纯 $NpBr_4$。更为满意的方法是将两种单质在 400℃时直接化合[23],产品在 400℃升华而避免了分解。

在金属铝存在时,NpO_2 被 $AlBr_3$ 溴化,可生成绿色双晶的三溴化镎:

$$3NpO_2 + 3AlBr_3 + Al \longrightarrow 3NpBr_3 + 2Al_2O_3$$

$NpBr_3$ 在 800℃以下不升华,因而很难与反应混合物分开,损失也较大。三碘化镎可采用类似的反应制得,但四碘化镎因热力学的不稳定性未能制备成功。

将氯化氢通入含 Cs^+ 和 Np(IV)的盐酸溶液,则沉淀出六方晶系的 Cs_2NpCl_6。$NpCl_4$ 与乙酰胺或 N,N'-二甲基乙酰胺的丙酮溶液反应,可生成

$NpCl_4 \cdot 4CH_3CONH_2$ 和二聚的 $NpCl_4 \cdot 2.5 \cdot CH_3CON(CH_3)_2$ 络合物。同样,含二甲基亚砜的加成络合物如: $NpCl_4 \cdot 7(CH_3)_2SO$, $NpCl_4 \cdot 5(CH_3)_2SO$ 和 $NpCl_4 \cdot 3(CH_3)_2SO$ 可由其各个组分直接反应制得。

在含 Cs^+ 和 $Np(V)$ 的中性溶液中加入丙酮或乙醇,可生成绿松石型结构的 $Cs_3NpO_2Cl_4$;而在 $Np(V)$ 的 $8mol/LHCl$ 溶液中加入 $CsCl$,却生成淡黄色的沉淀 Cs_2NpOCl_5,即 NpO_2^+ 比通常认为的更容易被氯化。有人制备了含有六价镎的四苯基钾盐和四烷基铵盐。这些化合物大多数与相应的四价钍、铀、钚的氯化物复盐是同构的。

含 $Np(V)$ 和 Cl^- 的水溶液,按它们离子浓度的不同可形成 $NpOCl_3$ 或 NpO_2Cl。

8.3.3 镎的氧化物

1. 二元氧化物

镎-氧体系已发现有下列的二元氧化物或水合氧化物: NpO_2,$NpO_3 \cdot 2H_2O$,$NpO_3 \cdot H_2O$,Np_2O_5 和 Np_3O_8 等。

二氧化镎是镎中最稳定的氧化物,许多镎的化合物如:氢氧化物、草酸盐、硝酸盐、8-羟基喹啉盐等在 600—1000℃时热分解都可制得 NpO_2。它同其他锕系元素的二氧化物一样,晶体为氟石型结构,其晶格常数遵循锕系元素二氧化物系列的规律。$NpO_{2(气)}$ 的离解能为 14.3eV;NpO_2 的升华热为 595.3kJ/mol,它的生成自由能可由下式计算[24]:

$$固体 NpO_2:\Delta G(kJ/mol)=[-254.10+40.5\times10^{-3}T(K)]\times4.184$$

$$气体 NpO_2:\Delta G(kJ/mol)=[-113.0+3.5\times10^{-3}T(K)]\times4.184$$

用燃烧量热法和很纯的 α-Np 测得 NpO_2 的生成焓 $\Delta H_{298}=-1074kJ/mol$[25]。

NpO_2 的比热曲线在 25.3K 时出现反常现象,如同 UO_2 在 28.7K 时那样,可能是由于在该温度以下比热中有反铁磁性的贡献。穆斯鲍尔(Mössbauer)谱研究证实,22K 以下 NpO_2 出现反铁磁性的有序化,而中子衍射研究甚至在 4.5K 时还未看到磁的有序化,这可能是 Np^{4+} 的反铁磁矩极小($\mu_{eff}=0.01$B.M.)的缘故。

将 $Np(V)$ 氢氧化物的悬浮液用臭氧在 18℃或 90℃时进行氧化,可制得三氧化镎的水化物 $NpO_3 \cdot 2H_2O$ 和 $NpO_3 \cdot H_2O$。后者与斜方晶系的 $UO_2 \cdot H_2O$ 互为同构,由于红外光谱中没有自由水分子的谱带,故而该化合物或许以化学式 $NpO_2(OH)_2$ 表示更正确些。$NpO_3 \cdot H_2O$ 在 300℃时热分解可生成五氧化二镎 Np_2O_5,它的结构与 Np_3O_8 很相似。

Np_3O_8 与相应的铀化合物是同构的,可在 300—400℃用空气(或 NO_2)氧化

Np(IV)或 Np(V)的氢氧化物制得。Np_3O_8 的热稳定性很差，500℃以上时便失去氧，转化为 NpO_2。若溶于稀无机酸溶液，可得 NpO_2^+ 与 NpO_2^{2+} 比值等于 2∶1 的溶液。这就是说，八氧化三镎与同构的铀化合物 U_3O_8 一样，晶格中也含有五价和六价的镎。但当 Np_3O_8 被 CCl_4 氯化时可定量地生成 $NpCl_4$，而 U_3O_8 的类似反应中却生成 UCl_4，UCl_5 和 UCl_6 的混合物。Np_2O_5 的稀无机酸溶液则只有五价镎的吸收谱带。

2. 三元及多元氧化物

二氧化镎与许多元素氧化物进行固相反应，或从 $LiNO_3$-$NaNO_3$ 熔盐中沉淀，都可生成四价、五价、六价和七价镎的三元氧化物或氧化物相，这取决于反应条件和加入的金属氧化物。至今所发现的大多数三元和多元氧化物都是含 Np(IV)和 Np(VI)的。

Li_5NpO_6 呈六方晶系的 Li_5ReO_6 型结构，它可由相应的 Li_2O 和 NpO_2 混合物于 400—420℃时，在氧气流中加热制成。这是第一个含七价镎的结晶化合物，在 1968 年以前还不知道有七价镎[26]。另外制成了 Ba_2LiNpO_6 和 Ba_2NaNpO_6，它们与铼和锝的相应化合物同构。

复杂化合物$[Co(NH_3)_6]NpO_5 \cdot 3H_2O$，$[Cr(NH_3)_6]NpO_5$，$[Co(En)_3]NpO_5$，水合$[Pt(NH_3)Cl]NpO_5$，水合 $Sr_3(NpO_5)_2$，水合 $Ba_3(NpO_5)_2$，水合 NpO_2PO_4 以及水合 $M_2[NpO_2(IO_6)]$ 等，都是从水溶液中沉淀制得的[27]。有人报道[28]，在 pH5—9 时会沉淀出黑色的 Np(VII)氢氧化物 $NpO_2(OH)_3$，它可按以下反应式溶于碱金属的氢氧化物溶液中：

$$NpO_2(OH)_3 + 3OH^- \rightarrow NpO_5^{3-} + 3H_2O$$

在 Li_2O-Np_3O_3 体系中，已知有 Li_4NpO_5 和 Li_6NpO_6 类型的化合物。Li_2O 与 NpO_2 在 Np∶Li=1∶<4 时，通常得到的是 Li_4NpO_5 与未反应掉的 NpO_2 混合物。但是在六方晶系的 $Na_2 \cdot Np_2O_7$ 中，部分 Na^+ 可被 Li^+ 取代。镎(VI)酸盐的热稳定性比相应的铀(VI)酸盐低得多，但比钚(VI)酸盐和镅(VI)酸盐高得多。$M_2Np_2O_7$，M_2NpO_4 和 $M^{II}NpO_4$ 型化合物的晶体结构中，线形镎酰基团 NpO_2^{2+} 有两个键长较短的 Np—O 键，例如在 α-Na_2NpO_4 中等于 1.89Å，镎酰基且呈层状的结构。

碱金属的镎(V)酸盐既不像铀(V)酸盐那样可用氢气还原法制得，也不能像从相应的钚化合物所预料的那样可由镎(VI)酸盐热分解制得。实际上制备的唯一方法是由镎(VI)酸盐和 NpO_2 等比例化合而得：

$$Li_6NpO_6 + NpO_2 \longrightarrow 2Li_3NpO_4$$

四价镎与碱土金属的三元氧化物如 $BaNpO_3$，可在严格排除氧气的条件下制得。四价镎的三元氧化物和氧化物相大多数与其他四价锕系元素的对应化合物类似。

8.3.4 镎的其他化合物

镎的碳化物有 NpC_2,NpC 和 Np_2C_3。唯一已知的硅化物为 $NpSi_2$,它与 $ThSi_2$ 是同构的。黑色、立方晶系的氮化镎 NpN 可由氢化镎与氨气在 800℃ 时反应制得,它不溶于水而易溶于无机酸。磷化镎 Np_3P_4 晶体呈 Th_3P_4 型结构,可由金属镎与过量的红磷于 750℃ 时反应制取,产物不溶于水但易溶于 6mol/L HCl 之中。

镎的硫化物较多,有 NpS,α-Np_2S_3,β-Np_2S_3,γ-Np_2S_3,Np_3S_5,Np_2S_5 和 NpS_3 等,此外尚有氧硫化物 $NpOS$ 和 Np_2O_2S。它们与铀、钚的对应化合物大致相似,均可由组成元素直接合成而得。

镎的四价、五价和六价硝酸盐水化物,可由相应的水溶液真空浓缩制得。从中性溶液中制取灰色、潮解性的 $Np(NO_3)_4 \cdot 2H_2O$ 和绿色的 $NpO_2NO_3 \cdot H_2O$;从 1mol/L HNO_3 溶液中制取粉红色的 $NpO(NO_3)_3 \cdot 3H_2O$ 和 $NpO_2(NO_3)_2 \cdot (1—2)H_2O$,后者在潮湿的空气中会转化为六水化物 $NpO_2(NO_3)_2 \cdot 6H_2O$。除 $NpO_2NO_3 \cdot H_2O$ 在 140—220℃ 时能转化为无水化合物外,其余镎的硝酸盐都会直接分解成二氧化镎。将 $NpO_3 \cdot H_2O$ 的 N_2O_4 溶液浓缩,可生成淡粉红色的 $NpO_2(NO_3)_2 \cdot N_2O_5 \cdot H_2O$,由于该化合物的红外光谱中有硝鎓离子($NO_2^+$)的典型吸收谱带,故可将其分子式写成 $NO_2^+[NpO_2(NO_3)_3 \cdot H_2O]^-$。在 90℃ 时,将 $[(C_2H_5)_4 \cdot N]NO_3$ 的饱和溶液加入到 Np(IV) 或 Np(VI) 的 HNO_3 溶液中,可沉淀出细小晶状的硝酸复盐 $[(C_2H_5)_4N]_2[Np(NO_3)_6]$ 和 $[(C_2H_5) \cdot N][NpO_2(NO_3)_3]$。

将稀磷酸或磷酸铵加入 Np(IV) 的溶液中,可生成草绿色的水合 $Np(HPO_4)_2$ 沉淀,在空气中灼烧可转化为立方 α-ThP_2O_7 型结构的焦磷酸镎 NpP_2O_7。

Np(V) 的高氯酸盐加到 K_2CO_3 溶液中,生成碳酸镎酰钾 $KNpO_2CO_3$,它呈六方晶系结构,与相应的 Am(V) 化合物同构。NpO_2HCO_3 络合物在水溶液中被认为是上述碳酸复盐的游离酸。如用 50% K_2CO_3 或 Cs_2CO_3 溶液处理 Np(V) 的氢氧化物,便可转化为碳酸复盐 $K_5[NpO_2(CO_3)_3]$ 或 $Cs_5[NpO_2(CO_3)_3]$。

Np(IV) 的草酸盐有水合 $Np(C_2O_4)_2$,水合 $(NH_4)_4Np \cdot (C_2O_4)_4$,Np(V) 草酸盐有 $NpO_2HC_2O_4 \cdot 2H_2O$,但对镎的草酸盐性质的详细研究尚有待深入。此外,还制成了水合 $MNpO_2C_2O_4$(M = Na,K,NH_4 或 Cs)以及 $[Co(NH_3)_6][NpO_2(C_2O_4)_2] \cdot 2H_2O$ 草酸复盐。

8.4 镎的水溶液化学

在镎的固体化合物中,已知有五种价态:Np(III),Np(IV),Np(V),Np(VI) 和

Np(VII),在镎的水溶液中同样碰到这些价态。前四种通常以水合离子形式存在：
$Np^{3+} \cdot aq, Np^{4+} \cdot aq, NpO_2^+ \cdot aq, NpO_2^{2+} \cdot aq$。七价镎在强碱性溶液中以 NpO_5^{3-}
形式存在；在酸性溶液中虽有 $NpO_2^{3+} \cdot aq$ 离子，但它不稳定，很快被还原为 Np
(VI)，还原速度随着溶液酸度的增加而加快。七价镎是一种强氧化剂，它能将 Np
(V)氧化为 Np(VI)，将 Cr(III)氧化为 Cr(VI)[29]。

　　表 8.4 给出了各种镎离子的生成热、熵值及其简单的制备方法。在溶液中最
稳定的是五价镎，此时它以带一个电荷的水合酰离子 $NpO_2^+ \cdot aq$ 存在，包含对称的
线形 O—Np—O 键。当 pH>7 时 NpO_2^+ 离子水解，高酸度时才发生歧化，但不生
成多核络合物。

表 8.4　水溶液中的各种镎离子[30,31]

价态	离子形式	颜色	生成热 $\Delta H_{f/298}$ (kJ/mol)	熵值 S_{298} (J/mol·K)	简单制备法
+3	Np^{3+}	蓝紫色	−531.4	−181.2	1)Np(>III)+H$_2$/Pt 2)电解还原
+4	Np^{4+}	黄绿色	−554.4	−326.4	1)Np^{2+}+O$_2$ 2)Np(V)+SO$_2$ 3)Np(V)+I$^-$（5mol/LHCl）
+5	NpO_2^+	绿色	−966.5	−25.9	1)Np^{4+}+HNO$_3$（加热） 2)Np(VI)+化学计量的 I$^-$ 3)Np(VI)+NH$_2$OH
+6	NpO_2^{2+}	粉红色	−870.3	−83.7	1)Np(<VI)+HClO$_4$（蒸发） 2)NP(<VI)+AgO(或 BrO$_3^-$,Ce^{4+})
+7	NpO_5^{3-}	绿色			1)将高温制得的 Li$_5$NpO$_6$ 溶于稀碱中 2)Np(VI)+臭氧（或 XeO$_3$,K$_2$S$_2$O$_8$,高碘酸）在 0.5—3.5mol/L 的 MOH 中反应

　　六价镎不如六价钚稳定，它的 NpO_2^{2+}/NpO_2^+ 标准电极电势 $E_{298}^\circ = -1.236V$，
与二氧化锰的 MnO_2/Mn^{2+}($E_{298}^\circ = -1.23V$)和单质溴 $Br_2/2Br^-$($E_{298}^\circ = -1.07V$)
接近，故可把 Np(VI)看作中强氧化剂，例如它可被离子交换树脂迅速还原
成Np(V)。

　　三价镎则是中强程度的还原剂，可将六价铀进行还原。只有在没有氧气的情
况它才是稳定的，否则会被氧化为四价镎。

8.4.1 无机配位体络合物

1. Np(III)

Np^{3+} 在 LiCl 和 LiBr 的浓溶液中的吸收光谱研究表明,它们分别在 384nm 和 387nm 处出现新的强吸收带,这可解释为形成了内界络合物 NpX^{2+} 和 NpX_2^+ ($X=$ Cl,Br)[32]。这些络合物的稳定常数如下:Np^{3+}—Cl 体系 25℃时,$K_1=4\times10^{-3}$, $K_2=1.04\times10^{-5}$;Np^{3+}—Br 体系 25℃时,$K_1=4\times10^{-4}$,$K_2=2.9\times10^{-7}$。

2. Np(IV)

有人用电动势测量法研究了 Np^{4+}—NO_3^- 和 Np^{4+}—Cl^- 体系的络合平衡,计算了以下络合物的稳定常数($\mu=1$,25℃):

$$Np^{4+}+NO_3^- \Longrightarrow NpNO_3^{3+} \qquad K_1=2.4$$
$$Np^{4+}+Cl^- \Longrightarrow NpCl^{3+} \qquad K_1=0.5$$

这些数值与后来萃取法测得的数值很接近。此外,Np(IV)在浓盐酸和硝酸溶液中,可能形成 $[NpCl_6]^{2-}$ 和 $[Np(NO_3)_6]^{2-}$ 络离子。

由噻吩甲酰三氟丙酮(TTA)萃取法对 Np^{4+}-SO_4^{2-} 和 Np^{4+}-HSO_4^- 平衡体系的研究表明[33],存在着 $NpSO_4^{2+}$ 和 $Np(SO_4)_2$ 两种络合物。现将根据不同温度测得的生成常数计算的热力学数据列于表 8.5,由此表可见,这些反应中的熵变 ΔS 是形成络合物的推动力。

在 Np^{4+} 的氢氟酸溶液中形成了 NpF^{3+},NpF_2^{2+},NpF_3^+ 及 NpF_4,它们的稳定常数分别为[34]:$K_1=6.6\times10^4$,$K_2=5.0\times10^2$,$K_3=2.2\times10^2$,$K_4\approx20$(20℃,$\mu=4.0$)。其中 K_1 与 K_2 之间的差值较大,表示 NpF^{3+} 络离子比 NpF_2^{2+} 络离子的稳定性高。

Np(IV)在水溶液中与草酸根离子形成 $[Np(C_2O_4)]^{2+}$,$Np(C_2O_4)_2$,$[Np(C_2O_4)_3]^{2-}$ 和 $[Np(C_2O_4)_4]^{4-}$ 等络离子,根据 $Np(C_2O_4)_2$($K_{sp}=8.6\times10^{-23}$)的溶解度随着草酸根离子浓度增加而增加的情形,计算得各种络离子的累积生成常数(19℃)为[35]:$\beta_1=3.4\times10^3$,$\beta_2=3.4\times10^{17}$,$\beta_3=9.1\times10^{23}$,$\beta_4=2.5\times10^{27}$。已知 $Np(C_2O_4)_2$ 可溶于稀的碳酸铵溶液,这说明 Np(IV)的碳酸络合物比草酸络合物更加稳定。

表 8.5　Np^{4+} 与 SO_4^{2-} 、HSO_4^- 反应的热力学数据

络合反应	$\Delta G(kJ/mol)$	$\Delta H(kJ/mol)$	$\Delta S(kJ/mol \cdot K)$
$Np^{4+}+HSO_4^- \rightleftharpoons NpSO_4^{2+}+H^+$	−13.89	−6.57	30.12
$NpSO_4^{2+}+HSO_4^- \rightleftharpoons Np(SO_4)_2+H^+$	−5.94	15.23	71.13
$Np^{4+}+SO_4^{2-} \rightleftharpoons NpSO_4^{2+}$	−20.04	16.74	123.42
$NpSO_4^{2+}+SO_4^{2-} \rightleftharpoons Np(SO_4)_2$	−12.09	36.97	163.18

3. Np(V)

镎酰离子 NpO_2^+ 电荷数低、体积小，是一种较弱的络合剂，它与草酸根离子可形成两种草酸络合物：

$$NpO_2^+ + C_2O_4^{2-} \rightleftharpoons [NpO_2(C_2O_4)]^-$$
$$[NpO_2(C_2O_4)]^- + C_2O_4^{2-} \rightleftharpoons [NpO_2(C_2O_4)_2]^{3-}$$

$K_1 = 1.96 \times 10^3, K_2 = 5.85 \times 10^3 (\mu = 0.5, 25℃)$。

Np(V)在 pH4.8~6.7 的磷酸溶液中，可形成 $NpO_2HPO_4^-$ 和 $NpO_2H_2PO_4$，当离子强度 $\mu = 0.2$，温度为 20℃时，它们的稳定常数分别为 7.1×10^2 和 6.4。五价镎与醋酸根离子形成的络合物有 $NpO_2(CH_3COO)$ 和 $[NpO_2(CH_3COO)_2]^-$，但它们的稳定常数均不很大。

值得指出的是，Np(V)与某些三价离子如 Cr^{3+}，Rh^{3+}，Fe^{3+}，In^{3+}，Al^{3+}，Sc^{3+} 和 Ga^{3+} 等能生成阳离子络合物，Np(V)—M(III)络合物不仅可在氧化还原过程中，而且在它们直接反应时均能形成，这可从 Np(V)吸收光谱的特征变化观察到。表 8.6 列出了 Np(V)-Cr(III)和 Np(V)-Rh(III)络合物的生成常数 K_f，以及这些阳离子络合物形成与离解速度常数之比值 k_1/k_2：

$$[O—Np—O]^+ + [M(H_2O)_6]^{3+} \underset{k_2}{\overset{k_1}{\rightleftharpoons}} [O—Np—O—M(H_2O)_5]^{4+} + H_2O$$

Cr(III)的基态外围电子构型为 $3d^3$，Rh(III)为 $4d^6$，由于 Np(V)·Cr(III)与 Np(V)·Rh(III)络合物的生成常数很接近，可见，络合物的形成与三价金属离子的电子结构显然无关，它表明主要是静电的相互作用。在这种阳离子络合物中，中心 M^{3+} 离子周围为八面体结构，$[M(H_2O)_6]$ 八面体的六个水合分子中有一个被镎酰基的氧原子取代了。

表 8.6 Np(V)—M(III)阳离子络合物形成的物理化学数据[36,37]

络合物	$K_f = \dfrac{[\text{Np(V)} \cdot \text{M(III)}]}{[\text{Np(V)}][\text{M(III)}]}$	ΔH_{298} (kJ/mol)	ΔS_{298} (J/mol·K)	速度常数比值 k_1/k_2
Np(V)·Rh(III)	3.31 25℃; $\mu=8.00\text{mol/L}$ Mg(ClO$_4$)$_2$, 2.0mol/L HClO$_4$	−15.06	−41.84	3.73(25℃) 2.40(35℃) 1.93(50℃)
Np(V)·Cr(III)	2.62 25℃; $\mu=8.00\text{mol/L}$ Mg(ClO$_4$)$_2$, 2.0mol/L HClO.	−13.81	−37.66	2.31(25℃) 1.95(35℃) 1.60(50℃)

此外,还观察到五价镎与其他价态阳离子如 Th^{4+},Hg^{2+} 和 BiO^+ 等形成阳离子络合物,NpO_2^+ 与 UO_2^{2+} 离子的络合反应为:

$$NpO_2^+ + UO_2^{2+} \rightleftharpoons [NpO_2 \cdot UO_2]^{3+}$$

稳定常数 $K_1=0.690$(25℃,$\mu=3$)。与 Np(V)—Rh(III)或 Np(V)—Cr(III)体系相比,络合平衡偏于单个离子这一边。在电子数与 NpO_2^+ 相等的 PuO_3^{2+} 中,甚至在 3.0mol/L 以上的 $UO_2 \cdot (ClO_4)_2$ 中也未有此反应。

4. Np(VI)

六价镎在氯化物溶液中存在着 NpO_2Cl^+ 和 NpO_2Cl_2 两种络合物。在硫酸盐介质中的萃取实验发现,NpO_2^{2+} 与 SO_4^{2-} 离子可形成 1:1 络合物 NpO_2SO_4 和 1:2 络合物 $NpO_2(SO_4)_2^{2-}$,其稳定常数分别为 $K_1=79.4$,$K_2=7.4$($\mu=1.0$,25℃)。

电位法测定证实[38],在醋酸钠溶液($\mu=1.0$,20℃)中存在$[NpO_2(CH_3COO)]^+$,$[NpO_2(CH_3COO)_2]$和$[NpO_2(CH_3COO)_3]^-$络离子,其累积生成常数分别为:$\beta_1=208$,$\beta_2=1.7\times10^4$,$\beta_3=1.0\times10^6$。

在 NpO_2^{2+}—F^- 体系中,当$[HF]\leqslant4.51\text{mol/L}$,$[\text{Np(VI)}]\leqslant0.44\text{mmol/L}$ 时,于 1mol/LHClO$_4$ 和 21℃的反应条件下,存在着两种络合物 NpO_2F^+ 和 NpO_2F_2,其稳定常数为 $K_1=7.25\times10^3$,$K_2=1.29\times10^3$。与相应的铀酰络合物比起来,NpO_2^{2+}—F^- 络合物较弱。此外又发现有 $NpO_2F_3^-$ 和 $NpO_2F_4^{2-}$ 络阴离子。

Np(VI)的草酸络合物有 $NpO_2C_2O_4$ 和 $NpO_2(C_2O_4)_2^{2-}$,其稳定常数 $K_1=1.0\times10^6$(20℃,$\mu=1\text{mol/LHClO}_4$),$K_2=1.2\times10^4$(13℃,$\mu=1\text{mol/L HNO}_3$)。

用磷酸二丁酯(HDBP)$_2$-CCl$_4$ 对 Np(VI)的萃取研究表明,Np(VI)形成了下列 1:2 络合物:

$\mathrm{NpO_2^{2+}}$（水）$+2\mathrm{(HDBP)_2}$（有机）$\Longleftrightarrow \mathrm{NpO_2(DBP)_2(HDBP)_2}$（有机）$+2\mathrm{H^+}$（水）

此反应的平衡常数为

$$K=\frac{[\mathrm{NpO_2(DBP)_2(HDBP)_2}][\mathrm{H^+}]^2}{[\mathrm{NpO_2^{2+}}][\mathrm{(HDBP)_2}]^2}=2.0\times10^4$$

5. Np(Ⅶ)

$\mathrm{NpO_2^{3+}}$ 与硫酸根离子可形成 $\mathrm{NpO_2SO_4^+}$ 和 $\mathrm{NpO_2(SO_4)_2^-}$ 络离子,其稳定常数

表 8.7　　Np(Ⅳ),Np(Ⅴ)与含氮配位体络合物

（$\mu=0.1,25\,^{\circ}\mathrm{C}$）

络合剂	组成	累积生成常数 $\log\beta_i$
Np(Ⅳ)		
8-羟基喹啉(HOX)	$\mathrm{Np(OX)_4}$	$\log\beta_4=45.28$
5,7-二氯-8-羟基喹啉(HDCO)	$\mathrm{Np(DCO)_4}$	$\log\beta_4=46.05$
乙二胺四乙酸($\mathrm{H_4EDTA}$)	$\mathrm{NpH_2EDTA^{2+}}$	$\log\beta_1=7.76$
噻吩甲酰三氟丙酮(HTTA)	$\mathrm{Np(TTA)_4}$	$\log\beta_4=5.5$
	$\mathrm{Np(TTA)_3(NO_3)\cdot TBP}$	$\log\beta_{3,1}=7.75$
Np(Ⅴ)		
8-羟基喹啉(HOX)	$\mathrm{NpO_2(OX)}$	$\log\beta_1=6.32$
	$[\mathrm{NpO_2(OX)_2\cdot aq}]^-$	$\log\beta_2=11.50$
7-碘-8-羟基喹啉-5-磺酸($\mathrm{H_2IOS}$)	$[\mathrm{NpO_2(IOS)}]^-$	$\log\beta_1=4.83$
	$\mathrm{NpO_2(IOS)_2^{3-}}$	$\log\beta_2=9.40$
氨基乙酸(HAAC)	$\mathrm{NpO_2(AAC)}$	$\log\beta_1=3.31$
	$\mathrm{NpO_2(AAC)_2^-}$	$\log\beta_2=5.44$
α-氨基丙酸(HAPRA)	$\mathrm{NpO_2(APRA)}$	$\log\beta_1=3.37$
	$\mathrm{NpO_2(APRA)_2^-}$	$\log\beta_2=5.77$
吡啶-2-羧酸(HAPA)	$\mathrm{NpO_2(APA)}$	$\log\beta_1=3.59$
	$\mathrm{NpO_2(APA)_2^-}$	$\log\beta_2=6.54$
吡啶-2-羧酸-N-氧化物(HNOPA)	$\mathrm{NpO_2(NOPA)}$	$\log\beta_1=1.94$
	$\mathrm{NpO_2(NOPA)_2^-}$	$\log\beta_2=2.96$
吡啶乙酸(HPAC)	$\mathrm{NpO_2(PAC)}$	$\log\beta_1=1.49$
氮川三乙酸($\mathrm{H_3NTA}$)	$\mathrm{NpO_2(HNTA)^-}$	$\log\beta_H=1.77$
	$\mathrm{NpO_2(NTA)_2^-}$	$\log\beta_1=6.85$
	$[\mathrm{NpO_2(OH)(NTA)}]^{3-}$	$\log\beta_{OH}=-11.49$
乙二胺四乙酸($\mathrm{H_4EDTA}$)	$\mathrm{NpO_2(HEDTA)^{2-}}$	$\log\beta_H=4.08$
	$\mathrm{NpO_2(EDTA)^{3-}}$	$\log\beta_1=7.33$
	$[\mathrm{NpO_2(OH)(EDTA)}]^{4-}$	$\log\beta_{OH}=-11.51$

注:$\beta_{OH}=\dfrac{[\mathrm{NpO_2L(OH)}][\mathrm{H^+}]}{[\mathrm{NpO_2L}]}$;L 为配位体阴离子;$\beta_4=\dfrac{[\mathrm{Np(TTA)_4}][\mathrm{H^+}]^4}{[\mathrm{Np^{4+}}][\mathrm{HTTA}]^4}$;

$\beta_{x,y}=\dfrac{[\mathrm{Np(TTA)_x(NO_3)_y\cdot zTBP}][\mathrm{H^+}]^+}{[\mathrm{Np^{4+}}][\mathrm{HTTA}]^x[\mathrm{HNO_3}]^y[\mathrm{TBP}]^z}$

为 $K_1=1.6\times10^2$，$K_2=1.1\times10^4$（$\mu=1.0,6℃$，与六价的镎酰离子 NpO_2^{2+} 和铀酰离子 UO_2^{2+} 比较，由于基团电荷数的增加，七价的 NpO_2^{3+} 离子比上述离子形成络合物的倾向更加强烈。

8.4.2 有机配位体络合物

Np(III)和 Np(VII)与有机配位体的络合物研究得很少。Np(IV)被 8-羟基喹啉（HOX）或噻吩甲酰三氟丙酮（HTTA）-环己烷萃取时，通常形成 1∶4 的螯合物；如果有机相中含有另一种络合剂，例如三丁基氧化膦（TBPO），则可形成协萃络合物 $Np(TTA)_3(NO_3)\cdot TBPO$ 或 $Np(TTA)_2(NO_3)_2$ $\cdot 2TBPO$，由于每一个 TTA 离子占据的配位数为 2，故这些化合物可认为是配位数等于 8 的结构。

Np(V)与有机配位体的络合物是研究得最多的，所形成的 Np(V)螯合物的稳定性与二价金属 Mg^{2+}，Ca^{2+} 或 Zn^{2+} 的差不多。表 8.7 和表 8.8 分别列出了镎与含氮配位体以及含氧配位体形成的螯合物的生成常数[39]。图 8.5 示其中吡啶-2-羧酸镎(V)的结构。

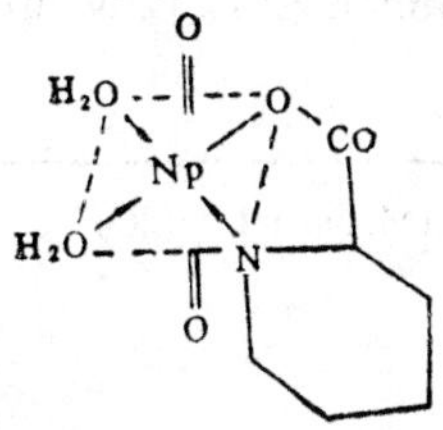

图 8.5 吡啶-2-羧酸镎(V)的结构

表 8.8 Np(V)与含氧配位体络合物

络合剂	组成	累积生成常数 $\log\beta_i$
乙醇酸（HGLYC）	$NpO_2(GLYC)$	$\log\beta_1=1.51$
乳酸（HLACT）	$NpO_2(LACT)$	$\log\beta_1=1.75$
	$[NpO_2(LACT)_2]^-$	$\log\beta_2=2.204$
α-羟基正丁酸（HHBA）	$NpO_2(HBA)$	$\log\beta_1=1.62$
α-羟基正戊酸（HHVA）	$NpO_2(HVA)$	$\log\beta_1=1.59$
α-羟基正己酸（HHCA）	$NpO_2(HCA)$	$\log\beta_1=1.63$
酒石酸（H_2TART）	$NpO_2(HTART)$	$\log\beta_1=2.36$
	$NpO_2(TART)^-$	$\log\beta_1=2.32$
	$NpO_2(TART)_2^{3-}$	$\log\beta_2=4.30$
	$NpO_2(TART)_3^{5-}$	$\log\beta_3=6.18$
柠檬酸（H_3CITR）	$NpO_2(HCITR)^-$	$\log\beta_1=2.69$
	$NpO_2(CITR)^{2-}$	$\log\beta_1=3.67$
乙酰丙酮（HAA）	$NpO_2(AA)$	$\log\beta_1=4.08$
	$NpO_2(AA)_2^-$	$\log\beta_2=7.00$
噻吩甲酰三氟丙酮（HTTA）	$NpO_2(TTA)$	$\log\beta_1=2.89$
	$NpO_2(TTA)_2^-$	$\log\beta_2=5.48$
β-异丙基芳庚酚酮（HIPT）	$NpO_2(IPT)$	$\log\beta_1=5.57$
	$NpO_2(IPT)_2^-$	$\log\beta_2=9.55$

Np(V)与8-羟基喹啉及某些氨基多羧酸的络合物形成是比较显著的,将8-羟基喹啉(HOX)加入Np(V)溶液中,可析出黄绿色的$NpO_2(OX)\cdot 2H_2O$沉淀;也可由$[NpO_2(OX)_2]^-$加氯化四苯基胂后生成$[(C_4H_5)_4As]\cdot[NpO_2(OX)_2\cdot H_2O]$沉淀,并能被氯仿萃取。

迄今为止,四价、五价和六价镎的许多螯合物都曾以制备规模合成过。

8.4.3　镎的氧化还原反应

现将镎的各种价态的标准电极电势列于表 8.9,其中多数是 D. Cohen, J. C. Hindman 和 L. B. Magnusson 等人[40,41]直接测得的。

表 8.9　镎的电势图(25℃,单位:V)

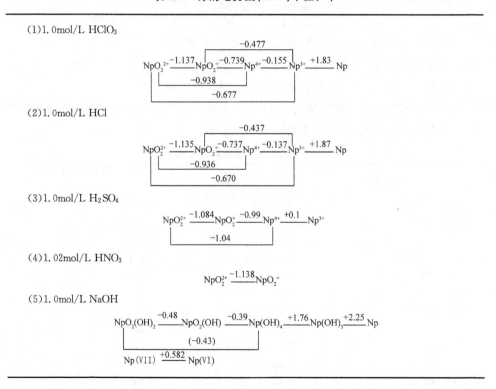

从镎的电势图以及常用氧化剂或还原剂的电势值,便可判断镎的氧化还原反应进行的条件。表 8.10 汇集了镎的主要价态之间相互转变所常用的氧化还原反应,以及反应速度的定性数据。通常 Np^{3+}/Np^{4+} 和 NpO_2^+/NpO_2^{2+} 氧化还原平衡的建立只需转移一个电子,故进行得很快;而需要形成或断裂 Np—O 键的氧化还原反应,例如,Np^{4+}/NpO_2^+ 或 Np^{4+}/NpO_2^{2+} 这类反应,其反应速度则较慢。

表 8.10 镎的氧化还原反应

反应	试剂	溶液	温度(℃)	速度
Np(IV)→Np(III)	电解			快
Np(IV)→Np(V)	Cl_2	1mol/LHCl	75	快
	NO_3^-	HNO_3	25	慢
			100	中等
	O_2	$1mol/LH_2SO_4$	25	极慢
	$HClO_4$		25	很慢
			100	快
Np(IV)→Np(VI)	Ce(IV)	HNO_3,H_2SO_4	25	很快
	MnO_4^-/H^+	HNO_3,H_2SO_4	25	很快
	Ag(II)	$1.0mol/LHClO_4$	25	瞬刻
Np(V)→Np(IV)	Fe^{2+}	H_2SO_4	25	很快
	I^-	5mol/LHCl	25	40分钟完全
			100	1—2分钟完全
	H_2O_2	$0.5mol/LHNO_3$	25	很慢
	NH_2OH	$1mol/LH^+$		很慢
	$NH_2·NH_2$	$1mol/LH^+$		很慢
	SO_2	H_2SO_4	25	慢
	Sn^{2+}	HCl	25	很慢
Np(V)→Np(VI)	Ce(IV)	HNO_3,H_2SO_4	25	很快
	Cl_2	1mol/L HCl	25	很慢
			75	快
Np(VI)→Np(IV)	Fe^{2+}	H_2SO_4	25	很快
Np(VI)→Np(V)	Cl^-	Pt 催化	25	慢
	$NH_2·NH_2$	1mol/L H^+	25	很快
	NH_2OH	1mol/L H^+	25	很快
	NO_2^-	1mol/L HNO_3	25	瞬刻
	H_2O_2	0.5mol/L HNO_3	25	瞬刻
	Sn^{2+}	HCl	25	中等
	SO_2	H_2SO_4	25	快
Np(VI)→Np(VII)	XeO_3	$2.5×10^{-4}$mol/LNp	50	$t_{1/2}≈3min$
		$2.5×10^{-3}$mol/LXeO$_3$	70	$t_{1/2}≈0.7min$
		1mol/LKOH		
		$2.5×10^{-4}$mol/LNp	50	$t_{1/2}≈4.5min$
		$2.5×10^{-3}$mol/LXeO$_3$		
		0.25mol/LKOH		
	过氧酸盐	$2.5×10^{-4}$mol/LNp	70	$t_{1/2}≈15min$

反应	试剂	溶液	温度(℃)	速度
	$S_2O_2^-$	1mol/LKOH		
		2.5×10^{-4}mol/LNp	55	$t_{1/2} \approx 15$min
		0.1mol/L$K_2S_2O_4$	70	$t_{1/2} \approx 4$min
	高碘酸盐	0.5mol/LKOH		
		2.5×10^{-4}mol/L Np	85	$t_{1/2} \approx 20$min
		0.1mol/L KOH		
		2.5×10^{-4}mol/L Np	85	$t_{1/2} \approx 20$min
		5mol/L KOH		
	HOCl, HOBr	2.5×10^{-4}mol/L Np	55	$t_{1/2} \approx 10$min
		2×10^{-2}mol/L HOX		
		1mol/L KOH		
		2.5×10^{-4}mol/L Np	55	$t_{1/2} \approx 20$min
		2×10^{-2}mol/L HOX		
		0.25mol/L KOH		

五价镎的歧化反应式如下：

$$2NPO_2^+ + 4H^+ = Np^{4+} + NpO_2^{2+} + 2H_2O$$

随着酸度的升高，歧化倾向亦增加，上述反应平衡常数 K，从 1mol/L $HClO_4$ 中为 4×10^{-7}，至 8.67mol/L $HClO_4$ 中增加到 $K = 200$。由于 Np^{4+} 和 NpO_2^{2+} 比形式上带一个电荷的 NpO_2^+ 离子可形成更为稳定的络合物，因而加入络合剂会加速 Np(V) 的歧化作用。它在稀硫酸溶液中的歧化速度为：

$$-\frac{d[Np(V)]}{dt} = [NpO_2^+]^2(k_1[HSO_4^-] + k_2[HSO_4^-]^2)$$

（在 25℃ 和 $\mu = 2.2$ 时，$k_1 = 4.3 \times 10^{-3}$，$k_2 = 2.3 \times 10^{-3}$），表明反应机理是通过两条独立的反应途径进行的[42]。Np(V) 在草酸溶液中的歧化机理则与 Pu(V) 的情形十分相似。

8.4.4　镎的吸收光谱

在酸性水溶液中，镎以下列组成的水合离子形式存在：Np·$(H_2O)_8^{3+}$，$Np(H_2O)_8^{4+}$，$NpO_2(H_2O)_6^+$，$NpO_2(H_2O)_6^{2+}$。这些离子在溶液中都具有特征的颜色：Np^{3+} 为浅蓝色或红紫色；Np^{4+} 为黄绿色；NpO_2^+ 为浅蓝绿色；NpO_2^{2+} 为玫瑰色或红色；Np(VII) 离子在碱性溶液中为绿色，在高氯酸中则呈褐色。溶液的颜色与镎的浓度、酸度和阴离子的性质均有关。

锕系元素离子与稀土元素相似,在近红外区、近紫外区以及可见区出现窄的吸收谱带,这对分析工作有很大的意义。镎的摩尔消光系数不算大,但是带窄,如充分考虑络合作用、仪器色散度等条件,仍不难用分光光度法定性和定量测定各种价态的镎。现将 Np^{3+},Np^{4+},NpO_2^+ 和 NpO_2^{2+} 在 2mol/L $HClO_4$ 溶液中适用于分析的吸收峰和摩尔消光系数列于表 8.11。它们的吸收光谱图示于图 8.6,Np(V) 和 Np(VI) 的吸收光谱比 Np(III) 和 Np(IV) 的要简单得多。

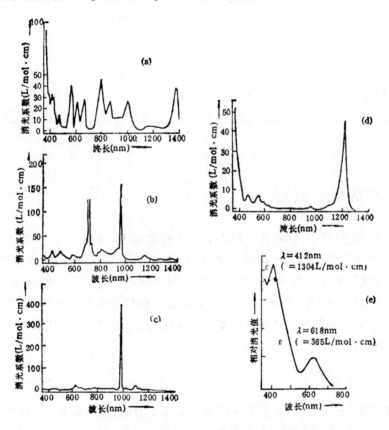

图 8.6　各种价态镎在 2mol/L $HClO_4$ 中的吸收光谱

[a＝Np(III),b＝Np(IV),c＝Np(V),d＝Np(VI),e＝Np(VII),在 1mol/L LiOH 中]

表 8.11　镎离子在 2mol/L $HClO_4$ 溶液中的主要吸收峰[43]（室温）

离子	波长(nm)	Np 的浓度 (mol/L)	摩尔消光系数 ε (L/mol·cm)
Np^{3+}	786	0.02	44 *
Np^{4+}	960	0.005	162
	723	0.005	127
NPO_2^+	980.4	0.002	395
	617	0.03	22
		0.02	23
		0.01	22
NpO_2^{2+}	1223	0.02	45
Np(VII) * *	412	0.001	1304
	618	0.001	365

* 50—60℃。

* * 1mol/L LiOH 溶液。

8.5　镎的分析测定

通常分析试样中,镎的含量很小而杂质量却很大,因此,在大多数的分析测定中,需要将镎与其他元素经初步分离,再浓缩和纯化。例如通过价态的改变、离子交换或多级溶剂萃取等分离方法来实现。对于镎的测定可有多种方法,其中以测量"镎源"辐射的能谱及溶液中镎离子的吸收光谱较为重要,即是辐射测量法和分光光度法为主,这两种方法就灵敏度和选择性而言相差无几,而化学方法鉴定镎则较少有实际意义[44]。

8.5.1　辐射测量法

辐射测量法测定[237]Np 是基于测量其 α 和 γ 射线（参见表 8.1）,它的比活度很低（$1.58×10^3 α$ 粒子/μg·min）,但由于它是最灵敏的方法,所以 α 测量法广泛地用于 Np 的测定。当用 α 能谱法测定[237]Np 时,如要求 α 谱仪给出良好的能量分辨率,则要制备极薄的源,这种源的制备可有蒸发、电沉积、在电场中喷涂溶液等方法。为提高当其他元素存在时测镎的选择性,可用 γ 能谱法不经预分离而测定[237]Np 及其子体[233]Pa。

对于[239]Np 和[238]Np 两种核素,也可用特征 γ 谱线的 γ 能谱法来测定。

8.5.2　分光光度法

镎的水溶液和有机溶液均有特征的吸收光谱,根据这些光谱,不仅可以测定镎的价态,而且可以测定它的含量。

表 8.11 曾列举了镎离子在分析上常用的高氯酸溶液中的吸收带,其中波长为980.4nm 的 Np(V)的强吸收峰最适于镎的定量测定。当形成镎的络合物时,因溶液的酸度变化、各种配位体以及阳离子的存在,摩尔消光系数往往变化很大,因此,不同文献所得数值有可能不完全一致。由于形成各种络合物,例如 NpO_2^+ 与 UO_2^{2+}、Cr^{3+} 形成络合物,便改变了最大吸收的波长。络合物形成体对吸收光谱的这种影响,可用于溶液中有镎离子参加时络合物形成过程的定性和定量研究。

在同有机试剂起显色反应测定镎的分光光度法中,邻砷酸基(或邻磷酸基)-邻-羟基偶氮化合物,诸如偶氮胂类试剂、钍试剂和偶氮氯膦类试剂得到了广泛的应用。阳离子与这类试剂生成络合物的理论,С. Б. Саввин[45] 作过比较全面的阐述。

Np(IV)与上述试剂生成比较牢固的内络合物,从而产生对比鲜明、灵敏度高的显色反应。由于其他元素也能与这类试剂生成有色络合物,所以产生的颜色对镎不是特有的。Np(IV)的显色反应与钍、铀、钚十分类似,部分地与锆也类似,已经发现最灵敏的显色剂为偶氮胂 III,即 1,8-二羟基萘-3,6-二磺酸-2,7-二(1-偶氮)苯-2-胂酸①。Np(IV)与它在 4—6mol/L HNO_3 中形成稳定的绿色络合物,在665nm 波长处的摩尔消光系数 ε 约为 10^5。当有铀、钍、钚存在时,需预先将它们分离,最后用偶氮胂 III 比色测定四价镎的含量,检出下限为 $0.04\mu g/ml$[46]。

表 8.12 镎-237 的测定方法

方法	灵敏度(μg)	干扰元素	干扰元素的容许量(对 Np 的重量比)	选择性	可测定的镎量(μg)	测定误差(%)	分析时间
活化分析法 (中子通量:10^{13} 中子/$cm^2 \cdot s$)	10^{-3}	^{239}Pu、^{235}U	1	低	0.01—1	±20—30	2—6d
		^{238}U	300				
		其他	100				

---

① 此试剂的结构式为:

续表

方法	灵敏度(μg)	干扰元素	干扰元素的容许量（对 Np 的重量比）	选择性	可测定的镎量（μg）	测定误差（%）	分析时间
α 能谱法	0.1	^{238}Pu	0.2	低	1—100	±5—20	1—2h
		U	50				
		其他	50				
偶氮胂 III 分光光度法	0.1	Th	0.1	低	1—15	±5—20	10min
		U	1				
		Pu	100				
		其他	1000				
同上。测量消光增加值的方法	0.5	Th	5	低	1—10	±5—20	30min
		U	50				
		Pu	0.1				
二甲酚橙分光光度法	0.5	U	1000	高	1—15	±10	50—100min
		Pu	100				
		Fe	100				
		其他	100				
钍试剂分光光度法	1	U	10	中等	10—100	±2	30min
		Cr	25				

续表

方法	灵敏度(μg)	干扰元素	干扰元素的容许量（对 Np 的重量比）	选择性	可测定的镎量（μg）	测定误差（%）	分析时间
方波极谱法	1	其他	≥50	低	50—500	±10	30—100min
		Pu	≤0.1				
		U	>1				
		Cu	>1				
络合滴定法	5	Pu	10(≤2mg)	中等	50—300;	相应为±10;	50—100min
		Fe	20		200;3000	±3;±0.5	
		U	100(40mg)				
		其他	50				
控制电位库仑滴定，在 0.75—0.98V 之间	5	Tl	0.01	高	20;1000	相应为±12;	1—3h
		Pu	100			±0.1—0.5	
		Fe	100				
		U	1000				
用 Np(V)983nm 吸收峰的分光光度法	10	Pu	1	低	100	±2	30min
		U	300				
		其他	100				
用 Np(VI)1230nm 吸收峰的分光光度法	100	U	10	中等	10mg	±1	10—30min
		Pu	10				
		其他	10				
安培滴定法	—	—	—	低	1mg	±0.2	1—2h

　　镎最稳定的价态为五价,因为对其他单电荷离子的显色反应了解尚少,所以Np(V)的显色反应引起许多人的关注。它可与偶氮胂 III 形成 1:1 的有色络合物,但此络合物仅在很小的 pH 范围内是稳定的,因此不能进行定量测定。Np(V)与偶氮氯膦 III,即 1,8-二羟基萘-3,6-二磺酸-2,7-二(偶氮-1)4-氯代苯-2-膦酸,在pH3 时亦形成 1:1 络合物,在 670nm 的波长处 ε 为 62200,适宜于五价镎的测定。同样,需将其他金属离子在测定镎时预先除去或掩蔽掉(表 8.12)。

　　Np(VI)类似于已知的 U(VI)的显色反应,而 Np(III)应类似于三价稀土元素的反应,这些反应研究得较少。镎的有色化合物的分光光度测定详见文献[44],它的稳定性次序与其价态有关,通常认为是:Np(IV)>Np(VI)>Np(III)>Np(V)。

　　为了解决提取镎工艺流程控制点中镎的分析,有人改用 3—6mol/L HCl 介质,使 Np(IV)与偶氮胂 III 生成稳定的绿色络合物,在 625nm 处进行测定,其摩尔消光系数亦为 10^5[47]。有人寻找其他高灵敏度的显色剂,偶氮胂 M① 就是其中之一[48~50],在盐酸体系中,Np(IV)与偶氮胂 M 络合物的摩尔消光系数 ε_{664} 约为 10^5。其他如二甲酚橙、偶氮胂 K、PAR[1-(2-偶氮吡啶)间苯二酚]等亦有人研究,但灵敏度或特征性不如上述试剂。

8.5.3　其他分析法

1.中子活化分析法

　　利用此法可以提高测定^{237}Np 的灵敏度,如用慢中子照射^{237}Np 时,发生下述的核反应:

$$^{237}\mathrm{Np}(n,\gamma)\xrightarrow[2.117\mathrm{d}]{\beta}{}^{238}\mathrm{Np}$$

这时生成短寿命的同位素^{238}Np,它的比活度超过^{237}Np 约 4×10^8 倍。因此,为了使放射性测定镎的灵敏度提高 100 倍,仅 10^{-3}‰的^{237}Np 转变为^{238}Np 就足够了。测量^{237}Np 的灵敏度随中子通量和辐照时间而变。对^{238}Np 的测定是根据 1.0MeV 能区的 γ 射线强度进行的。

　　如在辐照之前对镎进行分离纯化步骤,则活化分析法在 10^6 倍量的钚和 10^8 倍量的天然铀存在时,仍能测定出百分之几微克的镎。

2.滴定法

――――――――――

　　①　结构式为:

在各种滴定分析方法中,络合滴定法测定镎研究得较为详细。方法的原理是基于 Np(IV)与 EDTA(乙二胺四乙酸)在弱酸溶液中生成 1:1 的牢固的络合物,在 pH=1.3—2.0 以二甲酚橙作指示剂的情形下,颜色由深粉红色变为淡黄色,非常明显,测定 1—4mg 镎时,测定误差为±0.05mg[51]。但 Th,Zr,Fe(III)有干扰,需在测定前除去。

氧化还原滴定法主要用于研究及鉴定镎的价态。为此,曾用 Ce(IV)氧化 Np(V)以及用 Fe(II)和 Sn(II)还原 Np(VI)进行光度滴定。此外,碘量滴定法曾用于七价镎的鉴定。

3. 电化学法

电化学法包括极谱法、安培滴定法、电位滴定法和库仑滴定法等,它们主要是根据 Np(IV)⟶Np(III)与 Np(V)⟶Np(VI)的氧化还原反应测定镎。这些方法适于进行远距离控制和自动化,因而引起了人们的重视。缺点是仪器比较复杂,灵敏度也不太高。例如,其中方波极谱法要求样品中至少有几微克的镎[52]。电位滴定法被推荐为生产控制分析中镎的标定方法[53],当镎量为 4mg 时精密度在±0.30%以内,误差小于 0.5%。

此外,尚有发射光谱法、质谱法、X 射线测定法[54]等。

为了便于选择具体对象的分析方法,表 8.12 中列举了它们的分析特性:灵敏度、选择性、应用范围、误差和分析时间。

活化分析法是测定镎的最灵敏的方法,但它需有很强的中子源,分析的时间也较长。其次是 α 能谱法和偶氮胂 III 分光光度法,它们的缺点是对钚或铀的选择性差,因此应用这些方法时,需将镎与杂质预先分离。二甲酚橙分光光度法和控制电位库仑法,则是分析镎的选择性较好的方法。其他安培滴定、库仑滴定和络合滴定对测定镎的精密度较好,但有时可能产生相当大的系统误差。

参 考 文 献

[1] E. McMillan, P. H. Abelson, *Phys. Rev.*, **57**, 1185(1940).

[2] 核素图表编制组,《核素常用数据表》,原子能出版社,494—499(1977).

[3] C. M. Lederer, J. M. Hollandex, I. Perlman, "Table of Isotopes". 6th edition, John Wiley, New York (1968).

[4] J. A. Powers, N. A. Wogman, J. W. Cobble, *Phys. Rev.*, **152**, 1096(1966).

[5] 科·克勒尔(C. Keller)著, "The Chemistry of the Transuranium Elements", Verlag Chemie GmbH, 257 (1971). 《超铀元素化学》编译组译,《超铀元素化学》,原子能出版社,293(1977).

[6] R. D. Baybarz, *At. Energy Review.* **8**, 327(1970).

[7] A. Chesné, *Ina. At.*, **10**(7/8), 71(1966).

[8] T. H. Siddall, E, K. Dukes, *J. Am. Chem. Soc.*, **81**. 790(1959).

［9］R. E. Isaacson, B. F. Judson, *Ind. Eng. Chem.*, Process Design and Development, **3**, 296(1964).

［10］J. L. Ryan, US-AEC Report HW-59193(1959).

［11］R. A. Schneider *Anal. Chem.*, **34**, 522(1962).

［12］Y. A. Zolotov, I. P. Alimarin, *J. Inorg. Nucl. Chem.*, **25**, 719(1963).

［13］S. Lis, E. T. Józefowicz, S. Siekierski. *J. Inorg. Nucl. Chem.*, **28**, 199(1966).

［14］C. W. Sill, *Anal. Chem.*, **38**, 802(1966).

［15］R. N. R. Mulford, T. A. Wiewandt, *J. Phys. Chem.*, **69**, 1641(1965).

［16］J. C. Bailar, Jr., H. J. Eméleus, Sir R. Nyholm A. F. Trotman-Dickenson, "Comprehensive Inorganic Chemistry, Vol. 5, Actinides", Pergamon Press, 145(1973).

［17］J. G. Malm, B. Weinstock, E. E. Weaver, *J. Phys. Chem.*, **62**, 1506(1958).

［18］M. Kimura, V. Schomaker *J. Chem. Phys.*, **48**, 4001(1968).

［19］C. A. Hutchinson, Tung Tsang, B. Weinstock, *J. Chem. Phys.*, **37**, 555(1962).

［20］K. W. Bagnall, D. Brown, J. F. Easey, *J. chem. Soc.*, (A)2223(1968).

［21］C. E. Thalmayer, D. Cohen, "Actinide Chemistry in Saturated Potassium Fluoride Solution" in R. F. Gould (ed.): "Lanthanide/Actinide Chemistry", Advances in Chemistry Series, Vol. 71, American Chemical Society, Washington D. C. 256(1967).

［22］K. W. Bagnall, D. Brown, J. F. Easey, *J. Chem. Soc.*, (A), 288(1968).

［23］D. Brown, J. Hill, C. E. F. Rickard, *J. Chem. Soc.*, (A), 476(1970).

［24］R. J. Ackermann, R. L. Faircloth, E. G. Rauh, R. J. Thorn, *J. Inorg. Nucl. Chem.*, **28**, 111(1966).

［25］E. J. Huber, Jr., C. E. Holley, Jr., *J. Chem, Eng. Data*, **13**, 545(1968).

［26］N. N. Krot and A. D.. Gelman, *Dokl. Akad. Nauk.* USSR, **177**, 124(1967).

［27］M. P. Mefodeva, N. N. Krot and A. D. Gelman, *Радиохимия.* **12**, 232(1970).

［28］N. N. Krot, M. P. Mefodeva and A. D. Gelman, *Радиохимия*, **10**, 634(1968).

［29］D. Cohen, S. Fried, *Inorg. Nucl. Chem. Letter.*, **5**, 653(1969).

［30］B. B. Cuningham, "Compounds of the Actinides" in W. L. Jolly(ed.): "Preparative Inorganic Reactions", Vol. 3, Interscience Publishers, New York, 79(1966).

［31］J. W. Cobble et al., *Inorg. Chem.*, **9**, 912, 922(1970).

［32］M. Shiloh, Y. Marcus, *J. Inorg. Nucl. Chem.*, **28**, 2725(1966).

［33］J. C. Sullivan, J. C. Hindman, *J. Am. Chem.*, *Soc.*, **76**, 5931(1954).

［34］S. Ahrland, L. Brandt, *Acta Chem. Scand.*, **22**, 1579(1968).

［35］P. I. Kondratov and A. D. Gelman, *Радиохимия*, **2**, 315(1960).

［36］R. K. Murmann, J. C. Sullivan, *Inorg. Chem.*, **6**, 892(1967).

［37］J. C. Sullivan, *Inorg. Chem.*, **3**, 315(1964).

［38］R. Portanova, G. Tomat, L. Magon, A. Cassol, *J. Inorg. Nucl. Chem.*, **32**, 2343(1970).

［39］C. Keller, "The Chemistry of the Transuranium Elements", Verlag Chemie GmbH, **291**, 289—290 (1971).

［40］D. Cohen, J. C. Hindman, *J, Am. Chem. Soc.*, **74**, 4679, 4682(1952).

［41］L, B. Magnusson, J. C. Hindman, T. J. Lachapelle, Chemistry of Neptunium (V), Formal Oxidation Potentials of Neptunium Couples" in G. T. Seaborg, J. J. Katz, W. M. Manning(eds.): "The Transuranium Elements" National Nuclear Energy Series, Div. IV, 14B, McGraw-Hill Co., New York, 1059(1949).

[42] E. A. Appelman, J. C. Sullivan, *J. Phys. Chem.* , **66**. 442(1962).

[43] P. G. Hagan, J. M. Cleveland, *J. Inorg. Nucl. Chem.* , **28**, 2905(1966).

[44] 米哈依洛夫(В. А. Михайлов)著, 张心祥等译,《镎的分析化学》, 原子能出版社, 158(1978).

[45] С. Б. Саввин, "Арсеназо Ш. Методы Фотометрического олределения редких и актинидных Элементов". , М. , Атомиздат(1966).

[46] G. A. Burney, E. K. Dukes, H. J. Groh, "Analytical Chemistry of Neptunium", D. C. Stewart, H. A. Elion (eds.) : in "Progress in Nuclear Energy", Ser. IXVol. 6, Oxford, Pergamon Press, 181(1966).

[47] 吴建忠等, 见《超铀元素分析》编辑组,《超铀元素分析》, 原子能出版社, 179(1977)。

[48] Ю. П. Новиков, М. Н. Маргорина, Ж . А. Х. , **29**. 705(1974).

[49] 姜延林等, 同[47], 175.

[50]《镎的分析》翻译小组,《镎的分析》, 原子能出版社, 171(1974).

[51] А. П. Смирнов-Аверин, Г. С. Коваленко, Н. П. Ермолаев, Н. Н. Крот, Ж . А. Х. , **21**, 76(1966).

[52] 杨炳成、张雄、王秀萍、贾瑞和, 同[47], 76.

[53] 周贤玉、李文莲, 同[47], 71.

[54] 张寿华、傅丽春、郭景儒, 同[47], **84**.

29.9 钚

第一个被发现的钚同位素是^{238}Pu,它是由 16MeV 的氘核轰击铀而产生的(参见 29.1.1 节):

$$^{238}U(d,2n)^{238}Np \xrightarrow[2.117d]{\beta^-} {}^{238}Pu$$

它是一种很好的能源材料,已经在宇宙飞行的动力系统中作为热源使用。但大量的生产则是用^{237}Np 作靶,在反应堆里经中子辐照成^{238}Np 后再经 β^- 衰变而得。

钚(Plutonium)最重要的同位素是^{239}Pu,它由 Seaborg 研究小组在 1941 年初发现。由于各种能量的中子都能引起^{239}Pu 裂变,它便成了重要的核燃料。目前所使用的钚几乎都由天然铀作装料的热中子非均匀反应堆所产生,预期将来快中子增殖堆会成为钚的主要来源。至于在自然界中存在的钚,它的量是很微少的。

钚的发现和制得首次将已知元素转变为新元素,实现了古代炼金术家的梦想。它独特的核性质和化学性质使其在原子能工业上的重要性超过所有的其他人造元素,并且是已知对人类最危险的毒物之一。因而使钚在自然科学史上占有特殊的地位。

9.1 钚的同位素与核性质

现将目前已知的钚同位素列于表 9.1,它的质量数从 232—246,一共有 16 种。

钚最重要的同位素^{239}Pu 由^{238}U 俘获中子而得到:

$$^{238}U(n,\gamma)^{239}U \xrightarrow[23.5\ min]{\beta^-} {}^{239}Np \xrightarrow[2.35d]{\beta^-} {}^{239}Pu$$

缺中子的钚同位素主要是用加速 α 粒子轰击^{233}U 或^{235}U 产生的,质量数为 240—244 的重同位素则由^{239}Pu 作多次中子俘获而产生:

表 9.1 钚的同位素[1]

核素	半衰期	衰变方式 (分支比,%)	粒子能量 MeV (强度,%)	主要的产生方式
^{232}Pu	36min	$\alpha(\geqslant 1.6)$	$E_\alpha=6.58$	$^{235}U(\alpha,7n)$
		$\varepsilon(\leqslant 98.4)$		$^{233}U(\alpha,5n)$

续表

核素	半衰期	衰变方式 (分支比,%)	粒子能量 MeV (强度,%)	主要的产生方式
^{233}Pu	20min	α(0.12)	$E_\alpha=6.30$	^{233}U(α,4n)
		ε(~99.9)		
^{234}Pu	9.0h	α(6)	$E_\alpha=6.202$(4.08)	^{233}U(α,3n)
			6.151(1.92)	^{235}U(α,5n)
			6.031(0.02)	
		ε(94)	$E_\gamma=0.047$	
^{235}Pu	25.6min	α(0.003)	$E_\alpha=5.85$	^{233}U(α,2n)
		ε(~100)	$E_\gamma=0.7451$(7.5)	^{235}U(α,4n)
			0.0493(1.97)	
^{236}Pu	2.851a	α(>99)	$E_\alpha=5.768$(68.9)	^{235}U(α,3n)
			5.721(30.9)	^{236}Np 衰变子核
			5.616(0.18)	
		SF(8×10^{-8})	$E_\gamma=0.110$(1.2×10^{-2})	
			0.047(3.1×10^{-2})	
^{237}Pu	45.6d	α(0.0033)	$E_\alpha=5.65$(6.3×10^{-4})	^{235}U(α,2n)
			5.36(2.6×10^3)	^{239}Pu(n,3n)
		ε(~100)	$E_\gamma=0.0596$(5)	
^{237m}Pu	0.18s	IT	$E_\gamma=0.145$(2)	^{235}U(α,2n)
				^{237}Np(d,2n)
^{238}Pu	87.75a	α(~100)	$E_\alpha=5.4992$(71.1)	^{242}Cm 衰变子核
			5.4565(28.7)	^{238}Np 衰变子核
			5.359(0.13)	^{239}Pu(n,2n)
		SF(1.7×10^{-7})	$E_\gamma=0.04349$(3.92×10^{-2})	
^{239}Pu	2.44×10^{4}a	α(>99)	$E_\alpha=5.1554$(73.3)	^{238}U(n,γ)
			5.1429(15.1)	^{239}U$\xrightarrow{\beta^-}$^{239}Np$\xrightarrow{\beta^-}$
			5.1046(11.5)	
		SF(4.5×10^{-10})	$E_\gamma=0.05163$(2.08×10^{-2})	
^{240}pu	6600a	α(>99)	$E_\alpha=5.1683$(76)	^{238}U,^{239}Pu 多次中
			5.1238(24)	子俘获
		SF(4.9×10^{-6})	$E_\gamma=0.04523$(4.50×10^{-2})	
^{241}Pu	15.2a	α(2.4×10^{-3})	$E_\alpha=4.896$(2.00×10^{-3})	^{238}U,^{239}Pu 多次中
			4.853(2.9×10^{-4})	子俘获
		β^-(~100)	$E_{\beta-}=0.0208$(~100)	镎人工放射系始核
^{242}Pu	3.87×10^{5}a	α(~100)	$E_\alpha=4.9009$(76)	^{242}Am 衰变子核

核素	半衰期	衰变方式 (分支比,%)	粒子能量 MeV (强度,%)	主要的产生方式
^{243}Pu	4.955h	SF(5.50×10^{-4}) β^-(100)	4.8566(23) $E_\gamma=0.04492(3.3\times10^{-2})$ $E_{\beta^-}=0.594(58)$ 0.552(13) 0.510(28) 0.13(1)	^{238}U,^{239}Pu 多次中 子俘获 ^{242}Pu(n,γ)
^{244}Pu	8.3×10^7a	α(100) SF(~0.1)	$E_\gamma=0.0840(20)$ $E_\alpha=4.589(81)$ 4.546(19)	天然存在 ^{238}U,^{239}Pu 多次中 子俘获
^{245}Pu	10.5h	β^-(100)	$E_{\beta^-}=1.21(\sim10)$ 0.93(48) 0.86(5) $\sim0.40(17)$ 0.30(10) 0.27(3) $E_\gamma=0.3272(23.8)$	^{244}Pu(n,γ) 堆中子＋Pu核爆 炸
^{246}Pu	11d	β^-(100)	$E_{\beta^-}=0.330(\sim10)$ 0.150(~90) $E_\gamma=0.04381(100^*)$	多次中子俘获热核 爆炸

注:各符号意义参见表8.1之注释。

$$^{239}\mathrm{Pu}(n,\gamma)^{240}\mathrm{Pu}(n,\gamma)^{241}\mathrm{Pu}(n,\gamma)^{242}\mathrm{Pu}(n,\gamma)^{243}\mathrm{Pu}(n,\gamma)^{244}\mathrm{Pu}$$

钚同位素中,最重要的核性质是:^{239}Pu 和^{241}Pu 都具有很高的裂变截面 $\sigma(n,f)$,同时,它们的中子俘获截面 $\sigma(n,\gamma)$也较高。表 9.2 列出某些钚同位素的这两种数据,为比较起见,同时给出有关铀同位素的数据。由表可见,尽管每次裂变的瞬发中子数较大,但对于热中子的有效中子数 η 仅为 2 左右. 然而,η 随着中子能量的增加而增加,对铀冷快中子增殖堆的中子能谱而言,^{239}Pu 的 η 值约为 2.75,所以钚作为快中子增殖堆的核燃料尤为合适。

钚的三个最重要的同位素^{238}Pu,^{239}Pu 及^{240}Pu 的简化了的衰变图示于图 9.1。^{238}Pu 和^{240}Pu 均是偶-偶核,它们已由热中子所裂变(阈下裂变 Subthreshold Fission),因而从理论上看显得很重要。

表 9.2 某些铀、钚核素的中子俘获截面 $\sigma(n,\gamma)$

和裂变截面 $\sigma(n,f)$（中子:2200m/s）

核素	$\sigma(n,\gamma)$ (b)	$\sigma(n,f)$ (b)	瞬发中子数 ν （中子数/裂变）	有效中子数 η	$\sigma(n,\gamma)/\sigma(n,f)$ 比值
^{233}U	47.0	530.6	2.4866	2.2844	0.0885
^{235}U	98.3	580.2	2.4229	2.0719	0.1694
^{238}Pu	403	18.4	2.33		
^{239}Pu	271	741.6	2.8799	2.1085	0.3659
^{240}Pu	285	0.03	2.143		
^{241}Pu	368	1007.3	2.934	2.149	0.3654
^{242}Pu	19.2	0	2.15	—	
^{243}Pu	210*				
^{244}Pu	2.1*				
^{245}Pu	260*				

* 对反应堆中子而言。

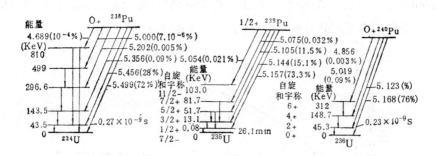

图 9.1 ^{238}Pu,^{239}Pu 及 ^{240}Pu 的简化衰变图

图 9.2 表示^{239}Pu 受热中子裂变时同量异位素的产额曲线,并与^{233}U 进行了比较。由此图清楚地看到,当裂变核的质量数变大时,重裂片的产额没有多大改变;而轻裂片则移向较高的质量数,于是形成一个较窄的谷,谷的深度可随轰击粒子能量的增加而减少。

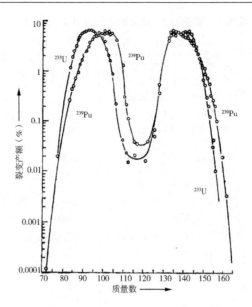

图 9.2 ^{233}U、^{239}Pu 的热中子裂变产额与质量数的关系[2]

9.2 钚的主要同位素的生产

通常反应堆中生产的钚除主要含^{239}Pu以外,尚含有 20％以上的^{240}Pu,5％以上的^{241}Pu,以及极少量的^{242}Pu。所得钚同位素的组成在很大程度上取决于反应堆中照射的时间(图 9.3,图 9.4)。军用同位素纯的^{239}Pu含有小于 0.5％—1％的重同位素,它只能由短期照射铀(燃耗低于 700 兆瓦日/t)来得到。

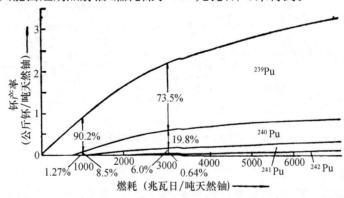

图 9.3 天然铀照射后生成钚的产率[3]

(热中子非均匀反应堆,通量 $\phi \approx 10^{13}$中子/cm² · s)

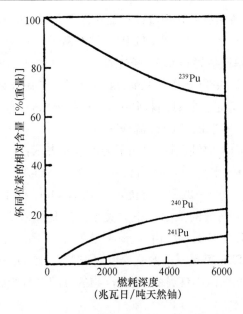

图 9.4　天然铀照射后生成钚同位素的组成[4]

除了质量数为 239—242 的同位素外,反应堆中生产的钚还含有 0.1%—0.5% 的少量²³⁸Pu、极少量的²³⁶Pu 和²⁴⁴Pu(10⁻¹⁰%—10⁻⁸%)。同位素纯度约为 99% 的²⁴²Pu 则是在高通量反应堆中长期照射钚产物而得到的,因为在那俘获链中²⁴²Pu 的中子吸收截面最小,可一直照射到 239—241 同位素都耗尽,或转化成²⁴²Pu 时为止。用此法在中子通量为 3×10^{14} 中子/cm² · s 的情况下照射 1 kg 钚约 20 个月,可得到 60g²⁴²Pu,还有 30g 的²⁴³Am 和²⁴⁴Cm。

富中子的钚同位素²⁴⁴Pu 至²⁴⁶Pu,由核爆炸中形成的短寿命富中子铀同位素经 β^- 衰变而获得,它们的生成量难以达到可称量的规模。

9.2.1　²³⁹Pu

反应堆运转一定时期后,由于部分核燃料的燃耗、裂变产物的积累以及辐射化学效应的增长等因素,反应性能逐渐降减,需要对燃料元件进行更换与处理,以提取新生成的裂变物质²³⁹Pu、有用的裂片核素和超铀元素,以及回收转化材料²³⁸U 和未用完的裂变物质²³⁵U 等,这正是核燃料后处理的重要任务。

通常在被处理的燃料中,新生成的裂变物质及裂变产物只占很少量。例如,在燃耗为 5000 兆瓦日/t 及转化系数为 0.8 的情况下,一吨天然铀大约产生 4kg 钚和 5kg 裂变产物。因所含裂变产物的放射性很强,其中有些能强烈地吸收中子(称为中子毒物),从而影响反应堆的正常运行,故燃料需彻底净化(要求去污系数达

10^6—10^8);同时,要求核燃料后处理流程对铀和钚具有很高的回收效率(>99%)。

目前普遍认为,水法磷酸三丁酯(TBP)萃取流程是一个切实可行的方法。此法就是将各种类型的辐照核燃料元件,经过适当的预处理转化为硝酸水溶液,然后采用20%—40%(体积)的 TBP 作萃取剂,煤油或正十二烷作稀释剂,硝酸作盐析剂,进行萃取分离和纯化,达到核燃料回收和去污的要求,这就是核燃料后处理工艺中进行钚铀还原溶剂萃取的"Purex 流程"[4]。

TBP 从硝酸溶液中萃取铀和钚,可用下列反应式表示:

$$UO_2^{2+}(水)+2NO_3^-(水)+2TBP(有机)\Longleftrightarrow UO_2(NO_3)_2 \cdot 2TBP(有机)$$
$$Pu^{4+}(水)+4NO_3^-(水)+2TBP(有机)\Longleftrightarrow Pu(NO_3)_4 \cdot 2TBP(有机)$$

分配系数与水相中硝酸的浓度有很大关系。先是随着硝酸浓度的增加而增加,当高于 6—8mol/L HNO_3 时,由于形成了如 $H_2[Pu(NO_3)_6] \cdot x$ TBP 和 $H[UO_2(NO_3)_3] \cdot y$ TBP 等更复杂的化合物,同时以 $HNO_3 \cdot$ TBP 形式萃取,分配系数随之下降。图 9.5 给出钚、铀和裂变产物的分配系数与硝酸浓度的关系。

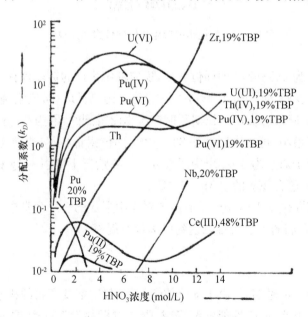

图 9.5　钚、铀和裂变产物被 TBP-煤油萃取的分配系数[5]

随着后处理工业的发展,根据燃料元件芯体的组成、燃耗深度以及对产品质量的要求等方面,出现了许多 Purex 的变体流程。近年来人们发现胺类萃取剂有较好的选择性和耐辐照性能,其中萃取钚最有效的是每个烃基都含有 8—12 个碳原子的烷基叔胺,如三月桂胺(TLA),三辛胺(TOA)以及 N-235(一种混合脂肪胺)

等。胺类的缺点是在萃取过程中形成第三相,因而作为纯化钚的手段将出现一些操作上的麻烦,当前各国趋向于避免使用胺类萃取剂。

经溶剂萃取净化分离得到的硝酸钚溶液,还需进一步纯化,常用的有阴离子交换方法。利用 Pu(IV) 在 7—8 mol/L HNO$_3$ 溶液中具有很高的分配系数,而 U 和裂变产物则很少被吸附的特性实现钚的最终纯化。阴离子交换树脂吸附钚的反应式是:

$$2(R_4N)NO_3 + Pu(NO_3)_6^{2-} \rightleftharpoons (R_4N)_2Pu(NO_3)_6 + 2NO$$

9.2.2 ^{238}Pu

^{238}Pu 主要有两个方法获得:

(1) 由 ^{237}Np 进行中子照射

$$^{237}Np(n,\gamma)^{238}Np \xrightarrow[2.117d]{\beta^-} {}^{238}Pu$$

(2) 由 ^{241}Am 作中子照射制取 ^{242}Cm,然后经 α 衰变而成 ^{238}Pu

$$^{241}Am(n,\gamma)^{242}Am \xrightarrow{\beta^-} {}^{242}Cm \xrightarrow{\alpha} {}^{238}Pu$$

第一个方法常用于大量生产 ^{238}Pu,为此,可将 NpO$_2$-Al 靶在中子通量为 10^{14} 中子/cm^2·s 的反应堆中辐照。这样获得的 ^{238}Pu 混有一些 ^{239}Pu 等较高的同位素和没有转化的 ^{237}Np,还有一些裂变产物,经分离后制得的典型 ^{238}Pu 产品组成见表9.3。在处理 ^{238}Pu 时,由于放射性强,试剂所受的辐射损伤几乎达处理 ^{239}Pu 时的300 倍,并且想保持一定的价态也更困难。美国萨凡娜河实验室(Savannah River Laboratory)发展的钚分离流程[7],将辐照过的 ^{237}NpO$_2$(每克 ^{237}Np 含有 0.2g^{238}Pu 及 30Ci 裂变产物)溶于 8mol/L HNO$_3$ 溶液,经氨基磺酸亚铁还原后,以 Pu(IV) 的形式先后经三次阴离子交换,得到浓度为 10—30gPu/L 的溶液。将钚沉淀为过氧化物,再溶解于稀硝酸中能得到更高浓度的钚溶液。

表9.3 由^{237}Np 射照生成的典型^{238}Pu 产品组成[6]

核素	^{236}Pu	^{238}Pu	^{239}Pu	^{240}Pu	^{241}Pu	^{242}Pu	^{237}Np	^{241}Am
重量%	0.00012	80.2	15.9	3.022	0.643	0.132	0.130	0.033

9.3 钚的化合物

9.3.1 钚的氢化物

在通常的条件下将氢和金属钚直接化合,制得的氢化物组成在 PuH$_2$ 与 PuH$_3$

之间,精确的组成与温度和氢的压力有关。如在 150—200℃时反应,可得灰色金属光泽、具有氟石结构的氢化物相,组成范围在 PuH$_{1.8}$—PuH$_{2.7}$之间,上限即为 PuH$_{2.7}$。

除了立方结构的氢化物相以外,还存在符合化学计量 PuH$_3$ 的黑色氢化物,它与六方晶系的 UH$_3$ 结构是同类型的。对 Pu-H 体系的详细研究表明,每摩尔的固态和液态金属钚中氢的溶解度可达 0.1 摩尔。

氢化钚有易于自燃的倾向,它们在空气中的稳定性与颗粒的大小、氢/钚比等因素有关,通常只有在干燥惰性气氛中处理和贮存才是安全的。它在 150℃时被空气迅速氧化,250℃时同氮反应形成 PuN。

二氢化钚在下列温度范围内分解压力的经验方程式为:

$$PuH_2(673—1073K)$$
$$\log P^{*①}=(10.01\pm0.32)-(8165\pm263)/T(K)$$
$$PuD_2(873—1073K)$$
$$\log P^*=(9.71\pm0.19)-(7761\pm151)/T(K)$$

在 1 个大气压的氢气下,温度高达 1000℃时,PuH$_2$ 仍是稳定的。但在真空中,温度低至 420℃时,它便迅速分解,5g 样品经 2h 就转化为金属钚[8]。PuH$_3$ 固体化合物的稳定性比 PuH$_2$ 更差,25℃时它的分解压力为 0.466bar;在 200℃时,它很快分解成 PuH$_2$。

二氢化物的生成热:

$$Pu(固)+H_2(气)\Longleftrightarrow PuH_2(固)$$
$$\Delta H_{f298}=-(139.3\pm5.0)[kJ/mol]$$
$$Pu(固)+D_2(气)\Longleftrightarrow PuD_2(固)$$
$$\Delta H_{f298}=-(134.7\pm2.9)[kJ/mol]$$

二氢化钚 PuH$_2$ 在 298—1100K 温度范围内的生成自由能方程式为:

$$\Delta G_f=-156.063\pm0.1364T(K)[kJ/mol]$$

研究钚和氢反应的重要意义,在于制备粉末冶金所需要的粉末状钚。

9.3.2　钚的卤化物

1.氟化物

(1)PuF$_3$。呈暗紫色,属六方晶系,可由 PuO$_2$ 与 HF,H$_2$ 的混合物在 600℃直接反应而得到:

---

① 　$P=P^*\times133.3(Pa)$。

$$PuO_2 + 3HF + \frac{1}{2}H_2 \xrightarrow{600℃} PuF_3 + 2H_2O$$

用钚的硝酸盐或草酸盐代替二氧化钚,也能进行同样的反应。

三氟化钚不溶于水,它的溶度积 $K_{sp} = 2.5 \times 10^{-16}$,可从 Pu(III) 的水溶液中加入 F⁻ 离子沉淀出来。将此水化物加热到 100℃ 以上,便转化成无水三氟化物而又不水解。

当温度在 1243—1475K 范围时,PuF₃ 的蒸气压可按下列方程式计算:

$$\log P(\text{atm}) = 9.288 - 20734/T(\text{K})$$

此时与 PuF$_{3(固)}$ 平衡的主要是 PuF$_{3(气)}$[9]。

(2)PuF₄。同所有其他锕系元素(IV)的氟化物一样,PuF₄ 结晶呈 β-ZrF₄ 型的单斜结构。将 PuF₃ 在干燥的氧气中加热到 600℃,便可部分地转化为 PuF₄:

$$4PuF_3 + O_2 \underset{真空}{\overset{600℃}{\rightleftharpoons}} 3PuF_4 + PuO_2$$

此反应是可逆的。

将钚的氧化物或草酸盐在 HF-O₂ 的混合气流中加热到 550℃,可得纯的四氟化物产物:

$$PuO_2 + 4HF \xrightarrow[O_2]{550℃} PuF_4 + 2H_2O$$

其中的氧是用于防止氟化氢气体中的少量氢对四价钚的还原作用。

把氢氟酸加入 Pu(IV) 盐溶液中,生成粉红色的 PuF₄·2.5H₂O 沉淀,于 200—300℃ 加热脱水,便变成淡棕色的 PuF₄。它在 300℃ 以上的潮湿气体中水解成 PuO₂。

四氟化钚难溶于水,$K_{sp} = 6 \times 10^{-20}$。但是它像三氟化钚一样,能溶于含有硼酸、Al³⁺ 或 Fe³⁺ 离子的溶液中。如将 PuF₃ 或 PuF₄ 与苛性碱一起加热,则转化成水合物 PuO₂·aq,它能溶于稀酸中。PuF₄ 在熔点 1037℃ 附近蒸气压较高,在 700—1200K 时可按下式计算:

$$\log P^* = 5.580 - 10040/T(\text{K})$$
$$P = P^* \times 133.3(\text{Pa})$$

(3)PuF₆。六氟化物的特点是沸点和熔点低,而挥发性则较高。它可由单质氟在 500—700℃ 的温度下与 PuF₄ 反应制得[10]。

$$PuF_4 + F_2 \longrightarrow PuF_6$$

氟化的速度随温度的升高而急剧地增加。此外,PuF₄ 固体与氟的混合物在室温下用紫外线照射亦能得到六氟化物。

现将六氟化钚的某些物理化学性质列于表 9.4。PuF₆ 在 -180℃ 时是白色的固体,室温时呈黄棕色;液态和气态则为棕色到红棕色。固体 PuF_6 在常压下不能升华,但液态 PuF_6 可变成气态,这点与 UF_6 是不同的。六氟化钚分子在气态时呈正八面体结构,固态时的八面体稍有变形。

由于 ^{239}Pu 的比活度较高,引起 PuF_6 不断辐解而生成 PuF_4 和 F_2。固体 PuF_6 的分解速度约为每天 1.5%,比气态 PuP_6 高得多,因为气态情况下大部分 α 衰变能量被器壁所吸收。如加入稍为过量的氟气,可大大地抑制气态 PuF_6 的辐解。

表 9.4　PuF_6 的物理化学数据

熔点	51.59℃
沸点	62.16℃
三相点	51.59℃,71060.6Pa
熔化热	$\Delta H_m = 18.64\ kJ/mol$
熔化熵	$\Delta S_m = 57.40\ J/mol \cdot K$
气态时 Pu-F 键长	1.971Å
$PuF_{6(固)}$ 的熵值	$S_{298} = 369.4\ J/mol \cdot K$
$PuF_{6(固)}$ 的摩尔恒压热容	$C_{p\,298} = 129.7\ J/mol \cdot K$
$PuF_{6(气)}$ 的 C_p 与温度的关系	$C_p(T) = 37.23 + 27.4 \times 10^{-5}T - 5.65 \times 10^{-5}T^2$
	(当 298K$\leqslant$T$\leqslant$1500K 时)
$PuF_{6(固)}$ 的蒸气压[T(K)]	$\log P^* = 0.39024 + 3.499\log T - 2095.0/T$
	(当 273K$\leqslant$T$\leqslant$324.59K 时)
$PuF_{6(液)}$ 的蒸气压[T(K)]	$\log P^* = 12.14545 - 1.534\log T - 1807.5/T$
	(当 324.59K$\leqslant$T$\leqslant$350K 时)

六氟化钚是非常强的氧化剂,能使 UF_4 转变为 UF_6,或将 BrF_3 变为 BrF_5。痕量的水气很快就能使 PuF_6 水解成氟化钚酰 PuO_2F_2,它与相应的铀化合物同构。

(4)Pu 的三元氟化物。在 Pu(IV)的硝酸溶液中加入 NaF,先是生成赝立方晶系的 $NaPuF_5$ 绿色沉淀;继而慢慢转变成粉红色的 Na_2PuF_6,它与 δ 型 Na_2UF_6 同构。如向 Pu(IV)的硝酸盐溶液加入 CsF,却生成 $CsPu_2F_9 \cdot 3H_2O$ 棕色沉淀。

在温度为 600℃时,将碱金属的碳酸盐于 $HF\text{-}O_2$ 的混合气流中与 $PuPO_2$ 反应,可制得 $7MF \cdot 6PuF_4$,即 $M_7Pu_6F_{31}$(M=Na,K,Rb,NH_4)类型的氟化物复盐,这种 7:6 的化合物分子式或可写成 $6(MPuF_5) \cdot MF$。

将 NH_4F 与 PuF_4 在 80—130℃时进行反应,可制得深粉红色的 $(NH_4)_4PuF_8$,它进行热分解的各个中间阶段可从图 9.6 清楚地显示出来。

$CaPuF_6$ 结晶呈六方 LaF_3 型晶格,可由 PuF_4 和 CaF_2 混合于 $\sim1000℃$ 反应制取。$SrPuF_6$ 可用类似反应制备,也可从水溶液中沉淀而得。

将 2:1 的($RbF + PuF_4$)混合物于 300—400℃用单质 F_2 氧化,可生成具有

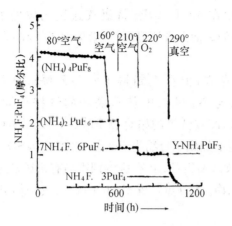

图 9.6 (NH₄)₄PuF₈ 的热分解曲线[11]

K₂NbF₇ 型单斜结构的 Rb₂PuF₇。这是第一个完全不含氧的五价锕化合物。
CsPuF₆ 与 CsUF₆ 属同类结构,由 CsF+PuF₄(1:1)混合物于 350℃ 与 F₂ 反应制
得,它在室温下会慢慢放出氟气。

此外,还存在着组成为 MPuO₂F₃·H₂O(M=Na,K,NH₄,Rb,Cs)或
M₂PuO₂F₄(M=Na,K,NH₄,Rb)之类的氟化物复盐。

2. 氯化物

(1)PuCl₃。将 Pu(III) 的草酸盐与六氯丙烯一起加热到 180—190℃,便可大量
制取 PuCl₃。如欲纯化产品,可在氯气或高真空下,将主要的反应产品进行升华或
经石英过滤器过滤。它还可由金属钚、氢化钚、二氧化钚等作起始反应物进行氯化
而得。

三氯化钚是蓝色至绿色的固体,熔点 750℃,沸点为 1767℃。在 25℃ 时,生成
自由能 ΔG_{f298} = −916.3kJ/mol。无水三氯化钚暴露在潮湿空气中时,吸收水分而
形成潮解性的六水合物。PuCl₃ 的蒸气压可按下列方程式计算:

固体 PuCl₃,577℃ 至熔点 750℃ 时

$$\log P^* = 12.726 - 15910/T(\text{K})$$

液体 PuCl₃,750—977℃ 时

$$\log P^* = 9.428 - 12587/T(\text{K})$$

将 Pu(III) 的盐酸溶液蒸浓,产生深红色的六水合物 PuCl₃·6H₂O,在 94—
96℃ 时它熔化在自身的结晶水中。在室温下用水蒸气处理无水三氯化钚时,也能
产生这种化合物。如将 PuCl₃·6H₂O 置于 HCl 气流中加热,可经 PuCl₃·3H₂O
和 PuCl₃·H₂O 中间产物而得无水的 PuCl₃,它易溶于水和稀酸。

(2)$PuCl_4$。当温度在 400℃ 以上，将氯气通过固体的 $PuCl_3$ 时，有气态的 $PuCl_4$ 生成。但它在冷的表面上凝聚时，就分解为 $PuCl_3$ 和 Cl_2 气。可见四氯化钚是不稳定的。

固体 $PuCl_4$ 并不存在，但有人制得了它与乙酰胺的红棕色固体络合物 $PuCl_4 \cdot 6CH_3CONH_2$，与 N,N-二甲基乙酰胺的红棕色固体络合物 $PuCl_4 \cdot 2.5CH_3CON(CH_3)_2$，以及较低级的络合物 $PuCl_4 \cdot 0.5CH_3CON(CH_3)_2$ 等。它与二甲基亚砜形成稳定的加成化合物为 $PuCl_4 \cdot 3(CH_3)_2SO$。这些化合物常是以四价钚的氯化物复盐，如 Cs_2PuCl_6 在有机溶剂中与有机试剂进行反应而制得。

(3)Pu 的其他氯化物。将 PuO_2 置于 HCl-H_2 气流中加热至 650℃，便可制得纯的 $PuOCl$：

$$PuO_{2(固)} + \frac{1}{2}H_{2(气)} + HCl_{(气)} \rightleftharpoons PuOCl_{(固)} + H_2O_{(气)}$$

此外，PuO_2 与熔融的 $MgCl_2$ 反应亦可生成同一产物。

蓝绿色的氯化氧钚不溶于水，但易溶于稀的无机酸。它呈 PbFCl 型的四方结构。如将 $PuOCl$ 放在 HCl 气流中加热，又可获得 $PuCl_3$：

$$PuOCl_{(固)} + 2HCl_{(气)} \rightleftharpoons PuCl_{3(固)} + H_2O_{(气)}$$

在含 Pu(III) 的熔融氯化物中，已确证有 $PuCl_5^{2-}$，$PuCl_6^{5-}$，$PuCl_8^{6-}$ 及 $Pu_2Cl_7^-$ 等离子存在。于含有 $PuCl_3$ 的熔融碱金属氯化物（2：1）中通入氯气，当碱金属组分是铯时，能使 Pu(III) 定量地转变成 Pu(IV)；而氯化锂则不会发生 Pu(III) 的氧化；在两者之间的碱金属氯化物介质中，氧化的比例随碱金属组分原子序数的增加而增加。由于氧化作用产生的四价钚的氯化物络盐，组成为 $M_2^IPuCl_6$（M＝Na，K，Rb，Cs），其稳定性随着碱金属原子序数的增加而增加。

在几种含 Pu(IV) 氯化物的络盐中，最熟知的是六氯钚酸铯 Cs_2PuCl_6，由熔融盐法制取与水溶液法制得的是同样的化合物。因为 Cs_2PuCl_6 由溶液中结晶出来时有确定的化学组成，甚至在相对湿度高达 53％ 时，它也不吸收水分，并且对 α 辐射分解稳定，所以 Cs_2PuCl_6 已被推荐作为钚的第一分析标准。

三价、四价和六价钚的氯化物络盐可用有机碱从水溶液中制得。在含 Pu(IV) 或 Pu(VI) 的 4mol/L HCl 溶液中加入 $[(CH_3)_4N]Cl$ 溶液，以水稀释后便得到由橙黄色至黄绿色的氯络合物，如 $[(CH_3)_4N]_2PuCl_6$ 和 $[(CH_3)_4N]_2PuO_2Cl_4$ 等。其中的 Pu(IV) 和 Pu(VI) 可分别为 Th，Np(IV)，U(IV) 或 Np(VI)，U(VI) 等所取代形成一系列含卤络合物。

将 Pu(VI) 的盐酸溶液在真空中蒸发，可制得氯化钚酰 $PuO_2Cl_2 \cdot 6H_2O$，在贮存过程中，六价钚在自身 α 粒子的辐照下逐渐还原成四价钚。

3. 溴化物和碘化物

(1)$PuBr_3$。溴化氢与 Pu(III)的草酸盐反应便可制得：

$$Pu_2(C_2O_4)_3 \cdot 10H_2O + 6HBr \xrightarrow{500℃} 2PuBr_3 + 3CO_2 + 3CO + 13H_2O$$

其他类似于制备 $PuCl_3$ 的方法。

三溴化钚从空气中吸收湿气形成六水合物，并且潮解，生成亮紫色的溶液。固体 $PuBr_3$ 的熔点为 681℃。它的蒸气压与温度的关系如下：

固体 $PuBr_3$,527℃—熔点 681℃时

$$\log P^* = 13.386 - 15280/T(K)$$

液体 $PuBr_3$,681—827℃时

$$\log P^* = 10.237 - 12356/T(K)$$

该化合物在自身 α 粒子的辐照下逐渐分解而释出溴。

将 Pu(III)的氢溴酸水溶液蒸浓，或将水蒸气与 $PuBr_3$ 进行反应，便可制备六水合物 $PuBr_3 \cdot 6H_2O$。它在 225℃的 HBr 气流中脱水，又形成无水的 $PuBr_3$。

(2)$PuBr_4$。制备纯固体 $PuBr_4$ 的努力没有成功。与 $PuCl_4$ 一样，它只能以气态存在，并能以络合物的形式稳定下来。例如，用液态溴将乙腈中的 $PuBr_3$ 氧化，并加入化学计算量的三苯基氧膦(TPPO)或六甲基磷酰胺(HMPA)，在室温下真空蒸发，便可形成鲜红色的络合物 $PuBr_4 \cdot 2TPPO$ 和 $PuBr_4 \cdot 2HMPA$。这些络合物在惰性气氛中是很稳定的[12]。

(3)PuI_3。将碘化汞与金属钚置于真空石英安瓿中，加热至 500℃，便可生成蓝绿色的三碘化钚。PuI_3 的熔点约为 777℃，熔化热 $\Delta H_m = 50.2$kJ/mol。

(4)Pu(III)和 Pu(IV)的碘酸盐。将碱金属的碘酸盐溶液加入到 Pu(III)或 Pu(IV)盐溶液中，可分别析出黄褐色固体三碘酸钚 $Pu(IO_3)_3$ 和淡红色无定形沉淀四碘酸钚 $Pu(IO_3)_4$。由于 $Pu(IO_3)_4$ 的溶解度较低，可用于从镧及稀土中分离钚。在 150—250℃烘干的无水四碘酸钚，适于作钚的第一分析标准。

9.3.3 钚的氧化物

钚和氧可形成一系列二元氧化物、过氧化物、氢氧化物(或水合氧化物)，以及与其他金属元素共存的三元和四元氧化物。

1. 二元氧化物

(1)PuO_2。在所有钚的化合物中，以二氧化钚为最重要，研究得最详尽。它具有十分理想的性质，如熔点高，辐照稳定性好，同金属易于互溶以及便于制备等，使它成为增殖堆和动力堆的重要核燃料。

二氧化钚同所有锕系元素的二氧化物一样，其结晶呈萤石晶格，它是钚的最稳定的氧化物，生成热 $\Delta H_{f298} = -1055.83$kJ/mol，熵 $S_{298} = 68.37$J/mol·K. 将钚的

草酸盐、过氧化物、氢氧化物或硝酸盐等,置于氧气中加热到 800—1000℃,都能生成纯的符合化学计量的 PuO_2。为避免起始化合物在加热过程中因急剧分解而引起的飞溅损失,对不同的化合物可采取不同的升温灼烧方式。

钚与铀一样可形成非化学计量的氧化物。不过,UO_2 在其孔隙的位置上容易吸收氧形成超化学计量的 UO_{2+x} 氧化物,而 PuO_2 在 1400℃以上却失去氧形成亚化学计量(Substoichiometric Oxides)的 PuO_{2-x} 氧化物。由于 PuO_2 极易在表面上吸附氧,因此粉末状的 PuO_2 中,其 O/Pu 比可大于 2。

二氧化钚通常是呈绿色的固体,但由于纯度和颗粒大小的差异,由不同原料化合物制得的 PuO_2 产品可自浅黄、黄绿而至黑色。至于在 1200℃灼烧的产品其外观均为深黄褐色。将 PuO_2 封入氩气氛下的钨皿中,测得其熔点为(2390±20)℃。它的蒸气压较低,因而挥发性也很低。当温度在 2000—2400K 范围时,PuO_2 蒸气压符合下式:

$$\log P(\mathrm{atm}) = 8.072 - 29240/T(\mathrm{K})$$

二氧化钚具有很大的化学惰性,经由高温加热制得的产品在盐酸和硝酸中难于溶解.若采用下列溶剂,按效力大小其顺序为:

$$85\% - 100\% \mathrm{H_3PO_4}(200℃) > 10\mathrm{mol/LHNO_3} - 0.05\mathrm{mol/LHF}$$
$$> 5\mathrm{mol/LHF}$$

沸腾的 HNO_3-HF 混合酸常用来溶解 PuO_2,沸腾的 HBr 的溶解能力也较强。少量的难溶 PuO_2 样品,可于密封的石英管中加 36%(重量)HCl 和几滴 70%(重量)$HClO_4$,在 310—325℃加热数小时来溶解。没有预先经过高温加热的 PuO_2,它能溶于热的浓 H_2SO_4 中。PuO_2 在含 KI 的盐酸溶液中的溶解速度,为评定由不同方法制备及加热到各种温度的 PuO_2 的反应性提供了方法。依照下列反应式释放出的碘:

$$PuO_2 + I^- + 4H^+ \longrightarrow Pu^{3+} + \frac{1}{2}I_2 + 2H_2O$$

可作为 PuO_2 反应性能的标准。经中子辐照过的 PuO_2 溶解起来比较容易,其溶解速度随燃耗的增加而增加。

熔融法常用来溶解 PuO_2。用过的熔剂有:$KHSO_4$,$NaHSO_4$,KHF_2,NH_4HF_2,Na_2O_2-NaOH 和 $K_2S_2O_7$ 等。

二氧化钚在 800℃时既不被氧氧化,也不被臭氧氧化。它与碳反应生成碳化物;与 H_2S 反应,依据反应温度不同,生成硫化物 PuO_2S 或 Pu_2O_3-PuS_{2-x}。它可与 HCl 或 CCl_4 反应生成 $PuCl_3$;可与 HF 反应生成 PuF_3 或 PuF_4,但是若为高温灼烧的 PuO_2,其反应的速度则是缓慢的。这种低反应活性的原因被解释为原来高度扭曲的二氧化钚,经高温灼烧后其晶格变得完整之故。由于 PuO_2 在自身的 α 粒子辐照下引起膨胀,它的晶格常数随着时间的推移而增长,由晶格膨胀所显示的自损伤当加热到 727℃ 时消失。表 9.5 给出核燃料工艺中几种重要含钚化合物性质的比较,高密度的二氧化钚压片可在潮湿的氢气流中于 1500℃ 时将原料烧结而成。

表 9.5　核燃料工艺中几种重要含钚化合物性质的比较

性　质	PuO_2	PuC	PuN	PuS	PuP
结构	CaF_2	NaCl	NaCl	NaCl	NaCl
密度(g/cm³)	11.46	13.58	14.26	10.58	9.88
Pu 的密度(g/cm³)	10.12	12.89	13.47	9.35	8.77
晶格常数(Å)	5.395	4.97	4.90476	5.5409	5.6613
熔点(℃)	2400	1654	2600(1atm,	2350	2600
		(分解)	分解)		(分解)
热膨胀的线胀系数(1/K)	9.3×10^{-6}	9.7×10^{-6}	13×10^{-6}	18.5×10^{-6}	9.7×10^{-6}
热导率(J/s·cm·K)	0.0598	0.531		0.141	0.0769
	(300℃)	(300℃)		(600℃)	(600℃)
室温时的电阻率	1×10^{12}	200—250	650	2450	850
(μΩ·cm)	(外推值)				
室温时的摩尔热容 C_p(J/mol·K)	68.6	47.3		61.21	62.13

(2)Pu_2O_3。曾制备和研究过三种倍半氧化物:六方系的 β-Pu_2O_3,立系的 α-Pu_2O_3 和 α'-Pu_2O_3。β-Pu_2O_3 可由 PuO_2 和碳置于氩气中加热到 1625℃ 或更高的温度制得;也可在密闭的钽坩埚中,于 1500℃ 下用过量磨细的钚金属或氢化物还原 PuO_2 数小时而制取。如所得黑色烧结的 Pu_2O_3 中含有金属钚,可在 1800—1900℃ 下用真空蒸发的方法除去。研磨时需注意,氧化物很容易自燃! 若不搅动它,则在几天内也不被空气所氧化。2210K 时 Pu_2O_3 的气化按下式进行:

$$Pu_2O_3 \Longrightarrow PuO_{(气)} + PuO_{2(固)}$$

在气化过程中,固体的组成趋于 PuO_2,随后其蒸气压减小。

α-Pu_2O_3 可在真空中加热 PuO_2 至 1650—1800℃ 制备;也可采用制 β-Pu_2O_3 的类似方法,据报道这是碳还原 PuO_2 到 β-Pu_2O_3 的一个中间产物。α'-Pu_2O_3 则被认为是 α-Pu_2O_3 的高温形态,均呈黑色。

2. 多元氧化物

已知有各种价态钚的三元氧化物,此外含 Pu(Ⅲ) 和 Pu(Ⅵ) 的四元氧化物也有报道。现举例列于表 9.6。这些化合物可由固态反应和水热法制得,多数三元氧化物是从四价钚生成的。

钚(V,VI)酸盐只能存在于强碱性的碱金属及碱土金属化合物中,它们可由相应的氧化物在氧气流中混合加热到 300—1200℃ 来制取。这类化合物多半不含 PuO_2^+ 或 PuO_2^{2+} 钚酰离子。

表 9.6　钚的多元氧化物的结构数据

价态	化合物	晶格对称性	晶　格　常　数				密度(g/cm^3)	同构化合物
			$a(Å)$	$b(Å)$	$c(Å)$	$\alpha(\beta)(°)$		
VII	Li_5PuO_6	六方系	5.19		14.48		3.53	M(VII)=Np,Tc,Re,I
VI	Li_4PuO_5	四方系	6.677		4.421		5.84	M(VI)=U,Np,Am
	$SrPuO_4$	三方系	6.51			$\alpha=35.68$	7.72	M(VI)=U
	Ba_2SrPuO_6	立方系	8.780					
V	Li_3PuO_4	四方系	4.464		8.367		6.45	M(V)=Pa,U,Np
IV	Li_8PuO_6	六方系	5.64		15.95		4.42	M(IV)=Am,Zr
	$BaPuO_3$	立方系	4.357				8.52	M(IV)=Tc,Zr,U
	$\alpha\text{-}PuSiO_4$	四方系	6.904		6.222		7.366	M(IV)=Th,Np,U,Zx
III	$PuNbO_4$	单斜系	5.46	11.27	5.17	$\beta=94.58$	8.29	M(III)=RE,Am
	$PuVO_3$	斜方系	5.48	5.61	7.78		9.39	M(III)=RE,Am
	Ba_2PuPaO_6	立方系	8.748				8.34	

将 Li_2O 和 PuO_2 的混合物于氧气流中加热至 370—400℃,便可得到七价钚的绿色 Li_5PuO_6[13]。它溶于碱金属的氢氧化物水溶液,生成极不稳定的绿色 PuO_5^{3-} 溶液,继而很快被水还原成黄棕色的六价钚溶液。Li_5PuO_6 与相应的七价镎、铕、铼、碘的三元氧化物 Li_5MO_6 同构。

含三价钚的 $PuPO_4$,$PuAsO_4$ 可由水溶液中沉淀制备,其余钚(III)的三元氧化物只能在强还原条件下制备,例如:

$$2PuO_2+Al_2O_3 \xrightarrow[H_2]{1400℃} 2PuAlO_3$$

由 UO_2 和 PuO_2 形成的 $(U,Pu)O_2$ 固溶体是增殖堆和动力堆的核燃料,所以研究 $UO_2\text{-}PuO_2$ 体系也是重要的[14]。

9.3.4　钚的其他化合物

1.钚与非金属

(1)碳化物。在 Pu-C 体系中,已知有 Pu_3C_2,PuC,Pu_2C_3 和 PuC_2 等化合物,可用石墨粉对 PuO_2 或钚的氢化物进行高温还原来制备。从增殖堆和动力堆角度看来很重要的 U-Pu 混合碳化物,与纯的碳化物类似,可由 U-Pu 合金与石墨一起熔融或用石墨还原$(U,Pu)O_2$而制得,也可将分别制得的单个碳化物在电弧中熔融来制备。已对钚的碳化物的性质和结构进行过研究,但与其他元素碳化物之间形成化合物的研究工作则尚少见。

混合碳化物$(U,Pu)C$遇热水和酸水解,产生氢和甲烷,还有少量长链烷烃和烯烃。水解产物中的氢含量随混合碳化物中 Pu 含量的增高而增加,但中子辐照后将极大地改变碳化物的水解性质。

(2)氮化物。在 Pu-N 体系中,只存在符合化学计量的一氮化合物 PuN。它与钍、铀的氮化物同构,结晶呈氯化钠晶格。可由氢化钚在氮气流中加热至 250—400℃制备。

一氮化钚很易水解,慢慢地产生 PuO_2。PuN 溶于稀盐酸或稀硫酸中,形成蓝色的 Pu^{3+} 溶液。PuN 与 PuO_2 反应可生成 Pu_2O_3,并放出氮气。

PuN 与 UN 能形成一系列的固溶体;PuN 与 PuC 反应生成碳氮化物 $Pu(C,N)$,它与氮化物一样在 1600℃以上时有较高的挥发性。由于一氮化钚具有高度的挥发性且易于分解,故它不能像非挥发性的 UN 那样可望作为核燃料。

(3)硼化物。在 Pu-B 体系中,已知有 PuB_2,PuB_4,PuB_6,PuB_{12}和富硼化合物"PuB_{100}",它们可由金属钚与硼于 BN 或 ZrB_2 坩埚中加热至 800—2060℃来制备。其中 PuB_4 是唯一可同成分熔融的钚的硼化物,其余硼化物都为转熔熔融。在六硼化物和十二硼化物中,金属原子周围布满硼原子,它们均属立方晶系;从 PuB_{12}中可清楚地看到由 24 个 B 原子围成的"硼笼"(图 9.7),它的结构与 UB_{12} 是同类型的,其中金属原子和 B_{12}立方八面体(cuboctahedra)按氯化钠堆积类型排列。

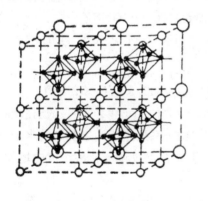
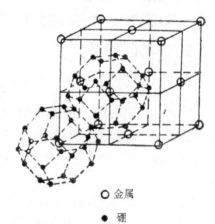

○ 金属

● 硼

图 9.7　六硼化钚和十二硼化钚的晶体结构

(4)硅化物。在 Pu-Si 体系中,有五种金属间化合物相:Pu_5Si_3,Pu_3Si_2,PuSi,

Pu_3Si_5 和 $PuSi_2$,还有三种低共熔体。钚的硅化物通常是将钚和硅置于氩气中电弧熔融制备的,它们呈银灰色、质脆,遇水发生水解。

(5)硫化物。在 Pu-S 体系中,已知有这些化合物:PuS,α-Pu_2S_3,β-Pu_2S_3,γ-Pu_2S_3,PuS_{2-x} 和 PuS_2。一硫化钚可通过氢化钚与 H_2S 加热至 400—600℃ 反应来制备,中间产物有 Pu_2S_3。PuS 呈金棕色,具有典型的半导体性质。PuS_{2-x} 不是 Pu(IV) 的硫化物,而是 Pu(III) 的多硫化物 $Pu_2^{3+}S_3^{2-}S_{1-2x}$。此外,还发现有 α-PuOS,β-PuOS,Pu_2O_2S,$Pu_4O_4S_3$ 和 $U_2Pu_2O_4S_3$ 等氧硫化物。

在钚与非金属组成的体系中,已知的尚有 PuP,$PuAs$,$PuSe$,$PuSb$,$PuTe$ 等二元化合物,它们的结晶均属立方晶系。

2.钚的含氧酸盐

(1)碳酸盐。含 Pu(IV) 的碳酸盐 $Pu(CO_3)_2$ 固体尚未发现,但钚(IV)的碱金属碳酸盐溶液则可由 $Pu(OH)_4$ 或 $Pu(C_2O_4)_2 \cdot aq$ 溶于适当浓度的碱金属碳酸盐溶液而得,或用 H_2O_2、肼等还原剂将 Pu(VI) 碳酸盐溶液进行还原。Pu(IV)碳酸盐很不稳定,当温度稍高时即行水解而沉淀出 $PuO_2 \cdot aq$。

钚(IV) 的碳酸络合物有:$M_4[Pu(CO_3)_4] \cdot aq$($M = NH_4$,K,Na),$M_6[Pu(CO_3)_5] \cdot aq$($M = NH_4$,K,Na),$M_8[Pu(CO_3)_6] \cdot aq$($M = NH_4$,K)和 $K_{12}[Pu(CO_3)_8]$ 等。它们多数是从含 Pu(IV) 的相应碱金属碳酸盐溶液中,加入乙醇和丙酮沉淀得到的,沉淀出来的碳酸络合物的组成与溶液的碳酸盐浓度有关。四价钚的碳酸络合物都是绿色的,热稳定性很差,溶于水而不溶于有机溶剂。

钚(V) 的碳酸络合物 $MPuO_2CO_3$($M = Na$,K,NH_4),可由固体碱金属碳酸盐加到 Pu(V) 溶液中来制得。如将固体碳酸铵加到酸性 Pu(VI) 溶液中,可沉淀出绿色的 $(NH_4)_4[PuO_2(CO_3)_3]$,将它加热到 120℃ 则形成红色的碳酸钚(VI)PuO_2CO_3:

$$(NH_4)_4[PuO_2(CO_3)_3] \xrightarrow{120℃} PuO_2CO_3 + 4NH_3 + 2CO_2 + 2H_2O$$

(2)草酸盐。钚(III)的草酸盐 $Pu_2(C_2O_4)_3 \cdot 10H_2O$ 可由 Pu(III) 的弱酸性溶液加入草酸离子而析出。将此化合物加热,它经由一系列组成尚未确定的水合物,直至 300℃ 以上时变成无水化合物。草酸钚(III)的溶解度随着硝酸浓度的增加而增加。

草酸钚(IV)的水合物已知有 $Pu(C_2O_4)_2 \cdot 2H_2O$,$Pu(C_2O_4)_2 \cdot 6H_2O$ 等,有人曾指出还有一水合物和四水合物存在。草酸钚(IV)是难溶性化合物,在 HNO_3-$H_2C_2O_4$ 溶液中,当27℃和 2mol/L HNO_3 + 0.05mol/L $H_2C_2O_4$ 时,它的溶解度最小。但随着草酸根离子浓度的增加,由于形成了草酸络合物,它的溶解度也跟着增加。草酸钚(IV)在存放期间因其 α 放射性而迅速分解,例如 $Pu(C_2O_4)_2 \cdot 2H_2O$

放置两个月后碳的含量下降 50％之多。$M_4 \cdot [Pu(C_2O_4)_4] \cdot aq(M=Na,K)$ 和 $M_6[Pu(C_2O_4)_6] \cdot aq(M=NH_4,K)$ 络合物可以用乙醇从其溶液中沉淀出来。此外有人制得红色的草酸钚(VI)酰 $PuO_2C_2O_4 \cdot 3H_2O$ 及含 PuO_2^+ 的铵盐 $NH_4Pu \cdot O_2C_2O_4 \cdot 6H_2O$。

(3)硝酸盐。硝酸钚(IV)的五水合物 $Pu(NO_3)_4 \cdot 5H_2O$ 呈绿色,属斜方晶系,它可由 Pu(IV)的 10mol/L 硝酸溶液在室温下慢慢蒸发而得。此化合物很不稳定,40℃以上即开始分解;它可溶于水、丙酮和乙醚。硝酸钚(VI)酰的六水合物 $PuO_2(NO_3)_2 \cdot 6H_2O$ 是粉红色或棕色的矩形片状化合物,由 P_2O_5 浓缩 Pu(VI)的硝酸溶液而得到。将此六水合物进行热分解,则先后生成四水合物、三水合物和二水合物,最后在 150℃时变成无水化合物。在存放期间,该化合物因辐射而迅速分解。文献中还叙述过组成为 $M_2Pu(NO_3)_6(M=K,Rb,Cs)$ 的硝酸复盐以及 $[(C_2H_5)_4N]_2Pu(NO_3)_6$,$[(C_2H_5)_4N]PuO_2(NO_3)_3$ 等化合物。

(4)磷酸盐。无水磷酸钚(III)$PuPO_4$ 呈独居石的单斜晶格,可由其半水合物 $PuPO_4 \cdot 0.5H_2O$ 加热失水而得。无色的焦磷酸钚(IV)PuP_2O_7 和粉棕色的偏磷酸钚(IV)$Pu(PO_3)_4$,与其他四价锕系元素的相应化合物的结构类型相同,除此之外,还存在多种 Pu(IV)的酸式磷酸盐。

在含约 0.01mol/LPu(VI)的弱酸性热溶液中,加入 0.6—1mol/L $(NH_4)_2HPO_4$ 溶液,生成灰绿色的三水合磷酸钚(VI)酰铵沉淀 $NH_4PuO_2PO_4 \cdot 3H_2O$。它与相应的铀酰盐具有相同的结构类型。如向 Pu(VI)溶液中加入磷酸,可得到酸式磷酸盐沉淀 $PuO_2(HPO_4)_4 \cdot 4H_2O$ 和 $PuO_2(H_2PO_4)_2 \cdot 3H_2O$。

(5)硫酸盐。硫酸钚(III)$Pu_2(SO_4)_3$ 呈蓝灰色,可由紫色的硫酸钚(III)水合物加热失水而得。有人制备了三价钚的硫酸复盐 $KPu(SO_4)_2 \cdot 4H_2O$ 和 $TlPu(SO_4)_2 \cdot 4H_2O$。硫酸钚(IV)$Pu(SO_4)_2$ 呈粉红色,可由 Pu(IV)的硫酸溶液蒸干制得;它在 650℃以下是稳定的,温度较高时分解成 PuO_2。硫酸钚的四水合物 $Pu(SO_4)_2 \cdot 4H_2O$ 具有准确的组成、高纯度并且稳定,所以作为钚的第一分析标准[15]。

将含碱金属和 Pu(IV)的稀硫酸溶液浓缩或加入乙醇,就能结晶出组成为 $M_4Pu(SO_4)_4 \cdot 2H_2O(M=K,Rb,NH_4)$,$M_4Pu(SO_4)_4(M=K,Rb,Cs)$ 及 $M_6Pu(SO_4)_5 \cdot aq(M=Na,NH_4,K)$ 的硫酸复盐。其中含 [238]Pu 的 $K_4Pu(SO_4)_4 \cdot 2H_2O$ 绿色盐贮存于密闭的钢质容器时,在三个月内可保持稳定,因此在分析 [238]Pu 的工作中显得比较重要。

9.4 钚的水溶液化学

钚的固体化合物中存在五种价态:Pu(III),Pu(IV),Pu(V),Pu(VI)和

Pu(Ⅶ)。与此相似,钚在水溶液中以下列水合离子形式存在:Pu^{3+} · aq,Pu^{4+} · aq,PuO_2^+ · aq,PuO_2^{2+} · aq 和 PuO_5^{3-} · aq。其中以四价为最稳定。现将各种价态钚的生成热、熵值及简单的制备方法列于表 9.7。钚的最大特征是在溶液中能以 Pu(Ⅲ),Pu(Ⅳ),Pu(Ⅴ)和 Pu(Ⅵ)四种价态同时存在,形成热力学上稳定的体系。这种特性在周期表中是独特的。钚(Ⅴ)在稀酸溶液中极易歧化生成这四种价态同时存在的溶液。

表 9.7　水溶液中的各种钚离子[16]

价态	离子形式	颜色	生成热 ΔH_{f298} (kJ/mol)	熵值 S_{298} (J/mol·K)	简单制备法
+3	Pu^{3+}	蓝色	−581.2	−186.6	1)将金属钚溶于盐酸中 2)用 I⁻(NaHSO₃)还原 Pu(Ⅳ) 3)用 H₂/Pt 在 40—60℃时还原 Pu(Ⅳ)
+4	Pu^{4+}	黄绿色	−526.8	−364.0	1)用 NaNO₂ 或 KBrO₃ 在室温下氧化 Pu(Ⅲ) 2)电解氧化 Pu(Ⅲ)
+5	PuO_2^+	粉红色或红紫色	−878.6	−79.5	1)用化学计量的 I⁻ 在 pH=3 时将 Pu(Ⅵ)还原;用 CCl 萃取 I₂
+6	PuO_2^{2+}	黄绿色	−715.5	−54.4	1)将 Pu 的 HClO₄ 溶液进行蒸发 2)用 AgO 氧化 Pu(Ⅳ).以上两法在氧化前需除去含有的 SO₄²⁻ 和 PO₄³⁻ 离子
+7	PuO_5^{3-}	蓝绿色 (pH>7)			1)用 K₂S₂O₈ 或臭氧在 pH>7 时氧化 Pu(Ⅵ) 2)将高温下制成的 Li₅PuO₆ 溶于氢氧化锂或水中

　　除了中间价态的歧化反应之外,由于钚自身 α 粒子的辐解作用,溶液中钚的价态也会发生变化,而辐解的程度则取决于钚的同位素组成. 钚(Ⅵ)能被氨羧络合剂、8-羟基喹啉和 1,3-二酮类等许多有机试剂还原,所以在萃取和离子交换实验中必须加以注意。

　　PuO_2^+ 和 PuO_2^{2+} 离子与其他锕系元素的酰基离子相似,系线形对称基团。金属-氧之间主要是共价键,Pu—O 间距为 1.8—1.9Å,这个距离比 Pu^{6+} 和 O^{2-} 离子半径的总和还短得多。由结构类型、红外光谱和水溶液化学行为的研究表明,钚酰基团 PuO_2^{2+}[Pu(Ⅴ)n=1,Pu(Ⅵ)n=2]的结构与铀酰基团 UO_2^{2+} 是相似的。

　　蓝绿色的钚(Ⅶ)溶液不稳定,可由钚(Ⅵ)的 0.5—3mol/L NaOH 或 KOH 溶液用臭氧、过硫酸盐或电化学法氧化而成[17];但它甚至在 OH⁻ 浓度较高的情况下也能将水氧化。如将 Pu(Ⅶ)的碱性溶液酸化,它便迅速地还原成 Pu(Ⅵ)。多种还原剂均能将七价锿还原成低价状态。

9.4.1 无机配位体络合物

1. Pu(III)

有关锿络合物形成的研究,是以络合剂存在时观察吸收光谱的变化为依据的。不同作者所得三价锿络合物的生成常数有很大的差异,从表 9.8 的数据可见,氯络合物比溴络合物来得稳定。R. M. Diamond 等人[19]提出,三价轻锕系元素不仅生成离子型络合物,而且可能具有一定程度的共价键成分。锕系元素与卤素的共价络合物的稳定性有随原子序数增加而增大的趋向。

在硫酸溶液中,Pu(III)形成 $PuSO_4^+$ 和 $Pu(HSO_4)_2^+$ 两种离子,其中 $k_1 = 18.13, k_2 = 9.94(\mu=1, pH=3.0)$。在硝酸溶液中,从吸收光谱的变化表明有各级络合物形成。Pu^{3+} 与 SCN^- 根离子亦形成具有一定稳定度的络合物:$k_1 \approx 1.01, k_2 \approx 0.73, k_3 \approx 0.25(\mu=1.0, 25℃)$. 但这种络合物不如 Am^{3+} 和 Cm^{3+} 的络合物来得稳定。此外,三价锿在不同浓度的草酸盐溶液中可形成以下离子:$[Pu(C_2O_4)_2]^-$,$[Pu(C_2O_4)_3]^{3-}$ 和 $[Pu(C_2O_4)_4]^{5-}$ 等。

2. Pu(IV)

表 9.8　三价锕系元素的内界氯络合物和溴络合物的生成常数[14]

元素	氯络合物		溴络合物	
	β_1	β_2	β_1	β_2
U	1.41×10^{-3}	$\ll 10^{-5}$	1.1×10^{-4}	$\ll 10^{-7}$
Np	4×10^{-3}	1.04×10^{-5}	4×10^{-4}	2.9×10^{-7}
Pu	4×10^{-3}	1.0×10^{-5}	3.2×10^{-4}	3.3×10^{-7}
Am	6.3×10^{-3}	2.0×10^{-5}	2.0×10^{-4}	

四价锿与氯形成的络阳离子 $PuCl^{3+}$ 和 $PuCl_2^{2+}$ 的生成常数 $k_1 = 1.4, k_2 = 0.5$ $(\mu=1, 25℃)$。还可能有 $PuCl_3^+$,$PuCl_5^-$ 和 $PuCl_6^{2-}$ 等含氯络阴离子存在。含氟络离子 PuF^{3+} 的生成常数 $k_1 = 5.9 \times 10^6 (\mu=1mol/LHNO_3, 25℃)$,分光光度法研究表明可能存在 F/Pu 比值更高的络合物。

表 9.9　四价锿的硝酸根络合物在各种离子强度下的生成常数 β_i[20]

反　应		β_i		
		$\mu=1.02$	$\mu=1.9$	$\mu=4.7$
$Pu^{4+} + NO_3^- \rightleftharpoons PuNO_3^{3+}$	β_1	5.3	4.0	4.6
$Pu^{4+} + 2NO_3^- \rightleftharpoons Pu(NO_3)_2^{2+}$	β_2	9.2	7.5	14.8
$Pu^{4+} + 3NO_3^- \rightleftharpoons Pu(NO_3)_3^+$	β_3	4.0	4.0	10.8
$Pu^{4+} + 4NO_3^- \rightleftharpoons Pu(NO_3)_4$	β_4	—	1.2	2.0

　　Pu(IV)在硝酸溶液中以逐级络合形式存在,表 9.9 是用磷酸三丁酯萃取法测得的 $Pu(NO_3)_i^{4-i}$ 的累积生成常数。在浓硝酸中则形成了含六硝酸根的络合物。Pu(IV)与硫酸根形成的稳定络合物有:$[PuSO_4]^{2+}$,$Pu(SO_4)_2$ 和 $[Pu(SO_4)_3]^{2-}$。

　　$Pu(C_2O_4)_2·aq$ 在草酸盐溶液中的溶解度,随着草酸根浓度的增加而增大,这是由于四价钚的各种草酸络合物存在着:$[Pu(C_2O_4)]^{2+}$,$[Pu(C_2O_4)_2]$,$[Pu(C_2O_4)_3]^{2-}$ 和 $[Pu(C_2O_4)_4]^{4-}$ 等。已知四价锕系元素之间草酸络合物的稳定性相近,其中铀、镎和钚的生成常数 β_i 几乎相等。

　　Pu(IV)在不同磷酸浓度的溶液中,形成不同形式的磷酸氢钚:$[Pu(HPO_4)]^{2+}$,$[Pu(HPO_4)_2]$,$[Pu(HPO_4)_3]^{2-}$,$[Pu(HPO_4)_4]^{4-}$ 和 $[Pu(HPO_4)_5]^{6-}$.表 9.10 列出它们的生成常数,这些数值表明 HPO_4^{2-} 离子对 Pu(IV)的络合能力比草酸离子还强。在浓酸中,磷酸氢钚络合物被酸分解而放出磷酸:

$$[Pu(HPO_4)_m]^{4-2m}+2mH^+ \rightleftharpoons Pu^{4+}+mH_3PO_4$$

表 9.10　磷酸氢钚(IV)络合物的生成常数[21]

反　　应	k
$Pu^{4+}+HPO_4^{2-} \rightleftharpoons [Pu(HPO_4)]^{2+}$	8.3×10^{12}
$[Pu(HPO_4)]^{2+}+HPO_4^{2-} \rightleftharpoons [Pu(HPO_4)_2]$	6.7×10^{10}
$[Pu(HPO_4)_2]+HPO_4^{2-} \rightleftharpoons [Pu(HPO_4)_3]^{2-}$	4.8×10^9
$[Pu(HPO_4)_3]^{2-}+HPO_4^{2-} \rightleftharpoons [Pu(HPO_4)_4]^{4-}$	6.3×10^9
$[Pu(HPO_4)_4]^{4-}+HPO_4^{2-} \rightleftharpoons [Pu(HPO_4)_5]^{6-}$	6.3×10^8

　　氢氧化钚(IV)在碳酸盐溶液中的溶解度增加,这种溶液的吸收光谱研究进一步表明了碳酸盐络合物的存在。在不同浓度的碳酸盐溶液中,分别有 $[Pu(CO_3)]^{2+}$,$[Pu(CO_3)_4]^{4-}$,$[Pu(CO_3)_5]^{6-}$,$[Pu(CO_3)_6]^{8-}$ 和 $[Pu(CO_3)_8]^{12-}$ 等.其中,最后带有八个碳酸根的络合形式是有待证实的。

　　3. Pu(V)

　　PuO_2^+ 离子在形式上是一价,它的络合能力比通常的一价离子强。但在各种价态的钚离子中,以 PuO_2^+ 离子生成络合物的趋势最小。电位法研究表明,存在着一种不稳定的含氯络合物 PuO_2Cl,它的生成常数只有 0.67,未说明离子强度和温度。通过 Pu(V)草酸盐溶液的离子交换研究,发现存在着 $[PuO_2(HC_2O_4)]$,$[PuO_2(C_2O_4)]^-$ 和 $[PuO_2(C_2O_4)_2]^{3-}$ 等比较稳定的络合物。

4. Pu(VI)

六价钚以 PuO_2^{2+} 离子形式存在,它也生成一系列络合物. 早先根据吸收光谱法判断氟离子与 Pu(VI)离子不生成络合物,后来发现有下列含氟络合物存在:PuO_2F^+,PuO_2F_2,$PuO_2F_3^-$ 和 $PuO_2F_4^{2-}$。

Pu(VI)在盐酸溶液和硫酸溶液中形成的氯络合物或硫酸根络合物组成列于表 9.11。

表 9.11　六价钚的氯络合物和硫酸根络合物

氯 络 合 物		硫酸根络合物	
组　成	稳 定 范 围	组　成	稳 定 范 围
PuO_2^{2+},PuO_2Cl^+	<0.21mol/L HCl	PuO_2SO_4	0.1mol/L H_2SO_4
			0.1mol/L $(NH_4)_2SO_4$
PuO_2Cl_2	~0.21mol/L HCl	$[PuO_2(SO_4)_2]^{2-}$	0.1—4.5mol/L H_2SO_4
			0.1—1.4mol/L $(NH_4)_2SO_4$
$PuO_2Cl_3^-$	>0.92mol/L HCl	$[PuO_2(SO_4)_3]^{4-}$	>4.5mol/L H_2SO_4
			1.4—1.84mol/L $(NH_4)_2SO_4$
$PuO_2Cl_4^{2-}$	>2.7mol/L HCl	$[PuO_2(SO_4)_4]^{6-}$	>1.84mol/L $(NH_4)_2SO_4$

Pu(VI)在醋酸溶液中已发现有:$[PuO_2(CH_3COO)]^+$,$PuO_2(CH_3COO)_2$ 和 $[PuO_2(CH_3COO)_3]^-$ 等存在,并测得它们的生成常数。在非水溶剂中尚发现有四醋酸合钚酰阴离子 $[PuO_2(CH_3COO)_4]^{2-}$,但六价锕系元素的四醋酸络合物的稳定性都较差。从 Pu(VI)的浓醋酸溶液中可用沉淀法制得粉红色的三醋酸钚酰钠 $NaPuO_2(CH_3COO)_3$,它与其他六价锕系元素的相应化合物互为同构体。

硝酸根与 Pu(VI)生成络合物的倾向较小,在 4mol/L HNO_3 溶液中存在着 $[PuO_2(NO_3)]^+$ 和 $PuO_2(NO_3)_2$;硝酸浓度更高时能形成三硝酸根络离子 $[PuO_2(NO_3)_3]^-$,因而可被阴离子树脂交换。

在 Pu(VI)的碳酸盐溶液中,除有可溶性的络合物 $[PuO_2(CO_3)(OH)]^-$,$[PuO_2(CO_3)(OH)_2]^{2-}$ 和 $[PuO_2(CO_3)_2]^{2-}$ 以外,当 $(NH_4)CO_3$ 浓度高于 0.4mol/L 时,将生成难溶的 $(NH_4)_4[PuO_2(CO_3)_3]$,它遇水会转变为二碳酸钚酰铵,同时分解出碳酸铵。有人发现,还有碳酸氢根络合物 $[PuO_2(CO_3)(HCO_3)]^-$ 存在。六价钚的草酸络合物有两种:$PuO_2(C_2O_4)$ 和 $[PuO_2(C_2O_4)_2]^{2-}$,其 $\beta_1=4.3\times10^6$,$\beta_2=3.0\times10^{11}(\mu=1.0)$;但是它的呈深红色的草酸铵溶液是不稳定的,由于其自身 a 粒子的作用,几天之内便定量地还原成三价钚。六价钚在 0.02—0.206mol/L 磷酸溶液中生成 $[PuO_2(H_2PO_4)]^+$,而大于 0.206mol/L 磷酸溶液中则生成中性的 $PuO_2(H_2PO_4)_2$ 络合物。

　　阳离子生成络合物的倾向取决于离子势,即离子的电荷与离子半径之比。电荷高、半径小的离子如 Pu^{4+} 便容易生成络合物,其他价态钚离子形成络合物的能力则不如四价钚。它们生成络合物的能力按下面顺序减小[22]:

$$Pu^{4+}>Pu^{3+}>PuO_2^{2+}>PuO_2^+$$

与相应的铀和镎离子比起来,钚生成络合物的能力较强。

　　阴离子与金属离子形成络合物的倾向,通常是弱酸阴离子显得较强。Pu(IV)的研究证实了这种情形,它与常见阴离子的络合能力按以下顺序递减:

$$F^->NO_3^->Cl^->ClO_4^-$$

$$CO_3^{2-}>SO_3^{2-}>C_2O_4^{2-}>SO_4^{2-}$$

上述顺序与相应酸的相对强度一致。又两价阴离子是比一价阴离子更强的络合物形成体。

9.4.2　有机配位体络合物

　　就各种价态钚与有机配位体形成络合物和螯合物的能力而言,也是以四价钚较强。三价和五价钚只是在很窄的 pH 范围内稳定,Pu(V) 在 pH 为 2—6 时发生歧化作用。六价钚能氧化多种络合剂,因而只能用不被它氧化的有机络合剂来研究它的络合作用。现将三价到六价钚形成的具有一定代表性的络合物和螯合物及其生成常数列于表 9.12 和表 9.13。

表 9.12　Pu(III),Pu(IV)与有机配位体形成的络合物和螯合物

络　合　剂	组　　成	累积生成常数 $\log\beta_i$
Pu(III)		
醋酸(HAc)	$Pu(Ac)^{2+}$	$\log\beta_1=2.02$
	$Pu(Ac)_7^+$	$\log\beta_2=3.34$
Pu(IV)		
乳酸(HLACT)	$Pu(LACT)_4$	$\log\beta_4=16.18$
乙二胺四乙酸(H_4EDTA)	$Pu(EDTA)$	$\log\beta_1=26.14$
柠檬酸(H_3CITR)	$Pu(CITR)^+$	$\log\beta_1=15.54$
		$\log\beta_2=30.0$
乙酰丙酮(HACAC)	$Pu(ACAC)^{3+}$	$\log\beta_1=10.5$
	$Pu(ACAC)_2^{2+}$	$\log\beta_2=19.7$
	$Pu(ACAC)_3^+$	$\log\beta_3=28.1$
	$Pu(ACAC)_4$	$\log\beta_4=34.1$
噻吩甲酰三氟丙酮(HTTA)	$Pu(TTA)_4$	$\log\beta_4=6.4^*$
	$Pu(TTA)_3(NO_3) \cdot TBP$	$\log\beta_{3,1}=8.67$
	$Pu(TTA)_3(NO_3) \cdot TBPO$	$\log\beta_{3,1}=9.9$

络 合 剂	组 成	累积生成常数 $\log\beta_i$
	$Pu(TTA)_2(NO_3)_2 \cdot 2TBPO$	$\log\beta'_{2,2}=11.9$
1-苯基-3-甲基-4-苯甲酰基吡唑酮-[5](HPMBP)	$Pu(PMBP)_4$	$\log\beta_4\approx38.4$
N-苯甲酰苯基-羟胺(HBPHA)	$Pu(BPHA)^{3+}$	$\log\beta_1=11.50$
	$Pu(BPHA)_2^{2+}$	$\log\beta_2=21.94$
	$Pu(BPHA)_3^+$	$\log\beta_3=31.81$
	$Pu(BPHA)_4$	$\log\beta_4=41.35$
醋酸(HAc)	$Pu(Ac)^{3+}$	$\log\beta_1=5.3$
	$Pu(Ac)_2^{2+}$	$\log\beta_2=9.0$
	$Pu(Ac)_3^+$	$\log\beta_3=13.9$
	$Pu(Ac)_4$	$\log\beta_4=18.3$
	$Pu(Ac)_5^-$	$\log\beta_5=22.6$
苯肿酸(H_2PAA)	$Pu(PAA)_2$	$\log\beta_2=26.7$
1-萘肿酸(H_2NAA)	$Pu(NAA)_2$	$\log\beta_2=28.5$
苯基膦酸(H_2PPA)	$Pu(PPA)_2$	$\log\beta_2=19$
酒石酸(H_2TART)	$Pu(TART)^{2+}$	$\log\beta_1=9.5$

$$*定义\ \beta_4=\frac{[Pu(TTA)_4][H^+]^4}{[Pu^{4+}][HTTA]^4}\qquad \beta'_{x,y}=\frac{[Pu(TTA)_z(NO_3)_y\cdot TBP][H^+]^4}{[Pu^{4+}][HTTA]^x[HNO_3]^y[TBP]}$$

表 9.13　Pu(V),Pu(Ⅵ)与有机配位体形成的络合物和螯合物

$(\mu=0.1,25℃)$

络 合 剂	组 成	累积生成常敬 $\log\beta_i$
Pu(V)		
氮川三乙酸(H_3NTA)	$PuO_2(NTA)^{2-}$	$\log\beta_1=6.91$
乙二胺四乙酸(H_4EDTA)	$PuO_2(HEDTA)^{2-}$	$\log\beta'_1=5.30$
	$PuO_2(EDTA)^{3-}$	$\log\beta_1=12.9$
N-2-羟乙基乙二胺三乙酸($H_3NHEDTA$)	$PuO_2(HNHEDTA)$	$\log\beta'_1=4.46$
氨基乙酸(HAAC)	$PuO_2(AAC)$	$\log\beta_1=3.04$
Pu(Ⅵ)		
乙醇酸(HGLYC)	$PuO_2(GLYC)^+$	$\log\beta_1=2.43$
		$\log\beta_2=3.79$
吡啶 2-羧酸(HAPA)	$PuO_2(HAPA)^{2+}$	$\log\beta'_1=0.69$
	$PuO_2(APA)^+$	$\log\beta_1=4.58$

络　合　剂	组　成	累积生成常敬 $\log\beta_i$
烟酸（HNA）	$PuO_2(HNA)^{2+}$	$\log\beta_1 = 0.93$
	$PuO_2(NA)^+$	$\log\beta_1 = 1.87$
噻吩-2-羧酸（HTCA）	$PuO_2(TCA)^-$	$\log\beta_1 = 1.70$
	$PuO_2(TCA)_2$	$\log\beta_2 = 2.96$
呋喃-2-羧酸（HFCA）	$PuO_2(FCA)^-$	$\log\beta_1 = 1.41$
	$PuO_2(FCA)_2$	$\log\beta_2 = 2.87$
苯胂酸（H$_2$PAA）	$PuO_2(PAA)$	$\log\beta_1 = 9.2$

钚与有机配位体在溶液中形成比较有限的几种螯合物，但在固体中已知有许多种钚与有机配位体形成的螯合物，其中大部分是由四价钚生成的，并可用沉淀法从水溶液中制取。

9.4.3　钚的氧化还原反应

现将钚的标准电极电势图解列于表 9.14[23]。其中 Pu^{4+}/Pu^{3+} 电对和 PuO_2^{2+}/PuO_2^+ 电对只涉及一个电子的传递，因而它们的氧化还原平衡能迅速建立。而 PuO_2^+/Pu^{4+} 电对和 PuO_2^{2+}/Pu^{4+} 电对电位的建立则与 Pu-O 键的断裂或形成有关，从而比较缓慢。

表 9.14 提供了计算某种价态钚定量地转变成另一种价态时所需条件的依据，计算中需要考虑络合剂的浓度以及可能出现的歧化反应。

氧化还原反应的速度与外界因素如溶液的 pH 值、温度以及氧化剂或还原剂的性质等密切相关，表 9.15 列出钚进行氧化还原反应时的条件以供参考。有关钚的氧化还原反应的动力学和热力学数据，可参阅文献所载[25]。

由钚的氧化还原电位可知，Pu^{4+} 和 PuO_2^+ 容易发生歧化。前面提到，在一定的 pH 值范围内，钚是唯一可以四种价态形式存在于水溶液中的元素。当上述两种离子在稀盐酸、稀硝酸或稀高氯酸溶液中歧化时，就会形成这种溶液。例如，Pu(IV)（2×10^{-5} mol/L）在室温时 0.5mol/L HCl 溶液中歧化，形成含 62.7% Pu(IV)，26.3% Pu(III)，10.5% Pu(VI) 和 <1% Pu(V) 的混合溶液。四价钚在低温、较高的 H^+ 浓度和有络合剂存在下是稳定的，这是因为在钚的各种价态中，Pu^{4+} 形成最强的络合物，所以络合剂能稳定四价钚而不致歧化。

表9.14　钚的电势图[23]（单位：V）

(1) 1mol/L HClO₄

$$\text{PuO}_2^{2+} \xrightarrow{-0.9164} \text{PuO}_2^{+} \xrightarrow{-1.1702} \text{Pu}^{4+} \xrightarrow{-0.9819} \text{Pu}^{3+} \xrightarrow{+2.03} \text{Pu}$$

-1.0433

-1.0228

(2) 1mol/L HCl

$$\text{PuO}_2^{2+} \xrightarrow{-0.9122} \text{PuO}_2^{+} \xrightarrow{-1.1895} \text{Pu}^{4+} \xrightarrow{-0.9702} \text{Pu}^{3+} \xrightarrow{+2.03} \text{Pu}$$

-1.0508

-1.0238

(3) 1mol/L H₂SO₄

$$\text{Pu}^{4+} \xrightarrow{+0.75} \text{Pu}^{3+}$$

(4) 1mol/L HNO₃

$$\text{PuO}_2^{2+} \xrightarrow{-1.10} \text{Pu}^{4+} \xrightarrow{-0.92} \text{Pu}^{3+}$$

-1.04

(5) 1mol/L OH⁻

$$\text{PuO}_2(\text{OH})_3^{-} \xrightarrow{-0.26} \text{PuO}_2(\text{OH})\cdot\text{aq} \xrightarrow{-0.76} \text{Pu(OH)}_4\cdot\text{aq} \xrightarrow{+0.95} \text{Pu(OH)}_3\cdot\text{aq}$$

-0.4

$$\text{Pu(VII)} \xrightarrow{-0.9} \text{Pu(VI)}$$

表9.15　钚的氧化还原反应[24]

反　　应	试　　剂	溶　　　　液	温度(℃)	速　　度
Pu(III)	XeO₃	HClO₄	30	快
→Pu(IV)	BrO₃⁻	稀酸	室温	很快
	Ce⁴⁺	1.5—6mol/L HCl，稀 H₂SO₄	室温	很快
	Cl₂	0.5mol/L HCl	室温	慢($t_{1/2}$＞9 小时)
	H₂O₂	6mol/L HCl，4—8mol/L HClO₄	室温	几小时后达到平衡的 80%—90%
	Cr₂O₇²⁻	稀酸	室温	很快
	HIO₃	稀酸	室温	很快
	MnO₃⁻	稀酸	室温	很快
	O₂	0.5mol/L HCl	97	4h 为 2.5%
	NO₂	0.4—2mol/L HNO₃； 0.1mol/L HNO₂ 氨基磺酸亚铁	室温	快
	NO₂⁻	0.5mol/L HCl	100	$t_{1/2}$＜1min

反　应	试　剂	溶　　液	温度(℃)	速　度
Pu(IV) →Pu(VI)	$NaBiO_3$	5mol/L HNO_3	室温	<5min
	BrO_3^-	1mol/L HNO_3+0.1mol/L BrO_3^-	85	4h 后达 99%
	Ce^{4+}	0.5mol/L HNO_3+0.1mol/L Ce^{4+}	室温	~15min
	HOCl	pH4.5—8.2;0.1mol/L HOCl	80	~15min
		45% K_2CO_3	40	5—10min
	H_5IO_6	0.02mol/L H_5IO_6+ 0.22mol/L HNO_3	室温	$t_{1/2}=100$min
	MnO_4^-	1mol/L HNO_3+10^{-3}mol/L MnO_4	25	$t_{1/2}=50$min
	O_3	0.25mol/L H_2SO_4	19	~15h
			65	~1/2—1h
		Ce^{3+} 或 Ag^+ 作催化剂	0	~30min
	Br_2	I.5mol/L HNO_3	50	$t_{1/2}\approx 4$min
	$HClO_4$	浓 $HClO_4$	~300	快
	$Pb(C_2H_3O_2)_4$	5mol/L HNO_3	75	~45min
	Ag^{2+}	Ag^++$S_2O_8^{2-}$+1.1mol/L HNO_3	25	~1min
		AgO(固)+0.25mol/L H_2SO_3	0	快
	$Cr_2O_7^{2-}$	0.05mol/L $HClO_4$	25	$t_{1/2}=15$min
		稀 H_2SO_4	室温	~9h
	HNO_3	0.55mol/L HNO_3+10^{-3}mol/LPu	98	2h 达 80%
	Cl_2	0.03mol/L H_2SO_4+饱和 Cl_2	80	$t_{1/2}=35$min
		0.1mol/L $HClO_4$+0.025mol/L Cl_2 +0.056mol/L Cl^-	22	$t_{1/2}=2$h
	电解	0.5mol/L $HClO_4$	室温	~30min
Pu(V) →Pu(IV)	HNO_2		室温	慢
	NH_3OH^+	0.5mol/L HCl+ 0.015mol/L NH_3OH^+	室温	慢
Pu(VI) →Pu(VII)	$K_2S_2O_8$	1mol/L LiOH; 约 0.1mol/L $K_2S_2O_8$	70	相当快
	XeO_3	1mol/L LiOH	70	相当快
Pu(VI) →Pu(V)	I^-	pH2	室温	即刻
	$NH_2NH_3^+$	0.5mol/L HCl+ 0.05mol/L $NH_2NH_3^+$	25	$t_{1/2}=180$min

续表

反 应	试 剂	溶 液	温度(℃)	速 度
	SO_2	pH2	25	~5min
	Fe^{2+}	$\mu=2;0.05—2mol/L\ HClO_4$	0—25	快
Pu(VI)				
→Pu(IV)	HCOOH	HNO_3	室温	慢
	$C_2O_4^{2-}$	$0.02mol/LH_2C_2O_4$	75	$t_{1/2}=60min$
	I^-	$2.3mol/LHI+3.1mol/L\ HNO_3$		快
	Fe^{2+}	HCl	室温	快 } $t_{1/2}>9h$
		$2—6mol/L\ HNO_3+$ $1mol/L$ 氨基磺酸亚铁	室温	快
		$1—2mol/L\ H_2SO_4$	室温	相当快
	H_2O_2	HNO_3	室温	快
Pu(IV)				
→Pu(III)	氢醌	稀 HNO_3	室温	快
	H_2/Pt	$0.5—4.0mol/L\ HCl$	室温	40min
	I^-	$0.1mol/LKI+0.4mol/L\ HCl$	室温	$t_{1/2}=2min$
	HSO_3^-	$0.05mol/L\ NH_4HSO_3$ $+0.3mol/L\ HNO_3$	室温	$t_{1/2}\approx2min$
	NH_3OH^4	$0.5mol/L\ HNO_3$ $+0.1mol/L\ NH_3OH^4$	室温	$t_{1/2}\approx40min$
	Zn	$0.5mol/L\ HCl$	室温	快
	SO_2	$1mol/L\ HNO_3$	室温	$t_{1/2}<1min$
	Ti^{3+}	$6mol/L\ HCl,$稀 H_2SO_4 $1mol/L\ HNO_3+0.5mol/L\ H_2SO_4$	室温 室温	十分快 快
	Cr^{2+}	稀 HCl,稀 H_2SO_4	室温	快
	抗坏血酸	$0.5mol/L\ HNO_3+0.01mol/L$ 抗坏血酸	室温	快
	H_2O_2	$7.5mol/L\ HCl$	室温	几小时
	U^{4+}	$0.4mol/L\ HClO_4$	2.5	$t_{1/2}\approx1.5min$
	H_2S	稀酸	室温	快

　　五价钚在 pH 3—4 的范围稳定,当 pH<2 或 pH>6 时往往发生迅速的歧化。钚的四种价态之间的平衡,通过下列反应而建立:

$$Pu^{4+}+PuO_2^+ \rightleftharpoons PuO_2^{2+}+Pu^{3+}$$

换言之,可借助 Pu(V)的歧化反应来制备同时含有从 Pu(III)到 Pu(VI)四种价态的水溶液(参见图 9.8)。

　　由于钚发生 α 衰变,例如,0.001mol/L 的 ^{239}Pu 溶液由 α 衰变放出的能量约为 1.8×10^{14} eV/min·ml,因而吸收这些能量可引起价态的改变。这种 α 辐射效应有

还原作用,也有氧化作用,通常是由 α 粒子使
水辐解所形成的产物(例如 H_2O_2,$H \cdot$ 和
$OH \cdot$ 自由基等)与其相互作用的结果,它与
溶液的组成及射线的性质有着密切的关
系[26]。因此建议单一价态的钚溶液尽可能
在使用之前制备,对贮备已久的钚溶液应鉴
定其价态。

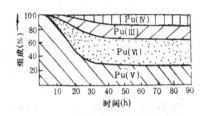

图 9.8　Pu(V)歧化时引起溶液的组成
改变与时间的关系
(0.1mol/LHNO₃＋0.2mol/LNaNO₃)

9.4.4　钚的吸收光谱

各种价态的钚均有特征的吸收光谱,图 9.9 示 Pu(IV)分别在:1. 紫外光区;2.
可见光区;3. 红外光区的吸收光谱。由于吸收带形状多呈陡窄,并有较高的消光系
数,因此可用于定量测定钚的混合价态。

鉴定三价到六价钚最合适的吸收带分别位于下列各值:Pu^{3+}—600nm;Pu^{4+}—
470nm;PuO_2^+—1130nm;PuO_2^{2+}—830.6nm(参见表 9.16)。各个吸收带的位置和
强度都与溶液的组成有密切的关系,人们常借助这种变化判定钚络合物的组成及
稳定性。

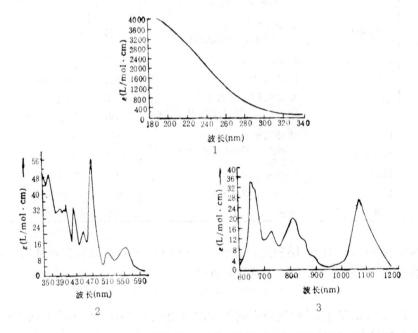

图 9.9　四价钚 Pu(IV)在 1mol/L HClO₄ 中的吸收光谱(25℃)[27,28]
1. 紫外光区;2. 可见光区;3. 红外光区

表 9.16　各种价态钚的摩尔消光系数(1mol/L HClO₄,25℃)

波　长(nm)	摩尔消光系数(L/mol·cm)			
	Pu(III)	Pu(IV)	Pu(V)*	Pu(VI)
600.0	**38**	2	2	1
470.0	3	**55**	2	11
1130.0	16	13	**22**	0
830.6	5	16	5	**555**

* Pu(V):0.2mol/L HClO₄,10℃。

9.5　钚的分析测定

根据样品中含钚量的不同,可将测定钚的方法分为常量法和微量法。用于测定钚含量在 1mg 或 1mg 以上样品的为常量法,它主要包括氧化还原法、直接分光光度测定法、X 射线吸收和 X 射线发射光谱法;用于测定钚含量低于 1mg 样品的为微量法,它主要包括辐射测量法、络离子分光光度测定法、质谱法、极谱法和微量库仑滴定法等。

纯金属钚作为分析钚的第一标准。由于金属钚十分活泼,故在存放期间必须严防湿气和氧气,以免在金属表面形成氧化膜。作为钚基准的化合物必须是稳定且具有精确组成的可溶盐,目前认为最合适的是硫酸钚的四水合物以及饱和钚的氯化物复盐 Cs_2PuCl_6;此外,无水硫酸钚 $Pu(SO_4)_2$ 也有希望作为钚的基准化合物。

由于钚在科学、经济和军事上的重要性,所以对钚的分析化学研究叙述得很多[29,30]。

9.5.1　氧化还原法

在钚的氧化还原滴定中,常进行 Pu(III)—Pu(IV) 或 Pu(VI)—Pu(IV) 的转变。方法是在 1mol/L 硝酸或高氯酸中用 AgO 将钚氧化到六价,或在浓高氯酸中蒸发氧化,继而加过量 Fe(II) 还原成 Pu(IV),最后用 Ce(IV) 以电位法、安培滴定法或目视终点法回滴过量的 Fe(II)。也有人将钚还原到 Pu(III),然后在非氧化性稀酸介质中,以标准 Ce(IV) 溶液直接将 Pu(III) 滴定到 Pu(IV),由电位计指示滴定终点。此外,尚有重铬酸钾滴定法、库仑滴定法等。

9.5.2　分光光度法

由溶液中钚离子对光的直接吸收,或它与有机试剂形成的有色络合物对光的吸收测定钚的浓度。因为各种价态吸收带的准确位置和摩尔消光系数均与溶液组成有很大关系,所以仅对已知组成的溶液才采用直接分光光度法测定。在测定总钚量前,需将钚转化为同一种价态,例如 Pu(III)或是 Pu(IV),在适当的波长上测其吸光。

利用形成深颜色络合物的方法能提高灵敏度和准确度,其中以偶氮胂(III)和偶氮氯膦(III)这两种试剂对测定四价钚最为灵敏。前者与 Pu(IV)形成的络合物于 670nm 处的 $\varepsilon=136000L/mol\cdot cm$;后者与 Pu(IV)形成的络合物于 680nm 处的 $\varepsilon=138000L/mol\cdot cm$。由于它们具有这样高的消光系数,所以可检测极少量的钚(低至小于 $1\mu gPu/ml$)。

9.5.3　X 射线吸收和 X 射线发射法

X 射线吸收测定法的一些特征是:①元素的质量吸收系数随原子序数的增加而增加;②除了相应于特征的吸收带边缘有明显的不连续性外,任何给定元素的吸收系数都随 X 射线波长按指数增加;③吸收程度与元素的同位素组成和化学状态无关。

由于这些特性,构成了 X 射线多色束测定溶液及合金中重元素含量的基础,这种 X 射线吸收法已应用于钚-铝合金燃料板的非破坏性检验。

X 射线发射光谱法是以足够能量的 X 射线照射样品,以激发 K 层或 L 层电子。当这些受激电子回到基层时,则产生荧光 X 射线,其波长代表样品中存在的特定元素。测定荧光光谱的波长可以定性地鉴别这些元素;测量所选定的特征发射谱线的相对强度,则可定量地分析这些元素。适用于测定废水、陶瓷等物质中的钚含量。这两种方法的优点是分析时间较短。

9.5.4　其他分析法

1. 辐射测量法

当已知钚的同位素组成和纯度时,可用 α 计数法测定微量的钚。因为 ^{239}Pu 的 α 比活度是 1.36×10^{11} 衰变/min·g,而 α 计数器的本底计数率可达到<1 计数/min,因此,工艺废液、生物物质、土壤、水和空气滤布等样品中的钚(通常小于微克量),采用 α 计数法测定是十分合适的。如果经过非常仔细的校正,则此法测定钚的总误差可降低到 $\pm1\%$ 以下。当有其他 α 放射体存在时,常用 α 能量分析改进 α 计数法的适应性。

极少量的钚也能使用液体闪烁法来鉴定。

2. 络合滴定法

在 0.1—0.15mol/L 硝酸或盐酸溶液中,Pu(IV)可用 H_4EDTA 直接滴定,以

偶氮胂（I）或二甲酚橙作指示剂。由于钚与 H_4EDTA 的平衡较慢，可先加入过量 H_4EDTA，再用 $Th(NO_3)_4$ 或 $ZnCl_2$ 溶液回滴。

3. 质谱法

用质谱同位素稀释分析法能精确测定微克量的钚及其同位素组成。

4. 重量法

钚能从含 $Pu(III)$ 或 $Pu(IV)$ 的溶液中，以氢氧化物、过氧化物、草酸盐或 8-羟基喹啉盐沉淀出来，然后在空气中于 $1200℃$ 左右灼烧，制得符合化学计量的二氧化钚 PuO_2 称重。

参 考 文 献

[1] 参见 29.8 章[2]，499—504（1977）；W. Seelmann-Eggebert et al. , Chart of the Nuclides, 5 th edition, Karlsruhe GmbH(1981).

[2] S. Katcoff, *Nucleonics*, **18**(11), 201(1960).

[3] M. Taube, "Plutonium", Pergamon Press, Oxford(1964).

[4] 《核燃料后处理工艺》编写组，《核燃料后处理工艺》，原子能出版社，27, 59(1978).

[5] G. Koch, *Chemie in unserer Zeit.* , **2**, 179(1968).

[6] W. H. Smith et al. , US-AEC Report, MLM-1691(1969).

[7] G. A. Burney, *Ind. Eng. Chem.* , Process Design and Development, **3**, 328 (1964).

[8] M. J. F. Notley, J. M. North, P. G. Mardon, M. B. Waldron, in F. Benesovsky(ed.): "Powder Metallurgy in the Nuclear Age-Plansee Proceedings 1961"Metallwerk Plansee AG, Reutte, Austria, 44(1962).

[9] R. A. Kent, *J. Am. Chem. Soc.* , **90**, 5657(1968).

[10] A. A. Jonke, *At. Energy Review.* , **3**(1), 3(1965).

[11] B. Weinstock, J. G. Malm, *J. Inorg. Nucl. Chem.* , **2**, 380(1956).

[12] D. Brown, D. G. Holah, C. E. F. Rickard, *Chem. Commun.* , **651**(1968).

[13] C. Keller, H. Seiffert, *Angew. Chem. internat. Edit.* **8**, 279(1969); *Angew. Chem.* , **81**, 294(1969).

[14] G. Mühling, W. Stoll, R. Theissen, *J. Nucl. Mat.* , **24**, 323(1967).

[15] A. W. Wenzel, C. E. Pietri, *Anal. Chem.* , **35**, 1324(1963).

[16] B. B. Cunningham, "Compounds of the Actinides"in W. L. Jolly(ed.): "Preparative Inorganic Reactions" Vol. 3, Interscience Publishers, New York, 79(1966).

[17] A. K. Pikaev, V. P. Shilov, N. N. Krot, A. D. Gelman and V. I. Spitsyn, *Извест. Акаэ. Наук*, **5**, 1199 (1969).

[18] M. Shiloh, Y. Marcus, *J. Inorg. Nucl. Chem.* , **28**, 2725(1966).

[19] R. M. Diamond, K. Street, G. T. Seaborg, *J. Am. Chem. Soc.* , **76**, 1461(1954).

[20] A. Ghosh-Mazumdar, M. N. Namboodiri, H. D. Sharma, Proc. of the 3rd Int. Conf. on the Peaceful Uses of Atomic Energy, Geneva(1964), **10**, 286 (1965).

[21] R. G. Denotkina, A. I. Moskvin and V. B. Shevchenko, Russ. *J. Inorg. Chem*, **5**, 731(1960).

[22] J. M. 克利夫兰(Cleveland), "The Chemistry of Plutonium", Gordon and Breach Science Publishers, New York(1970).《钚化学》翻译组译，《钚化学》，科学出版社，90(1974).

[23] J. M. Cleveland, "Solution Chemistry of Plutonium" in O. J. Wick(ed.): "Plutonium Handbook", Vol. 1, Chapter 13, Gordon and Breach Science Publishers, New York, 403(1967). 212 科技图书馆《钚手册》翻译组译,《钚手册》,上(1972).

[24] G. H. Coleman, "The Radiochemistry of Plutonium" National Academy of Sciences, National Research Council NAS-NS-3058(1965).

[25] T. W. Newton, F. B. Baker, "Aqueous Oxidation-Reduction Reactions of Uranium, Neptunium, Plutonium and Americium" in R. F. Gould(ed.): "Lanthanide/Actinide Chemistry", Advances in Chemistry Series 71, American Chemical Society, Washington, 268(1967).

[26] F. J. Miner, J. R. Reed, *Chem. Rev.* , **67**, 299(1967).

[27] H. A. Swain, Jr, D. G. Karraker, *Inorg. Chem.* , **9**, 1766(1970).

[28] V. I. Spitsyn et al. , *J. Inorg. Nucl. Chem.* , **31**, 2733 (1969).

[29] 同[23], Vol. 2, Chapter 21.

[30] A. V. Baeckmann, *Atompraxis.* , **15**, 15(1969).

29.10　镅

以 Seaborg 为首的一些美国科学家,在完成钚的基本研究后,转入合成下一个锕后元素的工作,他们首先考虑的是 95 号和 96 号元素[1,2]。当时以为这两元素与钚的性质相似,拟同样以六价形式使之分离,未获成功。后来产生锕后元素类似镧系元系的观念,于是提出了这样一个关键性的想法:按稀土元素价态稳定规律,这两元素的特征稳定价态将是三价,欲使其氧化至高于三价必很困难。由此探索工作立即获得进展。他们于 1944 年底和 1945 年初在处理经过中子长期照射的钚样品时,提取到一种长寿命 α 放射体,其反应步骤可写为:

$$^{239}Pu(n,\gamma)^{240}Pu(n,\gamma)^{241}Pu \xrightarrow{\beta^-} {}^{241}Am \xrightarrow{\alpha}$$

由 α 粒子轰击 ^{238}U 的研究,进一步证实了 95 号元素镅的发现:

$$^{238}U(\alpha,n)\ ^{241}Pu \xrightarrow{\beta^-} {}^{241}Am \xrightarrow{\alpha}$$

95 号元素与镧系元素中的"铕"(Europium,纪念欧洲)相对应,故命为"镅"(Americium)以纪念发现地美洲。1945 年末 Cunningham 使用超微量化学技术提取得几微克的 ^{241}Am。目前世界上正以公斤量级生产着镅,主要用于制备 96 号元素锔和锔后元素。

10.1　镅的同位素与核性质

已经知道的有从质量数 232—247 的镅同位素(表 10.1)。其中最重要的是 ^{241}Am 和 ^{243}Am,两者均可由照射钚的方法而得到同位素纯的产品。

表 10.1　镅的同位素[3]

核素	半衰期	衰变方式 (分支比,%)	粒子能量 MeV (强度,%)	主要的产生方式
^{232}Am	1.4min	$\alpha(\geqslant 2)$ $\varepsilon(\leqslant 98)$		$^{230}Th(^{10}B,8n)$
[^{234}Am]	2.6min			
^{237}Am	1.25h	$\alpha(0.009)$ $\varepsilon(\sim 100)$	$E_\alpha\sim 6.01$ $E_\gamma=0.4735(8.2^*)$ 　0.4385(16.5*) 　0.2803(100*)	$^{238}Pu(p,2n)$
^{238}Am	1.63h	$\alpha(<6\times10^{-4})$ $\varepsilon(\sim 100)$	$E\gamma=0.9628(29.0)$ 　0.9187(23.6) 　0.1171(13)	$^{239}Pu(p,2n)$ $^{239}Pu(d,3n)$ $^{237}Np(\alpha,3n)$

核素	半衰期	衰变方式 （分支比，%）	粒子能量 MeV （强度，%）	主要的产生方式
^{239}Am	11.9h	α(0.005) ε($\sim$100)	0.1038(36) 0.0995(24) E_α=5.825(1.65×10^{-5}) 5.776(4.18×10^{-3}) 5.734(6.88×10^{-4}) E_γ=0.2776(20) 0.2099(5)	^{239}Pu(d,2n) ^{237}Np(α,2n)
^{240}Am	51h	α(1.9×10^{-4}) ε(>99.7)	E_α=5.378(1.7×10^{-4}) 5.337(2×10^{-5}) E_γ=1.40(10) 1.00(77) 0.90(23)	^{240}Pu(d,2n) ^{239}Pu(d,n) ^{237}Np(α,n)
^{241}Am	433a	α(>99) SF(3.8×10^{-10})	E_α=5.5443(0.35) 5.511(0.20) 5.4857(85.2) 5.4429(12.8) 5.387(1.60) E_γ=0.05954(35.9) 0.02636(2.5)	^{240}Pu 衰变子核 ^{239}Pu,^{238}U 多次 中子俘获 镎人工放射系 成员
^{242}Am	16h	β^-(83.1) ε(16.9)	E_{β^-}=0.667(37) 0.625(46) E_γ=0.1038 X 0.0446	^{241}Am(n,γ) ^{238}U,^{239}Pu 多次 中子俘获
^{242m}Am	152a	α(0.48) IT(99.5) SF(1.6×10^{-8})	E_α=5.408(0.01) 5.205(0.4) 5.140(0.03) E_γ=0.0493(0.19) E_γ=0.0486(0.20)▲ （▲系 IT 的 γ）	^{241}Am(n,γ) ^{239}Pu,^{238}U 多次 中子俘获
^{243}Am	7950a	α(100) β稳定	E_α=5.350(0.16) 5.276(87.6) 5.234(10.6) 5.181(1.1) E_γ=0.07467(66.0) 0.04353(5.5)	^{238}U,^{239}Pu 多次 中子俘获 堆中子+^{241}Am
^{244}Am	10.1a	β^-(100)	E_{β^-}=0.387(100) E_γ=0.8982(29) 0.7441(70) 0.1537(19)	^{243}Am(n,γ)

核素	半衰期	衰变方式 (分支比,%)	粒子能量 MeV (强度,%)	主要的产生方式
^{244m}Am	26min	$\beta^-(\sim100)$	$E_{\beta^-}=1.498(80)$ $1.455(\sim18)$ $\sim0.45(<2)$	^{243}Am(n,γ)
		$\varepsilon(0.039)$	$E_\gamma=1.050$	
^{245}Am	2.1h	$\beta^-(100)$	$E_{\beta^-}=0.905(78)$ $0.65(17)$ $0.61(5)$ $E_\gamma=0.2527(6.1)$	^{144}Pu$(n,r)^{243}$Pu(β^-)
^{246A}Am	39min	$\beta^-(100)$	$E_{\beta^-}\simeq1.20(\sim100)$ $E_\gamma=0.834(10^*)$ $0.756(25^*)$ $0.679(100^*)$ $0.205(68^*)$ $0.1535(48^*)$	^{244}Pu(α,d) ^{244}Pu$(^3$He$,p)$
^{246B}Am	25min	$\beta^-(100)$	$E_{\beta^-}=2.26(7)$ $1.46(11.4)$ $1.222(43)$ $1.19(15.9)$ $0.66(6.4)$ $E_\gamma=1.07890(28.0)$ $1.06207(17.1)$ $1.03603(12.9)$ $0.83362(1.81)$ $0.79883(24.7)$	^{246}Pu 衰变子核
^{247}Am	22min	β^-	$E_{\beta^-}=1.37(\sim50)$ …… $E_\gamma=0.285(100^*)$ $0.225(23^*)$ 0.1093X	^{246}Pu(α,p)

注:246A,246B 尚未确定属基态或激发态。

各符号意义参见表 8.1 之注释。

在从事核物理的工作者看来,半衰期从微秒到纳秒之间的自发裂变同质异能素是颇引人注意的。值得指出的是,^{242m}Am 的裂变截面很大,达 $\sigma_f=6600$b($\nu=3.24$ 中子/裂变),这在所有已知的热中子裂变截面中是最大的。

10.2　镅的主要同位素的生产

10.2.1　^{241}Am

它有两个来源：

(1)以铀或钚作核燃料的反应堆，尤其是当钚连续使用时，由于钚重同位素含量增加，在堆中可产生出^{241}Am，^{243}Am 和^{242}Cm 等核素，这些将以副产物形式提取出来。在处理辐照后燃料的过程中，镅和稀土裂变产物一起进入高放废液，由于镅含量少而废液放射性高，分离任务是艰巨的。

已经试验出各种流程。通常首先用磷酸三丁酯溶剂萃取法，从强酸溶液中除去四价钚；然后从含有大部分裂变产物的微酸性溶液中萃取镅和稀土元素，最后用离子交换法或溶剂萃取法纯化镅。前者是将混合物吸附在阴离子交换柱上，采用10mol/L LiCl 洗脱稀土元素后，接着再用 1mol/L LiCl 洗脱镅和锔等；后法多以磷酸二(2-乙基己基)酯 HDEHP 为萃取剂。

(2)^{241}Am 的另一来源是^{241}Pu 的衰变。若贮放含多量^{241}Pu 的钚溶液，则可积聚^{241}Am：

$$^{241}\text{Pu} \xrightarrow[15.2a]{\beta^-(\sim100\%)} {}^{241}\text{Am}$$

^{241}Pu 的半衰期为 15.2a，有充分的时间使之与铀裂变产物和其余杂质分离纯化。钚易于转化成 Pu(IV)或 Pu(VI)，而 Am 在溶液中最稳定的是三价，因而不难制得适用于分离镅的 Pu(IV)＋Am(III)溶液或 Pu(VI)＋Am(III)溶液，然后用离子交换法可得到高纯度的镅[87]。其原理是在 7—8mol/L HNO$_3$ 中，四价钚以[Pu(NO$_3$)$_6$]$^{2-}$形式强烈吸附在阴离子交换树脂上，将钚分离后，使镅吸附到阳离子交换树脂上，而与大多数杂质元素分离，继而以络阴离子[Am(SCN)$_4$]$^-$形式吸附于阴离子交换柱，最后用 0.1mol/L HCl 洗脱下来。

10.2.2　^{243}Am

^{243}Am 可由^{239}Pu 经多次中子俘获产生，因而早先将由 95％Al 和 5％Pu 制作的铝钚合金靶置于反应堆中，进行长期照射而生产少量^{243}Am，并有相应的提取流程。现在正以较大量的规模制取^{243}Am 等，进而又可由这些核素作为合成克量级锔的起始材料。

10.3 镅的化合物

10.3.1 镅的氢化物

镅的氢化物已知有两种：六方晶系的 AmH_3 和立方晶系的 AmH_2。

AmH_2 的生成反应为：

$$Am(固)+H_2(气) \Longleftrightarrow AmH_2(固)$$

它的生成热为 $\Delta H_f = -168.6kJ/mol(773—1073K)$。

10.3.2 镅的卤化物

1.氟化物

纯三氟化镅 AmF_3 呈粉红色，可由 AmO_2 在 HF 气流下加热至 400—500℃反应而制得。若将 AmF_3 或 AmO_2 在上述温度内用单质氟进行氟化，则生成灰褐色的四氟化物 AmF_4。

镅的三元氟化物有：AmO_2F_2，$NaAmF_4$，$LiAmF_5$，$7NaF \cdot 6AmF_4$ 和 Rb_2AmF_6 等，分别由 Am(III)—Am(VI)化合物与碱金属氟化物反应制取。

2.氯化物

三氯化镅 $AmCl_3$ 可由 AmO_2 置于 CCl_4 饱和的 Ar 和 Cl_2（1：1）的混合气流下，加热至 350—500℃反应而得，它呈淡红色，但在致密状态下呈珊瑚红色；由于其 α 放射性之故，在暗处中发出蓝绿色的微光。将 Am(III)的 6mol/L HCl 溶液蒸发，可制得它的六水合物 $AmCl_3 \cdot 6H_2O$，在它每个 Am 原子周围有六个氧和两个氯相邻，形成 $Cl_2Am(OH_2)_6$ 这样的络合物；而第三个氯原子却不与 Am 相连，但有一个不规则的水分子八面体围绕着它，形成了 $AmCl_3 \cdot 6H_2O$ 结构上一个有趣的特点。

Am(III) 的 四氯和六氯多元化合物如：$CsAmCl_4 \cdot 4H_2O$，Cs_3AmCl_6 和 $Cs_2NaAmCl_6$ 等，可在浓盐酸溶液中进行沉淀反应而制取。$CsAmCl_4$ 无水化合物由其四水化物在 320℃左右用氯化氢处理而得。

Am(V)与氯的络合物有黄绿色的 $Cs_3AmO_2Cl_4$，当用浓盐酸处理该沉淀时，它转化成含 Am(VI)的暗红色氯化物复盐 $Cs_2AmO_2Cl_4$。由于 AmO_2^{2+} 离子具强氧化性，因而含 Am(VI)氯络合物的存在是耐人寻味的，它可能很快将氯离子氧化而自身还原成 Am(III)而稳定下来。

3.溴化物和碘化物

三溴化锔 $AmBr_3$ 是按下列反应制得的：

$$3AmO_2 + 4AlBr_3 \rightarrow 3AmBr_3 + 2Al_2O_3 + \frac{3}{2}Br_2$$

三碘化锔 AmI_3 则由复分解法而得：

$$AmCl_3 + 3NH_4I \rightarrow AmI_3 + 3NH_4Cl$$

现将各种价态锔的二元和多元卤化物的晶体结构资料，列于表 10.2。

表 10.2　锔的二元和多元卤化物的晶格常数

化合物	晶格对称性	空间群	颜色	晶格常数				X 射线法测得的密度 (g/cm^3)
				$a(\text{Å})$	$b(\text{Å})$	$c(\text{Å})$	$\beta(°)$	
AmF_3	六方	$P3cl$	粉红色	7.044		7.225		9.56
AmF_4	单斜	$C2/c$	灰褐色	12.56	10.58	8.25	125.9	7.12
$AmCl_3$	六方	$P6_3/m$	粉红色	7.382		4.214		5.76
$AmBr_3$	斜方	$Cmcm$	白色(?)	12.66	4.064	9.124		6.70
AmI_3	六方	$R3$	黄色(?)	7.42		20.55		6.32
AmO_2F_2	六方-三方	$R3m$	棕色	4.136		15.85		6.60
$AmOCl$	四方	$P4/nmm$	粉红色	4.00		6.78		8.95
$AmCl_3 \cdot 6H_2O$	单斜	$P2/n$		9.702	6.567	8.009	93.62	
$AmBr_3 \cdot 6H_2O$	单斜	$P2/n$	浅棕色	9.955	6.738	8.166	92.75	3.51
$NaAmF_4$	六方	$P\bar{6}$	粉红色	6.019		3.731		7.05
$LiAmF_5$	四方	$I4_1/a$	粉红色	14.63		6.449		6.19
$7NaF \cdot 6AmF_4$	六方-三方	$R\bar{3}$		14.48		9.665		6.23
$7KF \cdot 6AmF_4$	六方-三方	$R3$		14.938		10.293		6.09
Rb_2AmF_6	斜方	$Cmcm$	粉红色	6.962	12.001	7.579		5.52
$KAmO_2F_2$	三方	$R3m$	白色	6.78			36.2	5.97
$RbAmO_2F_2$	三方	$R3m$	黄色	6.789			36.25	6.90
$Cs_2AmO_2Cl_4$	立方		红色	15.1				
$Cs_2NaAmCl_6$	立方	$Fm3m$	黄色	10.86				

10.3.3　锔的氧化物

二氧化锔 AmO_2 是暗棕色粉末，它可由锔化合物如：$Am(NO_3)_3$，$Am_2(C_2O_4)_3$ 或 $Am(OH)_3 \cdot aq$ 等，在氧气中加热至 $700\sim800℃$ 反应而得。它在 $1000℃$ 时还是稳定的，温度再高，则慢慢地放出氧。AmO_2 晶体与其他锕系元素的二氧化物一样，具有萤石的结构。它易溶于盐酸放出氯气，也溶于硝酸和硫酸而放出氧气。

三价锔的氧化物 Am_2O_3 可用氢气还原 AmO_2 来制备，随着原温度的不同而呈立方或六方晶系。在较高的温度下，还可形成 C 型或 A 型稀土氧化物的晶体结构，分别具红棕色和灰褐色。

将固体 AmO_2 或 Am_2O_3 与其他元素的氧化物反应,可制成不同组成的三价到六价镅的多元氧化物。例如:黄褐色斜方晶系 $AmVO_3$,品红色单斜晶系 $AmPO_4$;深棕色四方晶系 $AmSiO_4$,棕黑色单斜晶系 Na_2AmO_3;棕色四方晶系 Li_3AmO_4;棕黑色四方晶系 Li_4AmO_5 等。三价镅的三元氧化物大多与稀土的类似化合物相对应,由于镅和钕的离子半径几乎相等,因而彼此的化合物也互相对应。四价镅的三元氧化物,只有当其晶格十分稳定时才能制得。AmO_2 与 ThO_2,NpO_2,PuO_2 一起可生成连续系列的固溶体。五价镅的化合物十分稳定,如 Li_3AmO_4 直热至 $1000℃$ 才放出氧气。六价镅化合物也很稳定。所有碱金属镅酸盐在空气或氧气中热分解的最终产物均是 AmO_2 或 AmO_{2-x}。

五价和六价固体镅酸盐对辐照的稳定性比相应价态水溶液的稳定性高得多。与 AmO_2 晶格出现缺陷的情形类似,由于 ^{241}Am 的 α 放射性,镅的三元氧化物中也导致某些晶格的损伤。

此外,有人在金属镅表面观察到一氧化镅 AmO 层,它呈黑色、性脆,外观与金属相像。

10.3.4 镅的其他化合物

(1)碳化物。将金属镅与高纯石墨经电弧熔融,可制得黑色 Am_2C_3 化合物,它呈立方晶系,与其他锕系元素的碳化物结构相同。

(2)氮化物。将氢化镅与氮气或氨气在 $750-800℃$ 时作用,可生成黑色而性脆的氮化镅 AmN。

(3)硫化物。在密封的高真空石英管内,由 AmH_n 与化学计量的硫进行气相反应,可获得黑色斜方晶系的 $\alpha\text{-}Am_2S_3$。将此硫化物置于真空条件下加热,就生成立方晶系的 AmS 和 $\gamma\text{-}Am_2S_3$ 的混合物。

(4)硫酸盐。在 Am^{3+} 盐的 $0.5mol/L$ 硫酸溶液中加入乙醇,便生成 $Am_2(SO_4)_3 \cdot 5H_2O$ 沉淀。此化合物经 $550℃$ 加热失水成一水化物,最后得无水化合物 $Am_2(SO_4)_3$;如继续在更高温度下加热,它分解成 AmO_2。有人曾经从含镅和碱金属等的硫酸溶液中提取出组成为 $MAm(SO_4)_2 \cdot 4H_2O(M=Rb,Cs,Tl)$,$M_8Am_2(SO_4)_7(M=K,Cs,Tl)$,$KAm(SO_4)_2 \cdot 2H_2O$ 和 $K_3Am(SO_4)_3 \cdot H_2O$ 的硫酸复盐固体。

(5)碳酸盐。用 $NaHCO_3$ 溶液处理 $Am(OH)_3$,则生成粉红色呈假立方晶系的碳酸镅 $Am_2(CO_3)_3 \cdot xH_2O$。加碳酸钠溶液处理 $Am(III)$ 的碳酸盐,便生成碳酸复盐结晶 $NaAm(CO_3)_2 \cdot 4H_2O$ 和 $Na_3Am(CO_3)_3 \cdot 3H_2O$。如以过二硫酸盐或臭氧将 $Am_2(CO_3)_3 \cdot xH_2O$ 氧化,则得到镅(V)酰碳酸复盐 $KAmO_2CO_3$,

$K_3AmO_2(CO_3)_2$ 以及 $K_5AmO_2(CO_3)_3$。由于它们的溶解度低,适于大量镅和锔的分离[5]。

(6)草酸盐。往 Am^{3+} 的溶液中加入过量草酸,则生成粉红色单斜晶系的 $Am_2(C_2O_4)_3 \cdot 10H_2O$ 沉淀。它与 $La_2(C_2O_4)_3 \cdot 10H_2O$ 为同一类型,在 HNO_3-$H_2C_2O_4$ 介质中溶解度很小。将其加热,它经一系列中间水化物变成无水盐,300℃以上分解成二氧化镅 AmO_2。

10.4　镅的水溶液化学

镅在水溶液中与固体中一样,存在着四种价态:$Am(\mathrm{III})$,$Am(\mathrm{IV})$,$Am(\mathrm{V})$ 和 $Am(\mathrm{VI})$。当不存在络合剂时,三价、五价和六价镅与其他超铀元素相对应价态的离子一样,都以水合离子形式 $Am^{3+} \cdot aq$,$AmO_2^+ \cdot aq$ 和 $AmO_2^{2+} \cdot aq$ 存在;四价镅只有在浓的氟化物和磷酸盐溶液中才稳定,在其他溶液中会迅速歧化。镅最稳定的价态是三价,这与铀及超铀元素系列内,高价稳定性随原子序数的增加而逐渐下降的现象相符。镅对应于镧系元素中的铕(Eu),可是三价镅 Am^{3+} 离子的半径($r_{Am^{3+}} = 0.99\text{Å}$)与三价钕 Nd^{3+} 离子的半径($r_{Nd^{3+}} = 0.995\text{Å}$)几乎一致,所以 Am^{3+} 离子的特性更接近于 Nd^{3+},而不是 Eu^{3+}。此外,有人观察到七价镅的存在。

现将各种镅离子的性质及其简单制法列于表 10.3。

表 10.3　水溶液中的各种镅离子

价态	离子形式	颜色	生成热 ΔH_{f298K} (kJ/mol)	熵 (J/mol·K)	简单制备法
+3	Am^{3+}	粉红-红色	−682.8	−158.9	1)AmO_2＋HCl(加热)
					2)$Am(>111)$＋NH_2OH,I^-,SO_2 等
					3)$Am(>111)$自还原
+4*	AmF_5^-, AmF_6^{2-}	粉红-红色	−476.9	−372.4	1)$Am(OH)_4$＋饱和 NH_4F 溶液
+5	AmO_2^+	黄棕色	−869.4		1)0.03mol/L $KHCO_3$ 溶液中用 O_3 或 $S_2O_8^{2-}$ 氧化 Am^{3+}
					2)将加热制得的 Li_3AmO_4 溶于稀 $HClO_4$
+6	AmO_2^{2+}	黄棕色	−715.5		1)用 O_3(在 0.03mol/L $NaHCO_3$ 溶液中),Ce^{4+} 或 Na_4XeO_6 氧化 Am^{3+}
					2)在带隔板的电解槽内电解氧化
					3)将加热制得的 Li_6AmO_6 溶于水或 $HClO_4$

＊ 只有在浓氟化物和磷酸盐溶液中才是稳定的。

在镅的固体化合物中,AmO,AmH$_2$ 形式上是二价镅,但它们仅属金属间化合物而并非离子化合物。在稀的 AmF$_3$-CaF$_2$ 固溶体中,由于辐射-化学自还原作用,观察到有二价镅生成,但并未获得纯 AmF$_2$。此外,人们在有关镅的某些极谱研究中,发现有 Am^{2+} 的存在。

^{241}Am 的比活度(3.46mCi/mg)要比 ^{243}Am 的比活度(201.6μCi/mg)高,因而 ^{241}Am 的辐射 化学作用也比 ^{243}Am 更加厉害,这给早先用 ^{241}Am 来开展镅的研究工作造成相当的困难。有人建议用 ^{243}Am 来校正以前用 ^{241}Am 做的实验结果。文献[6]中对镅的化学作了详尽的论述。

10.4.1 无机配位体络合物

1. Am(III)

三价镅能形成不很稳定的氯络合物和硝酸络合物,而形成的硫氰酸络合物则比较稳定(表 10.4)。在硫氰酸盐存在的情形下,锕系元素与镧系元素形成络合物的差别很明显,Am(III)形成 1:4 的络合物[Am(SCN)$_4$$^-$],而镧系元素却不能。因此利用 NH$_4$SCN 溶液的阴离子交换法,可实现镅与镧或三价锕系元素与镧系元素的分离。此外,也有人利用 Am(III)的浓 LiCl 溶液在阴离子交换树脂上比镧系元素具有较高的分配系数,从而进行彼此的分离的[7]。

Am(III)的硫酸络合物比它与一价阴离子的络合物更稳定。有 AmSO$_4$$^-$,[Am(HSO$_4$)$_2$]$^+$ 和[Am(SO$_4$)$_2$]$^-$ 等络离子形式。Am(III)与草酸的络离子已知有:[Am(C$_2$O$_4$)]$^+$,[Am(C$_2$O$_4$)$_2$]$^-$ 和[Am(C$_2$O$_4$)$_3$]$^{3-}$ 等。在乙酸盐溶液中则有下列络离子:[Am(CH$_3$COO)]$^{2+}$,[Am(CH$_3$COO)$_2$]$^+$ 和 Am(CH$_3$COO)$_3$。Am^{3+} 与磷酸二氢根离子也形成很稳定的络离子 AmH$_2$PO$_4$$^{2+}$。

2. Am(IV)

四价镅仅在浓的氟化物和磷酸盐溶液中才稳定而不歧化。例如,将 Am(OH)$_4$ 用近于饱和的 RbF 的 1mol/LHF 溶液处理,得到 Am(IV)的氟化物溶液,可能存在着 AmF$_5$$^-$ 和 AmF$_6$$^{2-}$,放置一段时间后析出微小的晶状沉淀 Rb$_2AmF_6$。如将 Am(III)电解氧化,便可制得 Am(IV)的磷酸盐溶液。

3. Am(VI)

往 Am(VI)溶液中加入乙酸钠,可得到乙酸镅(VI)酰钠水合物 NaAmO$_2$(CH$_3$COO)$_3$·aq,这与其他六价锕系元素的乙酸复盐相似。因而推知可能存在下列络离子:AmO$_2$(CH$_3$COO)$^+$,AmO$_2$(CH$_3$COO)$_2$ 和 AmO$_2$(CH$_3$COO)$_3$$^-$。

表 10.4 三价镅、镧、铕、镥与各种阴离子络合物的生成常数

阴离子	实验条件	β_i	Am	La	Eu	Lu
F⁻	萃取法 $\mu=0.5,25℃$	β_1	2.46×10^3			
		β_2	1.28×10^6			
		β_3	1.0×10^9			
Cl⁻	萃取法 $\mu=4,25℃$	β_1	0.71	0.60	0.71	0.45
		β_2	0.21	0.23	0.19	0.27
NO₃⁻	萃取法 $\mu=1,22℃$	β_1	1.8	1.3	2.0	0.6
SCN⁻	萃取法 $\mu=5.0,25℃$	β_1	7.1	1.7	2.09	2.8
		β_2	—	—	~0.9	~0.05
		β_3	3.56	0.18	0.44	0.72
		β_4	1.00			
SO₄²⁻	萃取法 $\mu=1,25℃$	β_1	37	28.2	34.7	19.5
		β_2	4.57×10^2	2.88×10^2	4.9×10^2	~79
		β_3	—	—	—	2.29×10^3
C₂O₄²⁻	萃取法 $\mu=1,25℃$	β_1	4.27×10^4	1.82×10^4	5.89×10^4	1.29×10^5
		β_2	2.24×10^8	7.08×10^7	5.25×10^3	1.51×10^9
		β_3	1.41×10^{11}	1.86×10^{10}	2.46×10^{11}	6.16×10^{12}
CH₃COO⁻	离子交换法 $\mu=0.5,20℃$	β_1	98.5		87.5	
		β_2	1.9×10^3		1.54×10^3	
		β_3	8×10^3		6.1×10^3	

　　高价态镅的络合物由于其氧化电位高以及自还原作用之故，因而稳定性较差，研究工作做得不多。

10.4.2 有机配位体络合物

　　现将三价镅与各种有机配位体形成螯合物的组成及其生成常数，列于表 10.5 和表 10.6。在 α-羟基羧酸类（羟基乙酸、乳酸、α-羟基异丁酸）中，螯合物的稳定性随着碳原子数的增加而降低。氨基多羧酸的螯合物与羟基羧酸类比较起来显得更加稳定。另外，如氮川三乙酸 $N(CH_2COOH)_3$ 中的一个—CH_2COOH 基团被另一个有机基团取代时，则往往导致螯合物稳定性的降低。

　　但是，以制备规模获得的镅与有机阴离子化合物种类却为数不多。已有的是与 8-羟基喹啉的螯合物 $Am(C_9H_5NO)_3$，与乙酰丙酮的螯合物 $Am(Acac)_3\cdot3H_2O$，六方晶系的甲酸镅 $Am(HCOO)_3$，$Am(III)$，Cs 和六氟乙酰丙酮（HHFA）的螯合物复盐 $CsAm(HFA)_4\cdot H_2O$ 等。

表 10.5 镅与含氧配位体的螯合物

络 合 剂	组 成	研究方法	生成常数 $\log\beta_i$
硫代乙醇酸(HTGLYC)	$Am(TGLYC)^{2+}$	阳离子交换法	$\log\beta_1 = 1.55$
	$Am(TGLYC)_2^+$	$\mu = 0.5, 20\,^{\circ}\!C$	$\log\beta_2 = 2.60$
	$Am(TGLYC)_3$		
羟基乙酸(HGLYC)	$Am(GLYC)^{2+}$	阳离子交换法	$\log\beta_1 = 2.82$
	$Am(GLYC)_2^+$	$\mu = 0.5, 20\,^{\circ}\!C$	$\log\beta_2 = 4.85$
	$Am(GLYC)_3$		$\log\beta_3 = 6.30$
乳酸(HLACT)	$Am(LACT)^{2+}$	阳离子交换法	$\log\beta_1 = 2.77$
	$Am(LACT)_2^+$	$\mu = 0.1$	$\log\beta_2 = 4.64$
	$Am(LACT)_3$		$\log\beta_3 = 5.70$
α-羟基异丁酸(HIBA)	$Am(IBA)^{2+}$	阳离子交换法	$\log\beta_1 = 2.38$
	$Am(IBA)_2^+$	$\mu = 0.5$	$\log\beta_2 = 4.67$
	$Am(IBA)_3$		$\log\beta_3 = 5.12$
酒石酸(H_2TART)	$Am(TART)^+$	萃取法	$\log\beta_1 = 3.9$
	$Am(TART)_2^-$	$\mu = 0.1, 20\,^{\circ}\!C$	$\log\beta_2 = 6.8$
噻吩甲酰三氟丙酮(HTTA)	$Am(TTA)_3$	萃取法	$\log\beta_3 = 13.31$
		$\mu = 0.1, 25\,^{\circ}\!C, CHCl_3$	
苯甲酰三氟丙酮(HBTA)	$Am(BTA)_3$	萃取法	$\log\beta_3 = 14.84$
		$\mu = 0.1, 25\,^{\circ}\!C, CHCl_3$	
萘甲酰三氟丙酮(HNTA)	$Am(NTA)_3$	萃取法	$\log\beta_3 = 18.31$
		$\mu = 0.1, 25\,^{\circ}\!C, CHCl_3$	
β-异丙基芳庚酚酮(HIPT)	$Am(IPT)_3$	萃取法	$\log\beta_3 = 21.37$
		$\mu = 0.1, 25\,^{\circ}\!C, CHCl_3$	
1-苯基-3-甲基-4-苯甲酰吡唑啉酮-5(HPMBP)	$Am(PMBP)_3$	萃取法	$\log\beta_3 = 16.49$
		$\mu = 0.1, 25\,^{\circ}\!C, CHCl_3$	
1-苯基-3-甲基-4-乙酰基吡唑啉酮-5(HPMAP)	$Am(PMAP)_3$	萃取法	$\log\beta_3 = 12.23$
		$\mu = 0.1, 25\,^{\circ}\!C, CHCl_3$	
方酸(H_2Sq)	$Am(Sq)^+$	离子交换法	$\log\beta_1 = 2.17$
	$Am(Sq)_2^-$	$\mu = 1.0, 25\,^{\circ}\!C$	$\log\beta_2 = 3.10$

表 10.6　镅与含氮配位体的螯合物

络 合 剂	组 成	研究方法	生成常数 $\log\beta_i$
5,7-二氯-8-羟基喹啉(HDCO)	Am(DCO)$_3$	萃取法 $\mu=0.1,25℃$	$\log\beta_3=21.93$
亚氨二乙酸(H$_2$IDA)	Am(IDA)$^+$	分光光度法 $\mu=0.1,25℃$	$\log\beta_1=5.93$
氨基乙磺酸-N,N-二乙酸(H$_3$TDA)	AmHTDA$^+$	阳离子交换法	$\log\beta_1=2.53$
	AmTDA	$\mu=0.1,25℃$	$\log\beta_1=8.05$
氮川三乙酸(H$_3$NTA)	AmNTA	阳离子交换法	$\log\beta_1=11.52$
	Am(NTA)$_2^{3-}$	$\mu=0.1,25℃$	$\log\beta_2=20.24$
氮川二乙酸丙酸(H$_3$NDAP)	AmHNDAP$^+$	阳离子交换法	$\log\beta_1=4.017$
	AmNDAP	$\mu=0.1,25℃$	$\log\beta_1=10.54$
	Am(NDAP)$_2^{3-}$		$\log\beta_2=17.83$
氮川二乙酸丁酸(H$_3$NDAB)	AmHNDAB$^+$	阳离子交换法	$\log\beta_1=3.53$
		$\mu=0.1,25℃$	
氮川二乙酸戊酸(H$_3$NDAV)	AmHNDAV$^+$	阳离子交换法	$\log\beta_1=3.47$
		$\mu=0.1,25℃$	
2-吡啶甲基亚氨二乙酸(H$_2$PIDA)	AmPIDA$^+$	阳离子交换法	$\log\beta_1=8.96$
	Am(PIDA)$_2^-$	$\mu=0.1,25℃$	$\log\beta_2=17.71$
邻苯甲内酰胺-N,N-二乙酸(H$_3$ADA)	AmADA	阳离子交换法	$\log\beta_1=8.92$
		$\mu=0.1,25℃$	
N-2-羟乙基亚氨二乙酸(H$_2$NHIDA)	AmNHIDA$^+$	阳离子交换法	$\log\beta_1=9.14$
	Am(NHIDA)$_2^-$	$\mu=0.1,25℃$	$\log\beta_2=17.04$
乙二胺四乙酸(H$_4$EDTA)	AmEDTA$^-$	阳离子交换法	$\log\beta_1=18.16$
		$\mu=0.1,25℃$	
二乙撑三胺五乙酸(H$_5$DTPA)	AmDTPA^{2-}	阳离子交换法	$\log\beta_1=22.92$
		$\mu=0.1,25℃$	

10.4.3　镅的氧化还原反应

AmO_2^{2+}/AmO_2^+ 电对的电位可以直接测得,其余电对的电位则由计算而得到,现将镅的氧化还原电位列于表 10.7。从表中可知,AmO_2^+/Am^{3+} 与 AmO_2^{2+}/Am^{3+} 之间电位值相差很小,故由 Am^{3+} 氧化以制取高价镅时,需很小心地控制给定的反应条件。例如,用臭氧对 0.03mol/L KHCO$_3$ 溶液中的 Am(OH)$_3$ 进行氧化,温度为 92℃,将得到含五价镅的 KAmO$_2$CO$_3$ 沉淀;如果改在 0.03 mol/L NaHCO$_3$ 溶液中,以同样的条件氧化 Am(OH)$_3$,却生成六价镅的可溶性碳酸络合物。将 Am(Ⅳ)的饱和 NH$_4$F 溶液用臭氧氧化,得到 Am(Ⅵ),但由于 ^{241}Am 的 α

放射性造成的辐射-化学自还原作用,又使它变回到四价镅的状态。

表 10.7　镅的电势图[8,9](单位:V)

(1)1mol/L $HClO_4$

$$AmO_2^{2+} \xrightarrow{-1.60} AmO_2^{+} \xrightarrow{(-1.04)} Am^{4+} \xrightarrow{-2.0} Am^{3+} \xrightarrow{+1.5} Am^{2+} \xrightarrow{(+2.7)} Am$$

$$\xrightarrow{-1.74}$$

$$\xrightarrow{-1.69} \qquad\qquad \xrightarrow{+2.32}$$

(2)1mol/L OH^-

$$AmO_2(OH)_2 \xrightarrow{(-1.1)} AmO_2(OH) \xrightarrow{(-0.7)} Am(OH)_4 \xrightarrow{-0.5} Am(OH)_3 \xrightarrow{+2.71} Am$$

(3)磷酸溶液

$$Am(IV) \xrightarrow[11-14mol/L\ H_3PO_4]{-1.75} Am(III)$$

$$Am(VI) \xrightarrow{\quad\quad} Am(V) \quad 0.54mol/L\ H_3PO_4:-1.43V$$
$$4.34mol/L\ H_3PO_4:-1.32V$$

Am(IV)除了在饱和 NH_4F 溶液中以外,在其他水溶液中都是不稳定的。例如,$Am(OH)_4$ 溶于硝酸或高氯酸即迅速歧化而成 Am(III)和 Am(V):

$$2Am^{4+} \longrightarrow Am^{3+} + AmO_2^+$$

若将 $Am(OH)_4$ 溶于硫酸,则产生 Am(III)和 Am(VI)。

Am(V)亦发生歧化,它在高氯酸溶液中的歧化反应为

$$3AmO_2^+ + 4H^+ \Longrightarrow 2AmO_2^{2+} + Am^{3+} + 2H_2O$$

随着酸浓度的升高,歧化速度剧增。上述是一个可逆反应,Am(III)和 Am(VI)作用也能生成 Am(V)。

Am(VI)的浓氢氧化钠溶液也可能引起歧化反应[10]:

$$2Am(VI) \longrightarrow Am(V) + Am(VII)$$

如前所述,高价态的镅溶液在自身 α 辐射作用下会发生还原反应,其中以 ^{241}Am溶液的自还原作用为甚。AmO_2^{2+} 自还原生成 Am^{3+},可能是通过下列两步反应进行的:

(1)$AmO_2^{2+} \longrightarrow AmO_2^+$

(2)$AmO_2^+ \longrightarrow Am^{3+}$

还原速度分别与镅的总浓度成正比,即

$$-\frac{d[AmO_2^{2+}]}{dt} = \frac{d[AmO_2^+]}{dt} = k_1[Am_{总}]$$

$$-\frac{d[AmO_2^+]}{dt}=\frac{d[Am^{3+}]}{dt}=k_2[Am_总]$$

当反应在 25℃ 和 0.2mol/L HClO$_4$ 溶液中进行时,这里的 $k_1=1.1\times10^{-5}\,s^{-1}$;$k_2=0.55\times10^{-5}\,s^{-1}$。关于镅的自还原机理,人们认为多半是放射出来的 α 粒子及反冲核使水辐射分解,然后生成的辐解产物对镅产生还原作用。这样导致高价镅的行为研究变得错综复杂。

10.4.4　镅的吸收光谱

各种价态的镅在水溶液中都有特征的吸收光谱。现将三价、五价和六价镅在 1mol/L HClO$_4$ 介质中的吸收光谱画于图 10.1,而将四价镅在 13mol/L NH$_4$F 溶液中的吸收光谱示于图 10.2。其中有若干吸收带很灵敏,故测得的摩尔消光系数取决于测量仪器的分辨率,表 10.8 给出各种价态镅的最主要的吸收带的数据. 这些均是以 [241]Am 的研究得到的。由于辐射-化学自还原作用,使较高价态的谱线消光减弱,而且水的辐解产物逐渐积累的结果,干扰 400nm 以下 Am^{3+} 的光谱。为了得到更准确的数值,有人建议用长寿命的 [243]Am 重新测定所有的谱线。

表 10.8　各种价态镅的最主要的吸收带及其在 0.1~1 mol/LHClO$_4$ 介质中的摩尔消光系数

价　态	最大吸收峰 (nm)	摩尔消光系数 ε(L/mol·cm)
Am^{3+}	503	368
	812	69
AmF$_5^-$,AmF$_6^{2-}$*	456	30
AmO$_2^+$	514	45
	719	62
AmO$_2^{2+}$	408	60
	663	30
	996	83

* Am(IV)的 13mol/L NH$_4$F 溶液。

上述镅的各种价态主要吸收带的间距较大,足以同时测定它所存在的价态,常用来研究镅的歧化反应、氧化还原反应以及测定固体物质中镅的价态。

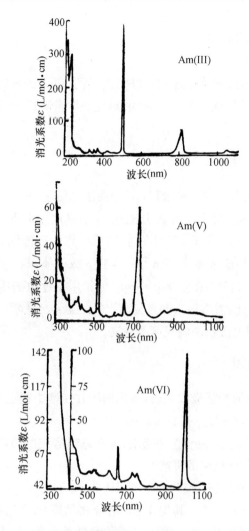

图 10.1 三价、五价和六价镅在 1mol/L HClO₄ 中的吸收光谱

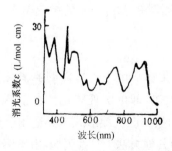

图 10.2 四价镅在 13mol/L NH₄F 溶液中的吸收光谱

10.5 镅的分析测定

关于镅的定量研究,都是在毫克量以内进行的,更大的量做得很少,人们认为镅的分析化学尚处于早期阶段。文献中对镅、锔等钚后元素的分析研究作了综述[11,12]。

10.5.1 辐射测量法

对^{241}Am 而言,进行 α 或 γ 测量都行。γ 测量是用它 59.54keV 的 γ 射线,但如有别的 γ 放射体存在时,无法采用 γ 计数法。α 能谱法一般取 5.4857MeV 的 α 谱线作依据,当有大量 Cm 或 ^{238}Pu 等存在时,亦难以将相近谱线分辨开来,因而不能用于^{241}Am 的测定。如前所述,^{241}Am 是一个强 α 放射体,其 α 比活度约为 3.46 毫居/毫克,相当于 $7.61×10^9$ 衰变/mg·min,可见用 α 计数法测定微量^{241}Am 将具有较高的灵敏度。为此,需将镅与镧系元素[13,14]、锕、钚、锔等[15-18]先行分离,然后在不锈钢或铂片上用电沉积法制成薄源测定。

10.5.2 分光光度法

根据各种价态镅的特征吸收光谱,常采用吸收光谱法鉴定镅的价态,各吸收带如下:Am^{3+}—812nm,AmO_2^+—719nm,AmO_2^{2+}—996nm。已知这些吸收带均遵循 Beer-Lambert 定律。但如前所述,在测定高价态镅溶液的吸收光谱时,要考虑辐射-化学还原作用和歧化反应的可能性。

有人建议[19],可利用三价镅与偶氮胂 III 在 pH3～3.5 时的生色反应,生成的络合物组成为 1:1 和 1:2。其中 1:2 络合物的摩尔消光系数在 650nm 处为 82000L/mol·cm。加入试剂后立即显出该络合物的蓝色,若试剂过量,甚至在强 α 辐射的情况下也可稳定较长一段的时间。作此测定前,同样需先作 Am(III) 与 Cm(III)等元素的分离,可检测至 $0.02\mu g/ml$ 的镅或锔。

10.5.3 重量法

镅的可称量形式是二氧化镅 AmO_2。将镅的氢氧化物 $Am(OH)_3$ 或草酸盐 $Am_2(C_2O_4)_3$·aq 在空气中加热,即可实现转化。由于 AmO_2 在 1000℃ 以上高温时分解放出氧,因而其他镅的盐类或沉淀形式未必适用于重量法测定。

此外,尚研究着测定镅的其他方法[6,12]。例如,由于镅存在多种价态,故可能应用氧化还原的方法进行测定,但这种应用被 α 辐射间接对高价态的还原作用所限制。

又如,镅的发射光谱有很多条谱线,但因缺乏强的谱线致使检测不灵敏,等等。

参 考 文 献

[1] A. Ghiorso, "A History of the discovery of the transplutonium elements", in "Actinides in Perspective-Proceedings of the Actinides, 1981 Conference, California", Pergamon Press, 23~56(1982).

[2] A. Ghiorso, "超钚元素历史", 见 H. C. 霍奇等,《铀、钚、超钚元素实验毒理学手册(超钚分册)》, 王玉民等译, 原子能出版社, 第一章(1984).

[3] 核素图表编制组,《核素常用数据表》, 原子能出版社(1977).
W. Seelmann-Eggebert et al. , Chart of the Nuclides, 5th. Edition, Karlsruhe GmbH(1981).

[4] V. A. Ryan and J. W. Pringle, US-AEC Report, RFP-130(1960).

[5] G. A. Burney, *Nucl. Appl*, **4**, 217(1968).

[6] W. W. 舒尔茨(Schulz),《镅化学》, 唐任寰等译, 原子能出版社(1981).

[7] T. Sekine, *Acta Chem. Scand*, **19**, 1435(1965).

[8] R. A. Penneman, L. B. Asprey, Proc. 1st Int. Conf. on the Peaceful Uses of Atomic Energy, Geneva-1955, 7, 355(1956).

[9] E. Yanir and M. Givon, *Inorg. Nucl. Chem. Letters*, **6**, 415(1970).

[10] R. Pappalardo, W. T. Carnall, P. R. Fields, *J. Chem. Phys.*, **51**, 842(1969).

[11] B. F. Myasoedov et al. , "Analytical Chemistry of Transplutonium Elements", John Wiley & Sons (1974).

[12] B. F. Myasoedov and I. A. Lebedcv, *Radiochimica Acta*, **32**, 55(1983).

[13] 陈国珍, 化学通报, 第 2 期, 31(1974).

[14] V. Jedináková, Z. Dvoták, J. Žilková, Inter. Conf. on Nucl. and Radiochem. (ICNR'86) Abstracts, Beijing, 70(1986).

[15] 高宏成, 唐任寰, 国外核技术, 第 1 期, 38(1980).

[16] 吴克明等, 见《超铀元素分析》编辑组,《超铀元素分析》, 原子能出版社, 199(1997).

[17] Z. D. Chen et al. , Inter. Conf. on Nucl. and Radiochem. (ICNR'86) Abstracts, Beijing, 121(1986).

[18] H. S. Du et al. , ibid, 198(1986).

[19] B. F. Myasoedov, M. S. Milyova, L. V. Ryzhova, *Radiochem. Radioanal. Letters*. **5**. 19(1970); *Журнал аналитической Aимии*, **27**, 1769(1972).

29.11 锔

96 号元素的发现先于 95 号 Am，但它的鉴定却稍晚于后者。1944 年中期，Seaborg，James 和 Ghiorso 将硝酸钚溶液蒸干于带槽铂片上，灼烧成氧化钚；再将此 $10mg^{239}Pu$ 靶置于 60 英寸加速器的靶室内用，32MeV 的氦核轰击，经化学分离后得到 $^{242}Cm^{[1,2]}$：

$$^{239}Pu(\alpha,n)^{242}Cm\xrightarrow[163d]{\alpha}$$

此元素与镧系元素"钆 Gd"（纪念芬兰稀土专家 Gadolin）相对应，被命名为"锔"（Curium）以纪念著名法国科学家居里夫妇（Pierre and Marie Curie）。

第一批可称量的锔（$40\mu g$ 的 Cm_2O_3，纯度为 90％）则是从中子辐照 4.5mg 镅后而提取出来的[3]。

11.1 锔的同位素与核性质

现将已知的 14 种锔的同位素列于表 11.1。其中 ^{242}Cm 和 ^{244}Cm 是两种最主要的锔同位素，它们是有关锔化学研究的依据。较重的同位素 ^{245}Cm—^{248}Cm 具有长得多的半衰期，对于开展锔的化学工作更为适宜，可是很难由中子辐照制得纯度较高的产品，只能靠同位素质量分离器从特定的浓集物中提取得极小的量。表 11.2 为 ^{242}Pu 和（$^{243}Am+^{244}Cm$）样品在高中子通量同位素反应堆中照射后的同位素组成。由此可见，在锔的重同位素中主要组分还是 ^{244}Cm。

表 11.1 锔的同位素[4,5]

核　素	半 衰 期	衰变方式 （分支比，％）	粒子能量 MeV （强度，％）	主要的产生方式
^{238}Cm	2.4h	$\alpha(<5)$ $\varepsilon(95)$	$E_\alpha=6.52$	$^{239}Pu(\alpha,5n)$
^{239}Cm	3h	$\varepsilon(\sim100)$	$E_\gamma=0.188$ $0.1065x$	$^{239}Pu(\alpha,4n)$
^{240}Cm	27d	$\alpha(>99)$	$E_\alpha=6.2907(71)$ $6.2479(29)$	$^{239}Pu(\alpha,3n)$

核 素	半 衰 期	衰变方式 （分支比,%）	粒子能量 MeV （强度,%）	主要的产生方式
^{241}Cm	36d	$\varepsilon(<0.5)$ SF(3.9×10^{-6}) $\alpha(0.96)$ $\varepsilon(99.04)$	$E_\alpha=6.0808(0.0058)$ 5.9392(0.686) 5.9268(0.156) $E_\gamma=0.4718(72)$ 0.1065(36.8) 0.1020(23.2)	^{239}Pu$(\alpha,2n)$ ^{241}Am(d,n) ^{243}Am$(p,3n)$
^{242}Cm	163d	$\alpha(\sim100)$ SF	$E_\alpha=6.1129(73)$ 6.0696(26) 5.974(0.036) $E_\gamma=0.0441(0.039)$	^{242}Am 衰变子核 ^{238}U,^{239}Pu 多次中子俘获 ^{239}Pu(α,n)
^{243}Cm	32a	$\alpha(99.7)$ $\varepsilon(0.26)$	$E_\alpha=6.067(1.5)$ 5.992(5.7) 5.7847(73) 5.7415(12) 5.686(1.6) $E_\gamma=0.2776(11.2)$ 0.2282(7.3)	^{238}U,^{239}Pu 多次中子俘获 堆中子+^{241}Am
^{244}Cm	18.1a	$\alpha(\sim100)$ SF(1.347×10^{-4})	$E_\alpha=5.8049(76)$ 5.7628(24) $E_\gamma=0.04282(0.02)$	堆中子+^{241}Am 堆中子+^{239}Pu
^{245}Cm	8.5×10^3a	$\alpha(100)$	$E_\alpha=5.468(2.7)$ 5.464(2.0) 5.359(87.6) 5.305(4.5) $E_\gamma=0.174(14)$ 0.133(13.7)	堆中子+^{239}Pu ^{245}Am 衰变子核
^{246}Cm	4.82×10^3a	$\alpha(\sim100)$ SF(~0.03)	$E_\alpha=5.386(78)$ 5.343(22)	堆中子+^{239}Pu ^{250}Cf衰变子核
^{247}Cm	1.56×10^7a	$\alpha(100)$	$E_\alpha=5.266(14)$ 5.211(6) 4.869(71) $E_\gamma=0.4024(72)$ 0.0840(23)	堆中子+^{244}Cm
^{248}Cm	3.5×10^5a	$\alpha(91)$	$E_\alpha=5.078(75)$ 5.034(16)	^{252}Cf 衰变子核

核　素	半衰期	衰变方式 (分支比,%)	粒子能量 MeV (强度,%)	主要的产生方式
^{249}Cm	64min	SF(9) β^-(100)	$E_a=0.90(\sim100)$	^{248}Cm(n,γ)
^{250}Cm	$\sim$6900a	$\alpha(\sim25)$ $\beta^-(\sim14)$ SF(~61)		热核爆炸
^{251}Cm	16.8min[5]	[β^-]	$E_\beta\approx1.4$	

注:各符号意义参见表8.1之注释。

表 11.2　在高中子通量同位素反应堆中照射^{242}Pu 和

(^{243}Am＋^{244}Cm)时锔与锔后核素的产率

产　物 ＼ 起始含量	13 只靶,每只含 8gPu (95.7%^{242}Pu)	6 只靶,每只含 0.8g^{243}Am＋4.4g^{244}Cm
^{242}Pu	12g	—
^{243}Am	5g	<0.1g
$^{244-248}$Cm	35g	15.5g
原子数%^{244}Cm	89.5	82
^{245}Cm	0.7	0.7
^{246}Cm	10	16
^{247}Cm	0.27	0.48
^{248}Cm	0.45	1.5
^{249}Bk	850μg	1.0mg
^{252}Cf	6mg	9.0mg
原子数%^{249}Cf	4	(2)
^{250}Cf	16	(15)
^{251}Cf	5	(3)
^{252}Cf	75	(80)
^{253}Es	27μg	70μg
^{257}Fm	10^8 个原子	

11.2　锔的主要同位素的生产

11.2.1　^{242}Cm

将^{241}Am 置于反应堆内经中子照射而得:

$$^{241}\mathrm{Am}(n,\gamma)^{242}\mathrm{Am}\xrightarrow[16\mathrm{h}]{\beta^-(83.1\%)}{}^{242}\mathrm{Cm}$$

早期生产^{242}Cm 的方法，由下列几步组成：1. 将 Al-AmO$_2$ 金属陶瓷体进行中子照射，用热的 NaOH 溶液溶解铝和部分裂变产物。然后将含有锔、剩余镅以及大部分裂变产物的氢氧化物沉淀溶于 6mol/L HCl。2. 在 11mol/L LiCl 中，锔和其他三价锕系元素吸附到阴离子交换柱上，用 12mol/L HCl 洗脱。3. 最后在阳离子交换柱上，用 pH＝5 的乳酸进行选择淋洗，从三价锕系元素中分离和纯化得锔。

有人提出，从 200mg 辐照后的^{241}AmO$_2$ 中分离得 30mg^{242}Cm（放射性强度为 100Ci 左右）的阳离子交换法[6]，提取到 90％以上的^{242}Cm，纯度达 98.5％。

11.2.2　^{244}Cm

将^{239}Pu 进行中子照射，或以其中间产物^{242}Pu 和^{243}Am 作为起始材料而制取：

$$^{239}\mathrm{Pu}(n,\gamma)^{240}\mathrm{Pu}(n,\gamma)^{241}\mathrm{Pu}(n,\gamma)^{242}\mathrm{Pu}(n,\gamma)^{243}\mathrm{Pu}\xrightarrow[4.955\mathrm{h}]{\beta^-}$$

$$^{243}\mathrm{Am}(n,\gamma)^{244}\mathrm{Am}\xrightarrow[10.1\mathrm{h}]{\beta^-}{}^{244}\mathrm{Cm}$$

^{244}Cm 的最高产率约为起始^{239}Pu 量的 8％，或^{240}Pu 量的 21％，其余部分均裂变了。

从钚辐照后提取锔的方法如下：1. 将含锔的 AmO$_2$(PuO$_2$)-Al 辐照样品进行溶解，用 TBP-正十二烷萃取两次，将钚除去并使之净化。被处理的溶液是强放射性的，例如，美国 Savannah River 工厂处理的约为 1000Ci/L 的β，γ 放射性和 150Ci/L 的α 放射性。2. 用 50％TBP-煤油从水相中萃取镅和锔，以 0.2mol/L HNO$_3$ 反萃到水相。为纯化起见，可用叔胺进行萃取纯化。3. 最后以碳酸复盐 K$_5$AmO$_2$(CO$_3$)$_3$，形式将镅沉淀分离而去，从母液中获取锔。

不久前，高压离子交换柱系统已用于提取^{244}Cm[7]。在交换柱两端的压差约为 70 大气压，用二乙撑三胺五乙酸溶液淋洗，以便从锕系元素中分出镅和锔；然后在另一根柱上，改用氮川三乙酸或α-羟基异丁酸作淋洗剂从镅中分离得锔，该法可回收几十克的锔。

11.3　锔的化合物

11.3.1　锔的氢化物

金属锔与纯氢在 200～250℃时作用，生成立方晶系的氢化物 CmH$_{2+x}$。

11.3.2　锔的卤化物[8]

1.氟化物

CmF$_3$ 呈白色六方晶系,可由 Cm(III) 的弱酸性溶液中加入氟离子沉淀出来;若在高真空中用 P$_2$O$_5$ 干燥之,则生成无水化合物。

CmF$_4$ 呈淡绿色,其晶体结构是单斜 ZrF$_4$ 型的,与其他锔系元素的四氟化物属于同一类型。它可由 CmF$_3$ 与单质氟在 400℃ 时一起加热制得[9]。

如将碱金属盐与锔的化合物混和于 300—400℃ 氟化,则生成四价锔的氟化物复盐。已知有 LiCmF$_5$,7NaF·6CmF$_4$,7KF·6CmF$_4$ 和 Rb$_2$CmF$_6$ 等。这些化合物与其他四价锔系元素相应的三元氟化物同构。

2.氯化物

CmCl$_3$ 呈六方 UCl$_3$ 型结构,吸水性很强。将氧化锔于 CCl$_4$ 或 HCl 气流中加热至 400—500℃,便生成无水三氯化锔[10]。让 CmCl$_3$ 进行气相水解,即得氯氧化锔 CmOCl,它与 AmOCl 为同一类型。

3.溴化物和碘化物

CmBr$_3$ 属斜方 PuBr$_3$ 型,CmI$_3$ 属六方 BiI$_3$ 型,可由 CmCl$_3$ 与相应的卤化铵在 400—450℃ 的氢气流中反应而成。

11.3.3　锔的氧化物

将锔的化合物如 Cm(OH)$_3$,Cm$_2$(C$_2$O$_4$)$_3$ 等在空气中加热至 500—600℃,则生成近似二氧化锔 CmO$_2$ 的黑色产物。室温下保存的 ^{244}CmO$_2$ 样品,其晶格参数会不断膨胀,几天内达到饱和值[11]。

已经知道 Cm$_2$O$_3$ 有五种变体:A-Cm$_2$O$_3$,B-Cm$_2$O$_3$,C-Cm$_2$O$_3$,X-Cm$_2$O$_3$ 和 H-Cm$_2$O$_3$。这也是镧系元素三氧化二物的特征。立方晶系的 C-Cm$_2$O$_3$ 在其自身 α 辐照的作用下,几周内就自行转化为六方晶系的 A-Cm$_2$O$_3$;而单斜晶系的 B-Cm$_2$O$_3$ 只在 500℃ 左右才发生这种现象。低温下的相变速度要比室温下大得多,而到 300℃ 时则小至可以忽略。两个可逆的固体相变是在高温时进行的:

$$A\text{-}Cm_2O_3 \xrightleftharpoons{2000℃} H\text{-}Cm_2O_3$$

$$H\text{-}Cm_2O_3 \xrightleftharpoons{2210℃} X\text{-}Cm_2O_3$$

11.3.4　锔的其他化合物

在 Cm^{3+} 溶液中加入 K$_2$CO$_3$,将析出碳酸锔 Cm$_2$(CO$_3$)$_3$ 沉淀,它溶于浓的 K$_2$CO$_3$ 溶液。若以草酸代替碳酸钾,则可得 Cm$_2$(C$_2$O$_4$)$_3$·10H$_2$O 沉淀。将草酸

锔加热至300℃以上,它将分解成碳酸盐。

往 Cm^{3+} 的微酸性溶液中加入磷酸根离子,则沉淀出难溶的 $CmPO_4 \cdot aq$。此化合物加热到 300℃时,转化成具有独居石(CePO_4)单斜晶格的 $CmPO_4$ 晶体。 $CmNbO_4$ 和 $CmTaO_4$ 是由 1200℃的高温热反应生成的化合物,它们与相应的锕系元素化合物属同类型结构。

将氧化锔和氧化铝的混合物在高温下加热,可生成铝酸锔 $CmAlO_3$。如从 500℃左右骤冷下来,得到三方晶系的 $CmAlO_3$,在室温下存放将变成立方晶系。 $CmAlO_3$ 由于自身 α 辐照损伤所引起的膨胀和结构变化,要比各种氧化锔相的膨胀和结构变化更大更快,在膨胀尚未达到饱和之前就处于无定形状态了。

11.4 锔的水溶液化学

锔在水溶液中有两种价态:Cm(III)和 Cm(IV)。这与它在固体化合物存在的价态形式相同。三价锔以未络合的 $Cm^{3+} \cdot aq$ 水合离子状态存在;而四价锔只能在高浓氟离子溶液中制得,例如在 CmF_4 的饱和 CsF 溶液内,以络离子 CmF_5^- 和 CmF_6^{2-} 形式稳定下来,这点与 Am(IV)类似。但是,将 $Am(OH)_3$ 氧化能从水溶液中制得 $Am(OH)_4$;由 Cm(III)氧化成 Cm(IV)化合物再从水溶液中提取出来的设想,却未见成功。

Cm(III)溶液无色,在高浓度下呈浅黄色,于暗处发出微弱的蓝光;即使是浓度较低的(仍大于 $\mu g/ml$)锔溶液,它的温度也要比环境高一些。例如,含量为 0.7g $^{242}Cm/L$ 的溶液会不断地沸腾。Cm(III)在溶液中的化学行为与典型的锕系元素相似[12]。

Cm(IV)的溶液是不稳定的,在 25℃维持约 20 分钟,Cm(IV)就能全部还原成 Cm(III)。由于 Cm 同位素的强 α 放射性之故,甚至 ≤10℃时还发生迅速的自还原作用。

11.4.1 无机配位体络合物

关于锔的络合物化学研究得较少,已经报道的有 Cm^{3+}—SCN^-,Cm^{3+}—NO_3^-,Cm^{3+}—SO_4^{2-} 和 Cm^{3+}—$C_2O_4^{2-}$ 等体系。对于同种络合物,不同作者用不同方法所测得的生成常数差别较大。表 11.3 选列了一些三价锔络合物的生成常数。比较 Am 与 Cm 络合物的稳定性可知,Am 与 Cl^-,NO_3^-,SO_4^{2-},$C_2O_4^{2-}$ 的络合物比 Cm 的稳定;而 Cm 与 SCN^-,H_4EDTA,乳酸,α-羟基异丁酸形成的络合物则比 Am 的稍稳定。在锕系元素的相应元素 Eu 与 Gd 的关系中,也可看到类似的情形。

表 11.3　某些三价锔络合物的生成常数[13]

阴　离　子	实验条件	生成常数 β_i
F⁻	萃取法 $\mu=0.5, pH=3.60$ $(0.1\sim4.0)\times10^{-3}mol/LF^-$	$\beta_1=2.21\times10^3$ $\beta_2=1.50\times10^6$ $\beta_3=1.2\times10^9$
SCN⁻	离子交换法 5mol/L NaClO₄	$\beta_1=1.86$ $\beta_2=0.99$
NO₃⁻	离子交换法 $\mu=1, 20\sim25℃$	$\beta_1=3.7$
SO₄²⁻	萃取法 $\mu=2.00, 25℃$ pH=3.00	$\beta_1=22$ $\beta_2=73$
C₂O₄²⁻	溶解度法,离子交换法 $\mu=0.2$	$\beta_1=9.1\times10^5$ $\beta_2=1.4\times10^{10}$
CH₃COO⁻	离子交换法 $\mu=0.5, 20℃$	$\beta_1=114$ $\beta_2=1240$
CH₂(OH)COO⁻	离子交换法 $\mu=0.5, 20℃$	$\beta_1=700$ $\beta_2=5.6\times10^4$
P₃O₉³⁻ (三偏磷酸盐)	离子交换法 $\mu=0.2, 25℃$	$\beta_1=4.4\times10^3$
CH₃PO(OH)O⁻ (甲基膦酸)	离子交换法 $\mu=0.5, 25℃$	$\beta_1=73$
P, P'-乙撑二膦酸二丁酯 (H₂B₂EDP)	萃取法 $9.5\times10^{-2}mol/L\ H^+$	$\beta_1=5.4\times10^{14}$ Cm(HB₂EDP)₃
P, P'-乙撑二膦酸二辛酯 (H₂O₂EDP)	萃取法 $9.5\times10^{-2}mol/L\ H^+$	$\beta_1=1.8\times10^{19}$ Cm(HO₂EDP)₃

　　Cm^{3+} 会形成可溶性碳酸络合物,与 Am^{3+} 和稀土元素离子一样为阴离子交换树脂所吸附。

　　如上所述,Cm(IV)在溶液中是以 CmF_4 溶解在 15mol/LCsF 的溶液里,形成络阴离子而存在的。

11.4.2　有机配位体络合物

　　现将锔与含氮配位体及含氧配位体形成螯合物的特性,分别列于表 11.4 和表 11.5。锔的螯合物与镅的相应螯合物比较起来,稳定性相差无几或稍许高些。

表 11.4 镉与含氮配位体的螯合物

络 合 剂	组 成	研究方法	生成常数 $\log\beta_i$
牛磺酸-N,N-二乙酸(H_3TDA)	CmHTDA$^+$	阳离子交换法	$\log\beta'_1=2.53$
	CmTDA	$\mu=0.1,25℃$	$\log\beta_1=8.05$
氨川三乙酸(H_3NTA)	CmNTA	阳离子交换法	$\log\beta_1=11.80$
		$\mu=0.1,25℃$	
氨川二乙酸丙酸(H_3NDAP)	CmHNDAP$^+$	阳离子交换法	$\log\beta'_1=4.12$
	CmNDAP	$\mu=0.1,25℃$	$\log\beta_1=10.65$
	Cm(NDAP)$_2^{3-}$		$\log\beta_2=17.95$
乙-吡啶甲基亚氨二乙酸(H_2PIDA)	CmPIDA$^+$	阳离子交换法	$\log\beta_1=9.21$
	Cm(PIDA)$_2^-$	$\mu=0.1,25℃$	$\log\beta_2=17.69$
邻苯甲内酰胺-N,N-二乙酸(H_3ADA)	CmADA	阳离子交换法	$\log\beta_1=9.27$
		$\mu=0.1,25℃$	
乙二胺四乙酸(H_4EDTA)	CmEDTA$^-$	阳离子交换法	$\log\beta_1=18.45$
		25℃	
1,2 二氨基环己烷四乙酸(H_4DCTA)	CmDCTA$^-$	阳离子交换法	$\log\beta_1=18.81$
		25℃	
二乙撑三胺五乙酸(H_5DTPA)	CmDTPA^{2-}	阳离子交换法	$\log\beta_1=22.99$
		25℃	
N-2-羟乙基乙二胺-N，N′，N′三乙酸 (H_3NHEDTA)	CmNHEDTA	阳离子交换法	$\log\beta_1=15.93$
	Cm(NHEDTA)$_2^{3-}$	$\mu=0.1,25℃$	$\log\beta_2=27.2$
N-2-羟乙基亚氨二乙酸(H_2NHIDA)	CmNHIDA$^+$	阳离子交换法	$\log\beta_1=9.21$
	Cm(NHIDA)$_2^-$	$\mu=0.1,25℃$	$\log\beta_2=17.11$
乙二胺-二-甲撑膦酸(H_4EDMP)	CmH$_3$EDMP^{2+}	电泳法	$\log\beta'_1=6.15$
	CmH$_2$EDMP$^+$	$\mu=0.1,25℃$	$\log\beta'_1=8.48$
	CmHEDMP		$\log\beta''_1=12.30$
	CmHDMP$^-$		$\log\beta'''_1=16.53$

表 11.5　锔与含氧配位体的螯合物

络　合　剂	组　成	研究方法	生成常数 $\log\beta_i$
乳酸（HLACT）	$CmLACT^{2+}$	阳离子交换法	$\log\beta_1 = 2.78$
	$Cm(LACT)_2^+$	$\mu = 0.5$	$\log\beta_2 = 4.54$
	$Cm(LACT)_3$		$\log\beta_3 = 5.75$
α-羟基异丁酸（HIBA）	$CmIBA^{2+}$	阳离子交换法	$\log\beta_1 = 2.43$
	$Cm(IBA)_2^+$	$\mu = 0.5$	$\log\beta_2 = 4.71$
	$Cm(IBA)_3$		$\log\beta_3 = 5.23$
酒石酸（HTART）	$Cm(TART)_2^-$	萃取法	$\log\beta_2 = 6.84$
		$\mu = 0.5, 20℃$	
噻吩甲酰三氟丙酮（HTTA）	$Cm(TTA)_3$	萃取法	$\log\beta_3 = 13.40$
		$\mu = 0.1, 25℃, CHCl_3$	
苯甲酰三氟丙酮（HBTA）	$Cm(BTA)_3$	萃取法	$\log\beta_3 = 15.15$
		$\mu = 0.1, 25℃, CHCl_3$	
萘甲酰三氟丙酮（HNTA）	$Cm(NTA)_3$	萃取法	$\log\beta_3 = 18.17$
		$\mu = 0.1, 25℃, CHCl_3$	
1-苯基-3-甲基-4-苯甲酰-2-吡唑啉酮-5（HPMBP）	$Cm(PMBP)_3$	萃取法	$\log\beta_3 = 16.81$
		$\mu = 0.1, 25℃, CHCl_3$	
1-苯基-3-甲基-4-乙酰基-2-吡唑啉酮-5（HPMAP）	$Cm(PMAP)_3$	萃取法	$\log\beta_3 = 12.82$
		$\mu = 0.1, 25℃, CHCl_3$	
方酸（H_2Sq）	$Cm(Sq)^+$	阳离子交换法	$\log\beta_1 = 2.34$
	$Cm(Sq)_2^-$	$\mu = 1.0, 25℃$	$\log\beta_2 = 3.46$

11.4.3　锔的吸收光谱

Cm(III)在水溶液中的吸收光谱只有少数几条吸收带,它的摩尔消光系数均较小。而 Cm(IV)在 15mol/L CsF 溶液中的吸收带则较多(图 11.1),最强的吸收带在 451.4nm($\varepsilon = 160$)和 864.0nm($\varepsilon = 130$)。CmF_3 和 CmF_4 晶体的吸收光谱,分别相当于水溶液中 Cm(III)和 Cm(IV)的吸收谱。

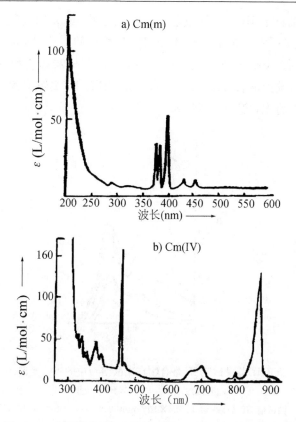

图 11.1   水溶液中 Cm(III)(a)和 Cm(IV)(b)的吸收光谱
(Cm(IV)是 10.5℃时的 15mol/L CsF 溶液)

11.5   锔的分析测定

锔在无机酸水溶液中主要以三价形式存在[14]。根据对它弱酸性 HCl,HNO₃,HClO₄ 和 H₂SO₄ 溶液中行为的研究,当高至 0.06mol/L 浓度时仍遵循 Beer-Lambert 定律。选择最大吸收峰 396.4nm 时,锔的最小可测浓度约为 0.1mg/ml。

表 11.6   锔、锔等金属的某些性质

锕系金属	晶体结构 25℃	密度 (g/cm³)	金属半径 (Å)	熔点 (℃)	升华热 25℃ (kJ/mol)	χ 25℃ (10⁻⁶emu/mol)	成序温度 (K)
Am	*dhcp*	13.67	1.73	1173	284	880	0.8SC
Cm	*dhcp*	13.51	1.74	1350	387	116	52AF
Bk	*dhcp*	14.79	1.70	985	310	—	25AF
Cf	*dhcp*	15.10	1.69	900	196	—	51FM
Es	*fcc*	8.84	2.03	860	131	—	—

　　Cm(III)与铀试剂 III 也能形成蓝色稳定络合物,最大的显色出现在试剂过量两倍之处(图 11.2)[15]。如前所述,Am(III)有类似的行为,因此用本法定量测定Cm(III)之前,需作 Am 与 Cm 的分离。若改在含有~70%乙醇的混合溶剂中显色,pH 仍为 3.0,选择波长 650nm 处进行测定,则对 1：2 组成的 Cm(III)-铀试剂 III 络合物的摩尔消光系数达 157000。

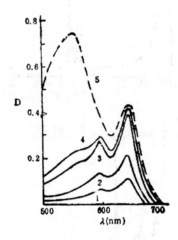

图 11.2　Cm(III)与铀试剂 III 络合物在硝酸溶液中的吸收光谱(pH＝3)[15]

Cm(III)的浓度:0.418×10⁻⁵mol/L

铀试剂 III 浓度为:1.0.185×10⁻⁵mol/L,2.0.37×10⁻⁵mol/L,

3.0.74×10⁻⁵mol/L,4.1.295×10⁻⁵mol/L.

　　此外,林漳基等采用氨羧络合剂 DTPA 结合离子交换色层法使 Am,Cm 与裂片分离[16],三价 Am、Cm 的乙二胺二异丙酸二乙酸(EDDPDA)络合物等[17],都在锔化学研究之列。

　　上面列出镅、锔等金属的基本性质供参考[18](见表 11.6)。

参 考 文 献

[1] G. T. Seaborg, R. A. James, A. Ghiorso, in "The Transuranium Elements", G. T. Seaborg et al. (eds), National Nuclear Energy Series, Div. IV-14B, McGraw-Hill Co., New York, 1554(1949).

[2] A. Ghiorso, in "Actinides in Perspective-Proceedings of the Actinides, 1981 Conference, California", Pergamon Press, 23~56(1982).

[3] L. B. Werner, I. Perlman, *J. Am. Chem. Soc.*, **73**. 5215(1951).

[4] 核素图表编制组,《核素常用数据表》,原子能出版社(1977).

[5] W. Seelmann-Eggebert et al., Chart of the Nuclides, 5th Edition, Karlsruhe GmbH(1981).

[6] G. Höhlein. H. J. Born, W. Weinländer, *Radiochim. Acta.*, **10**, 85(1968).

[7] W. H. Hale, J. T. Lowe, *Inorg. Nucl. Chem. Letters.*, **5**, 363(1969).

[8] K. W. Bagnall, "The Actinide Elements". Topics in Inorganic and General Chemistry, Monograph 15, Elsevier Publishing Co. , Chap. 7(1972).

[9] L. B. Asprey et al. , *J. Am. Chem. Soc.* , **79**. 5825(1957).

[10] J. C. Wallmann et al. , *J. Inorg. Nucl. Chem.* , **29**, 2745(1967).

[11] M. Noé and J. Fuger, *Inorg. Nucl. Chem. Letters.* , **7**, 421(1971).

[12] G. R. Choppin, *Radiochimica Acta* , **32**, 43(1983).

[13] 科·克勒尔(C. Keller), 《超铀元素化学》, 《超铀元素化学》编译组译, 原子能出版社, 636(1977).

[14] B. F. Myasoedoy, I. A. Lebedev, *Radiochimica Acta* , **32**, 55(1983).

[15] B. F. Myasoedov, M. S. Milyukova, L. V. Ryzhova, *Radiochem. Radioanal. Letters.* , **5**, 19 (1976); *Журнал Анал Химцц* **27**, 1769(1972).

[16] 陈耀中, 谈炳美, 林漳基, 《核化学与放射化学》, **6**(1), 5(1984).

[17] 蒋俭等, 《核化学与放射化学》, 6(1), 2(1984).

[18] A. J. Freeman, C. Keller, "Handbook on the Physics and Chemistry of the Actinides", Vol. 3, North-Holland Physics Publishing, Amsterdam(1985).

29.12 镅 后 元 素

12.1 锫

锫(Berkelium),原子序数 97,元素符号 Bk,是 Thompson,Ghiorso 和 Seaborg 于 1949 年用 35MeVα 粒子轰击^{241}Am 时首先制得了锫的第一个同位素^{243}Bk:

$$^{241}_{95}\text{Am}(\alpha,2n)^{243}_{97}\text{Bk}\xrightarrow[4.6\text{h}]{\varepsilon}$$

并以美国著名的 Lawrence 辐射实验室所在地 Berkeley 城市命名。

12.1.1 锫的同位素与核性质

现今已发现锫有 11 种同位素和一种同质异能素,质量数为 240—251(表 12.1)。它们主要是用 α 粒子或氘轰击锔或镅制得的。其中最长寿命的是^{247}Bk ($t_{1/2}=1.4 \times 10^3$a),它只能在回旋加速器内,以 α 粒子或质子照射锔来制得,因而不能获取可称重的量;另一可用于化学研究的锫同位素是^{249}Bk,它能制得可称的量,但主要放射低能 β 射线($E_{\beta^-}=0.125$MeV),不发射 γ 光子,探测起来比较困难些。

12.1.2 锫的制取和纯化

^{249}Bk 是在高通量同位素反应堆中,辐照钚、镅、锔靶而制得,同时生成的还有锎、锿、镄等镅后元素。从辐照靶中分离^{249}Bk 通常是与分离其他共存的元素同时进行的,图 12.1 是生产微克至毫克量锫的示意流程。

初级产品锫中的主要杂质是^{249}Bk 的衰变子体锎和镅,以及经常混有的铈。

Peppard 等最早使用氧化-还原循环纯化锫[3]。即在含 Bk,Cf,Es,Fm 和 Cm 的 10mol/L 硝酸溶液中,用溴酸钾将 Bk 从三价氧化成四价后,再以 0.15mol/L 二(2-乙基己基)磷酸-庚烷萃取锫;然后用含 1.5mol/L H_2O_2 的 8mol/L 硝酸进行反萃。Bk/Cm 分离因子达 10^6,从而使 Bk 与其他三价锕系元素实现定量分离。若以弱酸性的浓 LiCl 溶液反萃,则随后该水相能直接用于下一步的 Bk-Ce 分离[4]。Kooi 等人采用萃取色层法进行锫与锔、镅的分离[5],以吸有 HDEHP 的疏水性硅藻土作固定相,0.5mol/L HCl 为流动相,柱温 87℃,淋洗时铈在锫之前与锔、镅一起流出来(图 12.2)。由于铈与锫的氧化还原电位相近,因此仅用氧化-还原的方法不能实现锫与铈的良好分离。

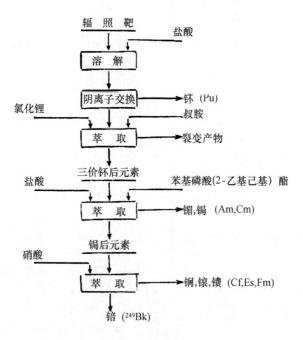

图 12.1 从辐照靶中分离^{249}Bk 的流程

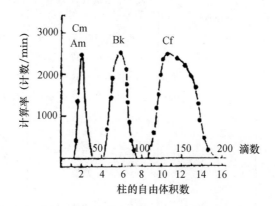

图 12.2 ^{241}Am,^{244}Cm,^{249}Bk 和$^{250-252}$Cf 的萃取色层分离

柱高:100 毫米;柱直径:3—4 毫米;流速:每分钟 1—2 滴;

温度:87℃;间隙体积:12.5 滴(每滴体积为 35 微升)

表 12.1　锫的同位素[1]

核　素	半衰期	衰变方式 (分支比,%)	粒 子 能 量 MeV (强度,%)	主要的产生方式
^{243}Bk	4.6h	$\alpha(0.15)$	$E_\alpha=6.758(0.02)$ 6.718(0.02) 6.574(0.04) 6.542(0.03) ……	^{241}Am$(\alpha,2n)$ ^{242}Cm(d,n)
		$\varepsilon(\sim100)$		
^{244}Bk	4.4h	$\alpha(0.006)$	$E_\alpha=6.667(0.003)$ 6.625(0.003)	^{243}Am$(\alpha,3n)$
		$\varepsilon(\sim100)$	$E_\gamma=0.2176(100^*)$ 0.892(88*)	
^{245}Bk	4.98d	$\alpha(0.105)$	$E_\alpha=6.155(0.02)$ 5.892(0.02) ……	^{243}Am$(\alpha,2n)$ ^{244}Cm(d,n)
		$\varepsilon(99.9)$	$E_\gamma=0.2527(30)$▲ 0.3805(4)▲ (▲系 ε 的 γ)	
^{246}Bk	1.8d	$[\beta^+]$	$E_\gamma=0.800(40)$ 1.082(4)	^{243}Am(α,n)
		$\varepsilon(100)$		
^{247}Bk	1.4×10^3a	$\alpha(100)$	$E_\alpha=5.710(17)$ 5.688(13) 5.531(45) ……	^{244}Cm(α,p)
^{248}Bk	>9a	β^- SF		^{244}Cm(α,pn)
^{248m}Bk	18h	$\beta^-(70)$	$E_{\beta^-}>0.75(\sim64)$ $>0.71(<6)$	^{247}Bk(n,γ) ^{246}Cm(α,pn)
		$\varepsilon(30)$		
^{249}Bk	311d	$\alpha(0.002)$	$E_\alpha=5.4168(1\times10^{-3})$ ……	多次中子俘获
		SF$(<7\times10^{-3})$ $\beta^-(\sim100)$	$E_{\beta^-}=0.125(\sim100)$	^{248}Cm$(n,\gamma)^{249}$Cm$\xrightarrow{\beta^-}$
^{250}Bk	3.22h	$\beta^-(\sim100)$	$E_{\beta^-}=1.775(5.5)$ 1.733(5.5)	^{249}Bk(n,γ)

核 素	半衰期	衰变方式 （分支比，%）	粒 子 能 量 MeV （强度，%）	主要的产生方式
			0.725(89)	
			$E_\gamma = 0.990(45.6)$	
			1.029(4.44)	
			1.032(35.5)	
^{251}Bk	57.0min	β^-(100)	$E_{\beta^-} = 1.0(\sim25)$	^{255}Es 衰变子核
			0.5($\sim$75)	热核爆炸
			$E_\gamma = 0.140$(弱)	
			0.184(弱)	
^{240}Bk	5min	ε		文献[2]
^{242}Bk	7min	ε		文献[2]

注:各符号意义参见表 8.1 之注释。

表 12.2 锫化合物的结构数据

化 合 物	晶格 对称性	空间群	颜色	晶格常数			密度 （g/cm³）
				$a(\text{Å})$	$b(\text{Å})$	$c(\text{Å})$	
α-Bk	六方	$P6_3/mmc$		3.416		11.068	
β-Bk	立方			4.999			
BkO_2	立方	$Fm3m$	黄棕色	5.334			12.30
Bk_2O_3	立方	$Ia3$	黄棕色	10.887			11.24
$BkCl_3$	六方	$P6_3/m$	绿色	7.388		4.129	6.06
$BkCl_3 \cdot 6H_2O$	单斜	$P2/n$	黄绿色	9.66	6.54	7.97	—
						$\beta = 93.77°$	
$BkOCl$	四方	$P4/nmm$	浅绿色	3.966		6.710	9.45
α-BkF_3	六方	$P\bar{3}c1$	黄绿色	6.97		7.14	10.15
β-BkF_3	斜方	$Pnma$	黄绿色	6.70	7.09	4.41	9.70
$BkBr_3$	斜方	$Cmcm$	黄绿色	4.1	12.6	9.1	6.82
$BkOBr$	四方	$P4/nmm$	白色	3.95		8.1	9.06
BkI_3	六方	$R\bar{3}$	黄色	7.5		20.4	6.31
$BkOI$	四方	$P4/nmm$	白色	4.0		7.5	
Bk_2S_3	立方	$I\bar{4}3d$	棕黑色	8.44			8.28
BkF_4	单斜	$C2/c$		2.47	10.58	8.17	7.74
						$\beta = 125.9°$	
Cs_2BkCl_6	六方	$P6_3mc$	橙色	7.451		12.097	4.155
$Cs_2NaBkCl_6$	立方	$Fm3m$	白色	10.805			3.952

　　1983 年刘元方等从含有几十种元素的重离子核反应(^{18}O$+^{248}$Cm)的产物中，成功地用萃取法和离子交换法快速分离出纯的锫，整个分离过程只用了半小时[33]。

12.1.3　锫的化合物

　　目前已知的少数几种锫的化合物是由美国的研究小组制得的[6,7]。1962 年首次报道了锫化合物的结构数据，当时 X 射线分析用的物料量只有 0.004μg BkO$_2$。至 1969 年，有人用锂高温还原 BkF$_3$ 才制得第一块金属锫[8]，约 5μg 重。现将有关锫化合物的结构列于表 12.2。

　　由表 12.2 可知，锫的氧化物有 Bk$_2$O$_3$ 和 BkO$_2$ 两种。卤化物有 BkF$_4$，BkX$_3$（X 为 F，Cl，Br，I）和 BkOX（X 为 Cl，Br，I）。还有复盐 Cs$_2$BkCl$_6$ 和 Cs$_2$NaBkCl$_6$ 等。

　　首批锫化合物的制备方法如图 12.3 所示。

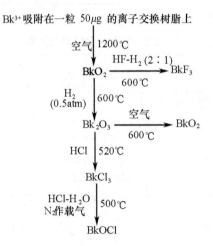

图 12.3　制备首批锫化合物所用的方法

　　此外，琥珀色的三环戊二烯合锫 Bk(C$_5$H$_5$)$_3$ 和二聚氯化二环戊二烯合锫 [Bk(C$_5$H$_5$)$_2$Cl]$_2$ 等金属有机化合物，也已制得。

12.1.4　锫的水溶液化学

　　锫化合物在水溶液中，有 +3 和 +4 两种价态存在。与轻锕系元素一样，Bk^{3+} 和 Bk^{4+} 通常都是水合的。Bk(IV) 是一种强氧化剂，有人用 60μg ^{249}Bk 的硫酸溶液 (0.10mol/L H$_2$SO$_4$) 测得 Bk(IV)-Bk(III) 电对的摩尔电位 E 为 -1.43V[9]，而 Ce(IV)-Ce(III) 电对在 0.25mol/L H$_2$SO$_4$ 溶液中的摩尔电位 E 为 -1.46V，它们

相差小于 60mV，可见 Bk(IV) 的氧化能力与 Ce(IV) 相近。因而，只有在很强的氧化剂存在时才能生成 Bk^{4+}，并被 $Zr_3(PO_4)_4$ 和 $Ce(IO_3)_4$ 共沉淀。水溶液中 Bk^{4+} 不稳定，能自身还原。

三价锫与氨羧络合剂如乙二胺四乙酸（H_4EDTA）、二氨基环己烷四乙酸（H_4DCTA）、二乙撑三胺五乙酸（H_5DTPA）、乳酸、α-羟基异丁酸等均能形成络合物，其稳定常数介于相邻元素锔和锎之间。稳定常数示例如下：

$$Y=H_4EDTA \quad k_1=\frac{[BkY^-]}{[Bk^{3+}][Y^{4-}]} \quad \log k_1=18.88$$

$$Y=H_4DCTA \quad k_1=\frac{[BkY^-]}{[Bk^{3+}][Y^{4-}]} \quad \log k_1=19.16$$

$$Y=H_5DTPA \quad k_1=\frac{[BkY^{2-}]}{[Bk^{3+}][Y^{5-}]} \quad \log k_1=22.79$$

对 Bk^{3+} 稀溶液的吸收光谱实验研究表明，在 450—750nm 可见光区域内，摩尔消光系数 $\varepsilon<20$(L/mol·cm)，未发现超过此值的吸收带。Bk^{3+} 的吸收带比轻锕系元素弱得多，但与相应镧系元素 Tb^{3+} 相比，Bk^{3+} 的强度却高一个数量级。

12.2 锎

锎（Californium），98 号元素，符号 Cf，是 1950 年 Thompson 等继发现 97 号元素锫之后，又用 α 粒子轰击 μg 量^{242}Cm 而制得的，核反应为：

$$^{242}Cm(\alpha,n)^{245}Cf \xrightarrow[43.6min]{\alpha}$$

为从靶材料和裂变产物中将生成的几千个^{245}Cf 原子分离出来，采用了以柠檬酸作淋洗剂，并由流洗峰位置来判定的离子交换法。锎遂以大多数超铀元素的"发源地"California 州来命名。

12.2.1 锎的同位素与核性质

已知锎的同位素有 18 种，质量数为 239—256。其中寿命最长的是^{251}Cf($t_{1/2}$=898a)，但最重要的是^{249}Cf($t_{1/2}$=352a)和^{252}Cf($t_{1/2}$=2.638a)。放射性纯的^{249}Cf 是由^{249}Bk 的 β 衰变生成的，可称量的该同位素在科学研究上很重要，因为它的半衰期较长，自发裂变几率小（参表 12.3）。

^{252}Cf 是一种很有前途的核素。它有 3.2% 经自发裂变而衰变；1mg^{252}Cf 每秒约放出 2.34×10^9 个中子。因此足够量的^{252}Cf 便是有用的中子源。由于^{252}Cf 的自发裂变几率较高，除需防护 α 和 γ 辐射之外（自发裂变的 γ 能量可超过 7MeV），

甚至对微克量的^{252}Cf 也需防护由其自发裂变产生的快中子。例如,操作毫克量^{252}Cf的工作,需在"热室"中进行;对 1g ^{252}Cf 的防护需用 1.25m 厚的混凝土[10]。当与其他 α 放射体混合时,检测^{252}Cf 常利用它自发裂变放出的 γ 射线[11]。

表 12.3　锎的同位素[1,2]

核素	半衰期	衰变方式 (分支比,%)	粒子能量 MeV (强度,%)	主要的产生方式
[^{239}Cf]	~39s	α	$E_\alpha = 7.63$	
^{240}Cf	0.9min	α	$E_\alpha = 7.59$	^{238}U(^{12}C,10n)
^{241}Cf	3.78min	α	$E_\alpha = 7.335$	^{235}U(^{12}C,6n)
^{242}Cf	3.4min	$\alpha(\sim 100)$	$E_\alpha = 7.385(\sim 80)$ 7.351(~ 20)	^{242}Cm(^{3}He,xn) ^{235}U(^{12}C,5n)
^{243}Cf	10.7min	$\alpha(10)$ $\varepsilon(90)$	$E_\alpha = 7.17$ 7.06	^{242}Cm(^{3}He,2n) ^{236}U(^{12}C,5n)
^{244}Cf	20min	α [β^+],[ε]	$E_\alpha = 7.218(75)$ 7.178(25)	^{244}Cm(α,4n) ^{236}U(^{12}C,4n)
^{245}Cf	43.6min	$\alpha(3)$ $\varepsilon(70)$	$E_\alpha = 7.137$ 7.0844 ……	^{244}Cm(α,3n) ^{238}U(^{12}C,5n)
^{246}Cf	35.7h	$\alpha(>99)$ SF($\sim 2 \times 10^{-4}$)	$E_\alpha = 6.758(77)$ 6.719(22) $E_\gamma = 0.042(1.4 \times 10^{-2})$	^{244}Cm(α,2n) ^{238}U(^{12}C,4n)
^{247}Cf	2.5h	$\varepsilon(100)$	$E_\gamma = 0.295(1.0)$	^{244}Cm(α,n)
^{248}Cf	333.5d	$\alpha(\sim 100)$ SF(2.9×10^{-3})	$E_\alpha = 6.26(82)$ 6.22(18)	Cm(α,xn)
^{249}Cf	352a	$\alpha(\sim 100)$ SF(6×10^{-7})	$E_\alpha = 5.810(83.7)$ 5.754(4.4) 5.940(3.4) …… $E_\gamma = 0.3879(66)$ 0.3334(15.5) ……	多次中子俘获; ^{249}Bk 衰变子核
^{250}Cf	13.2a	$\alpha(>99)$ SF(0.08)	$E_\alpha = 6.0308(82)$ 5.9886(17)	^{238}U,^{239}Pu,^{244}Cm 多次中子俘获; ^{250}Bk 衰变子核
^{251}Cf	898a	$\alpha(100)$	$E_\alpha = 5.6803(35)$ 5.846(27) ……	多次中子俘获

续表

核素	半衰期	衰变方式 （分支比，%）	粒子能量 MeV （强度，%）	主要的产生方式
^{252}Cf	2.638a	α(96.8) SF(3.2)	$E_\alpha=6.1183(82)$ 6.0757(15)	^{238}U, ^{239}Pu, ^{244}Cm 多次中子俘获
^{253}Cf	17.8d	α(0.31) β^-(99.7)	$E_\alpha=5.979(0.294)$ $E_{\beta^-}=0,27(99.7)$	多次中子俘获
^{254}Cf	60.5d	α(0.3) SF(99.7)	$E_\alpha=5.834(0.25)$	^{254m}Es 衰变子核； 热核爆炸
^{255}Cf	~1h	β^-		
^{256}Cf	12.3min	SF		

^{251}Cf 虽是半衰期长达 898 年的锎的可称量同位素，但由于它具有很高的中子俘获截面和裂变截面，在反应堆中很快就燃耗掉了，故不能经照射而生成纯的 ^{251}Cf。在锎的产品中通常只有很少的 ^{251}Cf。最重的锎同位素 ^{254}Cf 可由热核爆炸经中子俘获而得，但它的衰变方式几乎只有自发裂变（达 99.7%）。

12.2.2 锎的制取和纯化

锎可由照射钚、镅或锔而产生。例如，将燃耗尽的 Pu-Al 合金溶在硝酸中，用阴离子交换分离和纯化钚后，锎后元素和稀土一起从弱酸性的 $Al(NO_3)_3$ 料液中吸附到阴离子交换柱上，继而用硝酸洗脱[12]。将硝酸洗脱液转成盐酸溶液，再以长链叔胺从浓 LiCl 溶液中，萃取分离锎系元素与镧系元素。从重锎系元素中提取锎，除了以 α-羟基异丁酸作淋洗剂的阳离子交换分离法（图 12.4）之外，尚有浓 $LiNO_3$ 溶液中的阴离子交换法、二(2-乙基己基)磷酸萃取法或季铵盐萃取法。

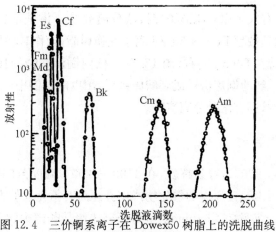

图 12.4 三价锎系离子在 Dowex50 树脂上的洗脱曲线

（洗脱液：α-羟基异丁酸铵；温度：87℃）

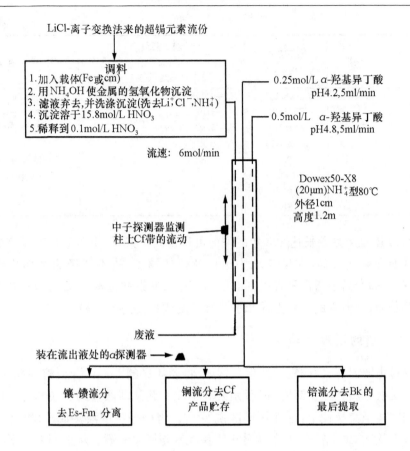

图 12.5　高压离子交换法分离锎

七十年代起,有人采用高压离子交换法分离锎[13]。淋洗剂也是常用的 α-羟基异丁酸,柱内装的是铵型 Dowcx 50-X8 离子交换树脂,操作时将柱子加热到 80℃,柱两端压力差维持在 60atm 左右(图 12.5)。柱内锎流洗峰的移动由热室内中子探测器加以监测。纯的锎流份转成硝酸体系后,用以制备锎中子源。此外,用于单个锎后元素分离的,还有熔盐分离流程。

12.2.3　锎的化合物

金属锎的熔点 900℃,容易挥发,在 1100—1200℃温度范围内能蒸发出来,存在两种变体。它可由镧还原锎的氧化物或用锂还原其氟化物的方法制得。

美国 Berkeley 实验室 Cunningham 等研究小组从长寿命 ^{249}Cf 同位素出发,使用很灵敏的超微量方法,制得首批锎的化合物(图 12.6)。将吸附于阳离子交换树脂上的 Cf 在空气中加热,可得到氧化物 Cf_2O_3;使 Cf_2O_3 与 HCl 气体作用,生成绿色的无水氯化物 $CfCl_3$;此化合物在 $HCl-H_2O$ 气流中于 500℃ 水解,可形成氯氧化物 CfOCl。采用同样的方法可制得 CfX_3,CfOX(X 为 F,Cl,Br,I)。此外,Cf(IV) 和 Cf(II) 的二元化合物 CfO_2,CfF_4,$CfCl_2$ 也已制得。已知锎化合物的结构数据列于表 12.4。

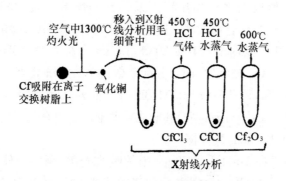

图 12.6　首批锎化物的制备方法

[根据 G. T. Seaborg:"Man-Made Transuranium Elements".

Prentice-Hall,Inc.,Englewood Cliffs,N. J. (1963)]

表 12.4　锎化合物的结构数据

化合物	晶格对称性	空 间 群	颜 色	晶格常数			密度 (g/cm³)
				a(Å)	b(Å)	c(Å)	
B-Cf_2O_3	单斜	C2/m	黄色	14.124	3.591	8.809	12.38
C-Cf_2O_3	立方	Ia3	绿色	10.838			11.40
Cf_2O_{3+x}	立方	Ia3(?)	深色	10.809			
$CfO_{2(-x)}$	立方	Fm3m	黑色	5.310			
CfF_3	斜方			6.653	7.041	4.395	
$CfCl_3$	六方	$P6_3/m$	绿色	7.393		4.090	6.09
$CfCl_3$ * (高温变体)	斜方	Cmcm		3.869	11.75	8.561	
$CfBr_3 \cdot 6H_2O$	单斜			9.992	6.716	8.146	
CfI_3	六方	$R\bar{3}$	黄色	7.55		20.8	6.11
CfOF	立方	Rm3m	浅绿色	5.561			10.97
CfOCl	四方	P4/nmm	绿色	3.956		6.662	9.57
CfOBr	四方	P4/nmm	棕色	3.900		8.110	9.27
CfOI	四方	P4/nmm	浅棕色	3.97		9.13	9.03

12.2.4　锎的水溶液化学

锎在水溶液中的稳定价态是 +3。Cf^{3+} 可与 LaF_3，$La_2(C_2O_4)_3$，$La(OH)_3$ 共沉淀。三价锎的硝酸盐 $Cf(NO_3)_3$，氯化物 $CfCl_3$，高氯酸盐 $Cf(ClO_4)_3$ 和硫酸盐 $Cf_2(SO_4)_3$ 都是可溶盐。

Cf^{3+} 与 SO_4^{2-} 形成的络合物比轻锕系元素和镧系元素的相应络合物更稳定[14]。Cf^{3+} 与 β-二酮类化合物如噻吩甲酰三氟丙酮（HTTA）、呋喃甲酰三氟丙酮（HFTA）、或萘甲酰三氟丙酮（HNTA）等，以 1：3 螯合物的形式 $Cf(TTA)_3$，$Cf(FTA)_3$ 和 $Cf(NTA)_3$ 被萃取，而且分配系数比 Am，Cm 要高；还有协萃螯合物 $Cf(TTA)_3 \cdot MIBK$ 和 $Cf(TTA)_3 \cdot 2MIBK$ 等。此外，Cf^{3+} 也能与许多氨羧络合剂形成螯合物。至于 Cf^{3+} 与酒石酸、乳酸或草酸形成的螯合物，其稳定性不如与 β-二酮类或氨羧络合剂形成的螯合物。

图 12.7 示 Cf^{3+} 在 1mol/L $DClO_4$①中的吸收光谱，测定中使用了 0.6mg 的 Cf，制配成 0.016mol/L Cf^{3+} 溶液，其同位素组成为 80% ^{252}Cf 和 20% ^{254}Cf。由于它们衰变中放出的高能量，致使 Cf^{3+} 溶液像香槟酒一样发泡而带来困难；为了防护释出的中子，整个测量仪器需安装在墙厚为 1.2m 的热室内，且由遥控进行。从 280nm 至 1600nm 范围内虽发现有 19 条吸收带，但它们的消光系数全都很低。

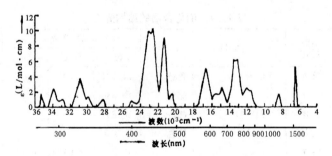

图 12.7　在 1mol/L $DClO_4$ 中 Cf^{3+} 的吸收光谱

锎的最有用途的同位素是 ^{252}Cf，它是一种很有价值的中子源可用于中子活化分析，特别是在线中子活化分析；还有就地生产短寿命核素，中子照相以及治疗癌症等。^{249}Cf 和 ^{251}Cf 有较长的半衰期，其中以 ^{249}Cf 较适合于化学研究之用；它们的热中子裂变截面很大，临界质量很小，分别为 32g 和 10g，故在核物理的研究中颇受重视。

————————

① D 代表重氢 ^2_1H。

12.3 锿

锿（Einsteinium），原子序数 99，元素符号 Es，它和 100 号元素 Fm 都是在 1952 年第一次热核爆炸的碎片中，被 Ghiorso 等研究小组发现和鉴定的。这两个元素被命名为锿和镄，以纪念伟大的科学家爱因斯坦（A. Einstein）和费米（E. Fermi）。在热核爆炸瞬间产生的极高中子通量作用下，^{238}U 连续俘获 15 个或 17 个中子，生成含中子极多的铀同位素 ^{253}U 和 ^{255}U，再经过多次 β 衰变生成 ^{253}Es 和 ^{255}Fm。

12.3.1 锿的同位素与核性质

现在已知锿有 14 种同位素和三种同质异能素，质量数为 243—256（表 12.5）。

表 12.5　锿的同位素[1,2]

核素	半衰期	衰变方式（分支比，%）	粒子能量 MeV（强度，%）	主要的产生方式
^{243}Es	21s	α	$E_\alpha = 7.89$	
^{244}Es	37s	$\alpha(4)$	$E_\alpha = 7.570(4)$	
		$\varepsilon(96)$		
^{245}Es	1.33min	$\alpha(40)$	$E_\alpha = 7.73(40)$	^{238}U(^{14}N,7n)
		$\varepsilon(60)$		^{240}Pu(^{10}B,xn)
^{246}Es	7.7min	$\alpha(10)$	$E_\alpha = 7.36(10)$	^{238}U(^{14}N,6n)
		$\varepsilon(90)$		
^{247}Es	4.7min	$\alpha(\sim7)$	$E_\alpha = 7.31(\sim7)$	^{233}U(^{14}N,5n)
		$\varepsilon(\sim93)$		
^{248}Es	27min	$\alpha(0.25)$	$E_\alpha = 6.87(0.25)$	^{249}Cf(d,3n)
		$\varepsilon(\sim100)$		
^{249}Es	1.7h	$\alpha(0.13)$	$E_\alpha = 6.76(0.13)$	^{249}Bk(α,4n)
		$\varepsilon(99.9)$		
^{250}Es	8.3h	$\varepsilon(100)$	$E_\gamma = 0.8288(3.4)$	^{249}Bk(α,3n)
			0.3032(1.0)	
			……	
^{250m}Es	2.1h		$E_\gamma = 0.9890(1.2^*)$	^{249}Bk(α,3n)
			1.0326(1.0*)	
^{251}Es	33h	$\varepsilon(0.52)$	$E_\alpha = 6.48$	^{249}Bk(α,2n)
		$\varepsilon(99.5)$		

核素	半衰期	衰变方式 (分支比,%)	粒子能量 MeV (强度,%)	主要的产生方式
^{252}Es	350d	$\alpha(78)$	$E_\alpha=6.632(63)$ 6.562(11) ……	^{249}Bk(α,n)
		$\beta^-(<2)$ $\varepsilon(22)$	$E_\gamma=0.7851(16)$ 0.1390(12)	
^{253}Es	20.47d	$\alpha(>99)$	$E_\alpha=6.6327(89)$ 6.5916(7) ……	多次中子俘获
		SF(9×10^{-6})		
^{254}Es	276d	$\alpha(>99)$ SF$(<3\times10^{-6})$	$E_\alpha=6.4288(92)$ ……	多次中子俘获
^{254m}Es	39.3h	$\beta^-(99.6)$ —	$E_{\beta^-}=0.475(60)$ 0.437(17) ……	多次中子俘获
		$\alpha(0.3)$ SF(<0.05)	$E_\alpha=6.387(0.26)$	
^{255}Es	39d	$\beta^-(91.5)$ $\alpha(8.5)$ SF(0.004)	$E_{\beta^-}=0.30(91.5)$ $E_\alpha=6.2995(7.45)$	多次中子俘获
^{256}Es	28min	β^-		^{255}Es(n,γ)
^{256m}Es	7.6h	β^-	$E_\gamma=0.862$ 0.231	

注:各符号意义参见表8.1之注释。

　　锿的轻同位素只能用重离子核反应制得[15],例如^{238}U$(^{14}$N,$6n)^{46}$Es;对于质量数大于248的Es同位素,可用氘核d或α粒子轰击Cf或Bk等制得。锿的长寿命同位素有^{252}Es$(t_{1/2}=350$d$)$,^{253}Es$(t_{1/2}=20.47$d$)$,^{254}Es$(t_{1/2}=276$d$)$和^{254m}Es$(t_{1/2}=39.3$h$)$。这也是化学家比较感兴趣的锿同位素。由各种锿同位素的核性质可知,轻同位素主要为电子俘获衰变;重些的同位素(如大于254后)主要是β^-放射体。

12.3.2　锿的化学

　　锿的性质研究是在示踪量和微克量下进行的,例如用约3μg 锿$(97.5\%^{253}$Es$)$测定了三价 Es 在盐酸溶液中的吸收光谱。它在水溶液中的稳定价态是 +3 价。Es^{3+} 能与镧系元素的氟化物、氢氧化物共沉淀；也可被汞阴极电解还原为 +2 价。

在 HNO_3，HCl，$LiCl$ 或 SCN^- 溶液中，Es^{3+} 与镧系元素情形一样能形成阴离子络合物，但稳定性不同，因此可实现锿与镧系元素的阴离子交换分离。锕系元素从阴离子交换剂上的洗脱顺序，随原子序数增加而依次排列，因此 Es 在 Cf 以后洗脱。

如在阳离子交换树脂上，可用 α-羟基异丁酸铵、柠檬酸铵或盐酸作淋洗剂，如图 12.4 所示，Es 在 Cf 以前洗脱，此后洗脱的元素依次是 Bk，Cm 和 Am。

三价锿在 pH 为 3.4 时能被 TTA 的苯溶液萃取，也可被 TBP 和脂肪胺萃取。由 HDEHP 萃取法测得 Es^{3+} 络合物的几个稳定常数如下[16]：

Es^{3+}-α-羟基异丁酸体系：$\log\beta_1 = 4.29$

Es^{3+}-酒石酸体系：$\log\beta_1 = 5.86$

Es^{3+}-苹果酸体系：$\log\beta_1 = 7.06$

Es^{3+}-柠檬酸体系：$\log\beta_1 = 11.71$

锿的氧化还原电位：Es^{3+}/Es^{2+} 为 +1.6V；Es^{4+}/Es^{3+} 为 -4.6V。

已知锿的固体化合物有氯化物 $EsCl_3$ 和氯氧化物 $EsOCl$ 等，这些实验也是用 3 微克锿来完成的。金属锿化学性质活泼，易挥发，熔点为 860℃，可由锂还原氟化锿 EsF_3 而制得。锿是迄今周期表中能获得可称量的最重的元素。

12.4 镄

镄（Fermium），原子序数 100，元素符号 Fm，它与 99 号元素 Es 是在热核爆炸中同时发现的。现在已知镄有 18 种同位素和一种同质异能素，质量数为 242—259（见表 12.6）。Fm 的同位素大部分是 α 放射体，只有 ^{251}Fm 和 ^{252}Fm 是电子俘获衰变，而 ^{256}Fm 的自发裂变约占 92%。

制备 Fm 的轻同位素可用重离子核反应，如 Ne 离子轰击 Th；O 离子轰击 U 或 C 离子轰击 Pu。用 α 粒子轰击 Cf 可制备质量数为 250—253 的 Fm，产额比上述反应高。

在反应堆中用俘获中子的方法制备 Fm，可得到 A≥254 的同位素。如：

$$^{252}Cf(n,\gamma)^{253}Cf \xrightarrow[17.8d]{\beta^-} {}^{253}Es(n,\gamma)^{254m}Es \xrightarrow[39.3h]{\beta^-} {}^{254}Fm \xrightarrow[3.24h]{\alpha}$$

寿命最长的 Fm 同位素是 α 放射体 ^{257}Fm，它的半衰期为 82d，这是唯一能进行化学研究的 Fm 同位素，最早由 ^{13}C 离子轰击 ^{252}Cf 时鉴测到，有人从反应堆中子照射锎样处理过程中获得。但是，由中子照射 ^{252}Cf 或 ^{253}Es 生成 ^{257}Fm 的产额极其有限,即使在高通量反应堆中也如此。因为中间的镄同位素$^{254-256}$Fm 的半衰期较短,以致在俘获到一个中子之前大部分都衰变了。在最好情况下,例如 ϕ $=10^{16}$中子/cm^2·s 时,1g^{252}Cf 完全燃尽能得到的^{257}Fm 还不超过几微克。目前,^{257}Fm 的最大来源是地下核试验的碎岩样品。例如,某地下核试验的 10kg 样品,从中可得到 5×10^4 个^{257}Fm 原子,这相当于每分钟 0.3 个 α 衰变。在"Hutch"热核爆炸碎岩中,^{257}Fm 的总量为 0.25mg,超过目前反应堆中^{257}Fm 产量的 10^{10} 倍[17]。

从混合锔后元素中分离镄有两种方法。即 α-羟基异丁酸铵作洗脱剂的阳离子交换法和 HDEHP 萃取色层法[18],后者分离系数较高。

表 12.6　镄的同位素[1]

核素	半衰期	衰变方式 (分支比,%)	粒子能量 MeV (强度,%)	主要的产生方式
^{244}Fm	~0.0033s	SF(100)		^{233}U(^{16}O,5n)
^{245}Fm	4.2s	α	$E_\alpha=8.15$	^{233}U(^{16}O,4n)
^{246}Fm	1.3s	α(92)	$E_\alpha=8.23$	^{235}U(^{16}O,5n)
		SF(8)		^{239}Pu(^{12}C,5n)
^{247}Fm	35s	α(~50)	$E_\alpha=7.93$(~15)	^{239}Pu(^{12}C,4n)
			7.87(~35)	
		ε(~50)		
^{247m}Fm	9.2s	α	$E_\alpha=8.18$	^{239}Pu(^{12}C,4n)
^{248}Fm	37s	α(99.9)	$E_\alpha=7.88$(~80)	^{240}Pu(^{12}C,4n)
			7.83(~20)	
		SF(0.1)		
^{249}Fm	2.6min	α	$E_\alpha=7.9$	^{238}U(^{16}O,5n)
			7.53	
^{250}Fm	30min	α(>90)	$E_\alpha=7.43$(>90)	^{238}U(^{16}O,4n)
		ε(<10)		
^{251}Fm	7.0h	α(~1)	$E_\alpha=6.83$	^{249}Cf(α,3n)
		ε(~99)	$E_\gamma=0.410$	
^{252}Fm	22.8h	α(~100)	$E_\alpha=7.039$(~85)	^{238}U(^{18}O,4n)
			6.998(~15)	
		SF(0.0025)		
^{253}Fm	3.0d	α(12)	$E_\alpha=6.943$(5)	^{252}Cf(α,3n)
			6.675(3)	
		ε(88)	$E_\gamma=0.2718$(2.6)	

续表

核素	半衰期	衰变方式 (分支比,%)	粒子能量 MeV (强度,%)	主要的产生方式
^{254}Fm	3.24h	$\alpha(>99)$	$E_\alpha=7.187(84)$ 7.145(14)	多次中子俘获
		SF(0.059)		
^{255}Fm	20.1h	$\alpha(>99)$	$E_\alpha=7.0158(93)$ 6.957(5)	^{235}Es 衰变子核
		SF(2.4×10^{-5})	$E_\gamma=0.0813(1.08)$ ……	
^{256}Fm	2.63h	$\alpha(8.1)$	$E_\alpha=6.915(6.9)$ ……	^{253}Es(α,p)
		SF(91.9)		
^{257}Fm	82d	$\alpha(99.8)$	$E_\alpha=6.519(94)$ 6.696(3.2) 6.441(2.0) ……	多次中子俘获
		SF(0.2)		
^{258}Fm	3.8×10^{-4}s	SF		^{257}Fm(d,p)
^{259}Fm	1.5s	SF		文献[2]
^{242}Fm	8×10^{-4}s	SF		文献[2]
^{243}Fm	0.18s	α	$E_\alpha=8.55$	文献[2]

注:各符号意义参见表 8.1 之注释。

镄的化学性质都是在示踪量下研究的。它在水溶液中以 Fm^{3+} 存在,在氯化物的水-乙醇溶液中,可被镁还原为+2 价。Fm 的化学性质与前面的锕系元素类似,在阳离子交换柱上可用柠檬酸、α-羟基异丁酸铵或 HCl 洗脱,洗脱位置在 Es 之前。Fm 可与 TBP、脂肪胺、烷基膦酸形成络合物;在萃取色层和纸上电泳分离中,可用这些试剂进行 Fm 与 Am,Cm,Cf,Es 混合物的分离。

目前已知镄的螯合物稳定常数如下:

Fm^{3+}-二乙撑三胺五乙酸体系:$\log\beta_1=22.70$

Fm^{3+}-二氨基环己烷四乙酸体系:$\log\beta_1=19.56$

Fm^{3+}-乳酸体系:$\log\beta_3=6.36$

Fm^{3+}-酒石酸体系:$\log\beta_2=6.8$

四价 Fm 不稳定。二价的 Fm^{2+} 比 Es^{2+} 稳定,但不及 Md^{2+} 稳定。

^{258}Fm 是自发裂变同位素,半衰期极短($t_{1/2}=3.8\times10^{-4}$s),因此利用反应堆中

子照射的方法生产重核素时将在^{257}Fm 处中断,已无法继续用此法合成比 Fm 重的
锿后元素了。

12.5　钔

钔(Mendelevium),原子序数 101,元素符号 Md,是 Ghiorso,Harvey,Choppin
和 Seaborg 于 1955 年用 α 粒子轰击^{253}Es 制得的[19,20],核反应为:
$$^{253}_{99}\mathrm{Es}(\alpha,n)^{256}_{101}\mathrm{Md}$$
为纪念元素周期律发现者伟大的俄国科学家门捷列夫(D. I. Mendeleev;д. и.
Менделеев),便把该元素命名为钔。他们使用了 10^9 个^{253}Es 原子(N'),钔的生成截
面极小,约 $1\mathrm{mb}(10^{-27}\mathrm{cm^2})$,运行长达 $3\mathrm{h}(t$ 为 $10^4\mathrm{s})$ 的轰击实验以及维持 α 粒子通
量为 10^{14} 个/cm² · s 情况下,只生成了一个^{256}Md 原子。即:
$$\mathrm{N}=\mathrm{N'}\sigma\mathrm{It}=10^9\times10^{-27}\times10^{14}\times10^4=1$$

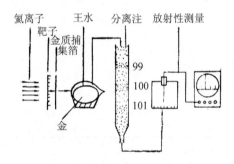

图 12.8　发现钔的各个步骤的图示

发现 Md 时所用的方法示于图 12.8。α(氦离子)束流射向镀有薄层^{253}Es 的金
箔靶,由靶中反冲出来的 Md 原子,遂由于 α 入射粒子的动量转移而从 Es 中分离
出来,并为第 2 张金箔捕获。将其溶于王水后,再以 α-羟基异丁酸铵作淋洗剂的阳
离子交换法分离得 Md。最后通过^{256}Md 的自发裂变子体^{256}Fm 加以鉴定:
$$^{253}\mathrm{Es}(\alpha,n)^{256}\mathrm{Md}\xrightarrow[76\mathrm{min}]{\varepsilon}{}^{256}\mathrm{Fm}\xrightarrow[2.63\mathrm{h}]{\mathrm{SF}}$$

后来,在苏联杜布纳联合核子研究所的 3.1m 重离子加速器上,用^{22}Ne 离子轰
击^{238}U 靶,通过核反应:$^{238}\mathrm{U}(^{22}\mathrm{Ne},p3n)^{256}\mathrm{Md}$,也曾获得数百个^{256}Md 原子。人造
重核素的艰巨性,由此可见一斑。

目前已知钔有 12 种同位素和两种同质异能素,质量数为 247—259(表 12.7),
半衰期最长的是^{258}Md$(t_{1/2}=54\mathrm{d})$。现今原子序数大于 100 的锿后元素,全都是由

加速的重离子轰击重元素靶而成。不再能用中子俘获反应制备 Md 的同位素,因为已没有 β^- 放射性的 Fm 同位素了。

表 12.7 钔的同位素[1]

核 素	半衰期	衰变方式 (分支比,%)	粒子能量 MeV (强度,%)	主要的产生方式
248Md	7s	α(20) ε(80)	$E_\alpha=8.36(\sim5)$ 8.32($\sim$15)	12C+241Cm
249Md	24s	α(>20) ε(<80)	$E_\alpha=8.03$	12C+241Am
250Md	52s	α(6) ε(94)	$E_\alpha=7.75(\sim4.2)$ 7.82($\sim$1.8)	15N+240Pu
251Md	4.0min	α(<6) ε(>94)	$E_\alpha=7.55$	15N+240Pu
252Md	2.3min	ε		13C+243Am
254AMd	10min	ε		253Es(α,3n)
254BMd	28min	ε		253Es(α,3n)
255Md	28min	α(10) ε(90)	$E_\alpha=7.333$	254Es(α,3n)
256Md	76min	α(10) ε(90)	$E_\alpha=7.210(6.3)$ 7.140(1.6)	253Es(α,n)
257Md	5.0h	α($\sim$8) SF(≤10) ε($\sim$90)	$E_\alpha=7.24$ 7.08	11B+250,252Cf α+253-255Es
258AMd	54d	α	$E_\alpha=6.78(\sim42)$ 6.73($\sim$12) 6.85($\sim$4)	
258BMd	43min	ε		文献[2]
259Md	95min	SF		文献[2]
247Md	2.9s	α	$E_\alpha=8.43$	文献[2]

注:各符号意义参见表 8.1 之注释。

钔的化学研究仅限于示踪量的工作,一般采用 256Md。在水溶液中它呈+3 价,能同其他锕系元素一起吸附于阳离子树脂上,用 α-羟基异丁酸铵洗脱时,它在 Fm 之前洗脱下来,如图 12.4 所示。若在 13mol/L HCl 中,它吸附于阴离子交换树脂上,用 HCl 洗脱时与 Fm 在一起,或稍后于 Fm 而被洗脱。

钔可被许多还原剂如 Zn 粉、Zn-Hg 齐、Cr^{3+} 等还原为 Md^{2+}。Md^{3+}/Md^{2+} 的氧化还原电势为 -0.15 伏。Md^{3+} 易被还原为 Md^{2+} 的性质，使 Md 与较轻的锎后元素的分离大为简化。例如，将含有 Md 和 Fm，Es，Cf 的溶液通过 Jones 还原器（即 Zn-Hg 齐柱），然后用 TBP 或 HDEHP 萃取不被还原的 Fm^{3+}，Es^{2+} 和 Cf^{3+}，于是 Md^{2+} 留在水相而得到分离。Md^{3+} 还能在含有 $CH_3COONa(NH_4)$ 的 HCl 溶液中被 Na-Hg 齐还原为金属，此时，90%—100% 的 Md 形成汞齐。Md 在 HCl 溶液中电解，可沉积在铂片上。Md^{2+} 还可与 $BaSO_4$ 共沉淀。Md 在水溶液中除具有典型的 +3 和 +2 两种价态外，还有人得到 +1 价态存在的事实[21]。

钔引起人们的注意，不仅因为它是第一个原子序数超过一百的元素，而且也是由于它的合成确属超铀史诗中达到顶峰的光辉事件之一。只有 17 个 101 号原子这样微小的量，就是在最精密的天平上也无法称出来，但是，发现者美国科学家 Seaborg 等还是定出了它们的核性质乃至化学性质。至此，有效地应用于合成九种铀后元素的"老方法"完成了它的历史使命，即每次给靶核增添一个氢核或氦核，从而在周期表上推进一两小格是不会做出更多奇迹了。这要求奠定一个新的方向——重离子物理学。为了跨越分隔 102 号和相邻的 101 号元素之间这条看不见的界限，核科学家们花费了将近 11 年的工夫。在寻找和合成新元素的过程中，周期律在长达差不多 100 年之久的时间里起着指南的作用，钔的发现和研究成了周期律发现者最好的纪念碑。

12.6 锘

锘(Nobelium)，原子序数 102，元素符号 No，是为了纪念著名的瑞典科学家诺贝尔(A. B. Nobel)而命名，可它是由谁最早发现至今仍无定论。以至令人迷津遍布，如堕烟海[19,20]。

1957 年在瑞典的国际科学家小组曾声称发现 102 号元素，说得到一种半衰期约 10min、α 能量为 8.5MeV 的 α 放射体。尔后，美国和苏联的科学家分别进行合成该元素的实验，一致指出瑞典国际科学家小组的实验结果是错误的。加利福尼亚大学劳伦斯伯克利实验室的科学家，用加速的 C 离子流轰击 Cm 靶，得到了半衰期为 3s 的 α 放射性核素[22]，由于半衰期太短，他们借测量其子体 Fm 而判定母体为 ^{254}No；苏联杜布纳联合核子研究所曾用加速的 O 离子流轰击 Pu 靶，测得半衰期近 1min、α 能量为 8.1MeV 的 ^{254}No[23]。半衰期最长的同位素 ^{259}No($t_{1/2}=58$min)，是 1971 年美国橡树岭国家实验室通过下述核反应合成的：^{248}Cm$(^{18}$O，$\alpha 3n)^{259}$No。

现在已知锘有 10 种同位素，质量数为 250—259(表 12.8)。除 ^{250}No 和 ^{258}No 以外，

表 12.8 锘的同位素[1,8]

核 素	半衰期	衰变方式 (分支比,%)	粒子能量 MeV (强度,%)	主要的产生方式
^{250}No	2.5×10^{-4} s	SF		
^{251}No	0.8s	$\alpha(100)$	$E_\alpha=8.68(20)$ 8.60(80)	^{244}Cm$(^{12}$C$,5n)$
^{252}No	2.3s	$\alpha(\sim70)$ SF(~30)	$E_\alpha=8.410$	^{239}Pu$(^{18}$O$,5n)$
^{253}No	1.7min	α	$E_\alpha=8.01$	^{239}Pu$(^{18}$O$,4n)$
^{254}No	55s	$\alpha(\sim100)$	$E_\alpha=8.10(\sim100)$	^{238}U$(^{22}$Ne$,6n)$ ^{246}Cm$(^{12}$C$,4n)$
^{255}No	3.0min	α	$E_\alpha=8.08$	^{244}Pu$(^{16}$O$,5n)$ ^{238}U$(^{22}$Ne$,5n)$
^{256}No	3.5s	$\alpha(\sim99.7)$ SF(~0.3)	$E_\alpha=8.42$	^{238}U$(^{22}$Ne$,4n)$
^{257}No	23s	$\alpha(100)$	$E_\alpha=8.27(50)$ 8.23(50)	12,13C$+^{248}$Cm
^{258}No	1.2×10^{-3} s	SF(1000)		^{13}C$+^{248}$Cm
^{259}No	58min	$\alpha(\sim83)$ SF(~17)	$E_\alpha=7.500(32)$ 7.533(19)	^{18}O$+^{248}$Cm

注:各符号意义参见表 8.1 之注释。

所有的 No 同位素都是 α 放射体。从化学研究角度而言,最重要的是^{255}No 和^{259}No。

锘原子的外层电子构型是 $5f^{14}7s^2$,由于 $5f^{14}$ 结构的特殊稳定性,水溶液中 No 最稳定的氧化态为 +2,表现为与碱土金属相似;只有在氧化剂如 Ce(IV)存在时,它才表现出 +3 锕系离子的典型行为。例如:①阳离子交换分离时,No 不在 Es 之前洗脱,而是在 Es,Cm,Am 和 Ac 后出现;②用 TTA-MIBK 溶液萃取时,若无氧化剂存在,No 只有在 pH 为 4-6 时才能被萃取,而三价锕系元素在 pH 为 2-3 时就被萃取了,如图 12.9 所示;③用氟化物共沉淀时,LaF$_3$ 对 No 的载带仅为 7%,而对 Am^{3+} 的载带达 60%;如改用 BeF$_2$,则对 No 的载带为 56%;若先用 Ce(IV)进行氧化,LaF$_3$ 对 No 的载带可提高至 48%。

关于锘化学的知识,只能用短寿命 No 同位素的示踪量研究来得到。上述实验是利用核反应^{244}Pu$(^{16}$O$,5n)^{255}$No 做的[24],每次实验只得到几个^{255}No 原子,并用反冲法从靶中将它分离出来,所以需要高超的实验技术。示踪实验测得的

No(III)/No(II)的 E_0 值约为 1.45V。前不久研究了另两个电对 No(II)/No 和 No(III)/No的氧化还原情形[25]。

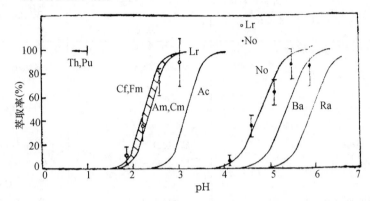

图 12.9　用噻吩甲酰三氟丙酮-甲基异丁基酮在缓冲的水溶液中
对二价、三价离子的萃取率

　　自镄(100 号)元素之后,每次实验的量均以原子的个数计之,再也难以合成得可称量的核素来研究它们的化学行为或成百亿个原子集团的统计性质,因此称之为"原子计数的化学"或"少数原子化学"(Few atom chemistry)[21]。表 12.9 列出已做的实验原子数及它们的半衰期示例。由此可见,对重锕系核素的物理和化学性质研究,已经进入揭示自然界元素与物质存在的高深层次了。

表 12.9　用于化学研究的重锕系核素的原子数目

核　　素	半 衰 期	每次实验的平均原子数
^{255}Fm	20.1h	10^{11}
^{256}Md	76min	10^6
^{255}No	3.0min	10^3
^{256}Lf	31s	10

12.7　铹

　　铹(Lawrencium),原子序数 103,元素符号 Lr,属锕系元素的最后一个成员,为了纪念回旋加速器的创始人——美国物理学家劳伦斯(E. O. Lawrence)而命名。

　　1961 年 Ghiorso 等用加速的硼离子(^{10}B 和 ^{11}B)轰击锎靶(^{250}Cf 到 ^{252}Cf)时,得到一种半衰期为～8s,α 能量为 8.6Mev 的新核素,这就是 103 号元素 Lr 的首次发现。可表述成:

$$^{250-252}\mathrm{Cf} + {}^{10,11}\mathrm{B} \longrightarrow {}^{258}\mathrm{Lr} + (3-5)n$$

此后,杜布纳联合核子研究所的苏联科学家 Г. Н. флёров 等用加速的氧离子轰击镅靶,通过下述核反应生成了铹的另外两个同位素:

$$^{243}\mathrm{Am}({}^{18}\mathrm{O}, 5n)^{256}\mathrm{Lr}; {}^{243}\mathrm{Am}({}^{18}\mathrm{O}, 4n)^{257}\mathrm{Lr}$$

他们用测量 $^{256}\mathrm{Lr}$ 的衰变链子体 $^{252}\mathrm{Fm}$ 的方法,间接鉴定新核素 $^{256}\mathrm{Lr}$:

$$^{260}105 \xrightarrow{\alpha} {}^{256}\mathrm{Lr} \xrightarrow{\alpha} {}^{252}\mathrm{Md} \xrightarrow{\varepsilon} {}^{252}\mathrm{Fm}$$

由于 Lr 的同位素的半衰期多数为秒的量级,因此合成 Lr 的实验中被巧妙地采用快速气流载带的方法进行鉴定(图 12.10)。高速的氦气流将生成的反冲 Lr 原子核输送至旋转的捕集器轮上,捕集器按一定速度旋转,因而将反冲核带到一系列探测器处,以便迅速记录衰变事件。

现已合成的 Lr 同位素计有 8 种,质量数为 $253-260$,都是 α 放射体(表 12.10)。寿命最长的 $^{260}\mathrm{Lr}$,半衰期也不过才 3min;另外两个次之的是 $^{255}\mathrm{Lr}$ 和 $^{256}\mathrm{Lr}$。

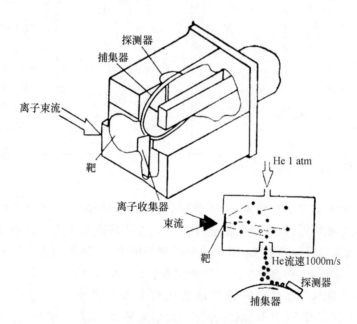

图 12.10 从气流中收集反冲原子的装置

[G. N. Flerov, V. A. Druin, Atomic Energy Review 8, 255(1970)]

表 12.10　锘的同位素[1]

核素	半衰期	衰变方式 (分支比,%)	粒子能量 MeV (强度,%)	主要的产生方式
^{255}Lr	22s	$\alpha(\sim70)$	$E_\alpha=8.37(\sim35)$ 8.35(~35)	^{16}O+^{243}Am
		$\varepsilon(\leqslant30)$		
^{256}Lr	31s	$\alpha(\sim80)$	$E_\alpha=8.43(27.2)$ 8.39(18.4) 8.52(15.2) ……	^{15}N+^{246}Cm ^{11}B+^{249}Cf
		$\varepsilon(\leqslant20)$		
^{257}Lr	0.6s	$\alpha(\sim75)$	$E_\alpha=8.87(61)$ 8.81(14)	^{12}C+^{249}Bk ^{14,15}N+^{249}Cf
		$\varepsilon(\leqslant15)$		
^{258}Lr	4.2s	$\alpha(\sim95)$	$E_\alpha=8.62(44.7)$ 8.59(28.5) ……	^{15}N+^{246}Cm ^{12}C+^{249}Bk ^{10,11}B+$^{250-252}$Cf
		$\varepsilon(\sim5)$		
^{259}Lr	5.4s	$\alpha(100)$	$E_\alpha=8.45$	^{15}N+^{248}Cm
^{260}Lr	3min	$\alpha(>60)$	$E_\alpha=8.03$	^{16}O+^{249}Bk
		$\varepsilon(<40)$		^{15}N+^{248}Cm
^{253}Lr	~2.6s	α	$E_\alpha=8.82$	文献[2]
^{254}Lr	16s	α	$E_\alpha=8.46$	

注:各符号意义参见表 8.1 之注释。

　　锘原子的外层电子构型为 $5f^{14}6d^17s^2$。美国橡树岭国家实验室曾经用气相氯化法将它变为氯化锘,以研究其化学行为[26]。方法是将反冲的 ^{256}Lr 原子阻留在氦气中,用喷气法使气流带着 Lr 原子冲击到收集箔上,收集箔为盖有几 μg NH$_4$Cl/cm^2 的铂片,此时 Lr 被氯化。该铂片固定在铝筒"跑兔"的一端,辐照结束后 3 秒钟内就能将"跑兔"通过塑料管气动输送到化学实验室。研究了不同酸度下 0.2mol/L TTA-MIBK 萃取氯化锘的行为,结果表明 Lr,Cm 和 Fm 的萃取酸度在同一 pH 范围内,而与 No,Ba 和 Ra 的显著不同(见图 12.9)。因此证明 Lr 在水溶液中的稳定价态为+3。每次实验平均生成 10 个原子,整个化学程序需时 50s,在重复 200 多次实验中总共合成了约 1500 个 Lr 原子。

　　杜布纳联合核子研究所将反冲的 Lr 原子在气相中氯化,研究其氯化物的

挥发性及在固体表面吸附的行为[27]，结果表明，氯化𬬻的行为也是与三价锕
系元素如锔、锫、镄氯化物的行为相似。这些元素的分析化学研究进展可参见
文献[28]。

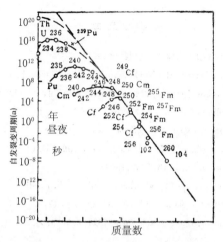

图 12.11 各种元素自发裂变周期与其质量数的关系[31,32]

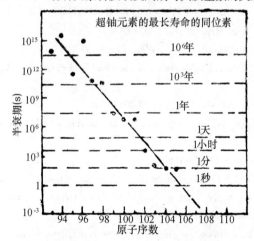

图 12.12 原子序数和半衰期的关系[34]

元素周期表的尽头之谜在哪里？核物理学和锕系化学的研究表明,高原子序
数元素能否存在的极限不取决于电子层的稳定性,而是取决于原子核本身的稳定
性[29]。科学家们在完善门捷列夫周期表的时候,远远地走到了铀这个最后的天然
元素后面。在 40 多年的时间里,造出或"复活"了十几种人工元素。紧跟着发现的
元素寿命一个比一个短,好像边界就在眼前(参图 12.11 和图 12.12)。然而,当我

们向未知世界每跨出新的一步,都可能产生科学的奇迹。重要的是,随着原子序数的增加,重核寿命并非全然单调地减小,这就预示着崭新的远景,锕系后和超重元素的奥秘正因此而津津诱人的[30]。

参 考 文 献

[1] 核素图表编制组,"核素常用数据表",原子能出版社(1977).

[2] W. Seelmann-Eggebertet al. ,Chart of the Nuclides,5th Edition,Karlsruhe GmbH(1981).

[3] D. F,Peppard,S. W. Moline,G. w. Mason,*J* ,*Inorg. Nucl. Chem.* ,**4**,344 (1957).

[4] F. L. Moore and W. Th. Mullins,*Anal. Chem.* ,**37**,687(1965).

[5] J. Kooi,R. Boden,J. Wijkstra,*J. Inorg. Nucl*,*Chem.* ,**26**,2300(1964).

[6] J. R. Peterson and B. B. Cunningham,*J. Inorg. Nucl. Chem.* ,**30**,1775(1968).

[7] L. R. Morss and J. Fuger,*Inorg. Chem.* ,**8**,1433(1969).

[8] J. R. Peterson et al. ,in"Plutonium 1970 and other Actinides",Proceedings of the 4th Intern. Conference on Plutonium and other Actinides,Santa Fe(1970);*Metallurgy* **17**,20(1970).

[9] R. C. Probst and M. L. Hyder,*J. Inorg. Nucl. Chem.* ,**32**,2205(1970).

[10] J. P. Nichols,*Nucl. Appl.* ,**4**,382(1968).

[11] F. L. Moore and J. S. Eldridge,*Anal. Chem.* ,**36**,808(1964).

[12] D. E. Ferguson,*Isotopes and Radiation Technology*,**4**(4),321(1967).

[13] R. D. Bayharz,*Atomic Energy Rev.* ,**8**(2),327(1970).

[14] R. G. DeCarvalho and G. R. Choppin,*J. Inorg Nucl. Chem.* ,**29**,725,737(1967).

[15] Yuich Hatsukawa et al. ,Intern. Conference on Nuclear and Radiochemistry (ICNR'86)Abstracts,Beijing,40(1986).

[16] H. E. Aly and R. M. Latimer,*Radiochim. Acta.* **14**,27(1970).

[17] R. W. Hoff and E. K. Hulet. Proc. of a Symposium on Engineering with Nuclear Explosives,Las Vegas,1283(970).

[18] K. A. Gavrilov et al. ,*Talanta*,**13**,471(1966).

[19] A. Ghiorso,"A History of the Discovery of the Transplutonium Elements",in"Actinides in Perspective" N. M. Edelstein(ed.),Proc. of the Actinides,1981 Conf. Pacific Grove,Pergamon Press,23—56(1982).

[20] G. T. Seaborg,*Amer. Scientist.* **68**,279(1980).

[21] E. K. Hulet,"Chemical Properties of the Heavier Actinides and Transactinides",in"Actinides in Perspective",N. M. Edelstein(ed.),Proc. of the Actinides,1981 Conference Pacific Grove,Pergamon Press,453 —490(1982).

[22] A. Ghiorso and T. Sikkeland,*Physics Today*,**20**(9),25(1967).

[23] G. N. Flerov,*Annales de Physique*,Ser,**14**,2,311(1967).

[24] J. Malý et al. ,*Science.* ,**160**,1114(1968).

[25] F. David et al. ,"Physicochemical Properties of Nobelium",in"Intern. Conference on Nuclear and Radiochemistry(ICNR'86)Abstracts",Beijing,65(1986).

[26] R. Silva et al. ,*Inorg. Nucl. Chem. Letters.* ,**6**,733(1970).

[27] Y. T. Chuburkov et al. ,*J. Inorg. Nucl. Chem.* ,**31**,3113(1969);*Радиохимия* **11**,394(1969).

[28] B. F. Myasoedov and I. A. Lebedev, *Radiochimica Acta*. ,**32**,55(1983).

[29] Г. Н. Флёров и А. С. Иринов, "На пути к сверхэлементам", учебное иэд. Москва(1977).

[30] C. 克勒尔(Keller),《超铀元素化学》,《超铀元素化学》编译组译,原子能出版社(1977).

[31] Ан. Н. 涅斯米扬诺夫(Несмеянов),《放射化学》,何建玉等译,原子能出版社,264(1985).

[32] A. J. Freeman and G. H. Lander, "Handbook on the Physics and Chemistrv of the Actinides", Vol. 1, North-Holland, Elsevier Science Publishers, B. V. 81(1984).

[33] Y. F Lin(刘元方)et al. , *J. Radioanal. Chem.* ,**76**,119(1983).

[34] G. T. Seaborg,《超铀元素和超重元素》,刘元方译,《原子能译丛》编辑组(1973).

30. 锕系后元素

30.1 前 言

自 1940 年 E. McMillan 和 P. H. Abelson 人工制得第一个超铀元素镎以来，人们曾先后合成了 20 种新元素，直至 12 号 Uub (Unnilbium)。102 号以后的元素合成工作越来越困难，因为产额下降到每小时一个原子，甚至每天还少于一个原子。

美国伯克利劳仑斯实验室 G. T. Seaborg，A. Ghiorso 等，苏联杜布纳联合核子研究所 Г. Н. Флеров 等以及德国科学家 P. Ambruster 等分别使用重离子加速器进行新元素的合成工作，取得了卓越的成就。

1.1 锕系后元素在周期表中的位置

随着原子结构理论的发展，人们更深入地理解到周期律的本质原因：化学元素的周期性取决于原子电子层结构的周期性。

在合成新元素的基础上，美国 G. T Seaborg 教授提出了锕系理论，从而丰富了周期系[1]。随着人工合成元素工作的顺利进展，人们已可预见未来的周期系的全貌。

在十几年以前，有人认为人工合成铀后元素到了第 110 号元素时，工作将告终止；因为用更重的和电荷更高的入射粒子轰击重原子核，受靶核的静电排斥就越来越大，击中的机会越来越小。此外，合成新元素的原子序数越大，核的寿命越短，105 号元素的半衰期只有几秒钟。根据现有资料估计，新合成元素的原子序数每增大一号，核的半衰期大约要降低 10 倍左右。

可是近年来，理论物理学家给这项工作带来了新的希望：将在含有 114 个质子和 184 个中子的原子核附近，找到几个或一批寿命很长、稳定性较高的新元素。但是迄今人工合成的最重元素为 $^{277}112$，寿命仅为 0.28 毫秒。

关于超重元素核稳定性的理论，是以原子核壳层结构理论为基础的。它用微观-宏观方法校正谐振子势，对超越现在周期表末端的一些超重核素的性质进行研究。这个理论认为，原子核是由在核力场中运动着的粒子组合体构成的。当原子核中构成粒子组合体的质子和中子数目达到某一"幻数"(Magic number，亦即属奇异或有魔力的数字)时，该核将是特别稳定的。也就是说，原子核与核外电子壳一样，有类似的饱和结构。在周期表内铀以前的元素中，质子和中子的幻数各为 2,

$8,20,28,50,82,114,126$。^{208}Pb 是一个特别稳定的核素,它的质子数 $Z=82$,中子数 $N=126$,属双幻数且呈球形对称饱和结构的核。

对铀后元素来说,以后的质子幻数是 114 和 164;中子幻数是 184,196,228,272 和 318。双幻数核将有 $Z=114$,$N=184$ 的核,即新元素 ^{298}[114]将是一个有特殊稳定性的核素。

铀后元素的合成,大大地扩展了周期系的版图。这些新元素的增加,是物理学家和化学家共同劳动的成果。无机化学家在新元素的分离和性质的研究方面做了不少的工作。到目前为止,已经确认的元素达到了 109 号。人们关切的问题是,新的人工合成元素究竟还有多少个? 锕系后元素是否有一个终止的界限? 根据上面提及的原子核稳定结构理论,人们预见在第 114 号元素和 164 号元素附近将有一些稳定性较高的元素,这是人工合成元素争取达到的目标。图 1.1 是由现有的知识和预测对 218 号元素之前的周期表的展望。

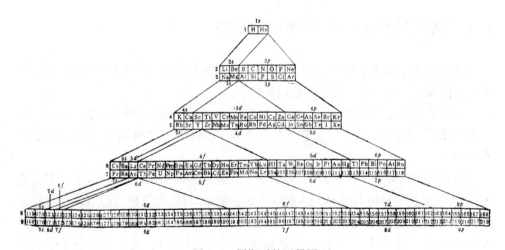

图 1.1 周期系的远景图

1.2 锕系后元素的电子构型

从原子电子层的填充规律看,s,p,d,f,g 亚层填充电子数最多分别是 $2,6,10,14,18$。目前为止,尚未有原子在 g 亚层填充电子。当这个亚层($5g$)被填充时,元素周期将开始一个新的内过渡元素组。表 1.1 列出了已知及由此外推的"超重稀有气体"原子的电子层结构。预见第 8,9 周期是各有 50 个元素的超长周期。

表 1.1　稀有气体原子的电子层

周期	序数	名称	符号	各电子主层的电子数									
				K	L	M	N	O	P	Q	R	S
1	2	氦	He	2								
2	10	氖	Ne	2	8							
3	18	氩	Ar	2	8	8						
4	36	氪	Kr	2	8	18	8					
5	54	氙	Xe	2	8	18	18	8				
6	86	氡	Rn	2	8	18	32	18	8			
7	118	类氡	EkRn	2	8	18	32	32	18	8		
8	168			2	8	18	32	50	32	18	8	
9	218			2	8	18	32	50	50	32	18	8

位于第一个超重元素稳定岛的中心元素 114 号和第二个岛的中心元素 164 号,分别是第 7,8 周期尾部的类铅元素。

在第 8,9 周期里,除有 f 内过渡系外,各增加了 $5g$ 和 $6g$ 内过渡系。因此,在第 8 周期里有 14 个 f 内过渡元素和 18 个 g 内过渡元素,它们应该排在第 121 号元素后面,与 121 号元素一起共 33 个元素可称之为第一超锕系元素。在第 9 周期里,171—203 号诸元素便是第二超重锕系元素了。它们的电子层可按照镧系及锕系元素的电子层结构规律外推而得。

不过也出现了与上述法则对立的超锕系元素电子层结构理论。这个理论认为,在超重元素中,由于自旋轨道相互作用十分重要,s,p,d 等电子层又分裂成高能量和低能量的亚层,使得 $8p$ 亚层在 $6f$ 和 $5g$ 轨道之前得到充填,造成超锕系及后面元素非常复杂的电子充填方法,因而对于第 8,9 周期是无规可循的。

1.3　命名法

习惯上,首先发现一种元素的科学家,有权对该元素提出命名。如被公认,国际纯粹与应用化学联合会(IUPAC)即予认可,列入包括元素名称和符号的原子量表内,其中一部分元素仅列质量数。然而,从 102 号元素锘起,由于新核的产生以单个原子计,寿命短,鉴定方法非常困难;所涉及到的半衰期及 α 能量能否测准,自发裂变能否用来判断新核的原子序等等,都成问题。

杜布纳研究所对较重离子的反应有较多的经验,因此,对锿后元素的合成进行较早。然而劳仑斯实验室在制备纯净的超铀元素靶,以及 α 粒子探测技术方面都较先进,从而实验结果也较明确。由于上述原因,这两个主要研究小组在前一段时期往往各自命名而发生争执。

国际纯粹与应用化学联合会自 1971 年起,对此屡作讨论,未获结果[2]。该会无机组的名词委员会建议以希腊文和拉丁字混合数字词头分别表示:nil=0,un=1,bi=2,tri=3,quad=4,pent=5,hex=6,sept=7,oct=8,enn=9,用来命名 100 号以后的元素。1977 年 8 月无机组主持人 N. N. Greenwood 正式宣布了这一系统命名法[3]。该项决定仅提供一个合理的方案,并无约束力。我国化学界参照他们的规定进行了中文命名[4]。国际上现行命名对 101 至 103 号元素,并不使用系统命名法。然后在 1997 年,IUPAC 决定了第 104 至 109 号元素的英文名称。

参 考 文 献

[1] G. T. Seaborg,*American Scientist*,**60**,278 (1980).

[2] *Chem. Eng. News.* **49**(31), 21(1971);**51**(38). 17(1973).

[3] *Chem. Eng. News* **55**. Aug., 29,20(1977).

[4] 中国化学会,《化学命名原则》,科学出版社,第 5 页,1988 年.

30.2 锕系后元素合成和性质

2.1 铲

104 号元素是一种人工放射性元素,英文名称 Rutherfordium,化学符号为 Rf,或写作 104(在化合物中写作[104]Cl$_4$ 等),中文译为铲,属周期系 IVB 族. 半衰期最长的同位素是^{261}104。已发现质量数 253—262 的全部 10 种同位素,其主要核性质见表 2.1。

表 2.1 铲同位素的核性质

质量数	半衰期	衰变方式	质量数	半衰期	衰变方式
253	1.8s	SF	258	1.1×10^{-2} s	SF
254	5×10^{-4} s	SF	259	3.2s	α;SF
255	4s	SF	260	0.1s	SF
256	5×10^{-3} s	SF	261	65s	α;SF
257	4.85s	α;SF	262	5.2×10^{-2} s	SF

注:α——α 衰变;sF——自发裂变。

1964 年杜布纳联合核子研究所苏联科学家 Флёров 等用重离子回旋加速器加速的能量为 113—115 兆电子伏氖离子^{22}Ne 轰击钚靶,通过下列核反应[1]:

$$^{242}_{94}\text{Pu}(^{22}_{10}\text{Ne}, 4n)^{260}104 \xrightarrow[0.3s]{\text{SF}}$$

合成了半衰期为 0.3s、以自发裂变方式衰变的^{260}104。所使用的^{22}Ne^{4+} 离子流强为 1.8×10^{12} 离子/s,^{242}PuO$_2$ 靶为 700 μgPu/cm^2,含杂质 1.5‰^{238}Pu,1.5‰^{240}Pu,以 100μg Ni/cm^2 覆盖。

^{260}104 的合成装置示意图见图 2.1。产生的^{260}104 新核从 Pu 靶反冲,射向铼传递带,后者长 8m,以一定的转速把新核向图左移送,此时自发裂变的反冲核射至按序分列的磷酸盐玻璃探测器上,留下径迹。从传递带速度和探测器位置,可以测得裂变发生的时间。由此得新核的裂变按时间的计数,从而测定半衰期,约为 0.3s,如图 2.2 所示。

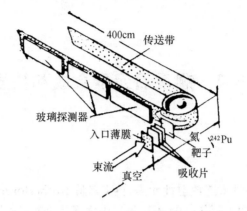

图 2.1　^{260}104 的合成装置示意图

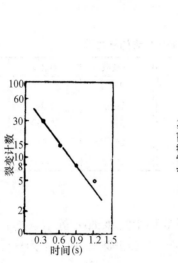

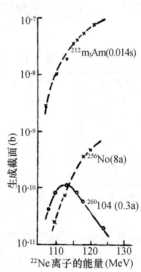

图 2.2　^{260}104 的自发裂变半衰期　　　图 2.3　^{22}Ne 离子轰击^{242}Pu 的激发曲线

　　再用其他不同能量的^{22}Ne 离子作实验,从产率可以计算核反应的生成截面:σ=N/(N'It)。式中 N 为生成新核的原子数,N' 为靶核单位面积的原子数,I 为入射粒子的流强即每秒的离子数,t 为秒数。以生成截面对入射粒子能量作图,得激发曲线(见图 2.3)。实际上测得三种新核的激发曲线,分别有不同的自发裂变半衰期:8s,0.3s 和 0.014s。其中 0.3s 的激发曲线呈钟形,据 Флёров 等的判断,属于(^{22}Ne,4n)核反应,产生新核^{260}104,因为这种钟形激发曲线,对于"靶核(入射粒子,4n)新核"的核反应是特征的。Оганесян 等于 1970 年重复这一实验时,设法减少了本底,结果把自发裂变半衰期修正为 0.1s。

　　1968 年美国科学家 Ghiorso 等用加利福尼亚大学劳仑斯实验室的重离子直线

加速器(HILAC)加速的硼离子 ^{10}B 和 ^{11}B 轰击锿靶,未能观察到半衰期为 0.1—0.3s 的自发裂变核。但他们用碳离子 ^{11}C 和 ^{12}C 轰击锎靶,通过下述核反应合成了 ^{257}104 和 ^{259}104 两种核素[2]:

$$^{249}\text{Cf}(^{12}\text{C},4n)^{257}104 \xrightarrow[4.5\text{s}]{\alpha} {}^{253}\text{No}$$

$$^{249}\text{Cf}(^{13}\text{C},3n)^{259}104 \xrightarrow[3\text{s}]{\alpha} {}^{255}\text{No}$$

并测定了两种新核的 α 放射性的半衰期和能量,以及已知子核 ^{253}No 和 ^{255}No,从而明确地判断所获 104 号元素两种同位素的质量数为 257 和 259。实际上对这两种核素曾制得数以千计的原子。

后来,Ghiorso 等[3] 又以 90—100MeV 能量的 ^{18}O 离子轰击 $50\mu g$ 的锔靶(同位素纯度:94.5% ^{248}Cm),合成了目前已知 104 号元素的同位素中最长寿的新核,质量数为 261,核反应如下:

$$^{248}\text{Cm}(^{18}\text{O},5n)^{261}104 \xrightarrow[65\text{s}]{\alpha} {}^{257}\text{No} \xrightarrow[23\text{s}]{\alpha}$$

得到了 10 个新核的原子,其化合物经离子交换柱淋洗实验,与 Zr,Hf 有同一淋出位置,证明它是 Rf^{4+}。

根据锕系元素理论,103 号元素铹具有 14 个 $5f$ 电子满壳层。104 号元素是锕系后的第一个元素,属 $6d$ 过渡元素,应与它在周期表中同族的铪相似,而不同于锕系元素。

杜布纳实验组的科学家完成了一系列出色的研究工作,证明 104 号元素不属于三价锕系元素,而属于周期表ⅣB族,与铪相似。他们所采用的化学鉴定实验方案是[4]:用 1.5atm、300—350℃ 的氮气流收集由核反应所生成的 ^{260}104,使少量气态的 $NbCl_5$ 和 $ZrCl_4$ 与氮气混合,将新原子氯化,然后使气流通过一个加热的过滤器,将气溶胶和不挥发的锕系元素三价氯化物滤下,挥发性的[104]Cl_4 通过滤器,进行放射性鉴定(图 2.4)。

实验记录见图 2.5。对四系列的探测结果,总共记录了 14 个 ^{260}104 原子的自发裂变径迹。实际上,位于水平面的云母探测器由上下两单元构成,各长 600mm,宽 60mm,因此共计面积为 1440cm^2。两云母面相距 6mm 或 10mm。铺盖的云母片需要预处理,先在 600℃ 加热 6 小时,然后放入浓 HF 中于室温浸泡 72h,以便把天然存在的裂变径迹蚀刻成 3—4μm 深、100μm 宽的菱锥形凹坑。这样就容易和 ^{260}104 的自发裂变径迹区别,因为后者所形成的径迹在一定蚀刻条件下的大小约为深 10μm、宽 15μm。被 $ZrCl_4$ 载带的[104]Cl_4 由 N_2 气流迅速传递,从靶子经探测器需时数 0.72s 或 1.2s,图 2.5 示 0.7s 的记录。

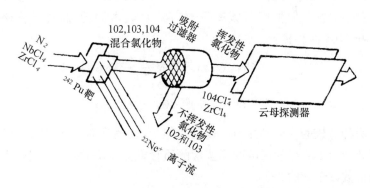

图 2.4　104 号元素的化学鉴定装置示意图

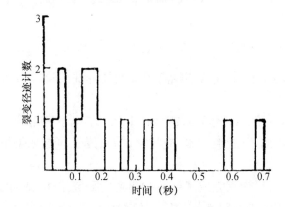

图 2.5　$^{260}104Cl_4$ 蒸气的自发裂变计数

1970 年伯克利实验组的科学家使 104 号元素通过一根直径为 2mm、长 2cm 的 Dowex 50 阳离子交换柱,以 80℃、pH4 的 0.1mol/L α-羟基异丁酸作淋洗剂,进行离子交换分离。虽然所使用的$^{261}104$ 的半衰期为 65s,比用于 Lr 化学实验的时间长,然而事件发生的次数却少一个量级。他们用阳离子交换柱的方法从锕系元素中分离 104 号元素的单个实验进行了数百次,但只有 17 次实验观察到 104 号元素具有像四价 Zr,Hf 一样的水溶液化学性质,而完全不同于三价的锕系元素。

杜布纳实验组建议 104 号元素命名为 锴(Kurchatovium,符号 Ku),以纪念苏联科学家 В. И. Курчатов;伯克利实验组建议命名为 𬬻(Rutherfordium,符号 Rf),以纪念英国核物理学家 E. Rutherford。参照国际上通用参考书刊,我国现行元素周期表中写作 𬬻(Rf),成为锕系后第一个元素而出现。1997 年 IUPAC 决定命名为 𬬻。

2.2 鿏

105 号元素是一种人工放射性元素,英文名称 Dubnium,化学符号为 Db,或写作 105,中文译为鿏,属周期系 VB 族. 它是锕系后的第 2 个元素. 半衰期最长的同位素是^{262}105,已发现质量数为 255,257,260,261 和 262 的 5 种同位素,其主要核性质见表 2.2。

表 2.2 鿏元素同位素的核性质

质量数	半衰期	衰变方式
255	1.2s	SF
257	5.0s	α;SF
260	1.6s	α;SF
261	1.8s	α;SF
262	40s	α;SF

注:α——α 衰变;SF——自发裂变。

1968 年杜布纳联合核子研究所 Г. Н. Флёров 等首次报道用重离子回旋加速器加速的^{22}Ne 离子轰击镅靶,通过下列核反应合成了 105 号元素的两种同位素[5]:

$$^{243}\mathrm{Am}(^{22}\mathrm{Ne},5n)^{260}105 \xrightarrow[>0.01\mathrm{s}]{\alpha} {}^{256}\mathrm{Lr} \xrightarrow[35\mathrm{s}]{\alpha}$$

$$^{243}\mathrm{Am}(^{22}\mathrm{Ne},4n)^{261}105 \xrightarrow[0.1-0.3\mathrm{s}]{\alpha} {}^{257}\mathrm{Lr} \xrightarrow[0.6\mathrm{s}]{\alpha}$$

他们鉴定了^{260}105 放射 α 粒子能量为 9.7$\pm$0.1MeV,半衰期大于 0.01s;^{261}105 放射的 α 粒子能量为 9.4$\pm$0.1MeV,半衰期为 0.1—0.3s。

1970 年加利福尼亚大学劳仑斯实验室 A. Ghiorso 等报道[6],他们用重离子直线加速器(HILAC)加速能量达 86MeV 的^{15}N^{7+}离子轰击 100μg 的锎靶,实现了下述核反应:

$$^{249}\mathrm{Cf}(^{15}\mathrm{N},4n)^{260}105 \xrightarrow[1.6\mathrm{s}]{\alpha} {}^{256}\mathrm{Lr}$$

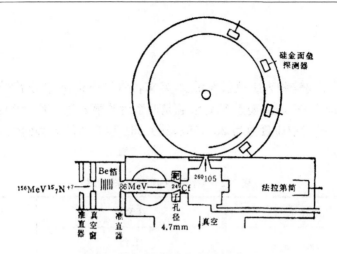

图 2.6　合成^{260}105 的装置示意图

图 2.6 是实验装置的示意图[7]。从^{249}Cf 靶击出的新核^{260}[105]，由 0.083bar 的氦气流带到并积聚在一个 38cm 直径的镁包帽的转轮边缘上，而被若干有固定间距的"硅金面垒探测器"所记录。一种简单的硅金面垒探测器，可参阅文献[8]。转轮被间歇地转动，镁上积聚的新核按次移到探测器对面，记录的 α 能谱见图 2.7。^{260}105的 α 半衰期 1.6s，自发裂变的分支衰变小于 20%。他们观察到^{260}105 的 α 衰变子体^{256}Lr(已知核，α 衰变，半衰期 31s)，其出现的数目与时间，是和^{260}105 相适应的，从而确证了^{260}105 的发现。

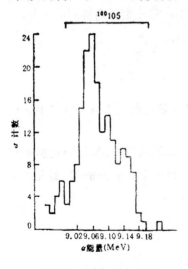

图 2.7　^{260}105 的 α 能谱

上述生成 105 号新核的截面都很小，对于^{22}Ne 入射粒子轰击^{243}Am 的核反应而言，约为 0.1nb，这就意味着在最佳实验条件下每天只生成 1 个 105 号新原子。图 2.8 是使用滤纸收集反冲原子的方法。这样可测到半衰期为 0.01s 的核素。

使用不同能量的^{15}N 离子，可得激发函数曲线，如图 2.9。可见有三种并发的核反应，而^{260}105 的生成截面最小，其钟形曲线上的最大 α 值为 3×10^{-9}b，相应于^{15}N 离子的能量为 85MeV。在计算生成截面时，假定反冲新核的收集率为 50%。

上述^{260}105 新核，被 В. А. Дроин 等[9] 于 1971 年作的实验证实，他们是用^{22}Ne 轰击^{234}Am 而获得的。И. Звара 等[10] 作了化学鉴定，得到自发裂变

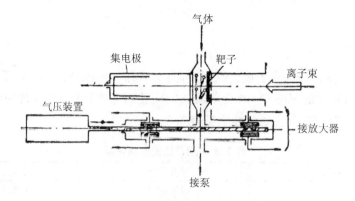

图 2.8　滤纸收集反冲原子的装置

将反冲原子收集在过滤器上,再用气压驱动装置将过滤器迅速送到
探测器处,这样就可测到半衰期为 10^{-2} 秒数量级的同位素。收集效
率可达 80%左右

105 新核的氯化物,其挥发性较低于 $NbCl_5$,但高于 $HfCl_4$,这种性质可归属于 [105]Cl_5。他们总共记录了 18 个衰变径迹。^{260}105 新核的核性质是放射三种不同能量的 α 粒子:9.06MeV(55%),9.10MeV(25%)和 9.14MeV(20%),半衰期为 1.6s。

1971 年 A Ghiorso 等[6]又合成了两个新的 105 同位素:^{261}105 和 ^{262}105。前者的子体为 ^{257}Lr,后者的子体为 ^{258}Lr,都被观察到了,成为新核素合成的证明。此后,C. E. Bemis Jr. 等研究了 ^{262}105 自发裂变的分支衰变。一个引人入胜的事实是,^{262}105 的 α 半衰期长达 40s,意味着对 106 号以上元素的合成,提高了希望[11]。获得该核素的核反应为:

$$^{249}\text{Bk}(^{18}\text{O},5n)^{262}105 \xrightarrow[40\text{s}]{\alpha} ^{258}\text{Lr}$$

$$350\mu\text{g} \quad 3\mu\text{AO}^{8+} \quad \text{最长寿的}$$

$$98\text{MeV} \quad \text{Ha 同位素}$$

$$9 \text{ 原子/h}$$

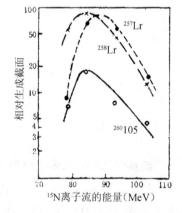

图 2.9　^{260}105 等的生成截面。靶
核:^{249}Cf

美国伯克利实验组建议命名为 Hahnium,符号 Ha,以纪念德国核化学家 O. Hahn。苏联杜布纳实验组建议为 Nielsbohri-um,符号 Ns,以纪念丹麦核物理学家 N. Bohr. 1997 年,IUPAC 决定命名为 𫓧。

2.3　镭

106 号元素是一种人工放射性元素,英文名称 Seaborgium,化学符号为 Sg,或写作 106,属周期系 VIB 族.半衰期最长的同位素是^{263}106。已发现质量数为 259 和 263 两种同位素,其主要核性质见表 2.3。

表 2.3　镭同位素的核性质

质量数	半衰期(s)	衰变方式
259	7×10^{-3}	自发裂变
263	0.9	α

1974 年杜布纳苏联科学家 Г. Н. Флеров 和 Ю. Ц. Оганесян 等[12]用加速的 ^{54}Cr 离子轰击铅靶(含^{207}Pb 和^{208}Pb),通过下列核反应合成了^{259}106:

$$^{207}\mathrm{Pb}(^{54}\mathrm{Cr}, 2n)^{259}106;$$

$$^{208}\mathrm{Pb}(^{54}\mathrm{Cr}, 3n)^{259}106$$

他们鉴定了^{259}106 是以自发裂变的方式衰变,半衰期为 7×10^{-3}s。

几乎同时,伯克利实验组 A. Ghiorso 等用能量加速至 95MeV 的^{18}O 离子轰击锎靶[13],通过下述核反应合成了^{263}106:

$$^{249}\mathrm{Cf}(^{18}\mathrm{O}, 4n)^{263}106$$

$$\downarrow \quad a, 0.9\mathrm{s}$$
$$\downarrow \quad 9.06, 9.25\mathrm{MeV}$$

$$^{259}104$$

$$\downarrow \quad a, 3\mathrm{s}$$
$$\downarrow \quad 8.77, 8.86\mathrm{MeV}$$

$$^{255}\mathrm{No}$$

$$\downarrow \quad a, 3\mathrm{min}$$
$$\downarrow \quad 8.11\mathrm{MeV}$$

新核^{263}106 的生成截面为 3×10^{-10}b,共记录了 73 个新核。其子体^{259}104 及再下一代子体^{255}No 都是已知半衰期和能量的 α 放射性核。这样,从 α 放射性衰变的母子关系,就能对新核的原子序和质量数提供明确无误的证据。

实验装置与文献中[6]描述的相似。超重离子加速器(Super-HILAC)提供 3×10^{12}/s 流强的^{18}O 离子,靶用 $259\mu g$ ^{249}Cf,以 99.999% Al 为底箔,每平方毫米表面含 $8.3\mu g$ 靶核,覆盖以 $0.3\mu g/mm^2$ 的 Al 膜。靶用水内套及 77K 的 He 气流冷却。反冲出来的^{263}106 新核用 1.05atm He 气流(含 NaCl 气溶胶)通过一条长 4.8m、内

径 1.24mm 的聚四氟乙烯管,带到转轮边缘上,轮的直径为 45cm,从靶到轮,需时 0.1s。距轮 0.5mm 的周围放有 7 个硅金面垒探测器,每隔 1s,周期地把轮移动 45°。即每秒进行一次 α 测量。在管端还安有一个环形探测器。这样,每秒在转轮 边缘上收集一次积聚物,每隔 1s 按次进行 7 项 α 测量。积聚物包含 106 及其子体 104,都放射 α 粒子,被探测器所测量。另外,利用一种"穿梭"装置,可测量从探测 器表面射出的 α 粒子,这些粒子是从轮上积聚物反冲出来的 104 子核,以及由其衰 变的子核 No 发射的。这种测量方法具有避免干扰反应所产生的本底的优点,实 际上被采用来鉴定其他场合的子体。

Ghiorso 等在长期实验中,累计使用离子的总数为 1.34×10^{18} 的 O^{18} 粒子,一共 观察到 73 个 α 计数是属于 $^{263}106$ 新核的。图 2.10 示一次为时 12s 的实验记录,计 有 14 个 $^{263}106$ 新核的 α 粒子能量分布以及少数子核 $^{259}104$ 的 α 粒子能量。探测器 分道计数,每道的能量范围为 0.01MeV。由图可见,$^{263}106$ 新核的 α 能量有 9.06 (主要的)和 9.25MeV,而子体的 α 能量有 8.77Mev,后者和已知 $^{259}104$ 的 α 能量正 好相符。

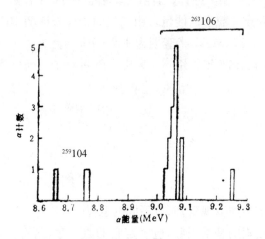

图 2.10 $^{263}106$ 及其子核 $^{259}104$ 的 α 能谱

2.4 铍

107 号元素是一种人工放射性元素,英文名称 Bobrium,化学符号为 Bh,或写 作 107,属周期系 VIIB 族。半衰期最长的同位素是 $^{262}107$,已发现质量数为 261 和 262 两种同位素,其主要核性质见表 2.4.

表 2. 4　　铍同位素的核性质

质量数	半衰期	衰变方式
261	2×10^{-3} s	α；SF
262	4.7×10^{-3} s	α

1981 年 G. Münzenberg 等认为[14]，以富集 ^{54}Cr 离子轰击 ^{209}Bi 靶，是生成 107 号元素最适宜的核反应。天然铋是单一的 ^{209}Bi 核素，而天然 Cr 有四种核素，其 ^{54}Cr 有着最大的质量数，即具备核内中子最多的条件。他们用其重离子直线加速器，采用最适加速电压 4.85MeV/u，获得 ^{54}Cr 离子流的强度达 6×10^{11} 粒子／s。^{209}Bi 靶子的密集度为 $660 \mu g/cm^2$，是经蒸发沉积在 $30 \mu g/cm^2$ 碳箔上。再以 $30 \mu g/cm^2$ 的碳膜覆盖，以便散热。这些靶子安在一个转轮上，使能经受很强离子流的轰击，核反应如下：

$$^{209}_{83}Bi(^{54}_{24}Cr, n)^{262}_{107}Uns \xrightarrow[4.7ms]{\alpha} {}^{258}_{105}Ha \xrightarrow[1.8s]{\alpha} {}^{254}_{103}Lr \xrightarrow[10s]{\alpha} {}^{250}_{101}Md \xrightarrow[2.5min]{\alpha}$$

每天能获得 2 个 ^{262}107 的计数，他们总共观察到 6 个计数，即 6 个原子，使用半导体面垒探测器测定 α 粒子的能量。由三代的子体来证明 107 号元素的存在。它的 α 粒子能量为 10.376MeV，半衰期为 4.7×10^{-3} s。

ОГанесян 等于 1976 年曾用 ^{54}Cr 轰击 ^{209}Bi 进行了下列核反应：

$$^{209}Bi(^{54}Cr, 2n)^{261}107$$

$$\downarrow \text{自发裂变，2ms}$$
$$\downarrow a(80\%)$$

$$^{257}105$$

$$\downarrow \text{自发裂变，5s}$$

但因 80%α 发射未能加以观察，而有不同的意见[11]。

关于一种新元素的基本证明，应确定它的原子序，而不一定要确定质量数，除非这种证据是直接联系到用来确定原子序的方法。为新元素提供确凿的证明，必须具备下列三点之一：(1)化学鉴定是理想的证明. 采用的化学手段，要对单个原子是有效的，例如离子交换、吸附流洗、液相间分布，并应于适宜的化学分级中，明确无误地确定新元素存在与否。在高能 α 衰变或自发裂变的场合，化学鉴定可限于从 Pb 以上原子序的一切已知元素分开；Md 及其前面的元素无此问题。(2)X 射线(应与 γ 射线区别)的鉴定是满意的。(3)α 衰变关系以及已知质量数的子核的证明，也是可以接受的。

Münzenberg 等用 α 衰变系来证明 ^{262}107 的合成，见图 2.11。其中以实线箭头

标明的^{262}107，^{258}Ha，^{254}Lr 和^{250}Fm 衰变数据，都在这一实验中测定，而点线箭头则是假设的。^{262}107 是被发现的新元素的一种核素，^{250}Fm 是已知的. 但是，^{258}Ha 和^{254}Lr 是尚未报道过的新核素，因此作者需要用最适加速电压 4.75MeV/u 的^{50}Ti 离子流来进行$^{209}_{83}$Bi$(^{50}_{22}$Ti$,n)^{258}_{105}$Ha 核反应，结果验证了这两核素的 α 衰变特征，于是就能确定^{250}Md 和^{250}Fm 存在于图示^{262}107 的 α 衰变系中[15]. 图中虚线箭头指仅在这后一核反应中测得的数据，作为旁证.

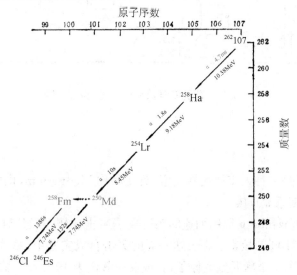

图 2.11 ^{262}107 核素的 α 衰变系

2.5 䥑

108 号元素是一种人工放射性元素，英文名称 Hassium，化学符号为 Hs，也可写作 108，属周期系ⅧB族.

1984 年 Darmstadt 重离子研究所联邦德国科学家 Münzenberg 等用加速器加速的^{58}Fe 离子轰击铅靶，通过^{208}Pb$(^{58}$Fe$,n)^{265}$108 核反应合成了^{265}108 新核素[16]. 所使用的离子能量为 5.02MeV/核子，即离子总能量为 291MeV，合成反应截面为 2.0×10^{-35} cm^2. 总共记录了 3 个^{265}108 原子，其寿命测定值分别为：2.4，2.2，2.4ms，并通过测量它的衰变链子体的方法，确证 108 号元素的成功合成. 参见图 2.12.

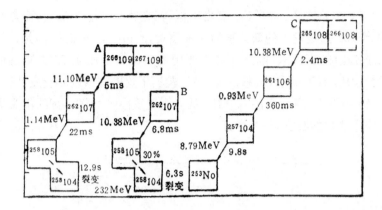

图 2.12　西德 GSI 研究所证实的 α 衰变系

2.6　镀

　　109 号元素是一种人工放射性元素,英文名称 Meitnerium,化学符号 Mt,或写作 109,也属周期系ⅧB 族.

　　1984 年 Münzenberg 等用加速的 ^{58}Fe 离子轰击铋靶,通过 ^{209}Bi$(^{58}$Fe$,n)^{266}$109 核反应合成了 ^{266}109 新核素。在长达一周的轰击合成实验中,总共使用了 6×10^{17} 个离子,只获得了 1 个新元素的原子,合成反应截面为 10^{-35} cm^2;在 ^{266}109 合成后 5 $\times10^{-3}$ s 时,射出了具有 11.10MeV 能量的 α 粒子。他们就是利用这唯一的事件成功地由 4 种不同方式进行了鉴定,尤其是用测量 ^{266}109 的衰变链子体的方法确证 109 号元素的合成(图 2.13).有关新元素的报道可参见文献[14]—[22]。

2.7　110、111 和 112 号元素

　　在德国 Darmstadt 重离子研究中心,核化学家 P. Armbruster 教授主持的 12 人(并有俄、捷、芬科学家参加)科研组,使用重离子加速器,发生 ^{62}Ni 或 ^{64}Ni 离子束作为入射粒子,轰击 ^{208}Pb 或 ^{209}Bi 靶核,实现了下列两项人工核反应,合成了两种新元素:第 110 和 111 号元素,符号依次为 Uun 和 Uuu,各得 3 个原子:

$$^{208}_{82}\text{Pb}(^{62}_{28}\text{Ni},^{1}_{0}\text{n})\ ^{269}110 \xrightarrow[0.4\text{ms}]{\alpha} {}^{265}108 \xrightarrow{\alpha} {}^{261}106 \xrightarrow{\alpha} {}^{257}104 \xrightarrow{\alpha} {}^{253}102$$

$$^{209}_{83}\text{Bi}(^{64}_{28}\text{Ni},^{1}_{0}\text{n})\ ^{272}111 \xrightarrow[1.5\text{ms}]{\alpha} {}^{268}109 \xrightarrow{\alpha} {}^{264}107 \xrightarrow{\alpha} {}^{260}105 \xrightarrow{\alpha} {}^{256}103$$

　　式中 ^{269}110 新核素是由 $^{208}_{82}$Pb 和 $^{62}_{28}$Ni 发生核聚变时释放一个中子而生成的。第一次观察新核的 α 衰变寿命为 0.4ms。同样地,^{272}111 生成后,其 α 衰变的平均寿

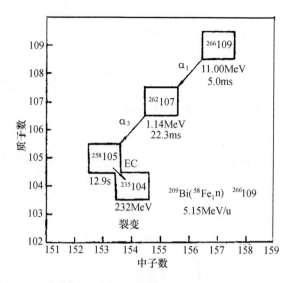

图 2.13　$^{266}109$ 核素的衰变链[22]

命为 1.5ms。以上两项核反应,均被新核的"衰变系"所证实,如上式所示[23]。

　　德国 Darmstadt 重离子研究中心 P. Armbruster 和 S. Hofmann 等在用锌同位素轰击铅同位素的实验中,于 1996 年 2 月 9 日获得一个第 112 号元素(符号为Unb)的原子。核反应的过程如下:[24]

$$^{208}_{82}\text{Pb}(^{70}_{30}\text{Zn},^1_0\text{n})^{277}112 \xrightarrow[0.28\text{ms}]{\alpha,11.45\text{MeV}} {}^{273}110 \xrightarrow[0.11\text{ms}]{\alpha,11.08\text{MeV}} {}^{269}108 \xrightarrow[19.7\text{s}]{\alpha,9.23\text{MeV}} {}^{265}106$$

$$\longrightarrow {}^{261}104 \longrightarrow {}^{257}_{102}\text{No} \longrightarrow {}^{253}_{100}\text{Fm}$$

参 考 文 献

[1] Г. Н. Флеров и др. ,*Атом. энер.* ,**17**,310(1964);*Phys. Lett.* ,13,73(1964).

[2] A. Ghiorso et al. ,*Phys. Rev. Lett.* ,**22**,1317(1969).

[3] A. Ghiorso et al. ,*Phys. Lett.* ,**32B**,95(1970).

[4] И. звара и др. ,*Атом энер.* ,**21**,83(1966).

[5] Г. Н. Флеров и др. ,JINR-P7-3808(1968);*Nucl. Sci. Abstr.* ,**22**,35290(1968).

[6] A. *Ghiorso et al.* ,Phys. Rev. Lett. ,**24**,1498(1970).

[7] Chem,Eng. News,**49**(3),26(1971).

[8] 陈恒良等,原子能科学技术,(2),118(1977).

[9] В. А. Дроин и др. ,Яэр. Физ. ,**13**,251(1971).

[10] И. Звара и др. ,*JINR-P*12-5120(1970);Nucl. Sci. Abstr. ,**24**,29241(1970).

[11] 张青莲,化学通报,(3),46(1978).

[12] Ю. Ц. Оганесян и др. ,*JINR-R*7-8090(1974);Nucl. Sci. Abstr. ,**30**,22844(1974);Phys. Today,(11),19
(1974).

[13] A. *Ghiorso et al.*, Phys. Rev. Lett., **33**, 1490(1974); "*Transplutonium* 1975", *Elsevier*, p. 323.

[14] G. *Münzenberg et al.*, Z. Physik, *Submitted in April*, 1981.

[15] 张青莲, 化学通报, (8), 56(1981)

[16] G. *Münzenberg et al.*, Z. Physik, **A317**, 235(1984); A322, 227(1985).

[17] Kirk-Othmer, "Encyclopedia of Chemical Technology", **1**, 3rd Ed. Wiley, 467 (1978).

[18] P. Armbruster, *Endeavour*, *New Series*, **9**(2), 77(1985).

[19] SGI, Jahresbericht, Gesellshaft für Schwerionenforschung, DEZ 1982, 1981/1982.

[20] 张青莲, 化学通报, (9), 69(1983).

[21] 孙汉城, 物理, 12(4), 233(1983).

[22] G. Münzenberg et al., *Z. Phys. A Atoms and Nuclei.*, **309**, 89(1982).

[23] *Chem. Eng. News*, Nov, 24, 1994; Jan. 2, 1995.

[24] *Chem. Eng. News*, Feb. 26, 1996, p. 6.

30.3 新元素性质的预言

1869 年门捷列夫发表元素周期律的时候,人们只发现了 60 多种元素,两年后,门捷列夫根据周期律排成了一张由八个族组成的元素周期表,把第 92 号元素铀排在已知元素的最末一个。表中留出很多"空位",并预言了这些尚未发现元素的性质。这一预言为后来的一系列元素的发现所证实。

自从 1940 年人工合成第 93 号元素镎,到现在已合成到第 109 号元素。随着超铀元素的陆续合成,元素周期表的延伸问题很自然地提到人们的面前——周期表究竟填到哪儿为止呢? 这就要求理论预言对愈来愈困难的合成实验工作进行指导。

由于核结构理论,特别是壳层模型理论的发展,在 1966 年前后,核理论工作者提出了关于超重核存在的理论预言:在原子序数 $Z=114$,中子数 $N=184$,$^{298}[114]$ 处,可能存在一批相当稳定的超重核,当时估计,它们的自发裂变和 α 衰变半衰期可能长达 10^8(或更多)年[1,2]。

这一理论预言提出后,美国、苏联和西欧一些国家的许多实验室进行了大量的理论计算工作,同时,还从矿物、海底沉积物、月球样品、陨石、宇宙线等各处寻找在自然界中可能存在的超重核,并新建和改建重离子加速器研究人工合成超重核[3,4]。

超重元素研究工作之所以受到各国普遍的重视,是因为它具有重大的理论意义和实际意义:超重元素的理论预言是现有核结构理论外推的结果,所以,超重元素能否存在是对壳层结构理论的一次实践考验。

超重元素研究不仅对核物理、核化学等具有重大意义,同时这一研究还将对天体物理学、同位素地球化学、固体物理学、材料科学等基础学科的研究起推动作用。

在新能源的研究方面,有人设想用超重元素制造没有放射性的超小型新能源。

在军事方面,根据预测,利用超重元素可能制成体积小、重量轻的超小型核武器和无放射性的热核武器的引爆物等。

3.1 超重元素及其理论预言

"超重元素"一词是由 F. G. Werner 和 J. A. Wheeler[5] 于 1958 年首先提出的[①],一般是指 $Z=114$ 附近的一批元素。英文为 Super-heavy element。

---

①Werner 和 Wheeler 是根据液滴模型、未考虑任何闭壳层效应推导出来的,和当前主要根据壳模型而提出的超重核是有区别的。

从 20 世纪 20 年代末发展起来的原子核壳模型理论,解释了周期表中原子核的相对丰度和相对质量等实验现象。

1939 年裂变现象发现后,发展了原子核的液滴模型理论,它解释了核裂变的许多主要特征,并在若干方面作了重要的预言。

1948 年以来,Mayer 和 Haxel 等强调了质子或中子为幻数的原子核的特别稳定性。表 3.1 示中子和质子的单粒子能级的壳层结构。后来又有形变场概念的引入,1955 年 S. G. Nilsson 详细地计算了形变核中核子的轨道。同年,Wheeler 发表了根据液滴模型理论研究核裂变和核稳定性的结果认为,在质量数高达 600 附近时,尚有可能合成半衰期 $>10^{-4}$ s 的核。这一工作可以看成是探索合成超重元素可能性的最早尝试。

表 3.1　核子的能级排列

级核		核自旋轨道	分层核子数	壳层核子数	核子总数
I	$1s$	$1s_{1/2}$	2	2	2
II	$1p$	$1p_{3/2}$	4	6	8
		$1p_{1/2}$	2		
III	$1d$	$1d_{5/2}$	6	12	20
		$1d_{3/2}$	4		
	$2s$	$2s_{1/2}$	2		
IV	$1f$	$1f_{7/2}$	8	30	50
		$1f_{5/2}$	6		
	$2p$	$2p_{3/2}$	4		
		$2p_{1/2}$	2		
	$1g$	$1g_{9/2}$	10		
V	$1g$	$1g_{7/2}$	8	32	82
	$2d$	$2d_{5/2}$	6		
		$2d_{3/2}$	4		
	$3s$	$3s_{1/2}$	2		
	$1h$	$1h_{11/2}$	12		
VI	$1h$	$1h_{9/2}$	10	44	126
	$2f$	$2f_{7/2}$	8		
		$2f_{5/2}$	6		
	$3p$	$3p_{3/2}$	4		
		$3p_{1/2}$	2		
	$1i$	$1i_{13/2}$	14		

随着核结构实验和理论的进展,1959 年 Mottelson 和 Nilsson 外推 Nilsson 单粒子能级图到 $Z=126$,显示出 $Z=114$ 的壳层效应。1960 年前后,Johansson 在普遍液滴模型基础上,利用 Nilsson 轨道作了壳层修正,他的计算显示在 $N=184$ 附近,可能存在寿命足够长的核。

具有重要意义的计算是 1965—1966 年由 W. D. Myers 和 W. J. Swiatecki[6] 提出的。他们推广了液滴模型公式,并在核近似球形时加以壳层修正,从半经验质量公式出发,预言超重核"稳定岛"的存在,裂变势垒高达几个 MeV. V. M. Strutinsky[1] 发展了一个壳层修正法,提出 $Z=114$ 为质子幻数,计算了几个超重核。1969 年 Nilsson 等[2] 系统地、全面地进行了计算和讨论,得出了 $Z=114,N=184$ 的核 ^{298}[114] 为双幻数核,围绕它可能存在一个由成百个超重核组成的"稳定岛"(Island of stability),其中寿命最长的可达 10^5 年以上。图 3.1 形象地描绘出这一理论预言的概貌[7]。

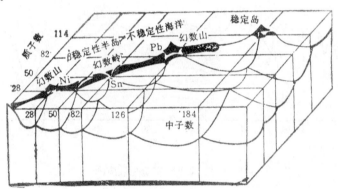

图 3.1　可能存在的超重核稳定岛示意图

格线代表质子和中子的幻数。沿 β 稳定线有一个由已知核组成的"半岛"(共有 2000 多种核素)

在"半岛"上有镍、铅为峰的"幻数山"和锡附近的"幻数岭"。在"半岛"的顶端,越过不稳定性海洋,是可能存在的超重核"稳定岛"。在岛上有围绕 $Z=114$ 和 $N=184$ 的"峰"

3.2　超重核的壳层结构

原子核的液滴质量公式只能给出质量随 N 和 Z 平滑变化的曲线,而实验质量却随着核的壳层的填充而有涨落。实验质量减去液滴质量称为壳层修正。图 3.2 画出了壳层修正随 N 和 Z 的变化。从图上可以看出,每当核的 N 或 Z 取幻数值(即闭壳层)时,壳层修正取最大的负值,而双幻数往往在最低点,如 ^{208}Pb ($Z=82$,

$N=126$)。从曲线的趋势来看,在^{208}Pb 之后,应有一个双幻数核,而不会突然就没有新的双幻数核了,至于下一个双幻数核出现在什么地方,要由理论计算来预测。

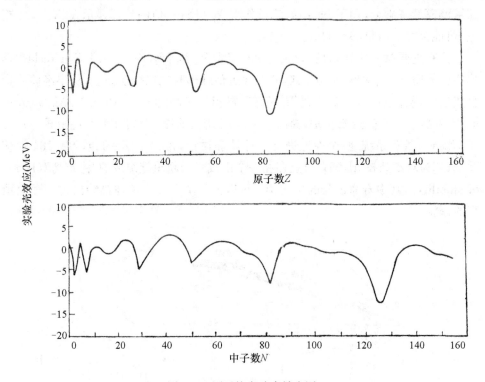

图 3.2　原子核实验壳效应图

　　为了预测下一个双幻数核——超重核出现的位置,必须定量地计算质子和中子的幻数。自 1966 年以来,已发展了多种计算方法用于预测超重核壳层结构,其中一些计算方法和结果列于表 3.2。

　　表 3.2 所列的预测结果表明,多数的计算方法和结果认为,下一个质子幻数可能出现在 114,而下一个中子幻数则可能出现在 184。

　　1969 年 Grumann 等预测,围绕 $Z=164$ 处可能存在"稳定岛",预期在 $Z=152$ 和 $Z=168$ 之间超重核的寿命为几分钟甚至可能长达若干年之久,

　　一些科学工作者认为,周期表的第八周期可能由元素 119 到 168(也有人认为由 119 到 164)组成。第九周期可能由元素 169 到 218(也有人认为由 165 到 172)组成。

表 3.2 超重核壳层结构的预测结果

作者	文献	计算方法	预测结果 质子幻数	预测结果 中子幻数	比 较
Sobiczewski 等	[8]	Woods—Saxon 势阱	114 164	184 228	为计算方法中较好的一种。势阱形状与系统内核物质密度分布相近,应用的较多。但求解和计算均较复杂
Nilsson 等	[9]	Nilsson 势阱	114 164	184 196	修正形变谐振子计算较简单、系统、全面,便于反映核的基本性质,能与实验结果相比较,应用的较多,但有一定的缺点
Nix 等	[10]	折叠 Yukawa 势阱	114 124	184 196	与 Nilsson 等[9]计算结果相同,但目前应用的尚不多
Bassichis 等	[11]	Tabakin 两体相互作用	120	184	Tabakin 两体相互作用计算结合能与实验值符合较好,但有一定缺点,如计算核半径和单粒子能级与实验值符合的不太好
Meldner	[12]	Hartree—Fock 自洽场计算	114	186	
Ventherin 等	[13]	Skyrme 相互作用(包括三体相互作用)Hartree—Fock 自洽场计算	114	184,228	相互作用势很特殊,忽略了极化,但计算较简单
Köhler	[14]	两体有效相互作用(K—矩阵)自洽场计算	114	198(184)	有待于更好的相互作用势验证

（比较栏中间跨行文字：各种方法在 $Z=114$, $N=184$ 处出现闭壳层的预测大体上是一致的）

3.3 超重核的稳定性

超重核区域内主要有三种衰变型式:自发裂变、α 衰变和 β 衰变(包括电子俘获)。这些衰变的半衰期和能量都与裂变势垒有着极密切的关系。

1966 年以来所作的预测,几乎都是根据修正谐振单粒子势计算核势能估计稳定性的。其中比较有代表性的是根据 Nilsson 形变谐振子势,应用 Strutinsky 壳层修正法计算超重核结构和稳定性。其要点可表述如下:根据液滴模型给出势能曲线的光滑部分,再用单粒子效应给出壳层修正和对修正,即给出局部涨落(Strutinsky 壳层修正),然后计算惯性量量 B,用 WKB 法便能计算出自发裂变半衰期[2,9]。

1971年以来还应用了更现实的表面扩散单粒子势计算超重核的裂变势能。

Fiset 和 Nix 计算了 Z 从 104 到 130,N 从 172 到 191 的 540 个超重核的自发裂变、α 衰变和 β 衰变(或电子俘获)的半衰期,裂变势垒高度,α 衰变和 β 衰变(或电子俘获)的 Q 值。图 3.3 为他们最近预测的偶超重核的自发裂变、α 衰变、β 衰变和总衰变过程的半衰期示意图。

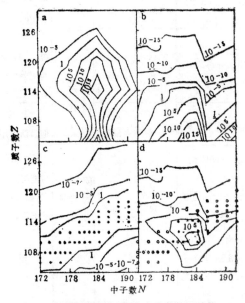

图 3.3　预测的偶超重核半衰期图(单位:a)

a. 自发裂变,b. α 衰变,c. β 衰变和电子俘获,d. 总衰变过程。●代表总半衰期大于 1 年的 β 稳定核,O 代表半衰期小于 1 年的核

应用上述两种不同的计算方法均得出在超重核稳定岛的中心区域存在一批相当稳定的超重核,偶-偶核[294][110]可能具有最长的总半衰期,

但应该指出的是,对它们的自发裂变半衰期估计的不确定性是非常大的。这因为:自发裂变半衰期计算的准确度主要取决于势垒高度、势垒宽度以及惯性参量计算的精度。不同的理论计算对半衰期的估计可能差别到 10^{10} 倍以上,如对已知的镄-257 而言,理论计算的寿命比实验测定的数值要长 10^8 倍。所以,超重核自发裂变半衰期的计算值只能看成是"定性的"估计值。同时,核理论工作者对于这一问题的看法也存在着很大的争论。例如,使用哪一种势阱更为合适,等等,这些还需要根据核子间相互作用的实际情况进一步去研究。

3.4 超重核的裂变性质

研究超重核的裂变性质不仅具有重要的理论意义,而且也将是考虑其实际应用的重要根据。Nix[15]根据动力学的液滴计算以及液滴质量公式估计了^{298}[114]的裂变性质,并与已知的裂变核作了比较,见表 3.3。

表 3.3 预测的超重核裂变性质与普通裂变核实验性质比较

裂变核	裂变势垒高度(MeV)	每二分裂释放能量(MeV)	裂片动能(MeV)	激发能(MeV)	每裂变释放中子平均数,$\bar{\nu}$	裂变中子平均动能(MeV)
^{298}114	9.6	317	235	82	10.5	2.8
^{294}110	6.8	290	216	74	10.6	2.6
^{240}Pu	4.9	205	178	27	2.8	2.0
^{236}U	5.3	196	172	24	2.4	1.9

3.5 超重元素的物理和化学性质

对未知元素物理、化学性质的预测有两种方法:

一种是由门捷列夫所提出的外推法。这种方法是以周期表中同一周期和族的已知元素的物理、化学性质为依据,再外推到未知元素区域进行预测。

一种是自洽场计算法。这种方法是通过计算未知元素的电子填入轨道情况,根据其电子排布进行预测。例如常用的 Hartree-Fock-Slater 计算法。

早在 1958 年 Seaborg[7]就预测了 118 号(类氡)以下的超铀元素的物理、化学性质。根据 Seaborg 以及其他科学工作者的预测,超重元素在周期表中的位置如表 3.4 所示.它们显示出这些尚未发现的元素可能具有的物理、化学性质概况。

1970 年以来,Keller 等[16]应用外推法预测了一些超重元素的物理、化学性质,图 3.4 为外推法预测元素 113 熔点的结果。

1967 年以来,美国、西德等一些研究组应用自洽场计算法作了大量的超重元素基态电子排布的预测研究[17,18]。预测结果表明,元素 104 为 IVB 族类铪元素,元素 112 为第七周期过渡元素的最后一员,元素 118 为第七周期最后的一员。

表3.4　元素周期表

族＼周期	IA	IIA	IIIB	IVB	VB	VIB	VIIB	VIII	VIII	VIII	IB	IIB	IIIA	IVA	VA	VIA	VIIA	0
1	1 氢																	2 氦
2	3 锂	4 铍											5 硼	6 碳	7 氮	8 氧	9 氟	10 氖
3	11 钠	12 镁											13 铝	14 硅	15 磷	16 硫	17 氯	18 氩
4	19 钾	20 钙	21 钪	22 钛	23 钒	24 铬	25 锰	26 铁	27 钴	28 镍	29 铜	30 锌	31 镓	32 锗	33 砷	34 硒	35 溴	36 氪
5	37 铷	38 锶	39 钇	40 锆	41 铌	42 钼	43 锝	44 钌	45 铑	46 钯	47 银	48 镉	49 铟	50 锡	51 锑	52 碲	53 碘	54 氙
6	55 铯	56 钡	57–71 镧系	72 铪	73 钽	74 钨	75 铼	76 锇	77 铱	78 铂	79 金	80 汞	81 铊	82 铅	83 铋	84 钋	85 砹	86 氡
7	87 钫	88 镭	89–103 锕系	104	105	106	107	108	109	110	111	112	113	114	115	116	117	118
8	119	120	121–153 超锕系	154	155	156	157	158	159	160	161	162	163	164	165	166	167	168

镧系　57 镧　58 铈　59 镨　60 钕　61 钷　62 钐　63 铕　64 钆　65 铽　66 镝　67 钬　68 铒　69 铥　70 镱　71 镥

锕系　89 锕　90 钍　91 镤　92 铀　93 镎　94 钚　95 镅　96 锔　97 锫　98 锎　99 锿　100 镄　101 钔　102 锘　103 铹

超锕系　121　122　123　124　125　126　《　》　153

表中，元素名称和黑体阿拉伯数字代表已知元素，大于109号的数字代表表未知元素

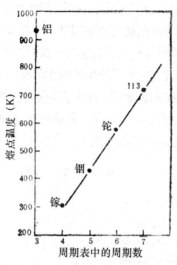

图 3.4　元素 113 的熔点

一些研究工作者[17,18]还用外推法或外推法加计算法预测了元素 104—172 的物理、化学性质,表 3.5 列出了其部分预测结果。

表 3.5　预测的元素 104—120 的物理、化学性质

元素	104	105	106	107	108	109	110	111	112
原子量	278	281	283	286	289	292	295	298	301
化学族	ⅣB	ⅤB	ⅥB	ⅦB	Ⅷ	Ⅷ	Ⅷ	ⅠB	ⅡB
外层电子排布	$7s^26d^2$	$7s^26d^3$	$7s^26d^4$	$7s^26d^5$	$7s^26d^6$	$7s^26d^7$	$7s^26d^8$	$7s^26d^9$	$7s^26d^{10}$
最可能的氧化态	+4	+5	+6,4	+7,6,5	+8,6,4	+6,4	+4,6	+3,5	+2,4
电离电势(eV)	5.1	6.2	7.1	6.5	7.4	8.2	9.4	10.3	11.1
金属或共价半径(Å)	1.66	1.53	1.47	1.45	1.43	1.44	1.46	1.52	1.60
密度(g/cm³)	17.0	21.6	23.2	27.2	28.6	28.2	27.4	24.1	16.8

元素	113	114	115	116	117	118	119	120
原子量	304	307	310	313	316	319	322	325
化学族	ⅢA	ⅣA	ⅤA	ⅥA	ⅦA	0	ⅠA	ⅡA
外层电子排布	$7s^27p^1$	$7s^27p^2$	$7s^27p^3$	$7s^27p^4$	$7s^27p^5$	$7s^27p^6$	$8s^1$	$8s^2$
最可能的氧化态	+1	+2	+3,1*	+2,4	+1,3,−1	0,4	+1	+2
电离电势(eV)	7.5	8.5	5.9	6.8	8.2	9.0	4.1	5.3
金属或共价半径(Å)	1.69	1.76	1.78	1.77	1.8	2.2	2.6	2.0
密度(g/cm³)	14.7	15.1	14.7	13.6			4.6	7.2

* 根据文献[21]的预测仅有+1价。

应用外推法和计算法对第 104 号以内一些元素的物理、化学性质的预测已为近年来的实验所证实,例如,元素 103 已被实验证明其电子排布为 $5f^{14}6d^17s^2$,是锕系元素的最后一员,而元素 104 的化学性质也为实验证明相似于铪[19,20],应排在ⅣB族铪的下面。因此,可以认为,这些方法对超重元素性质所作的预测基本上也应该是可信的。

在预测结果中还有一些特殊的例子,如根据周期表预测,元素 115 应为ⅤA族的类铋,但是计算[21]认为它是+1 价的。究竟哪一种说法对,只能有待今后实践来证明。关于超重元素的报道和最新进展可参见文献[22]~[25]。

参 考 文 献

[1] V. M. Strutinsky, *Nucl. Phys.*, **A122**, 1 (1968).

[2] S. G. Nilsson et al., *Nucl. Phys.*, **131**, 1 (1969).

[3] G. T. Seaborg, *Ann. Rev. Nucl. Sci.*, **18**, 53 (1968).

[4] G. N. Flerov, V. A. Druin, *Atom. Energ. Rev.*, **8**, 255 (1970).

[5] F. G. Werner, J. A. Wheeler, *Phys. Rev.*, **109**. 126 (1958).

[6] W. D. Myers, W. J. Swiatecki, Lawrence Radiation Lab., Berkeley Rep., UCRL-11980; *Nucl. Phys.*, **81**. 1 (1966).

[7] G. T. Seaborg, 超铀元素和超重元素,《原子能译丛》编辑组,1973 年 10 月.

[8] A. Sobiczewski et al., *Phys. Leet*, **22**, 500 (1966); *Nucl. Phys.*, **A168**, 519 (1971).

[9] S. G. Nilsson et al., *Nucl. Phys.*, **A115**, 545 (1968); **A140**, 289 (1970).

[10] J. R. Nix, Geneva Rep., CERN 70-30, **2**, 605 (1970).

[11] W. H. Bassichis, A. K. Kerman, *Phys. Rev.*, **C2**, 1768 (1970); **C6**, 370 (1972).

[12] H. W. Meldner, *Phys. Rev.*, **178**, 1815 (1969).

[13] D. Ventherin et al., *Phys. Lett.*, **33B**, 381 (1970).

[14] H. S. Köhler, *Nucl. Phys.*, **A162**, 385 (1971).

[15] J. R. Nix, *Phys. Lett.*, **30B**, 1 (1969).

[16] O. L. Keller et al., *J. Phys. Chem.*, **74**, 1127 (1970).

[17] J. B. Mann, J. T. Waber, *J. Chem. Phys.*, **53**. 2397 (1970).

[18] B. Fricke et al., *Theoretica Chim. Acia*, **21**. 235 (1971).

[19] R. Silva et al., *Inorg. Nucl. Chem. Lett.*, **6**, 871 (1970).

[20] I. Zvara et al., *Sor. J. Atom. Energy*, **21**, 709 (1966).

[21] B. Fricke, J. T. Waber, *Actinide Rev.*, **1**, 433 (1971).

[22] G. T. Seaborg, *Contemp. Phys.*, **28**(1), 33 (1987).

[23] K. H. Schmidt et al., *Z. Phys. A-Atoms and Nuclei*, **316**, 19 (1984).

[24] Yu. Ts. Oganessian et al., The Experiments Aimed to Synthesize Element 110, D7-87-392 (Dubna), (1987).

[25] N. Trautmann, "Actinides in Perspective" ed. by N. M. Edelstein, Pergamon Press, pp. 267-288 (1982).

30.4　在自然界中寻找超重元素

4.1　寻找的根据

1. 超重元素在自然界中可能通过星体核合成过程产生。

2. 理论预测其半衰期相当长。

3. 对可能存在超重核的样品的估计：

(1)地球上的超重核,若其半衰期为 10^9 年左右,就能留存至今,可能在组成地球的物质(如矿物、岩石、水等)当中发现。

(2)地球以外的超重核:宇宙线中的超重核,若其半衰期超过 10^5 年,就有可能到达地球。

根据推论,宇宙线中的超重核可能在通过大气层时被减速,而悬浮于空中,并逐渐被雨水载带进入海洋,与铁、锰的氢氧化物共沉淀,最后沉积于海底,分析这些锰结核也有可能鉴定超重核的存在。

陨石、空间尘中可能有超重元素。

月球岩石中可能有超重元素,同时,由于月球没有大气层包围,其表面也可能有从宇宙空间沉降的超重核或记录了其裂变径迹的物质。

4.2　测定方法

自从提出了关于超重元素"稳定岛"的理论预言以来,除用重离子加速器,通过重离子核反应来尝试人工合成超重元素以外,核物理、核化学和地球化学等各方面的实验工作者曾进行过许多实验,试图在地球物质中寻找预期存在的长寿命的超重元素[1,2]。虽然到目前为止,在地球物质中寻找超重元素的研究工作未能获得肯定的成果,但在探索方法方面却积累了丰硕的经验,包括精密的测量方法。

常用的探索方法有：

1. 自发裂变中子测定法

理论预言超重核一次裂变释放的中子平均数可达 10 个左右,一般天然裂变元素仅为 2.5 个。据此区别,已有几个实验组设计了由多个 ^{3}He 或填钆液体闪烁计数器组成的裂变中子探测器寻找超重元素[1~3]，探测灵敏度可达 $10^{-14}\,g/g$①。其优点是可测定大量样品，不经过预处理，几乎可测定几十公斤重的样品。

2. 自发裂变测定法

(1)充气正比计数器法

即"经典"的裂变测定法。一次可测定 50g 左右样品，探测灵敏度可达 $10^{-12}\,g/g$。

(2)固体径迹探测器法

有些固体如玻璃、云母或塑料等，当裂变碎片在其中造成电离损伤后，其损伤区域通过适当化学蚀刻，可形成较大径迹，用光学显微镜可观察裂变径迹。其探测超重核的灵敏度可达 $10^{-12}\,g/g$。

(3)旋转器法

在一个特制的玻璃圆筒里，充满被测样品的溶液，通过旋转玻璃圆筒，使其内部形成负压，溶液呈亚稳状态。这时，如果溶液中有裂变事件发生，其电离作用将破坏亚稳状态，并形成气泡，通过光学仪器观察气泡，可测定裂变事件，其探测灵敏度可达 10^{-14} g/g，测定样品量可达数百克[4]。

3. 质谱法

(1)直接测定法

选择适当样品用质谱仪测定其中超重核的含量，灵敏度可达 $10^{-15}\,g/g$。

(2)特征裂变产物质谱测定法

理论预言，超重核裂变将产生中等质量元素的丰中子稳定同位素。通过测定样品中超重核的特征裂变产物即可推算原始存在的超重元素。如惰性气体^{136}Xe 测定法，探测灵敏度约为 $10^{-15}\,g/g$[2,5]。

4. α测定法

理论预测超重核 α 衰变粒子平均能量约为 13MeV，与一般天然放射性元素的 α 粒子能量有较大区别，据此可探测超重元素的存在。样品经化学浓集后，探测灵敏度可达 $10^{-11}\,g/g$。

5. 特征 X 射线测定法

已知元素的 X 射线能谱中，铀的最末一条 L 线(21.54keV)和稀土元素(镧)第一条 K 线(33.03keV)之间，存在着一个空白区域，这一空白区域叫做 X 射线能谱"窗口"。根据理论计算，一些超重元素的 Lx 射线恰好就在这一"窗口"内，可利用其特征 Lx 射线进行测定，探测灵敏度约为 $10^{-13}\,g/g$。

---

①假定超重核半衰期为 10^9a，以下几种方法探测灵敏度的估计同此。

4.3 鉴定分析与结果

1. 原始宇宙线中超重核径迹鉴定法

通过分析超重核在核乳胶迭探测器中所产生的径迹,可确定其存在,由于地球表面被大气层所包围,为减少超重核因通过大气层的损失,一般是用气球将核乳胶迭探测器升到几十公里以上的高空进行探测。近年来又发展了核乳胶-塑料混合迭。

1967 年以来,英国布列斯特大学 P. H. Fowler 等和美国一些实验室合作,曾进行了多次实验[6,7],表 4.1 列出了他们所获得的两批实验数据。

表 4.1 超重核径迹鉴定法实验结果

实验工作者	文献	升空高度 (km)	探测器面积× 探测时间因数 ($m^2 \cdot h$)	探测器类型	结　果
P. H. Fowler 等	[6]	约 40	290	核乳胶迭	记录了一个电荷数最佳估计值为~ 105 核径迹。可能是一个长寿命的 Z ~110 超重核
P. B. Price 等	[7]	约 40	900	聚碳酸酯、醋酸纤维、核乳胶组成的混合迭	在三种探测器中都记录了一个电荷数最佳估计值为~96 核径迹。核乳胶中的估计值为~104,聚碳酸酯中的估计值为~92,醋酸纤维中的估计值为~93

核乳胶迭与混合迭所记录的径迹是很令人感兴趣的实验结果,如果这种可能的超重核是来自银河系的超新星爆发,则说明其半衰期将不小于 10^5 a。这样的结果不仅对星体的核合成过程等天体物理学研究具有很大的意义,同时,对预测超重核的稳定性问题也是一个很有价值的证据。

但是这一方法目前存在的主要问题是电荷数鉴定的准确度问题。因为外推法测定电荷数的误差一般是比较大的。若能在实验室中将重离子如氙、铀等加速到非常高的能量时,电荷数鉴定就可能更有把握。因此仍需继续积累可与空间物理实验相比的大量数据。

在混合迭中,塑料探测器测定电荷数值一般比核乳胶探测器测定值偏高 3 个电荷数左右[6,7],然而在 P. B. Price 等的实验结果中,塑料探测器的测定值却显著地低于核乳胶探测器的测定值。这一问题尚未得到合理的解释。

从已获得的 33 个重核记录事例来看,电荷数大于 83 的记录效率$\left(\dfrac{Z>83}{70\leqslant Z\leqslant 83}\right)$是

非常低的,约为 0.3[7],为了克服这一困难,应作探测器面积×时间因数更大的实验。从宇宙线中寻找超重核是很有希望的途径。因此,进一步开展这方面的研究是非常必要的。

2.超重核裂片径迹鉴定法

(1)径迹长度鉴定法:根据预测,超重核在固体径迹探测器中的自发裂片径迹将比铀、钍等的裂片径迹长。通过对较长径迹的分析鉴定可以确定超重核的存在。

(2)径迹密度鉴定法:在固体径迹探测器中,由于铀或宇宙线的高能粒子所引起的裂变径迹的本底是可以估算出来的。通过对超出本底的径迹数目的分析,可能确定超重核的存在。

根据上述方法,美国加州大学和通用电器公司 Price 等[10],苏联联合所 Флеров 等[8,11],印度加尔各答的塔塔基础科学研究所 N. Bhandari 等[12]以及其他一些研究组所得到的实验结果列于表 4.2。

表 4.2　超重核裂片径迹鉴定法实验结果

实验工作者	文献	样　品	结　果
G. N. Flerov 等 (Флеров)	[8]	铅箔和 24 块不同来源、不同含铅量、不同年代生产的铅玻璃	根据在一块 1958 年生产的含铅 40% 的玻璃以及一块 18 世纪生产的玻璃花瓶碎片中发现异常的径迹密度估计:在铅和铅玻璃中[114]类铅的含量为 $\leqslant 10^{-12} - 10^{-13}$ g/g。[114]^{298}的自发裂变寿命约为 10^8 a*
E. Tseslyak	[9]	含铋、铅、汞和钨不同组分与来源的 55 种玻璃样品	在一些铅玻璃中,观察到自发裂变碎片径迹,最多的达数百条。认为在铅中存在有超重核自发裂变放射体
Tretyakova	[10]	含铅矿物	在钼铅矿晶体(含铀为 7×10^{-7} g/g)中发现每平方厘米中有几万条径迹。由于矿石是原始的方铅矿经次级地球化学过程形成的,以及晶体年龄的不确定性,因而无法将观察到的裂变径迹归因于超重核的自发裂变
Meldner	[10]	金、铅和其他重元素	未发现自发裂变径迹
Price	[10]	锌方柱石、含金砂矿	未发现自发裂变径迹
O. Otgensuren, Flerov 等(Флеров)	[11]	取自南太平洋 5000m 深、铁锰氧化物沉积层中的锰结核	在压碎的透明长石晶体表面观察到的径迹密度为每平方毫米 7—120,根据含铀量应产生的径迹密度低于上述观察值,结论认为多余的径迹为地球或宇宙起源时存在的某一新元素所引起
N. Bhandari	[12]	陨石、"阿波罗-12 号"取回的月岩和月尘	在某些陨石和月尘中观察到已衰变完了的超重($Z > 110$)、超铀元素的裂变径迹,表明它们在这些样品凝固时是确实存在的

* 1972 年 Flerov 等又否定了这一结果,认为是宇宙线对于铅引起的裂变事件。

对于印度 Bhandari 等的实验结果,是有争议的。Price 等最近根据一些实验证据提出了不同的解释。

根据径迹长度来鉴定超重核并不是可靠的方法,因为其长度的差别是很有限的。

3. 超重核裂变产物鉴定法

样品中含有铀、钍等自发裂变元素时,则裂变气体产物氪、氙的同位素组分应与其蜕变系的母体同位素的含量成比例,如果发现有反常的、来源不明的裂变气体时,即可通过分析其组分比来推算超重核的存在。

美国芝加哥大学 E. Anders 等[13,14]根据这一方法在陨石中寻找已衰变完了的超重核。表 4.3 为他们所获得的实验结果。

表 4.3　超重核裂变产物鉴定法实验结果

实验工作者	文献	样品	结　果
E. Anders 和 D. Heymann	[13]	球陨石	根据分析到较高的氙同位素组分以及地球化学行为的证据认为,该球陨石中曾存在过的超重元素最可能的是:元素 112(类汞)到 119(类钫)
E. Anders 和 J. W Larimer	[14]	球陨石	通过分析氙同位素组分和细粒与粗粒陨石的成因比较认为,最有可能存在过的超重元素是:元素 111(类金)和 115(类铋),依次下去是:113(类铊),112(类汞)和 116(类钋)。由于 105(类钽)到 110(类铂)没有足够大的挥发性,所以不可能是它们并预测了该存在过的超重元素的升华热值~54±3kcal/mol,其正常沸点为 2500±400K

Anders 等得出在某些陨石中曾经存在过超重核的结论,可以作为星体核合成过程研究的参考,但对于超重核的直接鉴定的意义就不大了。

4. 超重核自发裂变中子鉴定法

据估计,超重核每自发裂变可放出约 10 个中子。通过对裂变瞬发中子平均数的测量,可以鉴定超重核的存在,美国劳仑斯实验室 Cheifetz,Thompson 等为此设计了大型的填轧液体闪烁计数器。为减少宇宙线的干扰,在地下 250m 深处进行测量。应用裂变中子鉴定法所得到的实验结果列于表 4.4。

由于已知裂变核的瞬发中子平均数都不超过 3,而理论预言,超重核裂变的瞬发,中子平均数可达 10 个以上。根据这一理论,自发裂变中子鉴定法是当前超重核鉴定中最特征的方法之一。应该认为,这一方法所给出的超重核存在的浓度上限是比较可信的。

表 4.4　超重核自发裂变中子鉴定法的实验结果

实验工作者	文献	样　品	方　法	结　果
J. S Drury 和 D. A. Lee	[15]	镍黄铁矿、黄铜矿、磁黄铁矿等约 110 种样品,重量近 5.5t	氦^3 中子计数器测量	未发现超重元素存在的证据
J. Halperin 等	[16]	氙气体 1 L,惰性气体生产工厂用过的吸收和解吸气体用的硅胶 1kg 铜冶炼厂烟道灰 15kg 及其他样品六种。 硫化铅精砂、氟碳铈矿、铜和镍矿精砂	氦^3 中子计数器测量 使用劳仑斯辐射实验室的填钆液体闪烁计数器测量	未观察到超过本底的多中子计数。假定超重核的半衰期为 10^9a,则含量上限为 10^{-14} g/g
W. Grimm 等	[17]	铅、汞、钼、锌和铜的硫化物矿石及精砂样品 36 个。 上述矿石的工艺处理半成品样品 25 个。 金、铂、铅等金属样品 29 个。 锰结核等样品 11 个。 以上大部分是重量为几十公斤的样品	氦^3 中子计数器测量	假定超重核的半衰期为 10^9 年,则含量上限为 10^{-11} g/g
E. Cheifetz, S. G. Thompson 等	[18]	金属样品 6 种: 钨 55kg,汞 45kg, 铅 91kg,铂 16.8kg, 铜 60kg,铀 0.107kg。 矿石及其他样品 13 种,内有: 汞矿石 21.2kg,天然金块(成分~95％) 36kg,铂矿石 20kg,铋矿石 14.3kg,锰结核(取自南太平洋 2740m 深、2.5cm 厚的铁锰沉积层)7kg,月岩(由"阿波罗-12 号"取回)3kg,铜矿石 10kg,水过滤器(曾过滤了约 4200L 饮用水的活性炭)10kg,空气过滤器(在约 1 万 5km 高空飞行一小时,过滤了约 8240m³ 的空气),美国加州一牧场上的土壤 9kg 和几种伟晶岩样品。 铅矿石以及铅冶炼程序中的产品 11 种,总重量约 348kg。 从铅冶炼与精制工厂收集的样品,包括铅块、熔渣和粉尘等 8 种,总重量约 173kg	填钆液体闪烁计数器测量	对 40 多种样品分析结果认为: 假定超重核的半衰期为 10^9 年,则其在样品中的浓度将小于 10^{-14} mol/mol

5.其他鉴定方法

(1)预期超重核是自发裂变的,使用裂变电离室或旋转计数器[19]等测量方法进行鉴定。

(2)预期超重核是相当稳定的,使用 X 射线荧光分析法、质谱法以及各种活化分析法进行鉴定。

美国劳仑斯实验室、橡树岭实验室和瑞士反应堆研究所等曾应用上述方法鉴定了大量的样品,实验结果如表 4.5 所列。

在寻找超重元素开始的几年中,曾用这些方法分析鉴定过许多样品,由于超重元素存在的浓度上限非常小,而这些方法的灵敏度又比较低,所以最近已很少使用了。

表 4.5　其他鉴定法的实验结果

实验工作者	文献	样　品	方　法	结　果
S. G. Nilsson, S. G. Thompson 等	[20]	铂矿石样品多种	1. 假定超重核半衰期大于 10^{14} a,使用了: X 射线荧光分析法、质谱分析法、各种类型的活化分析法 2. 假定超重核半衰期小于 10^{14} a,使用了: 低本底中子、γ 射线以及自发裂变放射性测量法	$[110]^{294}$ 在铂中的含量小于 10^{-10} g/g。 在仪器灵敏度范围内,要么半衰期小于 2×10^{8} 年;要么在铂矿中没有可探测量的超重元素
J. J. Wesolowski 等	[21]	铂矿石	通过热中子诱发裂变,再测量其裂变总动能	估计 $[110]^{294}$ 的丰度上限为 6×10^{-12} g/g
J. S, Drury	[22]	斜方辉橄岩、纯橄榄岩等可能在自然界中浓集了 $[110]$ 类铂的超基性岩矿样品以及冶炼工厂的中间产品等	用"火试金"法浓集,经化学分离,测量自发裂变放射性	除铅精炼厂烟道灰外,未发现有自发裂变放射性
J. S. Drury 和 D. A. Lee	[15]	为寻找 $[109]$ 类铱、$[110]$ 类铂、$[111]$ 类金,鉴定了闪石、重晶石、玄武岩、辉铜矿、铬铁矿、铌铁矿、顽辉石、独居石、辉锑矿等 20 种以上的样品 为寻找 $[108]$ 类锇,鉴定了玄武岩、软锰矿、金红石、橄榄岩、磁铁矿等 10 多种样品 为寻找 $[119]$ 类钫,鉴定了 Norwegian 云母 为寻找 $[120]$ 类镭,鉴定了菱锶矿、天青石、重晶石、硅铍钇矿等	同上	未发现超重元素存在的证据

实验工作者	文献	样品	方法	结果
H. R. von Gunten 等	[23]	含铂、金、汞、铊、铅和铋矿石等	旋转计数器测量自发裂变放射性	假定超重核的半衰期为 10^9 年，则其浓度小于 10^{-13} — 10^{-14} g/g
Wittenbach	[17]	铅矿物	通过中子诱发裂变，再测量其自发裂变放射性	同上
R. V. Gentry	[24]	云母样品	观察不同能量的 α 粒子所形成的晕	观察到一个相当于能量约为 13.1MeV 的 α 粒子所形成的半径为 84μm 的晕。估计它可能是由某已知元素的同质异能体或者是由一超重元素所造成。并提出，这种超重元素可能存在于伟晶岩的云母中

4.4　尚未找到超重核的原因

从表 4.1—表 4.5 所列出的主要实验结果就可以看出，人们在自然界中寻找超重元素所付出的努力是十分巨大的。尽管至今还没有得到超重核存在的确实证据，但是通过大量的实验使人们取得了不少的经验和教训。以下分析一下没有找到的原因：

1. 前面曾提到，预测超重核半衰期计算中的误差非常大，而超重核的半衰期可能远小于 10^8 a。这样一来，在地球形成时可能存在的超重核都已衰变完了，所以在矿物、岩石等样品中没有找到。若其半衰期小于 10^5 a，则宇宙线中可能存在的超重核，也将它们到达地球以前衰变完了。因此，在宇宙线中也无法找到它们。

2. 如果超重核的半衰期果真为 10^8 a 左右，那么迄今没有找到它们的原因有这么几个：

（1）宇宙中自然合成超重核的机率可能非常小。因为从现有的证据来看，自然界重元素的合成，主要是通过快中子吸收过程，问题是这一过程可能达不到超重区。而重离子反应合成超重核的截面可能也极小，所以在自然界中合成超重核的数量可能极少，不易发现。我们认为这个可能性是比较大的。

（2）寻找方向上可能还带有某些盲目性。例如，在一些工作中，样品选择的出发点多半着重于化学性质上的同族相似性(如铅中找类铅,铂中找类铂等),而对现有的同位素地球化学规律的应用还不够。今后应加强地球化学规律的研究和应用,以便对样品的选取进行指导。

(3)超重核分散在非常大量的基体当中,由于浓集方法有问题,浓集不起来;或因浓集方法不对,发生丢失。如有的工作用"火试金"法进行浓集[15]。根据预测的超重元素物理和化学性质具有熔点低、易挥发、较同族元素更为活泼等特点来看,这样的浓集方法是很容易引起丢失的。其他浓集方法也应注意这一问题。

(4)有极微量的超重核存在于样品中,由于探测器灵敏度不够高,分辨不出来。

4.5 今后的探索方向

1.理论上对宇宙核合成过程中能否产生超重核的问题是有较大争议的。如果自然界重元素合成过程中,达不到超重区,则无法在地球物质中找到它们。

2.在地球物质中寻找超重元素同对它们的核性质的预测关系极大。理论预测的超重核半衰期的不确定性是非常大的,只能把它们看成是定性的结果。如果超重核的半衰期小于10^8a,则根本无法从地球物质中找到它们。

过去一些探索工作,假设了超重元素的原子核是自发裂变的,因而通过探测裂变中子或自发裂片来鉴定超重核。假若超重核的自发裂变半衰期特别长,那么这类实验就不可能得到结果。所以在探索工作中还必须用其他不采用测量裂变产物的方法进行寻找。例如,用质谱法测量其特殊的荷质比,或者用特征X射线法鉴定其特征的X射线能谱。

3.化学性质的预测,对于寻找超重元素也有重要的指导意义。过去探索超重元素的实验工作,预测了超重元素的化学性质,110号类铂、111号类金、112号类汞、114号类铅。因此,在有关矿物,例如含铂、金、汞、铅等矿物样品中寻找超重核。不过,对于它们的化学性质作进一步研究是十分必要的。例如Pitzer利用相对论量子力学计算猜测,112(类汞)和114(类铅)元素可能比汞和铅更惰性,很可能是气体或者是极易挥发的液体。Pitzer还推测,112号元素的氧化物、氯化物和溴化物是不稳定的,而其氟化物是稳定的;114号的氯化物、氟化物是稳定的,溴化物也可能是稳定的。这些推测如果正确,分离出112和114号元素的过程可能会更方便些。

4.目前,国外许多实验室正积极地在地球物质中寻找超重元素,还有少数实验室也开始在地球物质中寻找不平常核态[25]。这种实验工作的探索性很强,不是很容易就能取得结果的。然而从长远来看,探索新元素的工作意义是十分重大的[26-29]。我们认为,我国地质构造复杂,地下矿藏十分丰富,可以广泛进行富有特色的探索工作。寻找稳定的新元素工作,一般不需要特别的大型专用设备。用常规的实验设备就可以进行这方面的实验工作。

参 考 文 献

[1] M. Nurmia, *Physica Scripta*, **10A**, 77(1974).

[2] 张志尧, 科学通报, **18**, 241(1973).

[3] G. Herrmann, *Physica Scripta*, **10A**, 71(1974).

[4] K. Behringer et al., *Phys. Rev.*, **C9**, 48(1974).

[5] Г. Ш. Ащкинадзе И др., *Геохимия*, **7**, 851(1972).

[6] P. H. Fowler et al., *Proc. Roy. Soc.*, **A301**, 39(1967); **A318**, 1(1970).

[7] P. B. Price et al., *Ann. Rev. Nucl. Sci.*, **21**. 295(1971); *Phys. Rev.*, **D3**, 815(1971).

[8] G. N. Flerov et al., *JINR* (Dubna) Rep., D7−4205(1969).

[9] E. Tseslyak. *JINR* (Dubna) Rep., P15−4738(1969).

[10] G. N. Flerov, V. Druin, *Atom. Fnerg. Rev.*, **8**, 255(1970).

[11] O. Otgensuren et al., *Dokl. Akad. Nauk.* SSR., **189**, 1200 (1969).

[12] N. Bhandari et al., *Nature*, **230**, 219(1971).

[13] E. Anders, D. Heymann, *Science*, **164**, 821(1969).

[14] E. Anders. J. W. Larimer. *Science*, **175**, 981(1972).

[15] J. S. Drury, D. A. Lee. Oak Ridge National Lab. Rep., ORNL-4706, p. 69(1971).

[16] J. Halperin et al., ORNL-4706, p. 71(1971).

[17] W. Grimm et al., *Phys, Rev, Lett.*, **26**, 1040(1971).

[18] E. Cheifetz. S. G. Thompson. *Phys. Rev.*, **C6**, 1348(1972).

[19] B. Hahn, A. Spadavecchia, *Nuovo Cimento*, **54B**, 101(1968).

[20] S. G. Nilsson. S. G. Thompson, *Phys. Lett.*, **28B**, 458(1969).

[21] J. J. Wesolowski et al., *Phys. Lett.*, **28B**, 544(1969).

[22] J. S. Drury, ORNL-4581, p. 46(1970).

[23] H. R. von Gunten et al., Chem. Data Measurements and Applications. London, p. 171(1971).

[24] R. . V. Gentry, *Science*, **169**, 670(1970).

[25] R. J. Holt et al., *Phys. Rev. Lett.*, **36**, 183(1976).

[26] 宇元化, 化学通报, (2), 52(1976).

[27] 张志尧, 唐孝威, 物理, **8**(3), 256(1979).

[28] J. V. Kratz, *Radiochimica Acta*. **32**, 25(1983).

[29] G. T. Seaborg. *Contemp. Phys.*, **28**(1), 33(1987).

30.5 人工合成超重元素

人工合成超重元素,目前提出有三种可能的方法:通过重离子反应合成;通过高能质子引起的次级反应合成;通过多中子俘获反应合成。

5.1 重离子反应合成

5.1.1 合成反应机制

目前提出可能的反应机制不下五六种,其中,有的是根据轻离子反应外推而来的,有的还仅仅是设想,归纳起来有:

1.“复合核-中子蒸发”反应

这一反应机制是根据 1936 年 N. Bohr 提出的复合核理论发展而来的。当重离子轰击重靶时,产生复合核,复合核通过蒸发出若干个中子以及 γ 射线而退激发。例如:

$$^{232}\text{Th} + ^{76}\text{Ge} \longrightarrow ^{305}[122]^* + 3n$$

$$^{244}\text{Pu} + ^{48}\text{Ca} \longrightarrow ^{288}[114] + 4n$$

一些超铀元素的合成以及目前超重元素的合成研究,几乎都是根据这一反应机制进行的。

2.“逆裂变”反应

这一反应机制很像裂变反应的逆反应,例如:

$$^{150}\text{Nd} + ^{150}\text{Nd} \longrightarrow ^{300}[120]$$

$$^{176}\text{Yb} + ^{136}\text{Xe} \longrightarrow ^{303}[124] + 4n$$

“逆裂变”反应可以看作是“复合核-中子蒸发”反应的一个特例,所以也有人把它们归并在一起,统称“常规反应”。最近这一反应机制已不大被单独提起了。

3.“熔合-裂变”反应

这一反应机制是 1967 年杜布纳联合原子核研究所 Флеров 提出的。他认为用加速的很重的离子如氙、铀等轰击铀靶可发生熔合-裂变反应,可能得到超重核。例如:

$$^{238}\text{U} + ^{238}\text{U} \longrightarrow ^{476}[184] \longrightarrow ^{298}[114] + ^{178}\text{Yb}$$

$$^{238}\text{U} + ^{238}\text{U} \longrightarrow ^{476}[184] \longrightarrow ^{296}[114] + ^{176}\text{Yb} + 4n$$

有人认为不大可能形成 $^{476}[184]$ 这么大的复合核,而可能产生直接转移反应,或先裂变再熔合。

4."直接转移"反应

这一反应机制是 1968 年 Seaborg[1] 在评论性文章中列举出来的。例如：

$$^{124}Sn + {}^{208}Pb \longrightarrow {}^{298}[114] + {}^{30}Ar + 4n$$

$$^{198}Pt + {}^{198}Pt \longrightarrow {}^{300}[116] + {}^{48}Ca^* + {}^{48}Ca^*$$

这种反应是转移反应的一种，但它是一种多粒子转移反应。对于这样多的粒子转移的可能性如何，目前还很难判断。

5."捏合"反应

这一反应机制是 1969 年 Swiatecki[2] 提出的。他是从原子核的裂变稳定性来讨论合成超重核的机制问题，认为超重核的裂变势垒太薄，"鞍点"形变很小，经受不起振荡就要发生裂变，用"熔合-裂变"反应合成超重核的可能性不大。"常规反应"又只能合成缺中子超重核，寿命可能太短。于是他提出了"捏合"反应的想法。例如：

$$^{232}Th + {}^{204}Hg \longrightarrow {}^{296}[114] + {}^{70}Ni + {}^{70}Ni$$

通过反应，从 ^{232}Th 和 ^{204}Hg 两个核上各捏下一大块，合成 $^{296}[114]$，剩下两个较小的 ^{70}Ni 核。这样的反应过程合成超重核所受到的振荡最小，不会导致裂变。这一机制还仅仅是设想，尚无理论计算。

5.1.2　合成反应实验

表 5.1 列出了自 1967 年以来合成实验的主要结果。

上述七个合成实验结果中，法国奥赛核物理研究所 Bimbot 等[6] 曾观察到一些半衰期在 0.001 s 到 1 min 之间、能量在 13 到 15 MeV 之间的 α 放射体。这些在其他合成实验中还没有被观察到的高能 α 放射体确实是非常令人感兴趣的实验结果。实验工作者认为，这些结果可以作为超重核存在的证据。但对于这一推论还必须进一步通过实验验证。特别需要通过对合成核的直接观测才能做出肯定的结论。

在目前，重离子反应被认为是最有希望的合成方法，但是它还存在一些问题需要解决。

从反应机制来看，虽然提出了几种，但是这些机制都存在许多理论问题没有得到解决。因而没能发挥理论对实验的指导作用。这是当前重离子合成反应所面临的主要问题。

表 5.1　重离子反应合成实验结果

实验工作者	文献	反　　应	结　　果
T. Sikkeland	[3]	$Ar^{40}+U^{238}\longrightarrow [110]^{278}(?)\longrightarrow$ 裂变碎片	可能有来自 $[110]^{278}$ 的裂变碎片*(?)
S. G. Thompson 等,Nurmia 等	[4]	$Ar^{40}+Cm^{248}\longrightarrow [114]^{288-x}+xn$	假定超重核的寿命大于 10^{-9} s,则合成反应截面将小于 5×10^{-32} cm^2
G. N. Flerov 等 (Г. Н. Флеров)	[5]	$Ar^{40}+Cm^{248}\longrightarrow [114]^{284}+4n$	估计合成反应截面上限为 $10^{-30}-10^{-31}$ cm^2
R. Bimbot 等	[6]	$Kr^{84}+Th^{232}\longrightarrow [126]^{316-x}+xn$	观察到可能来自 [126] 裂变所产生的钋、砹或氡的核所放出的能量在 7 到 9 MeV 之间的大量 α 粒子。还观察到可能来自 [126] 的半衰期为 0.001 s 到 1 min 之间,能量为 13 到 15 MeV 之间的 α 放射体
Flerov 等 (Флеров)	[5]	$Xe^{136}+U^{238}\longrightarrow [109-115]$	经放射化学分离程序分出 [109] 类铱到 [115] 类铋各组分,测量自发裂变碎片或长射程的 α 粒子。对于半衰期在 1 h 和 10 d 之间的超重核合成反应截面小于 10^{-31} cm^2
Yu. Ts. Oganesyan 等	[7]	$Xe^{136}+U^{238}\longrightarrow [146]^{374}(?)\longrightarrow$ 裂变碎片	可能有来自 $[146]^{374}$ 的裂变碎片(?)
Flerov 等 (Флеров)	[5]	$Zn^{66}+U^{238}\longrightarrow [122]^{304-x}+xn$	假定超重核的寿命大于 10^{-8} s,则合成反应截面将小于 5×10^{-30} cm^2

*后来的计算表明,$[110]^{278}$ 是一个远离超重核稳定区的同位素,所以这一合成是无法实现的。

从合成反应实验来看,必须克服以下四个困难才能实现合成超重核的目的:

(1)反应剩余核应有足够高的中子-质子比,否则便无法形成超重核。

(2)重离子反应剩余核具有很高的角动量,能降低裂变势垒的有效高度,因而妨碍甚至阻止形成超重核。

(3)重离子反应剩余核常处于高激发态,很容易发生裂变,因而影响形成超重核。

(4)理论预测超重核的鞍点形变比锕系核小得多,大约仅相当于锕系核基态形态,同时裂变势垒较薄,因此只要有很小的形变就可能裂变,因而要求剩余核接近球形状态。

从目前重离子加速器的水平来看,为了克服重离子与靶核间的库仑势垒,发生完全的熔合反应,就必须提高重离子能量。例如,实现 ^{238}U-^{238}U 反应须将 ^{238}U 离子加速到 1.5 GeV 才能克服库仑势垒。

由于重离子反应截面低,还要求提高重离子束流。目前一般约为 10^9 离子/s,根据已获得的合成反应截面数据来看,至少应再提高三、四个数量级左右,所产生的超重核才能达到可测量的水平。

表 5.2　高能质子次级反应合成实验结果

实验工作者	文献	加速器、质子能量	靶物质	轰击时间	积分通量	冷却时间	分离方法	测量方法	结果
A. Marinov 等	[9]	西欧中心的质子同步加速器加速的 28 GeV 质子	I: 钨，33 g　II: 钨，33 g	1 年　4 月	2×10^{18} 质子　7×10^{17} 质子	3～4 个月几天	经化学分离制成汞源以鉴定可能产生的[112]类汞	硅-金面垒探测器测量 α 能谱。聚碳酸酯膜测量自发裂变径迹	估计有 10^3 个超重核产生，认为得到"元素 112 可能存在的证据"
A. Marinov 等，有美国阿贡国立实验室 Fridman 参加	[9]	[未再轰击，直接处理上述汞源]					用化学交换法将上述汞源转移到铂片上	硅-金面垒探测器测量 α 能谱。聚碳酸酯膜测量自发裂变径迹。中子计数器测量自发裂变瞬发中子数	根据 α/裂变和裂片能谱数据确定，上述实验中自发裂变放射性测量结果中有 70% 为锎252 污染，其余部分还不完全清楚
A. Marinov 等	[10]	[同上]					用化学交换法将汞源转移到敷于聚碳酸酯托板的硫化铅膜上。经质谱分离，用镍片收集 260—320 amu 范围的核	硅-金面垒探测器测量裂片动能谱。聚碳酸酯膜测量自发裂变径迹。核乳胶片测量自发裂变径迹	在 A＝308 区域内发现有微小的自发裂变放射性证据扫描工作还在进行
H. R. von Gunten 等	[11]	西欧中心的质子同步加速器加速的 28 GeV 质子	I: 汞，30 kg　II, 钨，30 g		2×10^{17} 质子　$>10^{18}$ 质子	1 年	用蒸馏法分离收集最开始的 2 毫升作为汞源。残留物用化学分离法分出铂、金、铊、铅、铋等源。汞靶容器洗涤液制源。经化学分离法分出铂、金、铊、铋等源	旋转计数器测量自发裂变放射性	<1 自发裂变事例/天，测量 2 周　5 自发裂变事例/天，在 2 周内未见衰变　<1 自发裂变事例/天，测量 1 月　0.25 自发裂变事例/天，测量 4 周

续表

实验工作者	文献	加速器、质子能量	靶物质	轰击时间	积分通量	冷却时间	分离方法	测量方法	结果
J. P. Unik 等	[12]	美国布鲁克海文国立实验室的交变梯度加速器加速的 28 GeV 质子 美国阿贡国立实验室的零梯度加速器加速的 12 GeV 质子	I:钨,5 g II:钨,25 g III:铀,0.765 kg IV:从束流停止靶上切下的 1 kg铀	2月 1年	10^{17} 质子 10^{17} 质子 10^{17} 质子 10^{17} 质子	1.5 年 1.5 月 2 月 5 月	用蒸馏法分离出挥发性的铱、汞。残留物经化学分离法分出金、铊、铼、铱、铂等源	硅-金面垒探测器测量 α 能谱 裂变电离室测量自发裂变放射性 聚碳酸酯膜测量自发裂变径迹	给出合成超重核的反应截面上限约为 1×10^{-39} cm²,并给出合成钚、镅、铜等超铀元素的反应截面
L. Westgaard 等	[8]	西欧中心的质子同步加速器加速的 28 GeV 质子	I:铀,237 mg/cm² II:铀,190 mg/cm²	内束流 3.5 小时 23 天	2×10^{17} 质子 4.3×10^{17} 质子	立即分离	从熔融靶中真空蒸馏分离挥发组分铅、汞。残留物用"离线"同位素分离器分离。靶 II 还经化学分离法分出其他组分	有机膜、石英片测量自发裂变径迹	给出合成超重核的反应截面上限为 2×10^{-40} cm²,并给出合成钚、镅、铜等超铀元素的反应截面
S. Katcoff 等	[13]	美国布鲁克海文国立实验室的交变梯度加速器加速的 28.5 GeV 质子	I:由 50 μm 厚的钨、金、铀箔等组成的靶迭。 II:由 50 μm 厚的铀箔等组成的靶迭	52 min 30 min	7.6×10^{16} 质子 3.8×10^{16} 质子			硅玻璃测量动能大于 3 MeV/核子的裂片。硅玻璃和云母测量自发裂变径迹	给出能与靶核反应产生超重核的 Z≥35 的裂片产生截面上限为: 钨,6×10^{-33} cm² 金,7×10^{-33} cm² 铀,5×10^{-33} cm²

续表

实验工作者	文献	加速器、质子能量	靶物质	轰击时间	积分通量	冷却时间	分离方法	测量方法	结果
Hansen等	[8]	西欧中心同步回旋加速器加速的 600 MeV 质子					"在线"同位素分离装置分离	测量自发裂变放射性	估计由初级反应产生汞同质异能体的截面上限约为 10^{-36} cm^2

5.2　高能质子次级反应合成

5.2.1　合成反应机制

利用高能质子引起的次级反应合成超重核可以分解为两个反应过程：

第一个反应过程是高能质子与靶核发生反应(例如,弹性散射、非弹性散射、裂变等),产生具有较高动能的反冲核。

第二个反应过程是上述反冲核与靶核发生次级反应形成超重核。

如果从合成超重核的角度来看,第一个反应过程实际上不过是加速重离子的一个机制,而第二个反应过程就是上述的重离子反应。

根据西欧中心 Westgaard[8] 的估计,使用西欧中心质子同步加速器所产生的 25 GeV,10^{12} 质子/s 的束流,发生高能质子次级反应,则超重核的产率可达 5×10^3 核/月。

5.2.2　合成反应实验

表 5.2 列出了自 1971 年以来合成实验的主要结果。

A. Marinov 等[9]最近公布的实验结果表明,在 $A = 308$ 处的微小的自发裂变放射性系来自可能的超重核,而不是来自已知的自发裂变重元素的氧化物(或其他化合物)的分子离子,则说明:

(1)通过高能质子次级反应是可以产生超重核的,今后只要通过改进各项实验条件就有可能获得可测量的超重核。

(2)该自发裂变放射性是在靶子停止轰击后 1 年左右的时间测到的,由此说明,这一可能的超重核的自发裂变半衰期是相当长的。

Marinov 等的实验最后制成的汞源中,^{252}Cf 的污染十分严重,占测到的自发裂变放射性的 70%[9],这些^{252}Cf 是通过什么反应产生的还不清楚,如果钨靶材料中的铀含量极少,则^{252}Cf 只能由高能质子与钨靶核发生次级反应产生。这说明,通过反应可使靶核的 Z 增加 22。可能有^{64}Ti 这样的丰中子核进入钨核。这对于合成超重核的意义是重大的。因为这种反应如能同样发生在铀靶时,便可能发生下述超重核合成反应:

$$^{64}\text{Ti} + ^{238}\text{U} \longrightarrow ^{298}[114] + 4n$$

如果钨靶杂质中的铀含量较大,则^{252}Cf 很可能是从^{238}U 的反应而来,这样,Z只增加 6,意义就不大了。由于文章没有给出有关数据,所以无法进行判断。

阿贡国立实验室和西欧中心的实验[8,12]所得的结论和 Marinov 等的实验结果是有很大矛盾的。他们所得到的合成反应截面上限约为 10^{-40} cm^2 左右,比原先估计的反应截面值[9]小 4—5 个数量级,这样,实际应用的意义就不大了。Marinov等的实验结果没有得到重复,一般舆论对这一结果持怀疑态度。

由于化学分离中只能使用非同位素载体载带超重元素,所以上述几个实验中载体的均匀载带问题也是值得研究的。

尽管高能质子次级反应存在很多问题和困难,但是它还有一些重离子反应所缺乏的优点,对这种反应合成超重核的可能性仍应给予一定的重视。

5.3 多中子俘获反应合成

5.3.1 合成反应机制

根据 Seeger,Bell 等[14,15]所发表的对于恒星过程以及热核爆炸中核合成的研究报告的看法认为,连续的快中子俘获可能是产生超重核的一个方法。

例如,用高束流的中子照射重靶时,靶核中将发生(n,γ)和(γ,n)反应之间的竞争,对于非常重的靶核来讲,还有(n,γ)和(n,f)反应之间的竞争。假如条件控制得合适,(n,γ)反应占最优势时,靶核将俘获大量中子,然后经过连续的 β^- 衰变使靶核的原子序数升到非常高的电荷区域,最终达到超重核稳定区。

Bell[15]还对恒星过程和核爆炸中中子照射情况作了比较,见表 5.3。

表 5.3 恒星过程和核爆炸过程中子照射情况比较

	中子通量	照射持续时间	照射中子数
慢过程*	$\sim 10^{16}/\text{cm}^2 \cdot \text{s}$	$\sim 10^3 \text{a}$	$10^{26}-10^{27}/\text{cm}^2$
快过程*	$\gtrsim 10^{27}/\text{cm}^2 \cdot \text{s}$	$1-100\text{s}$	$>10^{27}/\text{cm}^2$
核爆炸	$>10^{31}/\text{cm}^2 \cdot \text{s}$	$<10^{-6}\text{s}$	$10^{25}/\text{cm}^2$

* 慢过程和快过程中的"慢"和"快"都是相对于反应剩余核的 β 衰变寿命的长短而言的。

5.3.2 设想的实验方案

1972 年 Meldner[16]提出了一个适当控制的热核爆炸合成实验方案,其要点是:利用第一次热核爆炸所产生的中子照射,使重靶俘获大量中子,然后控制好一个时间间隔,以便允许高激发态的复合核发生连续的 β^- 衰变,接着进行第二次热核爆炸,再利用它所产生的中子照射,使已经升到非常高电荷区域的靶核继续俘获大量中子,再经 β^- 衰变,便可能获得超重核。

但是,关于多中子俘获反应合成超重核的可能性问题在核理论工作者当中,一直是有争议的。Nilsson[17] 最近根据 β 稳定线丰中子一边的 $Z \geqslant 90$ 核的表面势能,做了自发裂变和中子引起的裂变等反应的预测。他认为,通过超新星的快过程合成超重核的可能性是不存在的,根据这一结果来看,用连续爆炸两个核装置的方法人工合成超重元素也是不可能的。

同时,这一设想的实验方案不仅在理论上存在严重问题,在实验技术上,也有着非常大的困难。例如,迄今为止,人们利用高通量反应堆和热核爆炸所获得的最重的同位素是 ^{257}Fm。

不久前,苏联科学家宣称造出了 110 号迄今最重的元素[18,19],但美国和联邦德国的科学家们对此持怀疑的态度。Yu. Oganessian 等在杜布纳联合核子研究所进行了以下两个实验:一是用 ^{40}Ar 离子束流轰击 ^{236}U;另一是用 ^{44}Ca 离子束流轰击 ^{232}Th。轰击的结果表明,由核裂变产生出来的原子核碎片,在瞬间形成了一种含有 110 个质子数的新核素,半衰期约为 10 ms。这给人们带来了希望:原子序数为 110 的新元素是否问世了? 图 5.1 示超铀元素的出现情形[20]。

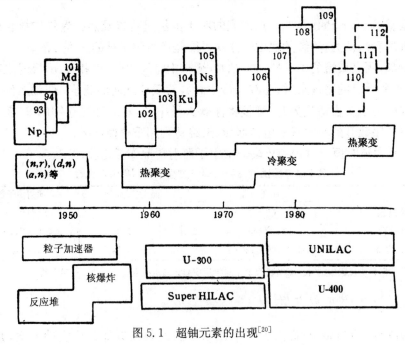

图 5.1　超铀元素的出现[20]

　　不论怎样,理论工作者和实验科学家正在加紧进行有关重元素原子核的获得,根据科学的预言和发展,含有 114 个质子的锕系后元素,相对说来,应该是比较稳定而又极有意义的[21]。

参 考 文 献

[1] C. T. Seaborg, *Ann. Rev. Nucl. Sci.*, **18**. 53(1968).

[2] W. J. Swiatecki, Reactions Induced by Heavy Ions, Heidelberg, p. 729(1969)

[3] T. Sikkeland, *Phys. Lett.*, **B27**, 277(1968).

[4] S. G. Thompson et al., *Science*. **178**, 1047(1972).

[5] G. N. Flerov et al., IEEE Trans. NS-19, 9(1972); JINR (Dubna) Re. p., P7-6262(1972).

[6] R. Bimbot et al., *Nature*, **234**, 215(1971).

[7] Yu. Ts. Oganesyan et al., JINR (Dubna) Rep., P7-6300(1972).

[8] L. Westgaard et al., *Nucl. Phys.*, **A192**, 517(1972).

[9] A. Marinov et al., *Nature*, **229**, 464(1971); **234**, 212(1971).

[10] A. Marinov et al., Rutherford High Energy Lab. Rep. RHEL/R 243. p. 77(1972).

[11] H. R. von Gunten et al., Chem. Nucl. Data Measurements and Appli-cations. London, p. 171(1971).

[12] J. P. Unik et al., *Nucl. Phys.*, **A191**, 233(1972).

[13] S. Katcoff, M. L. Perlman, *Nature*, **231**, 522(1971).

[14] P. A. Seeger, Los Almos Sci. Lab. Rep., LA-DC-8950 (1967); LA-3751(1967).

[15] G. I. Bell, *Rev. Mod. Phys.*, **39**, 59(1967).

[16] H. W. Meldner, *Phys. Rev. Lett.*, **28**, 975(1972).

[17] S. G. Nilsson et al., *Phys. Lett.*, **40B**. 517(1972).

[18] Yu. Ts. Oganessian et al., The Experiments Aimed To Synthesize Element 110. D7-87-392. Dubna (1987).

[19] 物理, **17**(6), 342(1988).

[20] G. N. Flerov, Perspectives of Studies with Heavy Ion Beams at Dubna, E7-87-512(1987).

[21] J. J. Katz. G. T. Seaborg. L. R. Morss The Chemistry of the Actinide Elements (Second Edition), Chapman and Hall (1986).

附录　原子量的测定和修订[①]

1919 年国际纯粹与应用化学联合会(International Union of Pure and Applied Chemistry,简称 IUPAC)成立。原属国际化学会联合组织(International Association of Chemical Societies)的原子量委员会转入 IUPAC,关于 1979 年改称为原子量与同位素丰度委员会(Commission on Atomic Weights and Isotopic Abundances),属工作委员会性质。

IUPAC 共有三十多个工作委员会,本委员会编号 II. 1,现有常务委员(Titular member,直译"衔称委员")7 人,其中主席 1 人,秘书 1 人;委员(Associate member)9 人,国家代表 3 人,无机总部代表 2 人。委员会的总任务是:发布原子量及其误差范围(uncertainty,直译"不确定度",或"准确度")。所发布的数据具有可能最高的精确度和可靠性,不需经常修改,为科学界所普遍采用。委员会的经常工作是搜集资料,研究问题和做部分实验,一般以通讯方式联系。每逢单年秋季开会一次,会期四天。议程可能有二十余项;要求刊出"新原子量表"论文,并制定下次会议前指派的课题。

历史回顾

1894 年美国化学会志(*J. Am. Chem. Soc.*)发表了 F. W. Clarke 编的第一张完整的原子量表。四年后德国化学会报告(*Ber. Dtsch. Chem. Ges.*)也开始发表原子量表。其时鉴于国际合作的必要,通过协商组成了由三人(F. W. Clarke,美;T. E. Thorpe,英;Seubert,德;后经改组)负责的国际原子量委员会,自 1903 年起逐年公布原子量表。1913 年,原子量委员会隶属于"国际化学会联合组织"。第一次世界大战期间,工作时断时续。1919 年后,原子量委员会转属 IUPAC。四十年代以来,原子量的测定方法,由化学法逐渐转向质谱法,使测量值的有效数字后推了一两位数。质谱法的实验内容有两个方面:一是测量单一同位素的质量,又称核素质量(nuclidic mass),另一是测量某元素的各同位素丰度(isotopic abundance)。

---

①转载自《化学通报》1986,10 期,57~60,64 页。经作者修改,包括 1996 年文献资料。

1930 年后,委员会的历任主席有:G. Baxter(美,1930—1949),E. Wichers(美,1949—1969), N. N. Greenwood(英),E. Roth(法),N. E. Holden(美),R. L. Martin(澳). J. R. De Laeter(澳),K. G. Heumann(德),L. Schultz(德);主席两年一任,一般连任两届。

原子量^{12}C 基准

1959 年,IUPAC 向 IUPAP(国际纯粹与应用物理学联合会)建议采用^{12}C＝12 为原子量基准,以代替 O＝16 或^{16}O＝16(后者为当时物理学界通用)。1960 年,征得 IUPAP 同意后,IUPAC 于 1961 年将原有原子量值进行统一换算,即减小 42.9ppm。在计算过程中感到有必要评审一切有关文献资料,对各元素逐一权衡其原子量值。因此,在"1961 年原子量表"的报道(1962 年发表)中,实际上包括了对各个元素(element by element)原子量的评审。此项繁重的工作由 A. E. (Gus) Cameron 和 E. Wichers 二人完成。此后,自"1967 年原子量表"(1969 年发表)起,每两年制订一次新的原子量表,一般于次年纯粹与应用化学杂志(*Pure Appl. Chem.*)上刊出。

原子量定义

1979 年,委员会对某一元素(特定来源)的原子量(平均相对原子质量,mean relative atomic mass)采用下列定义:

"某元素一个原子的平均质量与一个^{12}C 原子质量的 1/12 之比"。

可以理解为:

(1)原子量可对任何一个样品而言(同位素组成不同的某一元素可以有各自不同的原子量);

(2)原子量是对处于电子与核的基态的原子而言;

(3)"一个原子的平均质量"(特定来源)为该元素的总质量除以原子总数;

(4)委员会发表的"标准原子量表"是当时对地球上自然存在的元素所知其同位素丰度范围而言。

正常物质

正常物质(normal material)指在地球上存在的某元素(单质)或其化合物,其判断准则为:市场上遇到的物质来源,应用于工业或科学;此种物质本身并不用来研究某些特殊的异常性,而其同位素组成在短暂的地质年代并无显著改变。原子量是指地球上的正常物质。

1997 年标准原子量按 $Ar(^{12}C)=12$

许多元素的原子量不是常数,而是取决于物质的来源及其处理过程。本表的注系说明某些元素的原子量会有变动的类型。这里所列原子量值 Ar(E)适用于地球上存在的自然元素,而原子量值后面的括号表示末位数的误差范围 Ur (E),符号中 U 为 uncertainty。本表按原子序排列。

原子序	名称	符号	原子量	注
1	氢	H	1. 007 94(7)	gmr
2	氦	He	4. 002 602(2)	g r
3	锂	Li	6. 941(2)	gmr
4	铍	Be	9. 012 182(3)	
5	硼	B	10. 811(7)	gmr
6	碳	C	12. 0107(8)	g r
7	氮	N	14. 006 74(7)	g r
8	氧	O	15. 999 4(3)	g r
9	氟	F	18. 998 403 2(5)	
10	氖	Ne	20. 179 7(6)	g m
11	钠	Na	22. 989 770(2)	
12	镁	Mg	24. 305 0(6)	
13	铝	Al	26. 981 538(2)	
14	硅	Si	28. 085 5(3)	r
15	磷	P	30. 973 76 1(2)	
16	硫	S	32. 066(6)	g r
17	氯	Cl	35. 452 7(9)	m
18	氩	Ar	39. 948(1)	g r
19	钾	K	39. 098 3(1)	
20	钙	Ca	40. 078(4)	g
21	钪	Sc	44. 955 910(8)	
22	钛	Ti	47. 867(1)	
23	钒	V	50. 941 5(1)	
24	铬	Cr	51. 996 1(6)	
25	锰	Mn	54. 938 049(9)	
26	铁	Fe	55. 845(2)	

续表

原子序	名称	符号	原子量	注
27	钴	Co	58.933 200(9)	
28	镍	Ni	58.69 34(2)	
29	铜	Cu	63.546(3)	r
30	锌	Zn	65.39(2)	
31	镓	Ga	69.723(1)	
32	锗	Ge	72.61(2)	
33	砷	As	74.921 60(2)	
34	硒	Se	78.96(3)	
35	溴	Br	79.904(1)	
36	氪	Kr	83.80(1)	g m
37	铷	Rb	85.467 8(3)	g
38	锶	Sr	87.62(1)	g r
39	钇	Y	88.905 85(2)	
40	锆	Zr	91.224(2)	g
41	铌	Nb	92.906 38(2)	
42	钼	Mo	95.94(1)	g
43	锝*	Tc		A
44	钌	Ru	101.07(2)	g
45	铑	Rh	102.905 50(2)	
46	钯	Pd	106.42(1)	g
47	银	Ag	107.868 2(2)	g
48	镉	Cd	112.411(8)	g
49	铟	In	114.818(3)	
50	锡	Sn	118.710(7)	g
51	锑	Sb	121.760(1)	g
52	碲	Te	127.60(3)	g
53	碘	I	126.904 47(3)	
54	氙	Xe	131.29(2)	g m
55	铯	Cs	132.905 45(2)	
56	钡	Ba	137.327(7)	
57	镧	La	138.905 5(2)	g
58	铈	Ce	140.116 (1)	g

原子序	名称	符号	原子量	注	
59	镨	Pr	140.907 65(2)		
60	钕	Nd	144.24(3)	g	
61	钷*	Pm			A
62	钐	Sm	150.36(3)	g	
63	铕	Eu	151.964(1)	g	
64	钆	Gd	157.25(3)	g	
65	铽	Tb	158.925 34(2)		
66	镝	Dy	162.50(3)	g	
67	钬	Ho	164.930 32(2)		
68	铒	Er	167.26(3)	g	
69	铥	Tm	168.934 21(2)		
70	镱	Yb	173.04(3)	g	
71	镥	Lu	174.967(1)	g	
72	铪	Hf	178.49(2)		
73	钽	Ta	180.947 9(1)		
74	钨	W	183.84(1)		
75	铼	Re	186.207(1)		
76	锇	Os	190.23(3)	g	
77	铱	Ir	192.217(3)		
78	铂	Pt	195.078(2)		
79	金	Au	196.966 55(2)		
80	汞	Hg	200.59(2)		
81	铊	Tl	204.383 3(2)		
82	铅	Pb	207.2(1)	g r	
83	铋	Bi	208.980 38(2)		
84	钋*	Po			A
85	砹*	At			A
86	氡*	Rn			A
87	钫*	Fr			A
88	镭*	Ra			A
89	锕*	Ac			A
90	钍*	Th	232.0381(1)	g	Z

原子序	名称	符号	原子量	注		
91	镤*	Pa	231.035 88(2)			Z
92	铀*	U	238.028 9(1)	g	m	Z
93	镎*	Np				A
94	钚*	Pu				A
95	镅*	Am				A
96	锔*	Cm				A
97	锫*	Bk				A
98	锎*	Ct				A
99	锿*	Es				A
100	镄*	Fm				A
101	钔*	Md				A
102	锘*	No				A
103	铹*	Lr				A
104	𬬻*	Rf				A
105	𬭊*	Ha				A
106	*	Unh				A
107	*	Uns				A

注:g 指有"正常物质"同位素组成限外的地质样品,m 指经同位素分离的商品,r 指"正常物质"同位素组成上下限已超过测量精确度,A 指放射性元素缺乏特征的地质组成,Z 指放射性元素寿命特长而仍有原子量可言。

原子量的测定方法

地壳中共存在 94 种元素,其中有较短寿命的放射性元素 10 种,无原子量可言,仅以其较常见的同位素为代表而标明其质量数,例如 ^{226}Ra 和 ^{237}Np。还有 $^{243}_{95}Am$ 至 $^{277}112$ 共 18 种经人工核反应而生成的放射性元素。IUPAC 原子量与同位素丰度委员会(简称国际原子量委员会)在两年一度发表新修订的原子量表时,还刊登"放射性核素的相对原子质量"表[1],列出自 Tc 至 Hs 元素共 27 种较短寿命的放射性元素(包括长寿命的 Th、Pa 和 U)的重要核素。这里使用"相对原子质量",是由于"原子质量"曾为核素质量的专用词。

原子量的测定,自 1810 年以来,先是采用化学法。早期著名的化学家 J. J. Berzelius, J. -S. Stas, T. W. Richards, G. P. Baxter 和 O. Hönigschmid 作出了重大的贡献。从 40 年代起,质谱法逐渐取代化学法. 单核素的元素共计 22 种,物理学家使用精密质谱仪,以 $^{12}C=12$ 为基准,测定核素质量,实际上是测同位素质量(严格说,同位素指整个原子,而核素只指原子核,不包括核周围的电子)。"核素质量表"见文献[5],单核素元素的原子量即是核素质量。这些原子基值一般准确至 0.1ppm,例如 $Ar(Na)=22.989\ 770(2)$。

质谱测定法

用质谱法测定核素质量,首先从 $^{12}C=12$ 基准出发,采用"质量双线"(mass doublet)法确定某一对谱线的微差,如 $^{12}C^1H_4^+-^{16}O^+=0.036\ 3855u$ (mass unit)。 若测三对"双线" $^1H_2^+-D^+$,$^2D_3^+-1/2^{12}C^{2+}$ 和 $^{12}C^1H_4^+-^{16}O^+$,则同时可得:

$$^1H=1.007\ 825\ 033(12)$$
$$^2D=2.014\ 101\ 775(24)$$
$$^{16}O=15.994\ 914\ 622(51)$$

这些数据是直接与 ^{12}C 相比而得,称为"副标准"。例如,欲测 ^{19}F 的质量时,可 利用下列一对质量双线,各线的正电荷恰可抵消:

$$^{12}C_2{}^1H_2{}^2D_4-^{12}C^1H_3{}^{19}F$$

四氘乙烷-氟甲烷

测得

$$\Delta M=0.050\ 178\ 86$$
$$^{19}F-19=0.001\ 596\ 79$$
$$\therefore\quad ^{19}F=18.998\ 403\ 21\ (15)$$

单核素元素 F 的原子量,是原子量中最精确的,现定为 $18.998\ 403\ 2(9)$,其中 Ur(F)来自 1.5×6。

其次在多核素元素的场合,必须另行测定同位素丰度。例如,Ag 已自质量双 线 $^{12}C_8{}^1H_{11}-^{107}Ag$ 和 $^{12}C_8{}^1H_{13}-^{109}Ag$ 测得:

$$^{107}Ag=106.905\ 091\ 5$$
$$^{109}Ag=108.904\ 755\ 5$$

还要测定同位素丰度,先用质谱计测得同位素丰度比 $R_{107/109}$,可算得同位素的 原子分数 $f_{107}=R/(1+R)$;$f_{109}=1-f_{107}$:

$$f_{107}=51.839(5)\text{原子}\%$$
$$f_{109}=48.161(5)\text{原子}\%$$
$$\therefore\quad Ar(Ag)=107.868\ 2(1)$$

同位素丰度的测定,最好采用一对高富集同位素,以校准质谱计的固有偏差 (Bias),因为分子转变为离子时不能保持原有的丰度等因素。用此校准法测定多 核素元素的原子量,一般可准确至 ±0.001。

同位素丰度表

自 1975 原子量表(1977 年发表)开始，附有"元素的同位素丰度表"。自 1981 原子量表(1983 年发表)开始，同位素丰度表则分别发表，以后陆续刊出，现举硼为例：

质量数	同位素组成范围(原子%)	最佳测定	代表性同位素组成	相应原子量	1985 年 IUPAC 原子量	标准样品索取处
10	20.316—19.098	19.82(2)	19.9(2)	10.811(2)	10.811(5)	CBNM-Geel
11	80.902—79.684	80.18(2)	80.1(2)			NBS-SRM-951

其中，新原子量值的误差定得较大，因为该元素的"同位素组成变动范围"较大。

各元素原子量值的总评审

第一次对各元素的评审，如前所述，是在 1961 年采用^{12}C=12 为基准后，开始进行的。这项工作成果即 1961 原子量表发表于 1962 年，1983 年作第二次全面评审，发表于 1984 年(文献[3])。"核素质量表"最新版为 1993 年值(文献[5])，数据好于 0.1ppm. 然而，进行核素质量测定的实验室近年来减少，并且加拿大和荷兰两处实验室的工作条件也很困难。

评审需要积累数据。担负计算机程序和同位素丰度测定工作的有：欧洲共同体核测量中央局(比)、Brookhaven 国家实验室(美)和美国国家标准技术研究所。

原子量每两年修订一次。现举下列两例：

H	1961	1.00797(1)		Ag	1961	107.870(3)
	1969	80(3)			1969	868(1)
	1971	79(1)			1981	8682(3)
	1981	794(7)			1985	8682(2)

由此可见，银的原子量经逐步修订，已更精确，氢的原子量则因同位素丰度方面的考虑而有所反复，见下。

关于元素各论，兹举三个实例加以说明：

(1) $_1$H 氢　Ar(H) =1.007 94(7)

核素　^{1}H 1.007 825 033(12) 99.985(1)原子%

^{2}H 2.014 101 775(24) 0.015 (1)原子%

自 1938 年以来，采用质谱法数据确定氢原子量，1961 年定其为 1.007 97 (1)，是根据了淡水和深水。1969 年，决定采取氘含量的变动范围包括地球上所有正常的氢,故改为 1.008 0(3).那时规定只用两种误差表达方式±1 或±3。两年后,鉴于 1.0077 小于$_1$H 的 1.007 825,故实际上不存在,而 1.0083 相应于 472ppmD,远高于天然水的高限 182ppmD。结果改为 1.007 9(1)。至 1981 年,考虑到实验室所用钢瓶氢来自电解法,最低含量为 44ppmD,又把 H 的原子量值改为 1.007 94(7),即位于高限 1.008 01 和低限 1.00787 之间。

(2)$_{32}$Ge 锗　　Ar(Ge)=72.61(2)

化学法测值为 72.592(8),质谱法测值为 72.620(18),晶体法测值为 72.63。委员会于 1985 年评定为 72.61(2),并指出必须用一对高富集同位素^{72}Ge 和^{74}Ge 作校准(Calibration)。质谱法测量,才能求得准确的 Ge 原子量。

(3)$_{51}$Sb 锑　　Ar(Sb)=121.760(1)

化学法测得 8 个原子量值,平均为 121.751(8)。而质谱法长久以来只有一个数据 121.759(1948 年作)。委员会仍维持 1969 年值及其误差 121.75 (3),但指出 Sb 只有两个天然同位素 121 和 123,这是测出一项新值的有意义课题,果然引起了有关实验室的注意:我国北京大学同位素科研组采用国产 99.01 原子%^{121}Sb 和 99.46 原子%^{123}Sb,作了校准质谱法测量,得出精确的锑原子量新值(见上)[8],1993 年国际原子量委员会修订为新的标准。

同位素丰度与原子量的计算

1984 年出版的"同位素丰度值大全 1983"[4],试图包括自 1940 年(偶有较早的重要工作)至 1983 年末的工作,内容是完整的同位素分析数据,包括各元素的全部天然同位素。并指出近年来,丰度测量愈益准确,以致不应忽略核素质量的准确度(按 Wapstra 表的误差乘以 6)。文献[4]中,如 C 列有 36 项测定,少的像 Sb 仅有一项测定。现举 H 为例,它有 10 项测定,下列数据中,标有 C 的指用纯同位素标定,B 指最佳测定,SD 指标准偏差。

核素质量	70HAG 1(见文献[4])
1.007 825 033	99.984 426(5)原子%
2.014 101 775	0.015 574(5)原子%
同位素比率 2/1	0.000 155 76(5)
原子量	1.007 981 76(5)
误差	2×SD
注释	C,B

总的说来,该文详尽地收集了共计 314 篇文献,是做质谱测定工作的必读资料,有很高的参考价值。

参 考 文 献

[1] IUPAC "Aromic Weights of the Elements 1995". *Pure Appl. Chem.*，**68**，2339—2359(1996).

[2] H. E. Holden. R. L. Martin, I. L. Barnes，"Isotopic Abundances and Atomic Weights of the Elements 1983"，*Pure Appl. Chem.*，**56**，675—694(1984).

[3] H. S. Peiser，N. E. Holden，P. De Bièvre，I. L. Barnes et al. "Element by Element Review of Their Atomic Weightε"，*Pure Appl. Chem.*，**56**，695—768(1984).

[4] P. De Bièvre，M. Galler，N. E. Holden，I. L. Barnes，"Isotopic Abundances and Atomic Weights of the Elements"，*J. Phy. Chem. Ref. Data.*，**13**，809—891(1984).

[5] G. Audi. A. H. Wapstra. "The 1983 Atomic Mass Table"，*Nucl. Phys.*，**A565**，1(1993).

[6] N. E. Holden，"The International Commission on Atomic Weights——An Early Historical Review"，*Chem. Internat.*，(1) 5—12(1984).

[7] 张青莲，"原子量的质谱法测定和碳-12 基准"，化学通报，(2)，40—43(1978).

[8] 张青莲，钱秋宇，赵墨田，王军，*Int. J. Mass Spectrom. Ion Proc.*，**123**，77(1993).